“十二五”国家重点出版规划项目
雷达与探测前沿技术丛书

天基预警雷达

Space Based Early Warning Radar

林幼权　武楠　编著

国防工業出版社
·北京·

内容简介

天基预警雷达是现代雷达技术的重要组成和重点发展方向，是远距离监视陆、海、空、天中的所有运动目标的主要手段。本书系统介绍天基预警雷达系统设计以及相关的关键技术。全书共分8章，第1章介绍天基预警雷达的特点和技术发展现状，第2章分析天基预警雷达体制，第3章讨论卫星轨道与天基预警雷达覆盖的关系，第4章阐述天基预警雷达系统设计准则和基本方法，第5章具体分析天基预警雷达目标和环境回波信号的特征，第6章深入论述天基预警雷达天线设计技术，第7章具体讨论天基预警雷达信号处理技术，第8章论述天基预警雷达接收技术。

读者对象：从事星载雷达工程设计的科技人员，以及高等院校相关专业的高年级学生或研究生。

图书在版编目（CIP）数据

天基预警雷达／林幼权，武楠编著．—北京：国防工业出版社，2017.12
（雷达与探测前沿技术丛书）
ISBN 978-7-118-11511-6

Ⅰ．①天… Ⅱ．①林… ②武… Ⅲ．①预警雷达－研究 Ⅳ．①TN959.1

中国版本图书馆 CIP 数据核字（2018）第008352号

※

国防工业出版社出版发行
（北京市海淀区紫竹院南路23号 邮政编码100048）
天津嘉恒印务有限公司印刷
新华书店经售
*
开本 710×1000 1/16 **印张** 20½ **字数** 355千字
2017年12月第1版第1次印刷 **印数** 1—3000册 **定价** 86.00元

国防书店：(010)88540777　　发行邮购：(010)88540776
发行传真：(010)88540755　　发行业务：(010)88540717

“雷达与探测前沿技术丛书”编审委员会

编辑委员会

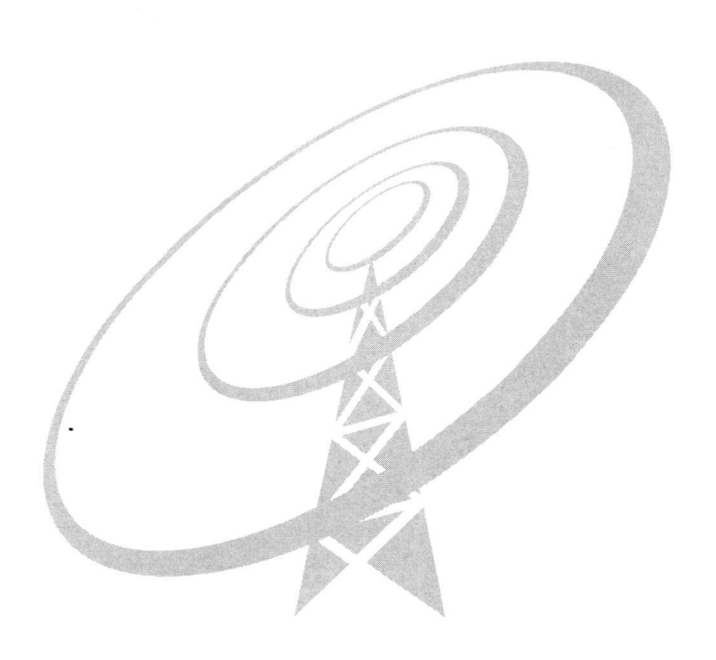

总　序

雷达在第二次世界大战中初露头角。战后,美国麻省理工学院辐射实验室集合各方面的专家,总结战争期间的经验,于1950年前后出版了一套雷达丛书,共28个分册,对雷达技术做了全面总结,几乎成为当时雷达设计者的必备读物。我国的雷达研制也从那时开始,经过几十年的发展,到21世纪初,我国雷达技术在很多方面已进入国际先进行列。为总结这一时期的经验,中国电子科技集团公司曾经组织老一代专家撰著了“雷达技术丛书”,全面总结他们的工作经验,给雷达领域的工程技术人员留下了宝贵的知识财富。

电子技术的迅猛发展,促使雷达在内涵、技术和形态上快速更新,应用不断扩展。为了探索雷达领域前沿技术,我们又组织编写了本套“雷达与探测前沿技术丛书”。与以往雷达相关丛书显著不同的是,本套丛书并不完全是作者成熟的经验总结,大部分是专家根据国内外技术发展,对雷达前沿技术的探索性研究。内容主要依托雷达与探测一线专业技术人员的最新研究成果、发明专利、学术论文等,对现代雷达与探测技术的国内外进展、相关理论、工程应用等进行了广泛深入研究和总结,展示近十年来我国在雷达前沿技术方面的研制成果。本套丛书的出版力求能促进从事雷达与探测相关领域研究的科研人员及相关产品的使用人员更好地进行学术探索和创新实践。

本套丛书保持了每一个分册的相对独立性和完整性,重点是对前沿技术的介绍,读者可选择感兴趣的分册阅读。丛书共41个分册,内容包括频率扩展、协同探测、新技术体制、合成孔径雷达、新雷达应用、目标与环境、数字技术、微电子技术八个方面。

(一) 雷达频率迅速扩展是近年来表现出的明显趋势,新频段的开发、带宽的剧增使雷达的应用更加广泛。本套丛书遴选的频率扩展内容的著作共4个分册:

(1)《毫米波辐射无源探测技术》分册中没有讨论传统的毫米波雷达技术,而是着重介绍毫米波热辐射效应的无源成像技术。该书特别采用了平方千米阵的技术概念,这一概念在用于涉式阵列基线的测量结果来获得等效大口径阵列效果的孔径综合技术方面具有重要的意义。

(2)《太赫兹雷达》分册是一本较全面介绍太赫兹雷达的著作,主要包括太赫兹雷达系统的基本组成和技术特点、太赫兹雷达目标检测以及微动目标检测技术,同时也讨论了太赫兹雷达成像处理。

(3)《机载远程红外预警雷达系统》分册考虑到红外成像和告警是红外探测的传统应用,但是能否作为全空域远距离的搜索监视雷达,尚有诸多争议。该书主要讨论用监视雷达的概念如何解决红外极窄波束、全空域、远距离和数据率的矛盾,并介绍组成红外监视雷达的工程问题。

(4)《多脉冲激光雷达》分册从实际工程应用角度出发,较详细地阐述了多脉冲激光测距及单光子测距两种体制下的系统组成、工作原理、测距方程、激光目标信号模型、回波信号处理技术及目标探测算法等关键技术,通过对两种远程激光目标探测体制的探讨,力争让读者对基于脉冲测距的激光雷达探测有直观的认识和理解。

(二) 传输带宽的急剧提高,赋予雷达协同探测新的使命。协同探测会导致雷达形态和应用发生巨大的变化,是当前雷达研究的热点。本套丛书遴选出协同探测内容的著作共10个分册:

(1)《雷达组网技术》分册从雷达组网使用的效能出发,重点讨论点迹融合、资源管控、预案设计、闭环控制、参数调整、建模仿真、试验评估等雷达组网新技术的工程化,是把多传感器统一为系统的开始。

(2)《多传感器分布式信号检测理论与方法》分册主要介绍检测级、位置级(点迹和航迹)、属性级、态势评估与威胁估计五个层次中的检测级融合技术,是雷达组网的基础。该书主要给出各类分布式信号检测的最优化理论和算法,介绍考虑到网络和通信质量时的联合分布式信号检测准则和方法,并研究多输入多输出雷达目标检测的若干优化问题。

(3)《分布孔径雷达》分册所描述的雷达实现了多个单元孔径的射频相参合成,获得等效于大孔径天线雷达的探测性能。该书在概述分布孔径雷达基本原理的基础上,分别从系统设计、波形设计与处理、合成参数估计与控制、稀疏孔径布阵与测角、时频相同步等方面做了较为系统和全面的论述。

(4)《MIMO 雷达》分册所介绍的雷达相对于相控阵雷达,可以同时获得波形分集和空域分集,有更加灵活的信号形式,单元间距不受 $\lambda/2$ 的限制,间距拉开后,可组成各类分布式雷达。该书比较系统地描述多输入多输出(MIMO)雷达。详细分析了波形设计、积累补偿、目标检测、参数估计等关键技术。

(5)《MIMO 雷达参数估计技术》分册更加侧重讨论各类 MIMO 雷达的算法。从 MIMO 雷达的基本知识出发,介绍均匀线阵,非圆信号,快速估计,相干目标,分布式目标,基于高阶累计量的、基于张量的、基于阵列误差的、特殊阵列结构的 MIMO 雷达目标参数估计的算法。

(6)《机载分布式相参射频探测系统》分册介绍的是 MIMO 技术的一种工程应用。该书针对分布式孔径采用正交信号接收相参的体制,分析和描述系统处理架构及性能、运动目标回波信号建模技术,并更加深入地分析和描述实现分布式相参雷达杂波抑制、能量积累、布阵等关键技术的解决方法。

(7)《机会阵雷达》分册介绍的是分布式雷达体制在移动平台上的典型应用。机会阵雷达强调根据平台的外形,天线单元共形随遇而布。该书详尽地描述系统设计、天线波束形成方法和算法、传输同步与单元定位等关键技术,分析了美国海军提出的用于弹道导弹防御和反隐身的机会阵雷达的工程应用问题。

(8)《无源探测定位技术》分册探讨的技术是基于现代雷达对抗的需求应运而生,并在实战应用需求越来越大的背景下快速拓展。随着知识层面上认知能力的提升以及技术层面上带宽和传输能力的增加,无源侦察已从单一的测向技术逐步转向多维定位。该书通过充分利用时间、空间、频移、相移等多维度信息,寻求无源定位的解,对雷达向无源发展有着重要的参考价值。

(9)《多波束凝视雷达》分册介绍的是通过多波束技术提高雷达发射信号能量利用效率以及在空、时、频域中减小处理损失,提高雷达探测性能;同时,运用相位中心凝视方法改进杂波中目标检测概率。分册还涉及短基线雷达如何利用多阵面提高发射信号能量利用效率的方法;针对长基线,阐述了多站雷达发射信号可形成凝视探测网格,提高雷达发射信号能量的使用效率;而合成孔径雷达(SAR)系统应用多波束凝视可降低发射功率,缓解宽幅成像与高分辨之间的矛盾。

(10)《外辐射源雷达》分册重点讨论以电视和广播信号为辐射源的无源雷达。详细描述调频广播模拟电视和各种数字电视的信号,减弱直达波的对消和滤波的技术;同时介绍了利用 GPS(全球定位系统)卫星信号和 GSM/CDMA(两种手机制式)移动电话作为辐射源的探测方法。各种外辐射源雷达,要得到定位参数和形成所需的空域,必须多站协同。

（三）以新技术为牵引，产生出新的雷达系统概念，这对雷达的发展具有里程碑的意义。本套丛书遴选了涉及新技术体制雷达内容的6个分册：

（1）《宽带雷达》分册介绍的雷达打破了经典雷达5MHz带宽的极限，同时雷达分辨力的提高带来了高识别率和低杂波的优点。该书详尽地讨论宽带信号的设计、产生和检测方法。特别是对极窄脉冲检测进行有益的探索，为雷达的进一步发展提供了良好的开端。

（2）《数字阵列雷达》分册介绍的雷达是用数字处理的方法来控制空间波束，并能形成同时多波束，比用移相器灵活多变，已得到了广泛应用。该书全面系统地描述数字阵列雷达的系统和各分系统的组成。对总体设计、波束校准和补偿、收/发模块、信号处理等关键技术都进行了详细描述，是一本工程性较强的著作。

（3）《雷达数字波束形成技术》分册更加深入地描述数字阵列雷达中的波束形成技术，给出数字波束形成的理论基础、方法和实现技术。对灵巧干扰抑制、非均匀杂波抑制、波束保形等进行了深入的讨论，是一本理论性较强的专著。

（4）《电磁矢量传感器阵列信号处理》分册讨论在同一空间位置具有三个磁场和三个电场分量的电磁矢量传感器，比传统只用一个分量的标量阵列处理能获得更多的信息，六分量可完备地表征电磁波的极化特性。该书从几何代数、张量等数学基础到阵列分析、综合、参数估计、波束形成、布阵和校正等问题进行详细讨论，为进一步应用奠定了基础。

（5）《认知雷达导论》分册介绍的雷达可根据环境、目标和任务的感知，选择最优化的参数和处理方法。它使得雷达数据处理及反馈从粗犷到精细，彰显了新体制雷达的智能化。

（6）《量子雷达》分册的作者团队搜集了大量的国外资料，经探索和研究，介绍从基本理论到传输、散射、检测、发射、接收的完整内容。量子雷达探测具有极高的灵敏度，更高的信息维度，在反隐身和抗干扰方面优势明显。经典和非经典的量子雷达，很可能走在各种量子技术应用的前列。

（四）合成孔径雷达（SAR）技术发展较快，已有大量的著作。本套丛书遴选了有一定特点和前景的5个分册：

（1）《数字阵列合成孔径雷达》分册系统阐述数字阵列技术在SAR中的应用，由于数字阵列天线具有灵活性并能在空间产生同时多波束，雷达采集的同一组回波数据，可处理出不同模式的成像结果，比常规SAR具备更多的新能力。该书着重研究基于数字阵列SAR的高分辨力宽测绘带SAR成像、极化层析 SAR 三维成像和前视 SAR 成像技术三种新能力。

(2)《双基合成孔径雷达》分册介绍的雷达配置灵活,具有隐蔽性好、抗干扰能力强、能够实现前视成像等优点,是 SAR 技术的热点之一。该书较为系统地描述了双基 SAR 理论方法、回波模型、成像算法、运动补偿、同步技术、试验验证等诸多方面,形成了实现技术和试验验证的研究成果。

(3)《三维合成孔径雷达》分册描述曲线合成孔径雷达、层析合成孔径雷达和线阵合成孔径雷达等三维成像技术。重点讨论各种三维成像处理算法,包括距离多普勒、变尺度、后向投影成像、线阵成像、自聚焦成像等算法。最后介绍三维 MIMO-SAR 系统。

(4)《雷达图像解译技术》分册介绍的技术是指从大量的 SAR 图像中提取与挖掘有用的目标信息,实现图像的自动解译。该书描述高分辨 SAR 和极化 SAR 的成像机理及相应的相干斑抑制、噪声抑制、地物分割与分类等技术,并介绍舰船、飞机等目标的 SAR 图像检测方法。

(5)《极化合成孔径雷达图像解译技术》分册对极化合成孔径雷达图像统计建模和参数估计方法及其在目标检测中的应用进行了深入研究。该书研究内容为统计建模和参数估计及其国防科技应用三大部分。

(五) 雷达的应用也在扩展和变化,不同的领域对雷达有不同的要求,本套丛书在雷达前沿应用方面遴选了 6 个分册:

(1)《天基预警雷达》分册介绍的雷达不同于星载 SAR,它主要观测陆海空天中的各种运动目标,获取这些目标的位置信息和运动趋势,是难度更大、更为复杂的天基雷达。该书介绍天基预警雷达的星星、星空、MIMO、卫星编队等双/多基地体制。重点描述了轨道覆盖、杂波与目标特性、系统设计、天线设计、接收处理、信号处理技术。

(2)《战略预警雷达信号处理新技术》分册系统地阐述相关信号处理技术的理论和算法,并有仿真和试验数据验证。主要包括反导和飞机目标的分类识别、低截获波形、高速高机动和低速慢机动小目标检测、检测识别一体化、机动目标成像、反投影成像、分布式和多波段雷达的联合检测等新技术。

(3)《空间目标监视和测量雷达技术》分册论述雷达探测空间轨道目标的特色技术。首先涉及空间编目批量目标监视探测技术,包括空间目标监视相控阵雷达技术及空间目标监视伪码连续波雷达信号处理技术。其次涉及空间目标精密测量、增程信号处理和成像技术,包括空间目标雷达精密测量技术、中高轨目标雷达探测技术、空间目标雷达成像技术等。

(4)《平流层预警探测飞艇》分册讲述在海拔约20km的平流层，由于相对风速低、风向稳定，从而适合大型飞艇的长期驻空，定点飞行，并进行空中预警探测，可对半径500km区域内的地面目标进行长时间凝视观察。该书主要介绍预警飞艇的空间环境、总体设计、空气动力、飞行载荷、载荷强度、动力推进、能源与配电以及飞艇雷达等技术，特别介绍了几种飞艇结构载荷一体化的形式。

(5)《现代气象雷达》分册分析了非均匀大气对电磁波的折射、散射、吸收和衰减等气象雷达的基础，重点介绍了常规天气雷达、多普勒天气雷达、双偏振全相参多普勒天气雷达、高空气象探测雷达、风廓线雷达等现代气象雷达，同时还介绍了气象雷达新技术、相控阵天气雷达、双/多基地天气雷达、声波雷达、中频探测雷达、毫米波测云雷达、激光测风雷达。

(6)《空管监视技术》分册阐述了一次雷达、二次雷达、应答机编码分配、S模式、多雷达监视的原理。重点讨论广播式自动相关监视(ADS-B)数据链技术、飞机通信寻址报告系统(ACARS)、多点定位技术(MLAT)、先进场面监视设备(A-SMGCS)、空管多源协同监视技术、低空空域监视技术、空管技术。介绍空管监视技术的发展趋势和民航大国的前瞻性规划。

(六) 目标和环境特性，是雷达设计的基础。该方向的研究对雷达匹配目标和环境的智能设计有重要的参考价值。本套丛书对此专题遴选了4个分册：

(1)《雷达目标散射特性测量与处理新技术》分册全面介绍有关雷达散射截面积(RCS)测量的各个方面，包括RCS的基本概念、测试场地与雷达、低散射目标支架、目标RCS定标、背景提取与抵消、高分辨力RCS诊断成像与图像理解、极化测量与校准、RCS数据的处理等技术，对其他微波测量也具有参考价值。

(2)《雷达地海杂波测量与建模》分册首先介绍国内外地海面环境的分类和特征，给出地海杂波的基本理论，然后介绍测量、定标和建库的方法。该书用较大的篇幅，重点阐述地海杂波特性与建模。杂波是雷达的重要环境，随着地形、地貌、海况、风力等条件而不同。雷达的杂波抑制，正根据实时的变化，从粗犷走向精细的匹配，该书是现代雷达设计师的重要参考文献。

(3)《雷达目标识别理论》分册是一本理论性较强的专著。以特征、规律及知识的识别认知为指引，奠定该书的知识体系。首先介绍雷达目标识别的物理与数学基础，较为详细地阐述雷达目标特征提取与分类识别、知识辅助的雷达目标识别、基于压缩感知的目标识别等技术。

(4)《雷达目标识别原理与实验技术》分册是一本工程性较强的专著。该书主要针对目标特征提取与分类识别的模式,从工程上阐述了目标识别的方法。重点讨论特征提取技术、空中目标识别技术、地面目标识别技术、舰船目标识别及弹道导弹识别技术。

(七) 数字技术的发展,使雷达的设计和评估更加方便,该技术涉及雷达系统设计和使用等。本套丛书遴选了3个分册:

(1)《雷达系统建模与仿真》分册所介绍的是现代雷达设计不可缺少的工具和方法。随着雷达的复杂度增加,用数字仿真的方法来检验设计的效果,可收到事半功倍的效果。该书首先介绍最基本的随机数的产生、统计实验、抽样技术等与雷达仿真有关的基本概念和方法,然后给出雷达目标与杂波模型、雷达系统仿真模型和仿真对系统的性能评价。

(2)《雷达标校技术》分册所介绍的内容是实现雷达精度指标的基础。该书重点介绍常规标校、微光电视角度标校、球载BD/GPS(BD为北斗导航简称)标校、射电星角度标校、基于民航机的雷达精度标校、卫星标校、三角交会标校、雷达自动化标校等技术。

(3)《雷达电子战系统建模与仿真》分册以工程实践为取材背景,介绍雷达电子战系统建模的主要方法、仿真模型设计、仿真系统设计和典型仿真应用实例。该书从雷达电子战系统数学建模和仿真系统设计的实用性出发,着重论述雷达电子战系统基于信号/数据流处理的细粒度建模仿真的核心思想和技术实现途径。

(八) 微电子的发展使得现代雷达的接收、发射和处理都发生了巨大的变化。本套丛书遴选出涉及微电子技术与雷达关联最紧密的3个分册:

(1)《雷达信号处理芯片技术》分册主要讲述一款自主架构的数字信号处理(DSP)器件,详细介绍该款雷达信号处理器的架构、存储器、寄存器、指令系统、I/O资源以及相应的开发工具、硬件设计,给雷达设计师使用该处理器提供有益的参考。

(2)《雷达收发组件芯片技术》分册以雷达收发组件用芯片套片的形式,系统介绍发射芯片、接收芯片、幅相控制芯片、波速控制驱动器芯片、电源管理芯片的设计和测试技术及与之相关的平台技术、实验技术和应用技术。

(3)《宽禁带半导体高频及微波功率器件与电路》分册的背景是,宽禁带材料可使微波毫米波功率器件的功率密度比Si和GaAs等同类产品高10倍,可产生开关频率更高、关断电压更高的新一代电力电子器件,将对雷达产生更新换代的影响。分册首先介绍第三代半导体的应用和基本知识,然后详细介绍两大类各种器件的原理、类别特征、进展和应用：SiC 器件有功率二极管、MOSFET、JFET、BJT、IBJT、GTO 等；GaN 器件有 HEMT、MMIC、E 模 HEMT、N 极化 HEMT、功率开关器件与微功率变换等。最后展望固态太赫兹、金刚石等新兴材料器件。

本套丛书是国内众多相关研究领域的大专院校、科研院所专家集体智慧的结晶。具体参与单位包括中国电子科技集团公司、中国航天科工集团公司、中国电子科学研究院、南京电子技术研究所、华东电子工程研究所、北京无线电测量研究所、电子科技大学、西安电子科技大学、国防科技大学、北京理工大学、北京航空航天大学、哈尔滨工业大学、西北工业大学等近 30 家。在此对参与编写及审校工作的各单位专家和领导的大力支持表示衷心感谢。

王小谟

2017 年 9 月

前 言

雷达自问世以来已经在军事和国民经济各方面得到了广泛的应用。星载雷达是雷达系统和技术的重要组成部分,也是技术要求最高、系统最为复杂的雷达系统。星载雷达按功能可以分成三种:星间对接雷达、星载合成孔径雷达和天基预警雷达。星间对接雷达主要用于星间飞行器近距离对接时提供飞行器之间的相对位置关系,这种雷达最为简单,出现也最早,在20世纪60年代美国Apollo计划中得到首次应用;星载合成孔径雷达能够全天候、全天时提供不同于光学图片的高分辨力图像,1978年美国首次把合成孔径雷达搬上卫星,成功发射了海洋卫星SEASAT-A,获得大量高分辨力地球表面图像,引起各国广泛的兴趣,目前已有十余个国家发射了不同类型的合成孔径雷达卫星,获得的高分辨力合成孔径图像已广泛应用于农业种植面积评估和作物产量预测,土壤水分评估,森林密度和砍伐评估,监测河流、湖泊和沼泽的面积与变迁,矿产勘探,监视海洋油膜污染、海浪和内波,自然灾害评估,测绘以及战场侦察和武器打击效果评估等诸多方面。

不同于星载合成孔径雷达观测的对象是地球表面的静止目标,天基预警雷达主要观测陆、海、空、天中的各种运动目标,获取这些目标的位置信息和运动趋势。这种雷达是技术难度最大,最为复杂的天基雷达,至今还没有投入实际使用。虽然如此,由于其优异的预警探测能力,美国等国家已投入巨大的人力、物力研发这种雷达系统,并且已在大型相控阵天线、实时信号处理等关键技术方面取得重大突破,开展了在轨演示验证工作。天基预警雷达是天基雷达乃至雷达技术发展的重要方向。

作者以长期从事这方面工作的经验和国外最新发展为基础,结合天基预警雷达特点编著了本书,书中较为具体地介绍了天基预警雷达体制,卫星轨道与雷达覆盖性能,衡量雷达性能的主要参数和工作模式,分析了天基预警雷达接收到的目标和环境回波信号特征,以及有关天线、信号处理和接收等技术。以期帮助感兴趣的工程设计人员以及相关专业的高校学生了解天基预警雷达,为今后从事这方面的工作奠定技术基础。

本书共分8章,林幼权编著第1、2、4、6章,武楠编著第3、5、7章,刘光炎编著第8章,最后由林幼权统编成稿。中国航天科技集团公司第八研究院509所陆晴、孙永岩、万向成提供了第3章有关卫星轨道设计的材料,何东元提供了第

6 章素材,李大圣提供了第 5 章有关目标特性的仿真结果。在本书的编写过程中,得到了张光义院士和贲德院士的指导;一起工作的刘爱芳、李青、刘兆磊、雷志勇、郑志彬等同事对本书提出了宝贵的意见,他们的工作经验有助于完善本书的内容;同时在编辑的过程中得到了赵玉洁、邓大松等同志的支持。在此一并表示衷心的感谢。

虽然我们努力编著好本书,但由于水平有限,书中难免存在差错,恳请广大读者批评指正。

作者

2017 年 6 月

目　录

第1章 概述

预警探测系统是一个国家最重要的信息化武器装备,它获取的信息是指挥系统进行正确决策的依据,是武器系统进行准确攻击的基础。预警探测系统的性能是衡量一个国家能否打赢现代战争的重要标志。目前各国现役的预警探测系统主要由地/海基预警雷达系统、空基预警雷达系统和天基红外预警系统组成,这些系统在过去的战争中发挥了重要作用,但是随着超远程、超高速武器系统的不断出现,已不能构成完备、安全的预警探测系统。

天基预警雷达系统具有全方位探测陆、海、空、天目标的潜力,能有效弥补现有预警探测系统的不足,是预警探测系统的重点发展方向。虽然由于技术水平的限制,目前天基雷达的应用还局限在合成孔径成像,并没有真正意义上的天基预警雷达系统服役,但主要国家已经在这方面开展了广泛深入的研究,已为天基预警雷达的研制奠定了坚实的技术基础。

本章主要讨论现有预警探测系统的特点、相互关系。分析天基雷达的发展现状和趋势,特别对国外天基预警雷达的研究进展进行了具体讨论。

1.1 现有预警探测系统及其特点

预警探测系统是指能对陆、海、空、天中的各种运动目标进行远距离探测、定位、跟踪,甚至分类、识别,并给出目标运动态势的各种装备。目前真正实用的预警探测系统主要有以下几类:地/海基预警雷达系统、空基预警雷达系统、被动的天基红外预警系统和天基海洋监视系统。这几类系统各有特点,互相补充,形成了相对完整的预警探测体系。

1.1.1 地/海基预警雷达系统

地/海基预警雷达系统是最早出现的预警探测系统,雷达一问世,就被用来搜索跟踪空中的飞机和海面的舰船,在第二次世界大战中作为高技术武器装备得到了广泛的应用,并发挥了重大作用。之后随着技术的进步,性能得到不断提高。目前在国土防空、空中交通管制和海洋控制中担任了重要的角色。

地/海基预警雷达系统可分为机动式、移动式和固定式,雷达威力从几百千米到几千千米不等。提供以雷达为中心的周围空中或海上目标的精确位置和活动趋势。但由于受地球曲率的限制,雷达不能远距离发现中低空目标。

假设雷达天线高度为 H,目标高度为 h,R 为雷达和目标之间的最大视距,那么雷达、目标和地球的几何关系如图 1.1 所示。在考虑大气折射等因素后,可以把地球等效为球形,其等效半径 R_e 大约为地球物理半径的 4/3 倍,即 $R_e \approx 8493\text{km}$。

由图 1.1 可知,当雷达和目标的连线与地球相切时,获得最大的视线距离 R 为

$$R \approx \sqrt{2R_e}(\sqrt{H}+\sqrt{h}) \tag{1.1}$$

从式(1.1)可以看出,如果雷达在地面,则目标处在 500m 以下的低空,雷达的视线距离不超过 92km,这样的距离显然不能满足要求,即使目标处在高空,例如 10000m,这也是普通飞机能够达到的巡航高度,对地面预警雷达而言,也不过 400km 左右。

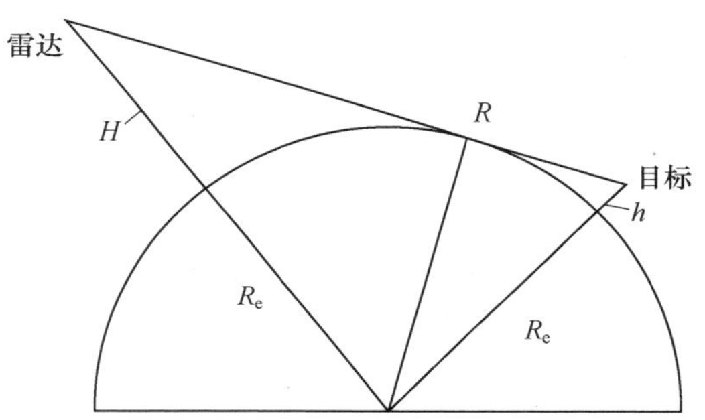

图 1.1　雷达、目标和地球的几何关系示意图

地/海基预警雷达的最大缺点是不能远距离提供中低空的目标信息,其改进措施主要有三种:一是尽可能把雷达架设在高处,但这样仅仅得到有限的改善,不能解决根本问题;二是雷达进行组网探测,对远近雷达所探测到的目标信息进行融合,组成一个大的预警探测网,可以获得较大范围内的空中目标信息,这种办法只对监控国境内的空域有效,由于不能在国境外架设雷达,所以依然不能有效探测远离国境线的中低空目标;三是采用特殊体制的雷达,如天波超视距雷达和地波雷达,天波超视距雷达发射短波信号,利用电离层对短波的反射,可以探测到几千千米外的目标,但是天波超视距雷达受电离层的影响很大,当电离层的参数变化较大时,就不能稳定发现目标,地波雷达也存在类似的问题。

1.1.2 空基预警雷达系统

空基预警雷达系统顾名思义就是把雷达放在空中,扩展雷达的观测视野。空基预警雷达系统按其平台不同,可分为球(艇)载雷达和机载预警雷达系统两大类。

球(艇)载雷达特点是平台基本不动或运动速度较慢,平台可以较长时间滞留空中。由于雷达运动速度较慢,雷达收集中、低空情时,地杂波等回波信号的多普勒频率的分布较窄,因此降低了雷达信号处理的复杂度,同时滞空时间较长,比较适合长时间站岗放哨。

机载预警雷达是以大型飞机作为雷达平台的预警系统,其特点是平台高度可达数千米至上万米,机动能力较强,但滞空时间有限,最长也不过 10h 左右,适合作为战时或应急时预警装备,提升中低空预警和机动预警能力。机载预警雷达雏形最早出现在第二次世界大战期间,虽然在防空中起到了重要作用,但由于技术水平的限制,雷达的下视能力较差,只能在杂波较弱的海面上具备一定的探测能力。战后特别是 20 世纪 60 年代后,随着技术的进步,得到了快速的发展,典型的系统有美国的 E－2 系列和 E－3 系列预警机,苏联的 A－50 预警机,这些系统在近几十年的几次局部战争中发挥了重要的作战效能,甚至成为决定战争胜负的关键因素。如 1982 年以色列与叙利亚的贝卡谷空战中,以色列在 E－2C 预警机的指挥下,在短短两天内,以自身只损失一架飞机为代价,击落对方 79 架飞机,击毁 19 个导弹阵地。E－2C 系统上的机载预警雷达在此次战争中发挥了核心作用。新一代的机载预警雷达采用固态相控阵体制,其性能有了进一步提升,典型的系统有瑞典的 Erieye,以色列的 PHALCON,美国的“锲尾”预警机等。

虽然空中预警雷达与地面预警雷达相比,由于平台高度的抬高,可以看得更远,但其依然受地球曲率的限制,当平台高度、目标高度均为 10000m 时,其视线所能探测的距离不过 600km,如果目标处在低空,其视线距离也只在 400km 左右,因此空中预警雷达也不能满足所有的中低空探测的需求。

1.1.3 天基红外预警系统

天基红外预警系统是另一个受到重视的预警探测系统,它的探测手段就是红外探测器,被动搜索和跟踪具有红外特征的运动目标,目前主要用来发现、预报处在大气层外的弹道导弹。

天基红外预警系统的优点是平台高度很高,从几百千米一直到地球同步轨道,视野非常开阔,基本不受地球曲率的影响。理论上,三颗处在同步轨道的预警卫星就可以覆盖整个地球,处在中低轨道时 20 余颗预警卫星覆盖整个地球。

最为典型的天基红外预警系统是美国在 20 世纪 70 年代开始研制和部署的

国防支援计划(DSP)导弹预警卫星系统。该系统在海湾战争中对伊拉克发射的导弹进行了有效预报,让导弹拦截系统能够及时把握拦截作战机遇。当然在实际使用中也暴露了许多问题,主要是虚警率较高。之后美国又研发了 SBIRS(天基红外系统),该系统分为高轨天基红外系统 SBIRS - H 和低轨 SBIRS - L,后者又改名为 STSS(空间跟踪与监视系统)。目前 SBIRS - H 系统已完成技术验证与测试,进入在轨部署状态,它采用两套红外探测器,即高速扫描红外探测器和凝视探测器。前者在观测范围内快速重复扫描,后者对小范围内进行长时间凝视观察,这样可使卫星的扫描速度和灵敏度比 DSP 提高 10 倍。STSS 仍处在验证与试验阶段。SBIRS 的主要功能仍在于导弹预警和导弹防御。除美国外,俄罗斯也有类似的红外预警卫星,分别是 US - KS 大椭圆预警卫星和 US - KMD 地球同步轨道预警卫星。

天基红外预警系统的主要缺陷为,由于大气层以及云雾等对红外传播的衰减,不能有效稳定检测大气层内的目标;另外它也不能提供目标的距离信息,因此定位精度也不能满足武器拦截的要求,主要为拦截系统提供早期预报和预警信息。

1.1.4 天基海洋监视系统

目前的天基海洋监视系统实际上是被动型电子侦察型海洋监视系统,一般由三颗装有电子侦察设备的卫星组成一个观测网,同时接收由同一舰船辐射的雷达信号或其他无线电信号,通过时差定位和接收到的微波信号的特征来确定目标的位置和属性。典型的系统是美国海军实验室(NRL)研制的“白云”系统,整个项目始于 20 世纪 60 年代,采用一组卫星(3 ~4 颗)。1976 年发射了首个“白云”卫星系统。

被动的电子侦察型海洋监视系统的缺陷是目标必须发射无线电信号,如果目标处在无线电静默状态或是原本就没有,这套系统就无法工作。

1.2 天基雷达发展现状与趋势

雷达技术用于航天始于 20 世纪 60 年代,主要为航天器之间的对接提供辅助的控制信息。随着海洋卫星的发射并成功获取地球高分辨力的图像,开启了雷达在遥感领域的应用,目前星载合成孔径雷达是天基雷达应用最广泛的领域,并仍在不断发展之中。

1.2.1 天基雷达种类

天基雷达按其功能划分可分为三大类。第一类为空间飞行器之间的交会对接雷达,主要为两个空间飞行器进行对接时提供对接目标的角度、距离和速度信息。这类雷达规模很小，作用距离一般较近，只有 10km 左右，功能单一，已经在 20 世纪 Apollo 和航天飞机等工程中得到广泛应用。第二类为合成孔径成像雷达，星载合成孔径成像雷达是目前应用最广泛的星载雷达，主要功能是提供地球表面或其他星球表面的高分辨力图像，观测对象为静止目标，下节将具体讨论其发展与趋势。第三类就是本书讨论的天基预警雷达。天基预警雷达观测的主要对象是陆、海、空、天中的运动目标，提供这些目标的位置信息以及运动趋势，弥补现有预警探测系统的不足。天基预警雷达是这三类天基雷达中最具挑战性的雷达工程，涉及的技术难度最大。

1.2.2　星载合成孔径雷达发展与趋势

合成孔径成像雷达理论自 20 世纪 50 年代提出以来，由于能极大改善雷达的方位向分辨力，并且方位向分辨力与雷达到目标的距离无关，而引起广泛的兴趣。合成孔径成像雷达能够全天候、全天时提供不同于光学图片的高分辨力图像，其图像反应的是目标区域对雷达波后向散射强度的差异，因此在表征目标区域精细地理特征方面有特别用处。

目前高分辨力合成孔径图像已广泛应用于军事和国民经济各个方面。在军事方面可用于战场侦察、武器打击效果评估和军事测绘。在民用方面可用于农业种植面积评估和作物产量预测，河流、湖泊和沼泽的面积与变迁监测，矿产勘探，自然灾害评估等诸多方面。

1978 年美国首次把合成孔径雷达搬上卫星，成功发射了海洋卫星 SEASAT - A，获得了大量高分辨力地球表面图像，SEASAT - A 标志合成孔径成像雷达技术开始应用于空间领域。之后美国又在航天飞机上试验 L、C、X 波段的 SIR - A、SIR - B 和 SIR - C/X 雷达，丰富和发展了星载合成孔径雷达技术，促进了星载合成孔径雷达的工程应用进程。随着技术的进步，最近十年来星载合成孔径雷达得到更加快速发展，至今已有十余个国家，十多型，20 多颗合成孔径雷达卫星在轨运行，同时多个国家还在积极研制性能更高的下一代星载合成孔径雷达以满足不断增长的需求。

1.2.2.1　星载合成孔径雷达发展现状

1）美国

美国是最早研究星载合成孔径雷达技术和拥有星载合成孔径雷达的国家。1978 年发射 SEASAT - A 后，以航天飞机为平台于 1981 年、1984 年和 1993 年搭载了 SIR - A、SIR - B、SIR - C/X 雷达，全方位研究合成孔径雷达技术在空间领域的应用。虽然这些雷达系统的指标（如分辨力）并不高，但验证了星载合成孔径雷达的设计技术，大大促进了合成孔径雷达技术在空间领域的工程应用。从

20世纪80年代末起,美军研制了长曲棍球系列雷达卫星,先后发射了五颗,但至今未公开其性能指标。据称前几颗采用大型抛物面天线,后几颗采用平面相控阵天线,其最高分辨力达0.3m,仍是目前世界上分辨力最高的星载合成孔径雷达。值得指出的是美国在20世纪90年代,利用航天飞机为平台,研制了INSAR系统,采用双天线的INSAR系统(图1.2)获得了大量的三维数字地图。

图1.2 美国航天飞机双天线INSAR系统(见彩图)

2)苏联(俄罗斯)

苏联是第二个独立研制星载合成孔径雷达的国家,1987年7月发射第一颗钻石卫星(ALMAZ),1990年发射第二颗。由于苏联的解体,其继承者俄罗斯虽然继续研究星载合成孔径雷达,但由于投入不足,发展相对处于停滞状态。

3)欧洲

欧洲研究星载合成孔径雷达技术始于同美国的合作,德国和意大利参与了美国NASA的SIR项目中的X波段合成孔径雷达的研制,为其提供了部分设备。之后欧洲空间局1991年发射了装载C波段合成孔径雷达的欧洲地球资源卫星(ERS-1),1995年发射了第二颗卫星(ERS-2),2002年发射了地球环境监视卫星(Envisat),雷达也工作在C波段,分辨力与早期的ERS-1/2相同,但工作模式更完善、覆盖范围更大。

进入21世纪后,德国和意大利各自研发了分辨力更高的星载合成孔径雷达。德国发射了两个型号共7颗合成孔径雷达卫星,其中5颗SAR-Lup卫星(图1.3),雷达采用抛物面天线,最高分辨力优于1m;2颗Terra-SAR卫星(图1.4),雷达采用有源相控阵天线,最高分辨力为1m,并把这2颗卫星组成第一部分布式INSAR系统,提供高精度的三维数字地图。意大利发射了4颗COSMO雷达卫星(图1.5),雷达也采用有源相控阵天线,分辨力也在1m左右。

(a) 实验室中的雷达卫星照片

(b) SAR-Lup雷达卫星飞行示意图

图 1.3 德国的 SAR – Lup 雷达卫星(见彩图)

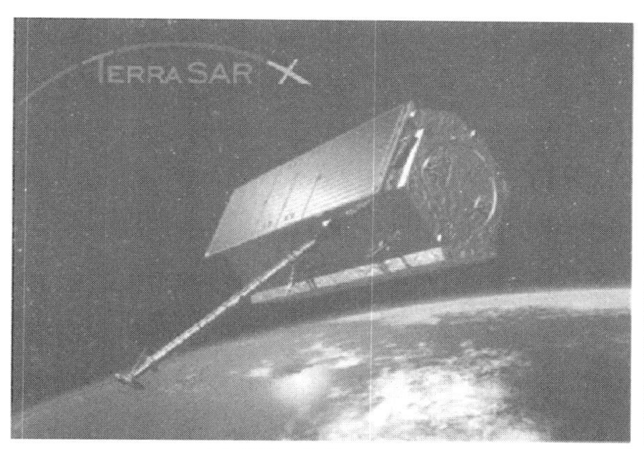

(a) 单星工作的Terra-SAR

(b) 编队工作的Tan-DEM

图 1.4 德国的 Terra – SAR 卫星和双星工作的 Tan – DEM 系统(见彩图)

(a) 折叠的雷达天线

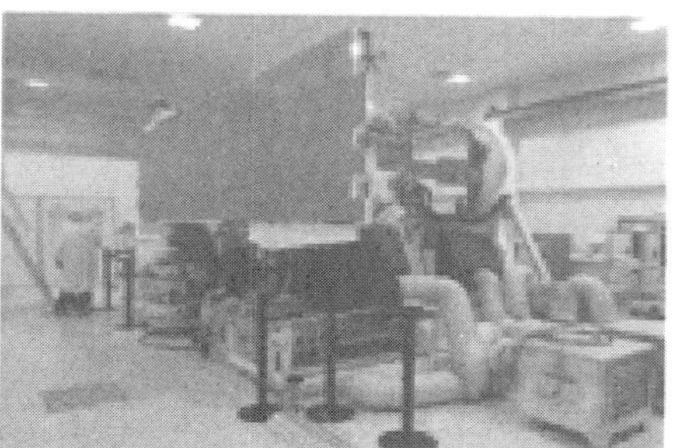

(b) 展开的雷达天线

图 1.5 意大利 COSMO 雷达卫星(见彩图)

4）加拿大

加拿大根据国家自身的需要，研制以海洋应用为主的星载合成孔径雷达。1995 年发射了第一颗装载 C 波段的 Radarsat－1 卫星，最高分辨力在 10m 左右，2009 年发射了第二颗性能更高的 Radarsat－2 卫星（图 1.6），最高分辨力为 3m。目前这两颗卫星是探测海洋、冰川等应用最广泛的卫星。

图 1.6　加拿大的 Radarsat－2

5）日本

日本出于战略需求，也非常重视星载合成孔径雷达技术的研究，是第一个拥有星载合成孔径雷达的亚洲国家。1992 年发射了 L 波段合成孔径雷达卫星 JERS－1，分辨力为 18m，2006 年发射了性能更高的 ALOS 卫星，雷达分辨力达到 10m 左右。

6）其他国家

以色列研发了极具特色的 TecSAR（图 1.7），它是目前重量最轻的星载合成孔径雷达，只有 100kg 左右，工作在聚束模式时分辨力达到 1m，条带工作时分辨

图 1.7　以色列的 TecSAR

力达到 3m,由于受天线体制限制,雷达观测视角和成像幅宽受限制。印度、韩国也通过引进等手段,拥有了自己的星载合成孔径雷达卫星。

1.2.2.2 现有星载合成孔径雷达特点

现有星载合成孔径雷达特点如下:

从现有星载合成孔径雷达的性能来看,分辨力已经优于 1m,可与光学相机的水平相比拟,这大大扩展了合成孔径雷达的使用范围。工作模式覆盖了常规的聚束、条带和扫描模式,并且为扩大聚束模式的成像范围,混合聚束和条带的特点,产生了 Strip - Spot 模式(国内也称为滑动模式),这种模式在方位向的成像范围要大于聚束模式,但以降低方位分辨力为代价,一般来说如果成像范围扩大一倍,方位分辨力就要降低 1/2;为改善扫描模式容易出现的图像扇贝效应,对扫描模式进行了修正,雷达工作时,天线在距离向扫描的同时,在方位向也进行相应的扫描,减小了每一个子带间的天线增益的变化范围,从而可以有效缓解扇贝效应,也就是 TopSAR 模式。

现有星载合成孔径雷达的工作频率有 L、C 和 X 波段,其中高分辨力合成孔径雷达集中在 X 波段,海洋和环境等民用为主的雷达工作在 L 和 C 波段。雷达工作频率的选择与应用密切相关,民用对分辨力的要求不算太高,但要求雷达成像的幅宽要大,因此选用低频率,而要求分辨力越高越好的军用合成孔径雷达,则只能工作在高频段。

最能反映合成孔径雷达技术特点的是天线。目前合成孔径雷达所采用的天线形式有两类:平面相控阵天线和抛物面天线。具有多功能、多工作模式和大视角的合成孔径雷达均采用平面相控阵天线,这由于相控阵天线波束扫描灵活、波束之间的转换速度快,容易使合成孔径雷达实现多功能,代价是重量、成本相对大。相控阵天线另一个特点是所有元器件是低功率且工作在低电压的固态器件,天线内部的单机相互之间存在冗余,因此可靠性较高。而抛物面天线与此相反,重量和成本相对小,但天线的扫描范围也较小,相应雷达的视角受限制,同时一些工作模式需要卫星平台的配合才能完成,如需要聚束模式时,要求卫星平台精确转动。

1.2.2.3 星载合成孔径雷达技术发展趋势

虽然迄今为止,星载合成孔径雷达已经有了很大的发展,得到了广泛的应用,但随着需求的多样化,对合成孔径雷达的要求在不断提高,同时半导体电子技术也在不断地发展,因此星载合成孔径雷达技术仍在不断的发展之中,其技术的发展主要体现在以下几个方面。

1) 超高分辨力技术

合成孔径图像的分辨力越高,识别目标的能力越强,应用也越广,这在军事上尤其如此,因此分辨力一直是合成孔径雷达技术发展的主要推动力之一,随着分辨力的提高,对合成孔径雷达的要求就会全面提升。美国在 2007 年提出了下一代星载合成孔径雷达设想,其最高分辨力要达到 0.1m。

2)高分辨力宽覆盖成像技术

按常规星载合成孔径雷达设计准则,随着分辨力的提高,其成像幅宽必定下降,现有合成孔径雷达都遵循这一准则,但是这也会给应用带来问题,虽然高分辨力可以提高目标识别能力,但是如果观测范围太小,就会出现用麦管看地球的效应,也同样不能实现有效观测地球的目标。因此在追求高分辨力的同时,自然还要求一次成像的范围比较大,高分辨力宽带成像技术也是星载合成孔径雷达技术发展的重点方向之一。

3)高精度 INSAR 技术

目前精度最高的星载 INSAR 系统是德国的 Tan-DEM 系统,其测量精度为平面精度 3m,高度精度 3m,能够满足 1:50000 比例尺的作图要求,但对于更高精度的作图,如 1:10000 比例尺,甚至 1:5000 比例尺,要求星载 INSAR 的分辨力和测高精度达到 1m 左右,这会对雷达和卫星提出更高的要求。

4)中高轨合成孔径雷达技术

现有星载合成孔径雷达卫星都工作在 1000km 以下的低轨道,处在低轨道的卫星有一很大的缺点,就是卫星的回归周期较长,一般在 4 ~5 天,因此一颗卫星的时间分辨力较长,当需要缩短观测间隔,通常的办法就是采用多卫星组网,如意大利的 COSMO 系统由 4 颗卫星组成,德国的 SAR – Lup 系统由 5 颗卫星组成。卫星组网增加了卫星的采购、发射和维护成本,即使如此仍不能满足有些特殊要求,因此希望把合成孔径雷达卫星放在更高的轨道,甚至是同步轨道,以满足对特定区域的高时间分辨力的观测要求。随着轨道的提高,对于合成孔径雷达将会产生新的问题,首先是卫星的轨道越高,雷达到目标的距离会快速增大,要求雷达有很大的天线功率积,其次为保持高的方位分辨力,要求天线在方位向有较大角度的扫描能力或是卫星平台提供非常平稳的方位向转动能力。大功率孔径天线对平台的体积、重量、功耗提出了更高的要求,天线的展开技术也会随之变得非常复杂。高轨合成孔径雷达可以改善时间分辨力,但其代价也是很大的,目前仍在探索探究之中。

5)动目标检测技术

合成孔径雷达主要对静止目标成像,描述静止目标的特性,有时不仅希望知道静止目标的状态,也希望了解观测区内的动目标情况,至少希望了解在观测区域内有无动目标,以及动目标的活动状态。国外已在利用现有合成孔径雷达系统做动目标检测的试验。

1.3　天基预警雷达作用及特点

天基预警雷达虽然还没有装备投入实际应用，但由于其潜在的优势性能，是最近几十年来一直受到美国等国家持续关注和研究的新一代预警探测系统，与现有预警系统相比具有以下特点：

1）站得高，看得远

天基预警雷达首先是平台高度很高，观测范围几乎不受前面指出的地球曲率的限制。平台以最低轨道高度 500km 考虑，其不受遮挡的视线距离可以达到 2500km 左右，与地面和机载预警探测系统相比，具备了非常好的视野。

2）部署灵活，不受限制

天基预警雷达的平台处在空间，根据现有国际法，空间属于全球共有，不属任何一个国家，因此它的部署不受政治影响，不受国土限制。另外在人类无法生存的区域特别是广阔的海洋目前依然存在许多不受监控的盲区，而天基预警雷达的部署不受地理条件的限制，可以有效弥补现有系统的缺陷。

3）调度控制灵活

由天基预警雷达组成的探测网，可以根据需要，通过发射指令，就能调整卫星的高度、视角等参数完成对某一特定地区的监视。而许多地面大型预警雷达站都是固定的，可移动和机动雷达的作用距离一般有限，并且也需要合理的站点。机载预警雷达虽然具有良好的机动性，但飞机的起降受机场天气的影响，作业也受飞行途中的天气的影响。

4）全天候、全天时工作

天基预警雷达不受云、雨、烟、雾的影响，也不受日光的影响，具备全天候、全天时的工作能力。

5）探测目标种类多

天基预警雷达具有灵活的工作模式，探测的种类很多，从地面的静止目标到运动目标，海面的舰船，空中的飞机、导弹，各种空间目标。天基预警雷达是主动探测，不需要目标具有红外特征或是目标辐射无线电信号。

6）探测空间范围大

天基预警雷达探测空间可以从地/海面一直到太空。而目前红外探测系统的最佳探测范围主要在太空，进入大气层后，红外能量被大气层吸收，探测效果受到很大影响。

7）具有良好反隐身飞机的能力

隐身飞机是目前各国竞相研制和装备的空中突击力量，从最早美国的 F-117 战机到 B-2 轰炸机、F-22 和 F-35 战机，这些飞机对现有预警探测系统构成很大的威胁,大大降低了这些系统的探测距离。但是隐身飞机并不是完全看不见,它主要通过飞机的外形设计和涂覆吸收材料降低雷达反射截面积。飞机外形设计的重点是尽可能减小机头方向的雷达反射截面积,而微波吸收材料的重量较大,一般来说,面积为 $1m^2$ 厚度为 2mm 的一块吸收材料,质量在 5kg 左右,因此不可能全机表面均涂覆吸收材料,重点涂覆位置在机腹,而天基预警雷达是从高处往下看隐身飞机,前面提到的措施的效果将会减小,因此飞机的隐身效果将会变差一个量级左右,具体见第 5 章。

8) 安全性高

天基预警雷达处在空间轨道,虽然基本轨道固定,但特殊情况下也可以变轨,目前具备攻击卫星能力的国家也有限,而许多大型地面预警雷达站固定,或是机动能力有限,在目前众多的精确打击武器下,其安全性相比要低。即便是具有良好机动能力的机载预警雷达,也因为目标较大,易受攻击。

1.4 国外天基预警雷达技术发展现状

天基预警雷达由于其独特的优点,一直受到美国等国家的持续关注和重视。美国主要从三个方面开展天基预警雷达的研究:一是开展天基预警雷达概念研究和需求应用研究,二是天基预警雷达关键技术研究,三是天基预警雷达演示验证研究。虽然到目前为止还没有天基预警雷达卫星发射的公开报道,但是美国开展的研究工作已经为工程研制奠定了坚实的技术基础。

1.4.1 天基预警雷达概念研究

早在 20 世纪 80 年代,美国就开展了天基预警雷达的概念研究,把它列为天基雷达三个重要的应用方向[1],到了 90 年代中,天基预警雷达受到美国空军的强烈关注与支持[2]。1995 年美国空军组织了一次公开的天基预警雷达讨论会。参加会议的单位几乎涵盖了相关的部门,有空军作战司令部(Air Combat Command),空军航天司令部(Air Force Space Command),航天导弹系统中心(Space and Missile Systems Center),Rome Laboratory,电子系统中心(Electronic Systems Center),Phillips Laboratory ,Lincoln Laboratory,国家侦察局(NRO)以及 Jet Propulsion Laboratory 等。会议讨论的主题是从太空执行类似于机载预警雷达系统(AWACS)和联合目标跟踪与攻击雷达系统(JSTARS)的监视能力的可行性,评估什么时候可以具备这种能力,以及需要解决的关键技术。通过讨论,会议得到的主要结论为:由卫星实现 AWACS 和 JSTARS 的监视能力是可行的,但是以美国 1995 年的技术水平实现这些功能是非常困难的,主要原因是要求卫星很大、很重,成本很高。

1996 年又举行了 Space/UAV/Bistatic 研讨会，参加会议的单位和人员同 1995 年会议。这次会议讨论的主题是采用双基地雷达，也就是发射和接收在不同的卫星上；或是一个在卫星上，另一个在飞机上。一般发射在高轨道或是较高的轨道上，希望这样能降低雷达的重量和功耗的要求。最终讨论的结果为：可能双基地雷达可以稍微降低雷达功率孔径积的要求，但是成本依然是非常大的，另外增加了系统设计和信号处理的复杂度。

1996 年 Phillips Laboratory 成立了天基雷达集成融合小组（Space Based Radar Integrated Product Team，SBRIPT），该小组研究的目标是如何使用天基预警雷达，如何满足需求。这个小组的最大贡献是减小了大面积区域连续观察的要求。他们提出了采用相控阵天基雷达以满足对多个感兴趣区域进行快速重访的想法。SBRIPT 又提出了一个 Techsat 21 卫星系统新概念，它采用一组卫星形成分布式多站的天线，每个小卫星都收发信号，通过信号处理合成形成一个等效的大天线。

之后又成立一个卫星平台小组，研究如何将获得的动目标信息与 C^3 系统（Command Control Communication）联系起来，并把信息及时送到各个用户。即如何通过一个动目标信息协议把用户和信息获取设备联系在一起。

1997 空军制定了技术路线图，认为在 2015 年可以解决轻型可展开相控阵天线、轻型电池、轻型高效太阳能电池板、高速处理器及其算法等关键技术，到 2020 年能形成 GMTI 能力，2025 年能形成 AMTI 能力。

整个技术路线图从功能实现角度讲分为短、中和远期三个阶段。短期为实现 GMTI 能力，增强现有机载 GMTI 能力；中期实现局部区域的 AMTI 能力；长期实现全球连续的 GMTI 和 AMTI 的能力。

除了美国空军外，在美国国防部部长办公室领导下，在 1997 年开展了现有动目标检测能力，以及基于将来战场环境的动目标检测要求和可行性分析的研究。美国海军也针对天基预警雷达用于检测海面舰船的需求，开展可行性研究，提出了方案设想[3]

总之，在 20 世纪 90 年代，美国军方对天基预警雷达的应用及可行性以及关键技术识别、技术路线的制定等方面进行了大量研究，明确了发展方向和技术路线实现途径，为后续关键技术攻关和演示验证奠定了基础。

1.4.2　天基预警雷达关键技术研究

天基预警雷达应该是至今为止最为复杂、技术难度最大的雷达系统，需要突破许多关键技术，其中最核心的技术是两项。第一是超大型相控阵天线的实现，由于要求雷达作用距离达数千千米，其天线面积要达到几百平方米，如何使几百平方米天线在卫星发射前能够压缩在一起满足运载火箭的包络和重量要求，在发射后在太空中能够平稳展开满足平面度、刚度和电性能要求确实是很大的挑战。第二是在轨实时信号与数据处理。不同于星载合成孔径雷达,在轨只获取地面回波的原始数据,其后续成像处理都在地面完成,而天基预警雷达搜索跟踪的各类运动目标,必须在轨实时完成目标的检测,形成目标运动的轨迹。另外由于雷达平台的高速运动和地球自转的影响,天基预警雷达的信号处理远比机载预警雷达复杂。美国在这些关键技术方面开展了广泛而深入的研究工作。

1.4.2.1 大型天线技术

由于卫星平台所能提供的电源相对有限,主要依靠增加天线面积提高雷达的威力,因此大型天线是实现天基预警雷达的物质基础。美国在大型天线技术方面进行大量的研究,典型的有 JPL 实验室的柔性相控阵天线,如图 1.8 所示。

(a) 收拢状态的天线　　(b) 展开状态的天线

图 1.8　JPL 实验室研制的柔性天线样件(见彩图)

美国防部先进研究计划局(DARPA)在 2000 年以后,支持了 ISAT(创新性的天基雷达系统天线技术)的研究计划,主要目标是在空间实现大孔径天线,图 1.9 是 DARPA 支持的超大型相控阵天线的示意图。它采用有源相控阵体制,天线尺寸为 300m × 3m。

在 2009 年曾经报道的 DARPA 所描述的有关 ISAT 发展路线如图 1.10 所示。

图 1.11 为 Northrop Grumman 公司研制的 ISAT 天基雷达天线样机。研制的绳索驱动展开天线展开机构,其地面演示样机由 8 块天线板组成,具有良好的可扩展性,目标展开长度为 100m,天线与卫星平台采用一体化设计。

1.4.2.2 在轨实时处理技术

在轨实时信号处理技术的研究主要在两方面。一是信号处理算法的研究,算法的研究集中在空时自适应信号处理[4](STAP)。STAP 是现有信号处理方法中能力最强的,采用这种算法可以有效提高在杂波区中检测运动目标的能力。

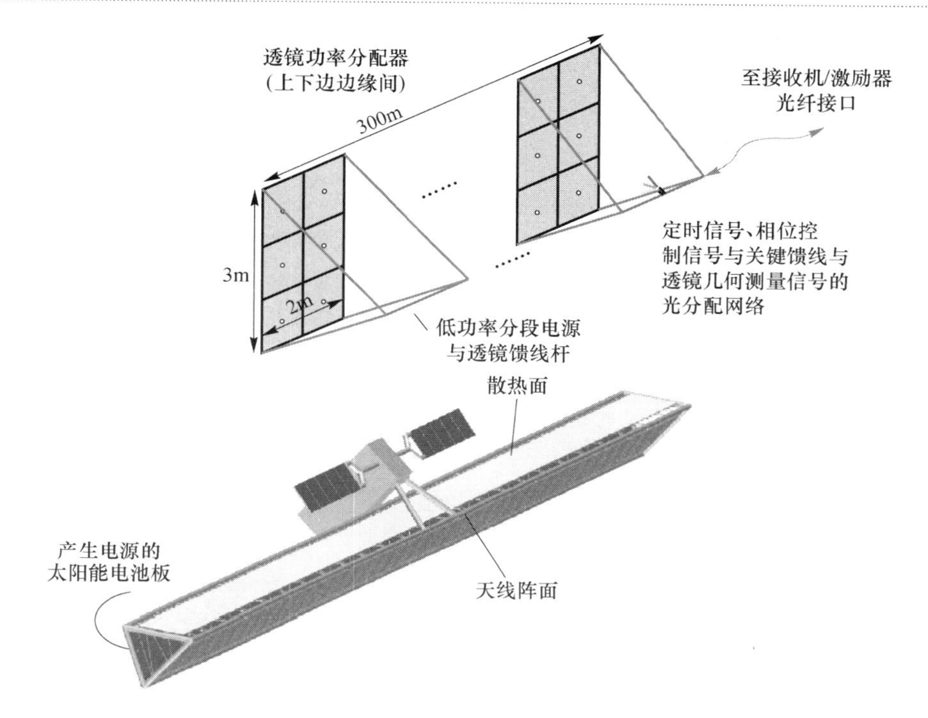

图 1.9　DARPA 的创新空间雷达天线示意图(见彩图)

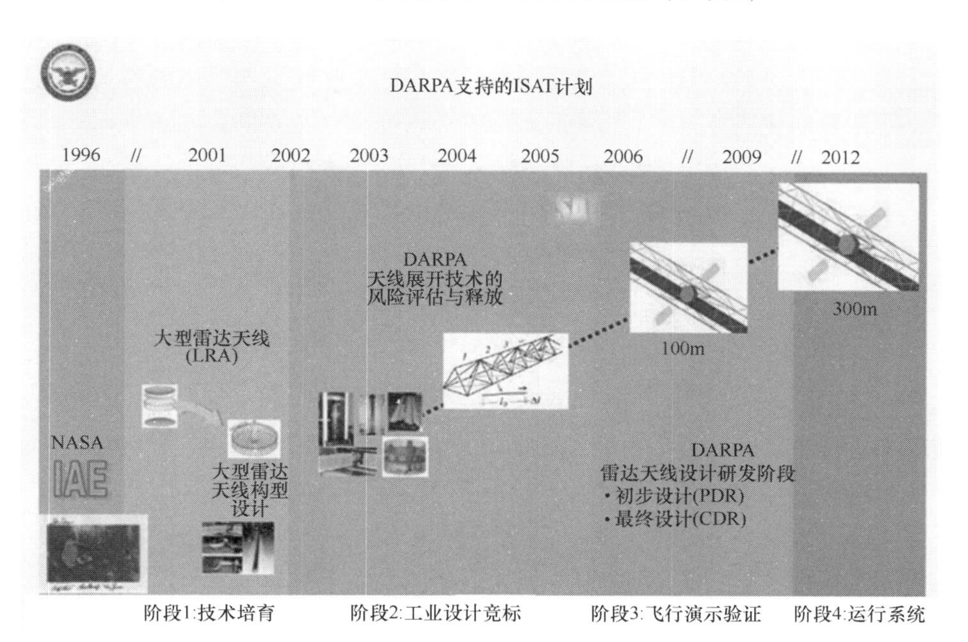

图 1.10　美国 ISAT 发展路线图(见彩图)

图 1.11 Northrop Grumman 公司的 ISAT 天基雷达天线展开机构样机

虽然 STAP 出现已有几十年，并且也在机载预警雷达等系统中得到了应用，但是这种方法用到天基预警雷达时会遇到更复杂的问题。平台运动速度非常快导致雷达收到的回波信号随时间变化很快，雷达覆盖的区域很大，大区域内的场景波很不均匀，这些因素使得训练算法的回波不平稳，导致算法不容易收敛。另外为减少雷达的复杂度和运算量，天基预警雷达参与自适应处理的子阵数量受到限制，也就是 STAP 处理的自由度是有限的，这也会使性能受到影响，目前已提出了许多算法来减小训练 STAP 的数据的方法。

信号处理研究的另一方面是高速信号处理板的研究，开展了以 FPGA 为核心器件的处理板的研制，2004 年已经达到了板内数据率达 10Gbit/s，板外达 8Gbit/s 的数据交换能力[5]，样件见图 1.12。在设计中也考虑了散热等问题。

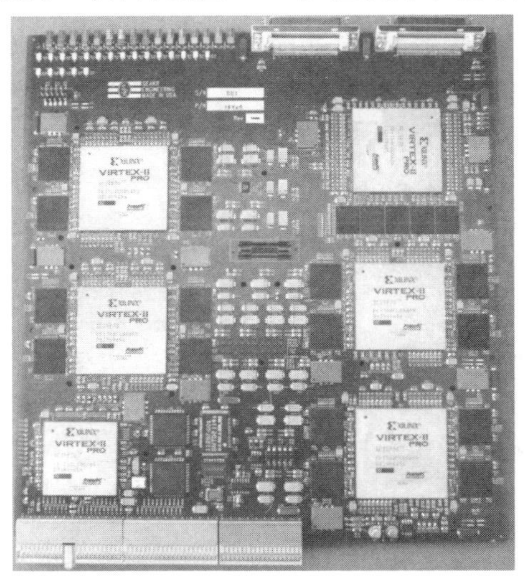

图 1.12 高速信号处理板样机(见彩图)

1.4.3 天基预警雷达演示系统研究

鉴于美国空军和NASA对大型星载雷达系统都有长期的需求,2003年美国空军和NASA联合推出了星载雷达演示验证项目计划[6]。具体由美国空军实验室(AFRL)和JPL实验室共同负责,希望在十年内完成联合演示验证星的在轨试验。在这个项目中,空军关心的技术主要有:轻型相控阵天线技术、在轨实时处理技术、动目标检测技术、雷达信号处理算法、获取的情报管理技术、卫星平台技术和成本控制。NASA主要关注除了动目标检测技术外的科学研究。整个演示验证卫星的功能分为合成孔径成像和动目标检测两大部分,其中NASA负责前者,空军负责后者,并且空军主要关心AMTI检测。

1.4.3.1 演示验证系统的主要目的

美国空军和NASA开展演示验证的主要目的是以下几个方面:

(1) 验证利用多相位中心的大型天线进行信号处理的算法,因为在地面无法精确模拟每个变量对系统性能的影响;

(2) 验证大型天线精确展开技术;

(3) 验证大型天线结构变形的控制与校正技术;

(4) 验证卫星在装备大型天线下的精确稳定控制技术;

(5) 验证大型天线遇到温度剧变情况下,保持天线性能的能力;

(6) 验证在轨实时处理技术,以及处理的容错能力等。

1.4.3.2 演示验证系统的主要性能指标

由于美国空军和NASA需求不同,各自对演示验证系统提出了要求。其中合成孔径成像要求见表1.1,动目标检测要求见表1.2。

表1.1 合成孔径成像性能要求

参数 \ 工作模式	低分辨力条带模式	高分辨力条带模式
距离分辨力/m	5	5~2.5
方位分辨力/m	25	5
成像幅宽/km	528	20
视数	5	1~2
入射角范围/(°)	15~55	25~55
极化形式	全极化	全极化
等效噪声系数/dB	-25	-30

（续）

参数 \ 工作模式	低分辨力条带模式	高分辨力条带模式
频率范围/MHz	1252 ~ 1297	1232 ~ 1297
信号带宽/MHz	45	65
模糊度(距离/方位)/dB	-20/-20	-20/-20

表 1.2　动目标检测要求

参数 \ 工作模式	地面动目标检测(GMTI)	空中动目标检测(AMTI)
距离分辨力/m	16	53
覆盖范围/km^2	150 × 150	250 × 250
重访时间/s	60	10
入射角范围/(°)	20 ~ 50	20 ~ 75
方位扫描范围/(°)	±45	±45
极化形式	多极化	垂直极化
目标截面积(dBm^2)	10	3
信号带宽/MHz	10	3
最小可检测速度(径向)		42m/s

演示验证的雷达工作在 L 波段，采用平面有源相控阵天线，雷达对应 NASA 和美国空军的要求，有两大类工作模式，也就是满足 NASA 需求的合成孔径成像模式和满足空军需求的动目标搜索与跟踪模式。合成孔径成像模式与现有星载成像雷达类似，分为高分辨力条带成像模式、低分辨力条带成像模式和扫描成像模式三种。演示验证最大的特点当然是动目标检测模式，又分为地面动目标检测和空中动目标检测两种。采用沿航迹干涉处理技术(ATI)检测地面动目标。采用 32 个通道的空时二维信号处理技术检测空中运动目标。雷达的主要技术指标见表 1.3。

表 1.3　演示验证系统的主要技术指标

卫星轨道高度	500km
雷达波段	L
雷达工作频率范围	80MHz,1220 ~ 1300MHz
天线形式	平面有源相控阵
天线尺寸	50m × 2m
天线扫描范围	方位:45°;俯仰:±20°
辐射的峰值功率	25kW
接收通道数量	32
在轨处理器	FPGA + 通用信号处理芯片
在轨信号处理算法	DBF,SAR,GMTI,AMTI
卫星质量	4000kg

雷达天线是一部面积为100m^2的L波段轻型有源相控阵天线，其中方位向尺寸为50m，俯仰向尺寸为2m。整个天线（含展开机构等）为1800kg，天线面板部分为1543kg，展开机构为257kg，天线的面质量为18kg/m^2。整个天线在结构上分成16块进行折叠，见图1.13所示。

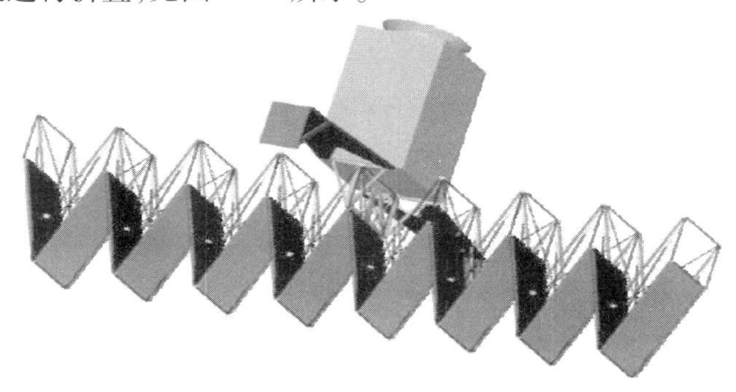

图1.13 美国天基雷达天线的天线折叠示意图（见彩图）

而每块天线在电信上又分成2个子天线，共计32个子天线，每个子天线由12×12个天线单元和相应的组件、延迟线等组成。它们收到的信号经A/D采用成数字信号后，通过光纤送到信号处理机，如图1.14所示。天线的主要指标见表1.4。

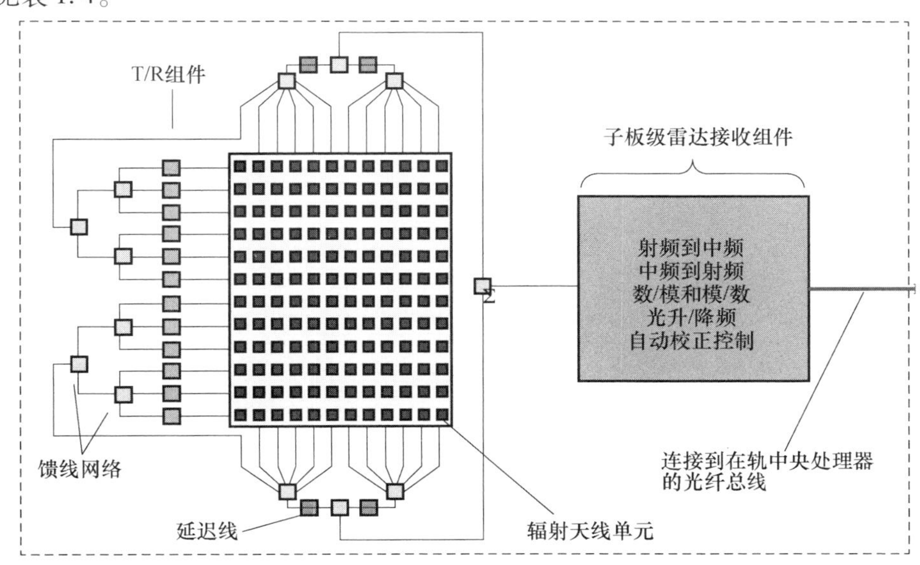

图1.14 子阵天线的信号传输图（见彩图）

为这个演示验证项目，还专门研制了轻型多极化T/R组件，组件的主要指标见表1.5，T/R组件的样件照片见图1.15。

表 1.4 美国演示验证雷达天线的主要指标

天线工作频率	L 波段
工作带宽	≥80MHz
天线极化形式	水平极化和垂直极化
天线辐射单元	平面微带天线
天线尺寸	方位向:50m;俯仰向:2m
单元数量	384×12
单元间距	方位向:0.58λ;俯仰向:0.74λ
方位扫描角	±45°
俯仰扫描角	±20°
天线指向精度	±0.15°
增益(法向)	≥42.1dB
增益起伏(80MHz 带宽内)	≤0.5dB
极化隔离度	≥20dB
峰值副瓣电平(发射天线)	≤-13dB
平均副瓣电平(接收天线)	≤-50dB
效率(均匀加权)	≥90%
辐射的峰值功率	25kW
天线平面度	≤1.2cm
天线质量	≤1800kg

表 1.5 T/R 组件的主要指标

天线工作频率	L 波段
工作带宽	≥80MHz
极化形式	H 或 V,通过开关控制
增益起伏(80MHz 带宽内)	≤0.5dB
脉冲宽度	5~7μs
脉冲重复频率	350~4000Hz
工作比	0.3%~8.7%
输出峰值功率	7.3W
发射路增益	30dB
发射效率	≥36%
发射信号杂散	≤-60dBc
接收增益	20dB

（续）

天线工作频率	L 波段
接收三阶压缩电平	≥ -20dBm
噪声系数	≤2.5dB
移相器相移范围	360°
移相器步进	≤6°
衰减器衰减范围	30dB
衰减器步进	≤0.5dB
质量	33g

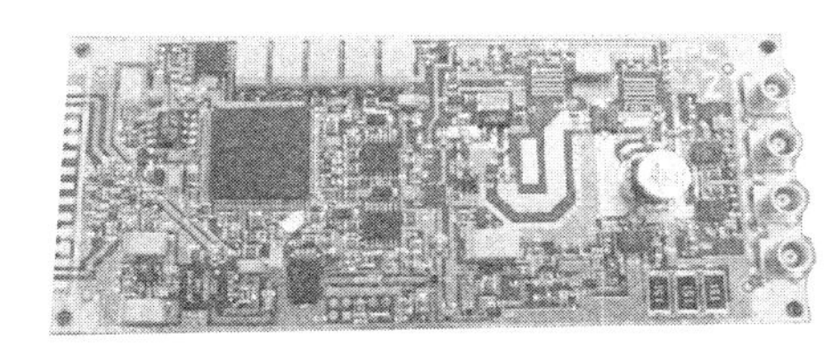

(a) 开盖后的组件照片

(b) 加盖后的组件照片

图 1.15 研制的轻型 T/R 组件样机照片(见彩图)

雷达采用以 FPGA 为核心的在轨实时处理器，实现成像和运动目标的检测处理，数据吞吐率达到 25.6Gbit/s。[7,8]

综上所述，美国在天基预警雷达技术方面投入了很大的力量，成体系、全方位地开展深入的研究工作，为天基预警雷达进入工程应用创造了良好的条件，奠定了坚实的技术基础，可以预计在不远的将来会出现第一部天基预警雷达。

1.5 本书内容概述

第 1 章在比较现有预警探测手段优缺点的基础上，分析天基预警雷达的特点和作用。回顾天基雷达的发展历史和现状，分析其发展趋势，特别总结了美国天基预警雷达技术研究的状况，指出天基预警雷达技术是今后雷达技术发展的重点方向。

第 2 章对单基地、双基地和多基地天基预警雷达的技术体制进行分析，讨论这三种体制的特点以及关键技术。通过比较认为目前单基地天基预警雷达的可行性和可用性要高于其他两种形式的天基预警雷达。

第 3 章分析卫星轨道对天基预警雷达覆盖性能的影响。天基预警雷达的覆盖性能是重要的系统指标。卫星轨道的高度、倾角等参数与雷达覆盖性能息息相关,同时卫星轨道的不同也会对雷达提出不同的要求。低轨卫星均通过星座组网缩短天基预警雷达观测时间的间隔,分析了现有几种典型星座的覆盖性能。

第4章阐述天基预警雷达的主要性能指标。这些指标不仅确定雷达的能力,而且也是雷达设计的依据,确定了雷达的技术指标和规模。重点分析天基预警雷达的设计准则,主要技术参数的选择和设计方法。

第5章讨论天基预警雷达接收到的目标和背景回波信号的特征。背景回波信号的特征分析是雷达检测运动目标的基础。由于天基预警雷达的平台速度比飞机快30余倍,同时还存在地球自传的影响,使得雷达收到的背景杂波的频谱远比机载预警雷达复杂,因此对天基预警雷达的信号处理提出了很高的要求。天基预警雷达的平台高度最低也在几百公里以上,从卫星上观察目标与在地面和空中有很大的差别,理论仿真表明可以提高隐身飞机的雷达截面积,从而有利于发现诸如B-2、F-22这样的隐身飞机。

第6章讨论天基预警雷达天线系统设计技术。从天线的要求出发,分析天线设计的主要方面,特别对有源相控阵天线设计进行了深入的分析,对天线内部的核心单机进行了具体的讨论。

第7章讨论天基预警雷达信号处理技术。信号处理技术是天基预警雷达的基础,决定了雷达性能的优劣。与现有星载成像雷达不同,天基预警雷达必须在轨完成回波信号的处理,同时由于卫星平台的高速运动和地球自转运动而导致信号处理变得更为复杂。对几种典型的适用于不同工作模式的信号处理技术进行了分析。

第8章分析天基预警雷达接收处理技术。接收技术虽然相对成熟,但是其依然对雷达整体性能有重要的影响。本章讨论了涉及接收技术的信号产生、滤波处理和数字化等各个方面,可以对雷达接收技术有一深入的了解。

参考文献

[1] Skolnik M I. Radar Handbook[M]. 2nd ed. New York:McGraw - Hill Book Co. 1990.

[2] Delap R A. Recent and current air force space based radar effects[C]. Atlanta, Georgin: Proceeding of the 2001 IEEE Radar Conference.

[3] Skolnik M L. Spaceborne Radar for the Global Surveillance of Ships Over the Ocean[C]. Syracuse, NY:1997 IEEE National Radar Conference, :120 - 125.

[4] Schuman H K, Li P G . Space Time Adaptive Processing for Space Based Radar[C]. Big Sky, MT:2004 IEEE Aerospace Conference Proceedings, Big sky, MT:1904 - 1910.

[5] Vaillancourt S. Space Based Radar on Board Processing Architecture[C]. Piscataway N J, United States:2005 IEEE radar conference.

[6] Rosen P A, Davis M E. A Joint Space Borne Radar Technology Demonstration Mission for

NASA and the Air Force[C]. Proceedings IEEE 2003 Aerospace Conference, Big Sky MT , March 2003:437 - 444.

[7] Fischman M A, Le C. Digital beam forming developments for the joint NASA/Air force space based radar[C]. Anchorage, Alaska, USA: Geoscience and Remote Sensing Symposium 2004 (IGARSS'04) 6 - 13 march 2004, :687 - 690.

[8] Fischman M A, Le C, Rosen P A. A digital beam forming processor for the Joint DOD/NASA space based radar mission[C]. Philadelphia, Pennsylvania: Proceeding of the IEEE radar conference, 26 - 29 April 2004, :9 - 14.

第 2 章 天基预警雷达技术体制

天基预警雷达的技术体制是指雷达采用何种形式的技术途径完成对特定区域中的运动目标的搜索与跟踪。本章讨论三种形式的天基预警雷达。第一种是单基地天基预警雷达,这种形式的天基预警雷达的发射和接收都处在同一个卫星平台上,本质上如同大家熟悉的机载预警雷达,只是平台的速度更快、对雷达的限制条件更苛刻。同时雷达的作用距离等指标要求更高,因此技术更复杂,但是基本的技术体制还是相同的,也是三种技术体制中相对成熟和易于实现的,本书后续几章的内容都是以单基地天基预警雷达为基础开展讨论的。第二种是双基地天基预警雷达,顾名思义这种体制最显著的差别在于雷达的发射天线和接收天线是分置的,不在同一个平台上,提出这种体制的初衷主要是为了减小单基地天基预警雷的功率孔径积的需求,减小系统的成本。第三种是多基地天基预警雷达,其体制是由一组以一定规律分布的小卫星组成的一个雷达网,每颗小卫星上的雷达的天线和辐射功率都比较小,通过把这组小卫星合在一起等效成一个大功率孔径积的雷达。这种体制的最大优点是避免研制大口径雷达天线和大卫星平台,降低了每部雷达硬件的实现难度,当然整个星座的信息控制与处理将会变得十分复杂,目前还只处在理论探讨和概念研究中。

本章主要讨论上面三种天基预警雷达体制的特点、潜在的能力和需要解决的关键技术。

2.1 单基地天基预警雷达

单基地天基预警雷达的工作原理虽然同机载预警雷达,主要利用目标与地面等背景杂波在多普勒频率域的特性差异来检测运动目标,但两者在许多方面存在差异,特别在以下三个方面。一是平台运动速度差别很大,卫星的速度有7000m/s左右,而机载预警雷达的载机速度一般在200~300m/s,两者差20倍以上,这样天基预警雷达接收到的地面等背景杂波的多普勒频谱要宽得多,同时单基地天基预警雷达还要考虑地球自转对地面背景杂波的多普勒频率的影响,为此我们在第 5 章专门分析了单基地天基预警雷达接收到的背景杂波的频谱特性。总的来说单基地天基预警雷达接收到的背景杂波的频谱非常复杂，需要采用低副瓣天线和先进的信号处理方法来抑止杂波对运动目标检测的影响，它们也是单基地天基预警雷达的关键技术，将在后续的章节中进行详细的论述。二是单基地天基预警雷达与所要观测区域不能保持相对稳定，也就是不能像机载预警雷达一样，通过载机的盘旋等运动，一部机载预警雷达可以实现对指定区域的连续监视。单基地天基预警雷达需要多颗卫星组网才能实现对特定区域的监视，卫星轨道的选择对单基地天基预警雷达的覆盖影响很大，在第 3 章中专门分析了卫星轨道参数和星座与单基地天基预警雷达覆盖的关系。三是雷达作用距离需求的不同。由于机载预警雷达的平台高度一般在 8000 ~ 10000m，由于受地球曲率的影响，其对地球的视线距离也就是 400km 左右，因此它的作用距离能满足观测到 400km 左右的诸如 F - 16 那样的战斗机也就满足一般的需求了。而天基预警雷达则不同，按卫星可以维持轨道运行的最低维持轨道高度 500km 左右考虑，其对地球表面的视线距离就有 2000 多千米，因此希望雷达的作用距离至少应与之相匹配，当然希望雷达作用距离越远越好，这样卫星高度可以提高，单部雷达的覆盖范围可以扩大，卫星组网的数目可以减少，最终整个系统采购和运行的费用可以降低，但是由搜索雷达作用距离方程[1]（2.1）可知

$$P_{av}A = \frac{4\pi k_0 T_0 N_F L_s (S/N)_{min}}{\sigma} \frac{\Omega}{t_s} R^4 \tag{2.1}$$

式中：P_{av} 为雷达辐射的平均功率；A 为雷达天线的面积；$P_{av}A$ 称为雷达的功率孔径积；k_0 为玻耳兹曼常数；T_0 为 290K；N_F 为雷达的接收噪声系数；L_s 为雷达系统损耗；$(S/N)_{min}$ 为雷达检测目标要求的最小信噪比；σ 为目标的雷达后向散射面积；Ω 为需要雷达搜索的空间角度；t_s 为搜索该空间需要的时间；R 为雷达作用距离。

雷达的功率孔径积与作用距离的四次方成正比。当雷达作用距离 R 增加时，雷达的功率孔径积 $P_{av}A$ 会快速增大。在卫星重量、体积、功耗非常苛刻的前提下，要获得大的 $P_{av}A$ 是非常困难的，也是天基预警雷达遇到的最大挑战之一。在第 4 章中将具体讨论这一问题。

2.2　双基地天基预警雷达

前面已经谈到天基预警雷达的覆盖能力是其最重要的指标之一，而雷达的覆盖能力是与卫星平台高度密切相关的，平台高度越高，雷达覆盖的范围越大，理论上如果有三颗同步轨道卫星就可以覆盖整个地球，但是根据雷达方程可知，对雷达的功率孔径积要求极大，以现有技术水平是不可能做到的。目前雷达和

卫星的技术现状只能实现低轨的天基预警雷达卫星,则实现对地球内任一点的监视需要几十颗卫星,卫星使用的效率和成本很高。为了改善这一问题,有人提出了双基地天基预警雷达的构想[2,3],双基地天基预警雷达又可分为两种形式,一种是星星双基地天基预警雷达,另一种是星空双基地天基预警雷达。

为了方便分析双基地天基预警雷达,这里首先定义双基地天基预警雷达和目标之间的相对位置关系,如图 2.1 所示。

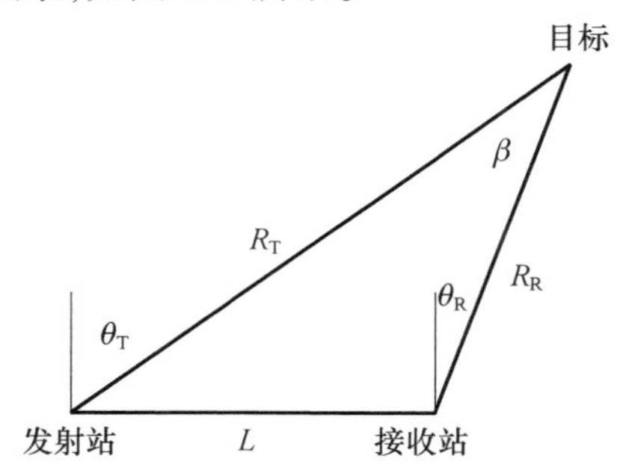

图 2.1　双基地天基预警雷达几何关系示意图

图中目标到发射站和接收站的距离为 R_T、R_R,发射站和接收站之间的距离为 L,在双基地天基预警雷达中,不仅 R_T、R_R 随时间变化,L 也随时间变化;θ_T、θ_R 分别为发射站和接收站到目标的视角;β 为目标与发射站及接收站之间的夹角,也称为双基地角,$\beta=\theta_T-\theta_R$。当 $L=0$ 时,即发射站和接收站合一时,双基地天基预警雷达就演变成单基地天基预警雷达。

2.2.1　双基地天基预警雷达作用距离方程

由文献[1]可知,双基地天基预警雷达发射单个脉冲时的作用距离方程为

$$(R_T R_R)^2_{\max}=\frac{P_T G_T G_R \lambda^2 \sigma_b F_T^2 F_R^2}{(4\pi)^3 K T_0 N_F B_n (S/N)_{\min} L_T L_R} \tag{2.2}$$

式中:P_T 为雷达发射的峰值功率;G_T 为发射天线增益;G_R 为接收天线增益;λ 为雷达工作波长;σ_b 为双基地雷达下的目标反射截面积;F_T、F_R 为发射和接收天线传播因子,近似为 1;K_0 为玻耳兹曼常数;T_0 为 290K;N_F 为雷达的接收噪声系数;L_T 为雷达发射支路损耗、L_R 为雷达接收支路损耗;B_n 为接收机等效带宽;$(S/N)_{\min}$为雷达检测目标要求的最小信噪比。显然当 $R_T=R_R$,$L=0$ 时,式(2.2)就是单基地天基预警雷达方程。

为了方便分析,假设雷达收发天线增益在不同的观测方向保持不变,σ_b、F_T、F_R 也不随观测角变化,那么当雷达系统参数确定后,式(2.2)就变为

$$(R_T R_R)^2=\frac{K}{(S/N)} \tag{2.3}$$

式中:K 为常数。如果以发射站和接收站的中心作为原点,以目标到原点的极坐标(r,θ)表示 R_{T}、R_{R},则

$$R_{\mathrm{T}}^2 = r^2 + \frac{L^2}{4} + rL\cos\theta \tag{2.4}$$

$$R_{\mathrm{R}}^2 = r^2 + \frac{L^2}{4} - rL\cos\theta \tag{2.5}$$

则有

$$(R_{\mathrm{T}}R_{\mathrm{R}})^2 = \left(r^2 + \frac{L^2}{4}\right)^2 - r^2L^2\cos^2\theta \tag{2.6}$$

由式(2.3)可得

$$\left(r^2 + \frac{L^2}{4}\right)^2 - r^2L^2\cos^2\theta = \frac{K}{(S/N)} \tag{2.7}$$

由式(2.7)可知,双基地天基预警雷达的等 S/N 线是一个 Cassini 曲线,当 L 为 0 时,双基地天基预警雷达的发射站和接收站重合为单基地天基预警雷达,式(2.7)变为 $r^4 = \dfrac{K}{(S/N)}$,即单基地雷达的等 S/N 线是个圆,两者的等 S/N 线是不一样的。

由图 2.1 可知,$R_{\mathrm{T}}^2 + R_{\mathrm{R}}^2 - 2R_{\mathrm{T}}R_{\mathrm{R}}\cos\beta = L^2$,则 $R_{\mathrm{T}}R_{\mathrm{R}}$ 可以用发射到接收的距离 $R_{\mathrm{T}} + R_{\mathrm{R}}$ 表示为

$$R_{\mathrm{T}}R_{\mathrm{R}} = \frac{(R_{\mathrm{R}} + R_{\mathrm{T}})^2 - L^2}{2(1 + \cos\beta)} \tag{2.8}$$

因此有

$$(S/N) = \frac{4K(1 + \cos\beta)^2}{[(R_{\mathrm{R}} + R_{\mathrm{T}})^2 - L^2]^2} \tag{2.9}$$

由式(2.9)可以看出,处在双基地天基预警雷达的等距离(即 $R_{\mathrm{T}} + R_{\mathrm{R}}$ 为常数)线上目标的回波的信噪比是不一样的,随 β 角变化。等距离线上的最小 β 为 0°,最大角与 L 和 $R_{\mathrm{T}} + R_{\mathrm{R}}$ 有关,因此等距离线上的回波信号的信噪比起伏很大。

因

$$\cos\beta = \frac{R_{\mathrm{T}}^2 + R_{\mathrm{R}}^2 - L^2}{2R_{\mathrm{T}}R_{\mathrm{R}}} \tag{2.10}$$

令 $C = R_{\mathrm{T}} + R_{\mathrm{R}}$,由等距离线定义,$C$ 为常数。代入式(2.10),并整理后可得

$$\cos\beta = \frac{C^2 - L^2}{2(C - R_{\mathrm{T}})R_{\mathrm{T}}} - 1 \tag{2.11}$$

对式(2.11)求导,可得到,当 $R_T=C/2$ 时,β 为最大值,此时有

$$\cos\beta_{\max}=1-\frac{2L^2}{C^2}=1-\frac{2L^2}{(R_T+R_R)^2} \tag{2.12}$$

简化得

$$\sin\frac{\beta_{\max}}{2}=\frac{L}{R_T+R_R} \tag{2.13}$$

即

$$\beta_{\max}=2\arcsin\frac{L}{R_T+R_R} \tag{2.14}$$

由上面分析可知,在等距离线上,β 最小值为 0°,最大值为 $2\arcsin\frac{L}{R_T+R_R}$。假设 $\frac{L}{R_T+R_R}=0.95$,$\beta_{\max}=163.6°$。那么由式(2.10)得到,在等距离上的回波信号的信噪比最大值比最小值相差近 20dB。

而对于单基地雷达,β 为 0°,L 为 0,$R_T=R_R=R$,$(S/N)=\frac{4K}{R^4}$,即不考虑目标雷达反射截面积起伏等因素,等距离线上的回波信号的信噪比是一样的。实际上双基地雷达的这一特点对雷达系统的参数设计,如功率孔径积、动态范围有较大的影响。

2.2.2 双基地天基预警雷达目标反射截面积

无论是单基地雷达,还是双基地雷达,天基预警雷达目标的雷达反射截面积(RCS)是雷达系统设计的主要输入指标之一。与单基地天基预警雷达的 RCS 一样,双基地天基预警雷达的 RCS(σ_b)的定义为

$$\sigma_b=\lim_{R\to\infty}4\pi R^2(|E_r|^2/|E_{in}|^2) \tag{2.15}$$

式中:E_{in}是目标上的入射角方向的电场强度;E_r 是观测角方向的电场强度;R 是接收天线到目标的距离。

同单基地天基预警雷达的 RCS 相比,双基地天基预警雷达的 RCS 情况更为复杂,不仅与工作频率、入射角等参数,而且与目标到发射站和接收站方向之间的夹角 β 有关。

在研究双基地天基预警雷达时,我们自然关心的一个问题是,对于同一目标,它的双基地天基预警雷达的 RCS 与单基地天基预警雷达的 RCS 相比,究竟有多大变化,是增加了还是减小了。

根据文献[4],对于尺寸比波长大得多的连续的完全导电的凸状目标,单基地天基预警雷达的 RCS(σ_m)和双基地天基预警雷达的 RCS(σ_b)可表示为

$$\sigma_m\approx\frac{4\pi}{\lambda^2}\left|\int_{s0}\exp[\mathrm{j}(4\pi/\lambda)\boldsymbol{\rho}\boldsymbol{r}\mathrm{d}s]\right|^2 \tag{2.16}$$

$$\sigma_{\mathrm{b}} \approx \frac{4\pi\cos^{2}(\beta/2)}{\lambda^{2}}\left|\int_{s_0}\exp[\mathrm{j}(4\pi/\lambda)\cos(\beta/2)\boldsymbol{\rho}\boldsymbol{r}_{\mathrm{b}}\mathrm{d}s]\right|^{2} \tag{2.17}$$

式中：λ 为雷达工作波长；β 为双基地夹角；S_0 为发射天线和接收天线同时照射到的目标表面；$\boldsymbol{\rho}$ 表示以目标中心为坐标原点到目标表面的矢量半径；$\boldsymbol{r}$ 表示单基地接收方向；$\boldsymbol{r}_b$ 表示双基地接收方向。

双基地天基预警雷达的 RCS 可以分为三个区域来描述，准单站散射 RCS 区域，双基地天基预警雷达的 RCS 区域和前向 RCS 区域，这些区域的大小不仅与双基地夹角有关，而且也与目标自身特性有关。

1）准单站散射 RCS 区域

对于比较光滑，而且完全导电的物体如球体、柱面体等，其双基地天基预警雷达的 RCS 可以用发射和接收双站夹角的平分线处和处在实际频率的 $\cos(\beta/2)$ 处测量的单站 RCS 来表示，即

$$\sigma_{\mathrm{b}}(f,\alpha-\beta/2,\alpha+\beta/2) \approx \sigma_{\mathrm{m}}(f\cos\beta/2,\alpha,\alpha) \tag{2.18}$$

式中：f 为雷达工作频率；α 为电磁波入射角。对于球体，如果尺寸较大，β 值在 100°左右，则上式仍成立；如果尺寸较小，上式成立的 β 值在 40°左右。而如果目标是一个复杂的结构体，则上式成立的 β 角将会下降到 5°，由于此时夹角较小，$\cos(\beta/2)$ 接近 1，基本可以认为双基地 RCS 等同于单基地 RCS。

2）双站散射 RCS 区域

对于复杂结构体的目标，随着 β 角的增大，双基地天基预警 RCS 就不能用单基地天基预警 RCS 描述，这主要有三方面的原因。复杂目标内部的散射中心之间的相位随着 β 角发生变化；复杂目标内部的散射中心的反射强度发生变化；复杂目标内部的散射中心本身发生变化，一些散射中心随着 β 角变化消失了，或者又出现了新的散射中心点等。

第一种情况类似于准单站雷达的 RCS 随入射角的变化产生 RCS 的闪烁；第二种情况是发射天线或接收天线处在后向反射强度范围的边缘区，因此其强度随 β 的变化产生幅度起伏；第三种情况是随 β 变化，接收方向或发射方向处在目标散射的阴隐区。

文献[1]指出，除了一些特定场合，例如隐身飞机，它特意把飞机形状设计成雷达后向散射能量尽可能分散到其他方向，使单站雷达接收到的能量最小，在大多数情况下，双基地天基预警雷达的 RCS 要小于单基地天基预警雷达的 RCS。

3）前向散射 RCS 区域

当 β 角接近 180°时，双基地天基预警雷达的 RCS 将发生急剧变大，由文献[4]可知，此时

$$\sigma_{b}(180°) = 4\pi(S_{t}/\lambda)^{2} \tag{2.19}$$

式中:S_t 为目标在入射波方向的投影面积。对于半径为 $r_s = 20\lambda$ 的理想导体球的单基地 RCS 为 $\sigma_m = \pi r_s^2 = 400\pi\lambda^2$,而由上式可知双基地 RCS 为 $\sigma_b(180°) = 4\pi(\pi r_s^2/\lambda)^2 = 640000\pi^3\lambda^2$,$\sigma_b(180°)$ 比 σ_m 大 $1600\pi^2$ 倍。

从上面的分析可以看出,此时双基地天基预警雷达的 RCS 急剧增加,可以大大减小雷达的功率孔径积的需求,并且这种 RCS 是不能通过表面涂覆微波吸收材料和改变目标形状的方法来减小的。可惜的是这种 RCS 随 β 偏离 180°而快速下降,在实际应用中一般很难满足这种情况。

2.2.3 双基地天基预警雷达杂波散射特性

由于天基预警雷达是在地面杂波背景中检测运动目标的,地面杂波反射的强度自然会影响天基预警雷达的性能,因此需要研究双基地天基预警雷达的地面杂波的反射截面积。

类似于单基地天基预警雷达,地面杂波反射截面积可以表示为

$$\sigma_{c} = \rho_{b}^{0} A_{c} \tag{2.20}$$

式中:ρ_b^0 为双基地杂波反射系数,与地表面特性、频率、极化等因素有关;A_c 为杂波面积,杂波面积由发射天线和接收天线共同照射到的区域构成。

在讨论双基地天基预警雷达杂波反射系数 ρ_b^0 之前,先建立双基地天基预警雷达杂波测量的几何坐标图,见图 2.2。图中,T_X 为入射波方向;R_X 为反射波方向;θ_i为入射角;θ_s为散射角;ϕ 为散射面与入射面的夹角,ϕ 为零度时为同面散射,其他为非同面散射;β 依然为双基地角,当 $\beta = 0°$时,$\theta_i = \theta_s$,则为单基地天基预警雷达散射测量模型。

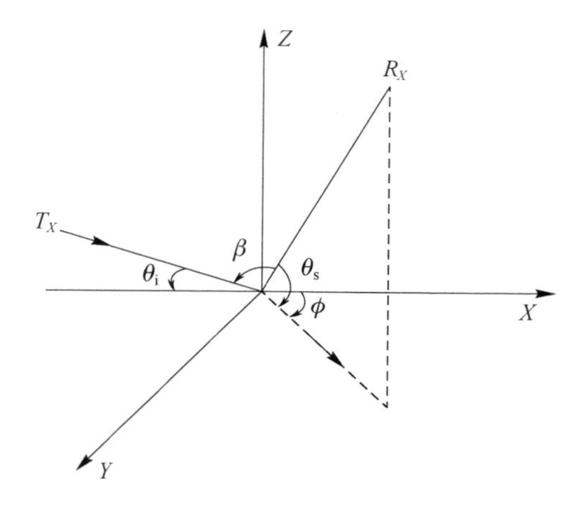

图 2.2 双基地雷达杂波测量坐标示意图

现有双基地 ρ_b^0 的测量数量比较少，没有单基地那样有相对完善的数据来描述模型。文献[1]在总结了现有测量数据特性后，把同面散射的陆地杂波特性分成三个区域描述。这些描述基于单基地天基预警雷达的 γ 模型。

1）小擦地角区域

当 $\theta_i<3°$ 或 $\theta_s<3°$ 区域为小擦地角区域时，杂波散射模型可用下式表示为

$$\rho_b^0=\gamma\sin[(\theta_i-\theta_s)/2] \tag{2.21}$$

式中：γ 与单基地天基预警雷达一样，与地形、波长等有关。此模型与实际测量数据的相比，误差不超过 3dB。

2）大入射角区域

当 $\theta_i+\theta_s>140°$ 时，杂波散射模型可表示为

$$\rho_b^0=\exp[-(\beta_c/\sigma_s)^2] \tag{2.22}$$

式中：σ_s 为地面的平均坡度；β_c 为垂直面与双基地天基预警雷达夹角面之间的夹角，$\beta_c=|90-(\theta_i+\theta_s)/2|$。

3）双基地散射区域

两者之间的区域可以认为是双基地散射区域，此时的杂波散射模型为

$$\rho_b^0=\gamma(\sin\theta_i\sin\theta_s)^{1/2} \tag{2.23}$$

此模型与实际测量数据相比，误差也不超过 3dB。

由于受数据来源的限制，还不能建立双基地海杂波模型和非共面的杂波的模型，但总体来说也可以用单基地天基预警雷达模型来近似表示[1]。

2.2.4　双基地天基预警雷达目标回波信号的多普勒频率

假设双基地天基预警雷达发射站、接收站和目标的相对运动关系如图 2.3 所示。v_T、v_R、v 分别为发射站、接收站和目标的速度；δ_T、δ_R、δ 为相应的运动方向。

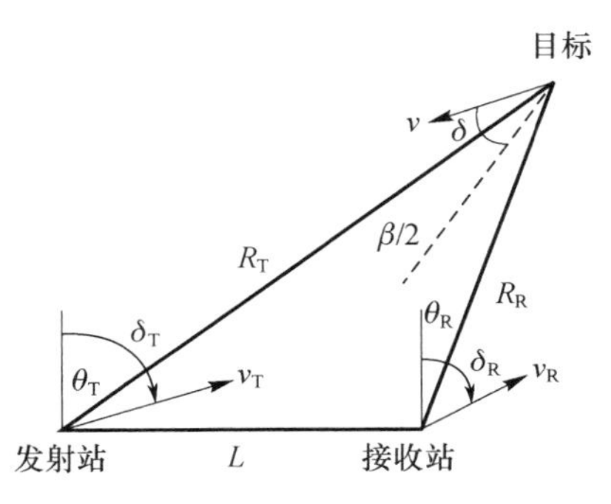

图 2.3　双基地天基预警雷达发射站、接收站和目标的相对运动关系图

由目标运动引起的多普勒频率为

$$f_{\mathrm{t}} = \frac{v}{\lambda}\cos\left(\delta - \frac{\beta}{2}\right) + \frac{v}{\lambda}\cos\left(\delta + \frac{\beta}{2}\right) = \frac{2}{\lambda}v\cos\delta\cos\frac{\beta}{2} \tag{2.24}$$

由发射站运动引起的多普勒频率为

$$f_{\mathrm{T}} = \frac{v_{\mathrm{T}}}{\lambda}\cos(\delta_{\mathrm{T}} - \theta_{\mathrm{T}}) \tag{2.25}$$

由接收站运动引起的多普勒频率为

$$f_{\mathrm{R}} = \frac{v_{\mathrm{R}}}{\lambda}\cos(\delta_{\mathrm{R}} - \theta_{\mathrm{R}}) \tag{2.26}$$

回波信号总的多普勒频率为

$$f = f_{\mathrm{t}} + f_{\mathrm{T}} + f_{\mathrm{R}} = \frac{2}{\lambda}v\cos\delta\cos\frac{\beta}{2} + \frac{v_{\mathrm{T}}}{\lambda}\cos(\delta_{\mathrm{T}} - \theta_{\mathrm{T}}) + \frac{v_{\mathrm{R}}}{\lambda}\cos(\delta_{\mathrm{R}} - \theta_{\mathrm{R}}) \tag{2.27}$$

双基地雷达接收到的信号的多普勒频率受三个方面的影响，这使得来自目标的回波信号和来自背景的杂波的多普勒频率复杂化，它会产生两方面的问题。一是目标回波的多普勒频率的变化剧烈，从而使回波信号容易跨多普勒频率门；二是来自背景的杂波谱展宽，使得在杂波中检测运动目标变得更加困难。最终导致双基地雷达的信号处理比单基地雷达要复杂。

2.2.5 双基地天基预警雷达的定位

双基地天基预警雷达有收、发两个站，一般以相对接收站给出目标的位置信息。目标相对接收站的角度信息可以像单站雷达那样通过单脉冲测角等方法直接得到，但是目标相对接收站的距离信息却不能像单站那样通过测量接收脉冲和发射脉冲的时间差获得。这是因为首先发射和接收站不在同一平台上，它们的时间基准不一致，也就是发射脉冲和接收脉冲的定时不同步；其次收发脉冲间的时间差是由发射站到目标、目标反射到接收站这两个路程引起的延时时间和，所以要获取目标到接收站的精确距离，必须解决这两个问题。

测量发射脉冲与接收脉冲的时间差有两种方法：

(1) 采用铷钟或是统一时钟授时，使得发射站和接收站在统一时钟下同步工作，当然在其中会产生定时误差，但是按目前的技术水平，这个时间误差在几十纳秒到微秒之间，对测距的影响几乎可以忽略。这样一来可以像单站雷达那样获得接收脉冲和发射脉冲之间的时间差 ΔT_{TR1}，有 $R_{\mathrm{T}} + R_{\mathrm{R}} = c\Delta T_{\mathrm{TR1}}$。

(2) 首先建立发射站和接收站的通信链路，使得接收站可以同时接收到目标回波和发射站的发射信号。测量这两个信号的时间差 ΔT_{TR2}，则有 $R_{\mathrm{T}} + R_{\mathrm{R}} = c\Delta T_{\mathrm{TR2}} + L$，$L$ 为发射站和接收站之间的距离。在得到 $R_{\mathrm{T}} + R_{\mathrm{R}}$ 后，还要进一步处

理后才能得到 R_{R}。

由图2.1可得到

$$R_{\mathrm{R}}^{2}+L^{2}-2LR_{\mathrm{R}}\cos(90^{\circ}+\theta_{\mathrm{R}})=R_{\mathrm{T}}^{2} \tag{2.28}$$

进一步有

$$2R_{\mathrm{R}}^{2}+2R_{\mathrm{R}}R_{\mathrm{T}}-2LR_{\mathrm{R}}\cos(90^{\circ}+\theta_{\mathrm{R}})=(R_{\mathrm{T}}+R_{\mathrm{R}})^{2}-L^{2} \tag{2.29}$$

经过整理得

$$R_{\mathrm{R}}=\frac{(R_{\mathrm{T}}+R_{\mathrm{R}})^{2}-L^{2}}{2[(R_{\mathrm{T}}+R_{\mathrm{R}})+L\sin\theta_{\mathrm{R}}]} \tag{2.30}$$

显然,知道了 $R_{\mathrm{T}}+R_{\mathrm{R}}$ 和 θ_{R},通过(2.30)就可以求得 R_{R}。

从上面分析可以看出,双基地天基预警雷达的测距方法要比单基地天基预警雷达复杂,需要建立时间同步,测量精度除了与单基地天基预警雷达那样与信号带宽、信噪比等因素有关外,还与目标相对接收站的几何位置及精度有关。

2.2.6 星星双基地天基预警雷达

2.2.6.1 系统构成

星星双基地天基预警雷达由两颗卫星组成,其中一颗卫星放置雷达的发射天线,另一颗卫星放置雷达接收天线[3]。为了减少发射天线数量,以及降低雷达信号处理的复杂程度,放置发射天线的卫星处在地球同步轨道,这样三颗发射天线卫星可以覆盖全球,见图2.4。放置接收天线的卫星只能处在低轨道,这种形式的天基预警雷达的覆盖主要由处在低轨道的卫星决定,因此也需要几十颗

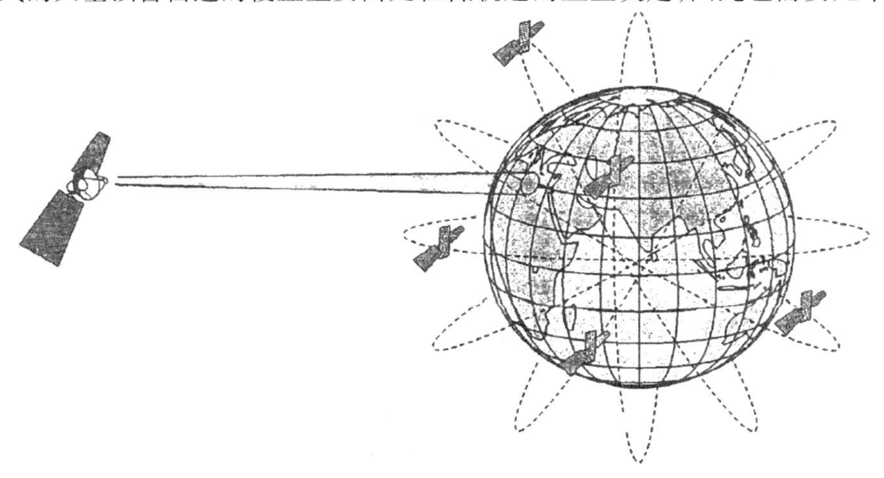

图2.4 星星双基地天基预警雷达示意图

才能覆盖整个地球，但与单基地天基预警雷达相比，由于只有接收天线，其单颗卫星的重量和成本将大幅下降，从而降低整个系统的采购和运行费用。

2.2.6.2 发射天线的功率孔径积的要求

要实现这种形式的预警探测系统，对处在高轨的发射天线的功率孔径积是有要求的。因为发射天线到目标的距离远大于接收天线到目标的距离。假设 P_t 为发射天线功率，A_t 为发射天线面积，R_t 为发射天线到目标的距离，A_r 为接收天线面积，R_r 为接收天线到目标的距离。如果单基地天基预警雷达收发天线相同，同时认为发射功率相当，双基地目标的雷达反射截面积与单基地相当，那么为保证天基双基地系统的探测能力不小于单基地系统，应该使

$$\frac{A_t}{R_t^2} \geqslant \frac{A_r}{R_r^2}\text{，即 } A_t \geqslant \frac{R_t^2}{R_r^2} A_r \tag{2.31}$$

按一般低轨卫星高度500km考虑，接收天线到目标的距离在2000km左右，处在同步轨道的发射天线到目标的距离应在40000km，那么根据上式，发射天线面积要比接收天线面积大400倍，如果接收天线面积为 $100m^2$，则发射天线面积要达到 $40000m^2$；如果接收天线面积为 $900m^2$，则发射天线面积要达到 $360000m^2$，两者才能相匹配。从中可以看出要实现这种形式天基预警雷达，其发射天线面积是非常大的，相应技术难度也是惊人的。

2.2.7 星空双基地天基预警雷达

2.2.7.1 系统构成

把雷达的接收天线放置在无人机上是另一种形式的双基地天基预警雷达，我们把它称为星空双基地天基预警雷达。无人机的飞行高度要比有人机高一倍左右，可以达到20000m，因此具有更广阔的视野，同时其滞空时间也远长于有人机，现有无人机的滞空时间已经可以达到几十小时，下一代采用太阳能的无人机预计可以达到几周、甚至几个月。无人机的另外一个特点是通过飞机的盘旋运动，可以对特定地区进行长时间连续的监视，不像低轨卫星，即使组网工作，依旧不能实现连续监视。无人机主要的缺点是供电能力和载重能力一般不如有人机，把发射天线装在卫星上恰好可以避免这一缺陷，所以由一部装在GEO卫星上的发射天线和装在无人机上的接收天线可以组成成本相对比较低的天基预警雷达系统。

处在GEO卫星上的发射天线在地球表面形成的覆盖区域比较大，而无人机上的接收天线不做特别的处理，覆盖区域较小，为了使两者匹配，无人机上的接收天线可采用数字波束形成技术，以硬件的复杂程度为代价，在方位向和俯仰向

同时形成多个接收波束,这些接收波束可以增加接收天线的照射区域的范围,提高数据率,同时不影响系统的灵敏度。见图2.5所示。

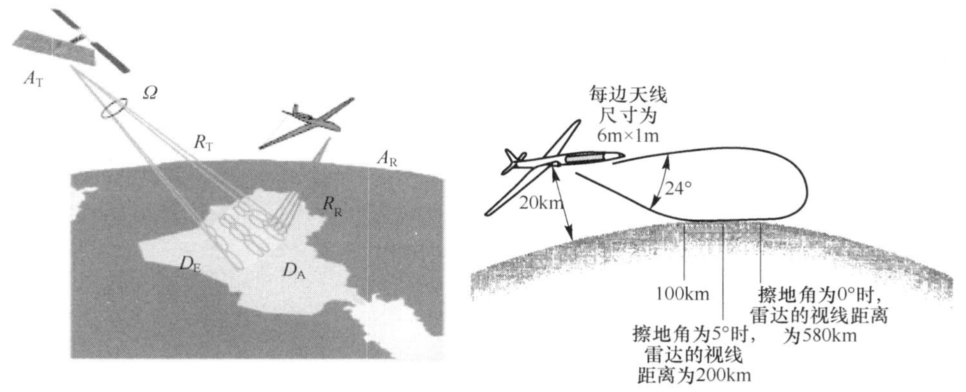

(a) 卫星和无人机天线指向示意图　　(b) 机载雷达天线在高度维的空间覆盖示意图

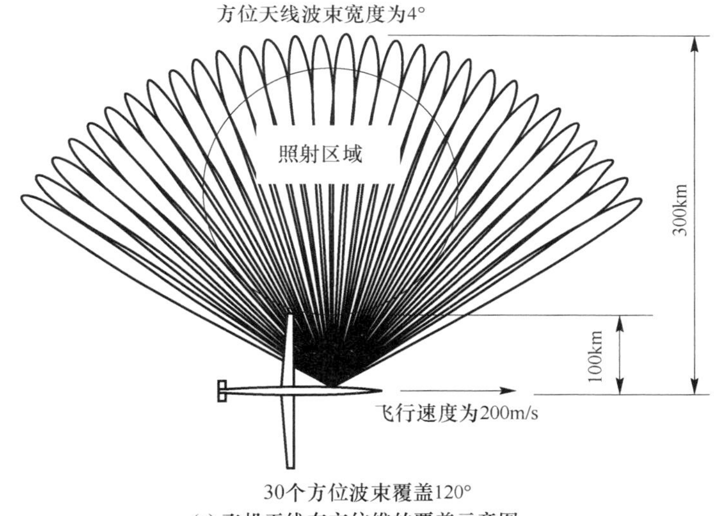

(c) 飞机天线在方位维的覆盖示意图

图2.5　星空双基地天基预警雷达接收天线覆盖示意图(见彩图)

2.2.7.2　发射天线的功率孔径积的要求

与星星双基地雷达一样,发射天线面积至少也要满足式(2.31),才使这种星空双基地雷达的功率孔径积与装在无人机上的单基地雷达的功率孔径积相比拟,从而具有实际应用意义。按无人机高度20000m考虑,接收天线到目标的最远距离在600km左右,处在同步轨道的发射天线到目标的距离应在40000km,则由式(2.31),发射天线面积要比接收天线面积大4444倍,如果接收天线面积为 6m^2,发射天线面积要达到 26664m^2。与星星双基地一样,星空天基预警雷达要求发射天线面积依然非常大。

2.2.8 双基地天基预警雷达关键技术

双基地天基预警雷达除了要解决前面谈到的问题,还需要解决双基地天基预警雷达独有的发射和接收分置后两者的协同工作问题。涉及发射和接收的空间同步、时间同步、频率或相位同步。

2.2.8.1 空间同步

空间同步是指发射天线指向要与接收天线指向一致,如果两者不一致,不仅会导致接收天线收到的有用信号减弱,甚至可能没有接收到来自目标的回波,使雷达的系统灵敏度大大降低,而且会大大增加背景信号及干扰信号的强度,严重恶化雷达的性能。因此必须采用措施使发射天线与接收天线的指向保持一致。

在双基地天基预警雷达中,由于发射天线处在 GEO 轨道上,天线波束在空间的覆盖区域一般要大于接收天线波束的覆盖,有四种可能的方法可使发射天线与接收天线的指向保持一致。第一种方法,发射天线在某个时刻固定不变,然后接收天线对发射天线指定的区域进行扫描,待接收天线完成对这个区域的扫描后,发射天线波束指向下一个波位,接收天线再对这个发射波位进行扫描,这样反复直到发射天线覆盖了整个需要的观测区域。这种方法相对比较简单,但是搜索空域的时间较长,也不灵活,会影响雷达的搜索与跟踪性能,所以虽然简单,一般不采用这种方法。第二种方法是接收天线以增加硬件为代价,同时形成多个数字接收波束覆盖发射天线的波束,这组接收波束随发射波束的移动,这种方法在成本、重量、体积等条件允许的情况下可以采用。第三种方法是,把发射波束展宽,使之覆盖所需要观测的区域,接收天线在这个区域进行扫描,这样发射天线和接收天线可以始终保证照射同一区域,但是这样做的结果是发射天线的增益会降低,从而使雷达的作用距离降低,另外完全靠接收天线抑制背景干扰。第四种方法是发射天线和接收天线在统一控制下,波束在任何时刻指向同一个方向,这种方法适用于发射天线和接收天线的波束宽度相当,由于收发天线各自在不同的平台上,波束指向的调整还要考虑平台的因素,因此采用这种方法的天线必须采用相控阵天线。总而言之,双基地天基预警雷达的空间同步的方法各有代价,要根据具体的情况选择合适的方法。

2.2.8.2 时间同步

时间同步是指发射站和接收站要在同一时统下工作,才能精确测量距离等参数。时间同步的精度要求与雷达使用的信号带宽有关,一般要控制在压缩处理后的宽脉冲度的几分之一,这样可以基本消除时间同步误差对测距精度的影响。

时间同步的方法基本有两类,直接同步和间接同步,在2.2.5节已经有所阐述。直接同步就是把接收到的发射信号作为接收站的时间基准信号同步接收站的设备,这种方法比较简单,但是也容易受多路径或者同频干扰信号的影响。随着GPS等全球定位系统普及和精度的提高,利用全球定位系统的时间同步信号来同步发射站和接收站设备是比较好的选择。

2.2.8.3　相位同步

在单基地天基预警雷达中,用于产生发射信号的晶振同时作用于接收机,因此只要晶振的稳定度满足一定要求,就可以使接收到的回波信号保持相干,从而可以通过信号处理抑制杂波、检测出有用信号。而双基地雷达中,产生发射信号的晶振与接收机所用的晶振是各自独立的,因此需要通过相位同步手段使两者保持相干。其精度最好要满足在相干积累时间内相位的变化小于3.6°。

相位同步的方法也与时间同步一样有两种。一种是通过接收到发射信号锁定接收机的晶振,另一种是用极稳定的铷钟同时驯服发射站和接收站的晶振。

总而言之,双基地天基预警雷达必须采用额外的设备完成空间、时间和相位的同步,同步的精度与具体测距精度、多普勒频率测量精度等有关,而单基地天基预警雷达不存在系统同步问题,因此双基地天基预警雷达的系统相对要复杂些。另外双基地天基预警雷达对信号处理的要求相对也高,前面提到的星星双基地天基预警雷达和星空双基地天基预警雷达都把发射天线放置在GEO卫星上,其主要原因是平台相对稳定,运动速度非常小,几乎可以忽视,这不仅有利于空间同步等,而且也有利于减小由发射站平台运动导致目标和背景回波多普勒频率的复杂化和无规律化,背景回波信号频谱越复杂,就会导致检测运动目标越困难,甚至无法检测。即便如此,这种情况下,由于发射天线波束覆盖的区域远大于接收天线波束的覆盖,因此只有接收天线能够用来抑制来自背景的杂波,而单基地天基预警雷达却是收发天线均可抑制杂波,所以双基地天基预警雷达的信号处理器抑制杂波的要求更高。

2.3　多基地天基预警雷达

前面已经谈到了单基地、双基地天基预警雷达。它们都有共同的特点,就是雷达均要采用大口径天线,辐射大功率信号,同时要求卫星平台能够为雷达提供足够大的电源和载重能力,这在工程实现上存在很大的技术挑战,同时研制成本也很高,风险也很集中。

当要求雷达能够检测径向速度很小的运动目标,如地面慢速运动的车辆时,前面提出的两种形式的天基预警雷达也存在非常大的困难。假设雷达天线在卫星平台运动方向的尺寸为 D,则不考虑擦地角的影响,当平台速度为 7000m/s,所需要检测的目标速度为 1m/s 时,天线尺寸 D 至少为 3500λ[5],即便按 X 波段考虑,天线尺寸也要大于 105m。前面考虑的主瓣杂波宽度还仅仅是天线 3dB 范围内收到的回波的宽度,工程实际应更宽些,因此要求天线更长,如此长的 X 波段天线对工程实现而言是非常困难的。

为了避免上述问题,有人提出了分布式雷达探测系统,也就是星星多基地天基预警雷达概念[5,6],星星多基地天基预警雷达是由一组装在卫星群上的雷达组成。卫星群中的每颗卫星要按一定的规模排布,每颗卫星上安装一部小型相控阵雷达,每部雷达都发射自己唯一的信号,并且每部雷达不仅接收自己发射信号的回波,也接收其他雷达发射信号的回波,见图 2.6 。所有接收到的回波信号通过自适应信号处理进行合成,这样把一组装在不同卫星上的小型雷达群等效合成一部大口径雷达。

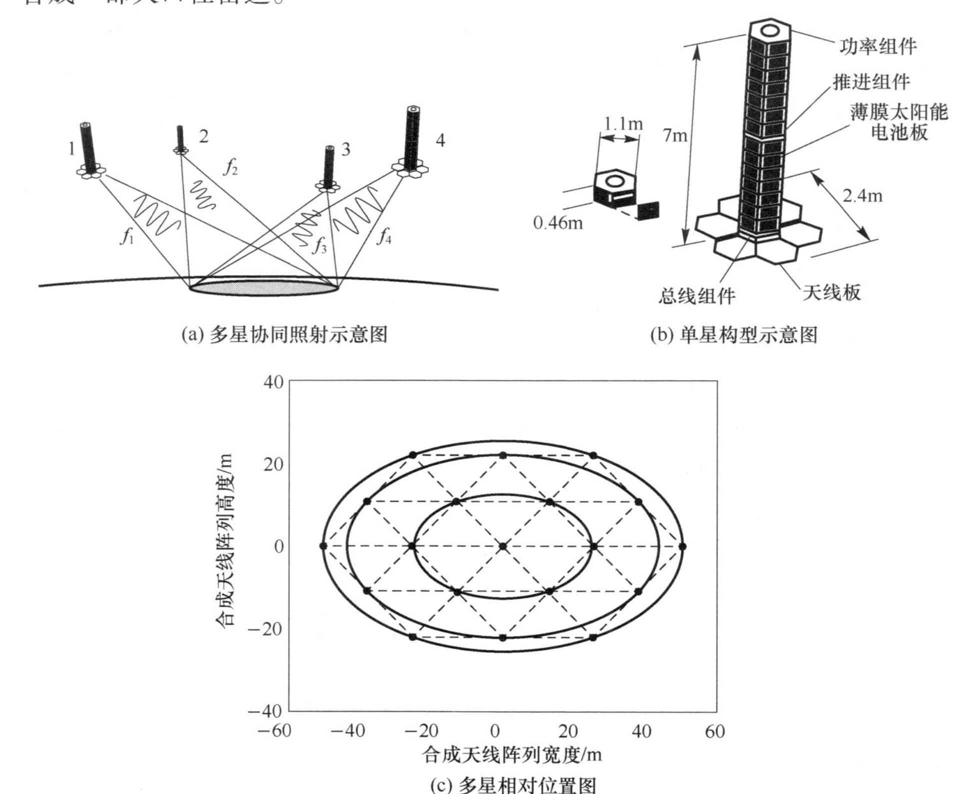

图 2.6　多基地天基预警雷达示意图

2.3.1 多基地天基预警雷达特点

多基地天基预警雷达是一种全新概念的雷达,它有许多单基地雷达和双基地雷达所不具备的特点,这些特点有些既是多基地天基预警雷达的优点,也是必须解决的关键技术。

2.3.1.1 等效天线口径大

前面已经谈到天基预警雷达要求天线口径非常大,远远超过目前的成像雷达的天线口径。多基地天基预警雷达是通过十几部甚至几十部小雷达天线组合在一起形成一个等效的大口径天线,由于小天线之间没有刚性连接,各自独立搭载在小卫星上,而小卫星是通过编队组合在一起,只要控制好编队,就可以增加编队的卫星数量,从而可以扩展等效的天线口径。因此从理论上讲,可以根据需要,构建成任意规模的卫星群,形成很大的合成天线,而单基地天基预警雷达天线口径受技术的限制总是有限的,目前美国提出的最大天基预警雷达的天线口径设想不超过 300m。当然多基地天基预警雷达的等效大口径天线的获得是以系统和控制的复杂性为代价的。

2.3.1.2 稀疏阵列

多基地天基预警雷达所获得的大口径天线是通过多部小天线合成实现的,它不同于常规天线,因为小天线间的距离就是小卫星之间的距离,一般至少在 10m 以上,远大于雷达的工作波长,合成天线是一个稀疏阵列,因此它不像常规天线只有一个主瓣波束,而是除了主瓣波束以外,还会有若干个与主瓣波束幅度接近的栅瓣,栅瓣数量与小天线之间的间距有关,间距越大,栅瓣的数量越多。出现栅瓣的位置与主瓣波束的指向也有关。栅瓣的存在将会使雷达接收到的杂波频谱复杂化,不太容易将主瓣和栅瓣接收到的强杂波一并滤除,从而使雷达检测运动目标的能力下降。

2.3.1.3 多发多收体制

多基地天基预警雷达采用多发多收体制。以检测目标信噪比来衡量,多发多收体制与常规的单发单收体制是等效的。多发多收体制的特点是可以根据需要调节波束的驻留时间,比常规雷达容易获得更长的波束驻留时间而不影响数据率,这有利于检测慢速运动目标,但是多发多收要比常规雷达复杂。

2.3.1.4 编队控制与精确测量

多基地天基预警雷达平台为一簇按一定规律排布和运行的卫星,为了保证雷达的正常工作，要求合成的天线保持稳定，也就是要求卫星位置必须保持相对稳定，但是由于存在引力的扰动，会使卫星在运动过程中偏离预定轨道，虽然因为卫星编队比较紧密，所有卫星受到的扰动相近，有利于编队的控制，但是由于雷达的工作波长很短，要求平台的位置控制精度很高，才能保证合成的稀疏天线性能相对稳定，因此卫星编队精确控制与测量是多基地天基预警雷达必须解决的关键技术。

2.3.1.5 目标与背景反射特性

多基地天基预警雷达的目标和背景反射特性从理论上是不同于单基地雷达，但是由于多星之间的最大相对距离只有几十米至百米，远比前面分析的双基地天基预警雷达短得多，而且雷达到目标和地面的距离至少有几百千米，因此收发天线虽然不在同一平台上，但是其视线夹角非常小，近似为零，形同单基地天基预警雷达，因此多基地天基预警雷达的目标和背景反射特性可以参照单基地天基预警雷达考虑。

2.3.1.6 覆盖特性

多基地天基预警雷达虽然由多颗卫星组成，但是由于是集成在一起工作，只能看成一部单基地雷达，因此其覆盖特性与单基地雷达一样，由轨道特性、雷达作用距离等决定。

2.3.1.7 成本

成本是影响卫星工程实施的重要因素之一，卫星工程的费用主要由两大部分组成，一是卫星本身的研制费用，二是卫星的发射费用。常规的卫星研制费用高的主要原因之一是每个卫星型号的数量非常有限，不能形成批量生产，因此各种设计、试验费用不能分摊，而多基地天基预警雷达却是由许多颗相同的小卫星组成，因此可以实现批量生产，这样可以大幅度降低整个系统的制造成本。同时由于每颗卫星比较小，不仅可以实现一箭多星，而且可能随其他卫星发射时附带发射。另外多基地天基预警雷达可以逐渐形成，因此总的费用可以分摊到数年。

2.3.1.8 多功能

虽然多基地天基预警雷达主要用来远距离监视运动目标，但是实际上利用多基地天基预警雷达这种构形可以完成单基地预警雷达不能实现的功能。多基地天基预警雷达可以完成干涉合成孔径雷达的功能，因为其内部的小雷达可以独立工作，这样每部雷达可以同时获取同一地区的高分辨力两维图像，利用雷达之间的基线的不同,通过干涉处理,获得两维图像中的每个像素的高度;通过多基地天基预警雷达构形的调整,可以形成多部无源探测雷达,对远处的辐射信号的位置进行精确定位;利用多基地天基预警雷达合成的大型天线及其信号处理可以构成具有强抗干扰能力的通信系统。

2.3.1.9　多星协同

多基地天基预警雷达需要其编队内所有的雷达协同工作才能实现远距离监视运动目标等任务,这种协同类似于前面讨论的双基地预警雷达的时间、空间和相位同步,由于编队内卫星数量众多,因此其协同的技术难度要远大于双基地预警雷达,这也是多基地天基预警雷达实现的前提和需要解决的关键技术。

2.3.1.10　风险控制

多基地天基预警雷达内部卫星的数量和构形具有灵活性,不是固定的或是具有唯一性,而是可以根据任务特点,对卫星群的规模、形状加以调整以适应相应的需求,因此可以认为多基地天基预警雷达具有“成长性”,逐步形成卫星群,这样可以有效减小单颗卫星失效导致整个任务系统失效的风险。

2.3.2　多发多收体制的等效性

在多基地天基预警雷达中,每颗小卫星上的雷达各自发射自己的信号,各雷达发射的信号相互正交,编队中所有雷达均接收自己发射信号的回波,也接收其他雷达发射信号的回波,然后集中处理这些回波信号。这种多发多收体制的系统,其检测运动目标的性能与传统雷达单发单收是等效的。

假设多发多收系统与传统雷达系统都有 N 个单元,每个单元发射的功率为 P_0,单元发射增益为 G_t,接收增益为 G_r,接收机的噪声为 N_0,每个单元天线波瓣宽度为 Ω_0,天线阵列的波束宽度为 Ω_a,系统需要的搜索空间为 Ω_s,$\Omega_a \ll \Omega_s$,见图 2.7。为方便分析,令 $\Omega_s = \Omega_0$。

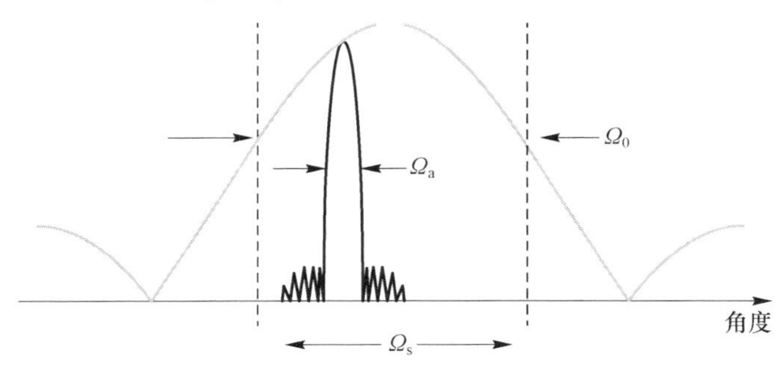

图 2.7　天线单元波束宽度、天线阵列波束宽度和搜索空间的关系

对于传统雷达,天线阵列中的每个单元在相同的载频上发射同样的相干脉冲信号,照射到目标的能量与$(NP_0)NG_t$成正比,这样接收到的目标反射信号也与$N^3P_0G_tG_r$成正比,经过相干积累处理后,回波信号的信噪比SNR与$N^3P_0G_tG_r/N_0$成正比。假设每个搜索波位的时间一样,那么搜索完Ω_s所需要的时间为Ω_s/Ω_a,也就是Ω_0/Ω_a。

对于多发多收系统,第一个天线单元以P_0G_t的强度,向空域为Ω_0的区域辐射信号,那么N个单元接收到这个信号,并进行相干处理后形成增益为NG_t,宽度为Ω_a天线波束,信噪比与$NP_0G_tG_r/N_0$成正比,由于整个空域Ω_0都被照射到,因此可以通过数字波束形成技术,形成N个首尾相连的覆盖整个Ω_0空域的这种天线波束;同样对于其他每个单元辐射的信号,也可形成N个同样的波束,这样最终形成N^2个波束,每个波束接收到的信噪比与$NP_0G_tG_r/N_0$成正比,而覆盖所需要搜索空间Ω_0所需要的时间降低到$\Omega_0/(N^2\Omega_a)$。与传统雷达相比,搜索时间与信噪比均降低了N^2。增加积累时间,可以使接收信噪比提高,但需要的搜索所需空域时间也线性增加。

以上分析表明,两种模式对于检测目标性能而言是等效的,但是后者允许有更长的单个波束驻留时间,也就是更长的相干积累时间来抑制杂波,在下节将会谈到这也是检测慢速运动目标所必须的条件之一。

2.3.3 最小可检测运动目标速度与天线口径和相干积累时间的关系

为分析方便,假设雷达的平台卫星是水平飞行,且速度为v_r,目标运动速度为v_t。它们的几何关系如图2.8所示。

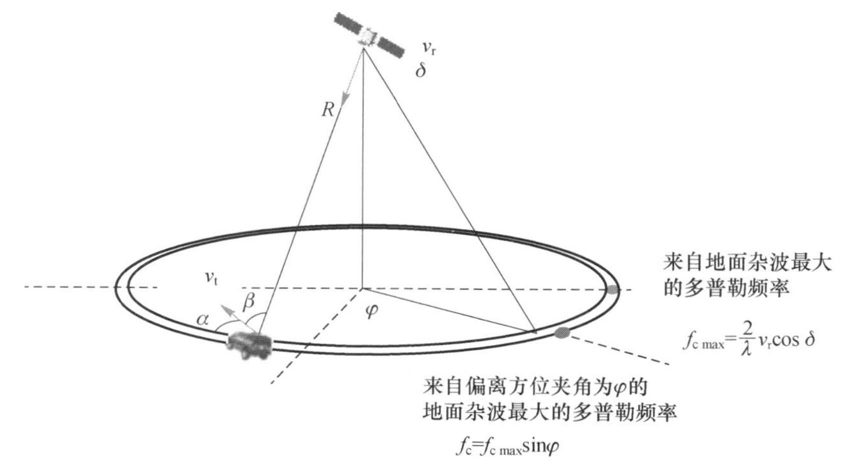

图2.8 雷达、目标几何关系图(见彩图)

来自地面杂波的回波多普勒频率为

$$f_c = \frac{2}{\lambda}\boldsymbol{V}_r \cdot \boldsymbol{R} = \frac{2}{\lambda}v_r\cos\delta\sin\varphi \tag{2.32}$$

来自运动目标的回波多普勒频率为

$$f_t = \frac{2}{\lambda}(\boldsymbol{V}_r + \boldsymbol{v}_t) \cdot \boldsymbol{R} = f_c + \frac{2}{\lambda}v_t\cos\beta \tag{2.33}$$

β 为目标运动方向与雷达视线的夹角。

$$\cos\beta = \cos\delta\sin\varphi\sin\alpha \tag{2.34}$$

两者的多普勒频率差 Δf_t 为

$$\Delta f_t = f_t - f_c = \frac{2}{\lambda}v_t\cos\delta\sin\varphi\sin\alpha \tag{2.35}$$

Δf_t 实际上就是目标自身运动引起的多普勒频率。在多普勒频率和角度空间域中的目标和地面杂波回波的频谱如图 2.9 所示。

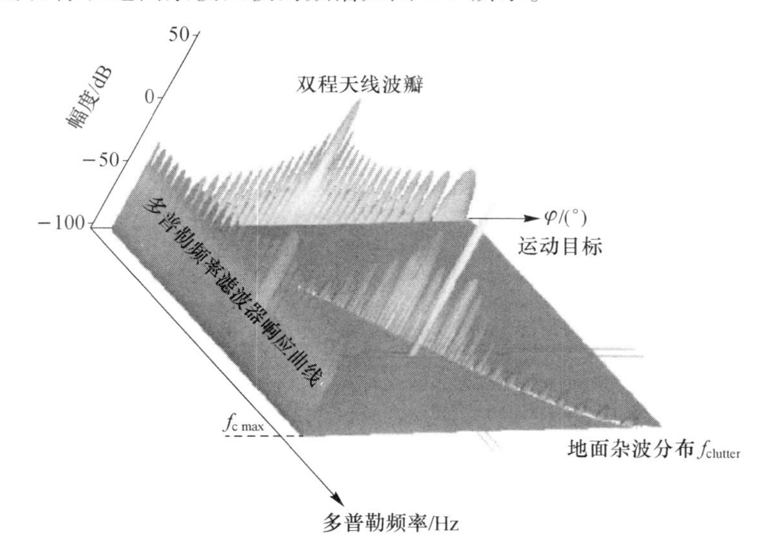

图 2.9　目标回波和地面杂波在多普勒频率和角度空间域的分布图(见彩图)

图 2.9 在平面上的投影如图 2.10 所示,由图 2.10 可以估计检测运动目标所需要的雷达天线的最小口径和最短的相干积累时间。

从图 2.10 中可以看出,如果运动目标落在雷达天线主瓣所对应的主瓣杂波区内,由于主瓣杂波的信号非常强,雷达是无法从中检测出目标的,只有当运动目标落入到副瓣天线所对应的区域时,通过信号处理可以从中检测出运动目标。因此一般要求 Δf_t 要大于等于天线第一副瓣对应的多普勒频率。

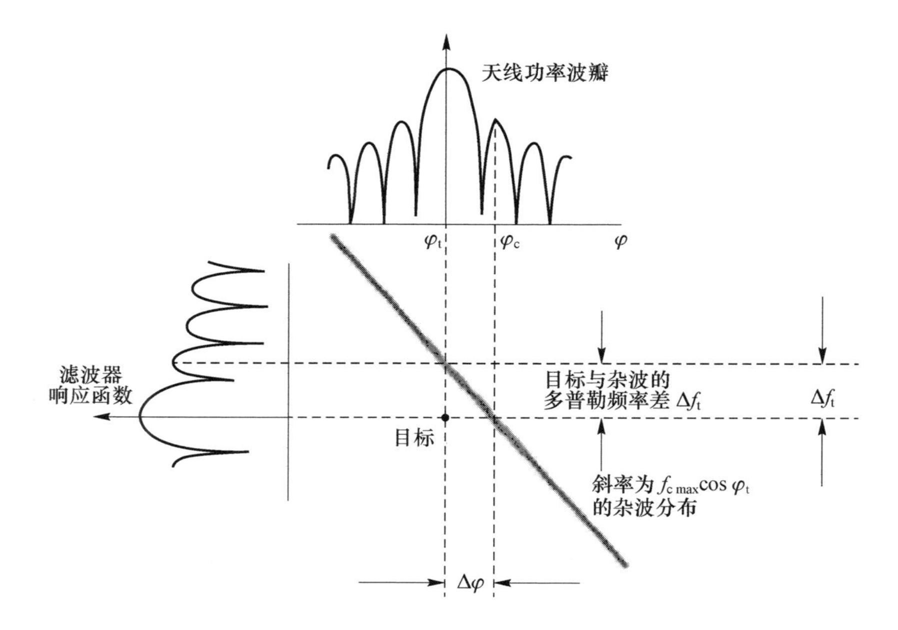

图 2.10　最小天线口径和最短的相干积累时间需求分析图(见彩图)

由天线理论可知,天线第一副瓣偏离天线主瓣的夹角 $\Delta\varphi$ 为

$$\Delta\varphi=\frac{3}{2}\frac{\lambda}{A\cos\varphi} \tag{2.36}$$

式中:A 为天线在方位向的口径;λ 为雷达工作波长;φ 为天线波束在观测方向的投影。

天线第一副瓣对应的与主瓣杂波中心的多普勒频率差为

$$\Delta f_c\approx\frac{2}{\lambda}v_r\Delta\varphi\cos\varphi\cos\delta=\frac{3}{A}v_r\cos\delta \tag{2.37}$$

考虑 $\Delta f_t\geqslant\Delta f_c$,由(2.35)和(2.37)得到

$$A\geqslant\frac{3}{2}\frac{v_r}{v_t\sin\varphi\sin\alpha}\lambda \tag{2.38}$$

同样要求多普勒频率滤波器的宽度必须保证主瓣杂波和运动目标回波不落入同一个多普勒频率滤波器。因此有

$$\Delta f_t\geqslant\frac{3}{2}\frac{1}{T} \tag{2.39}$$

式中:T 为相干积累时间。

由(2.35)式得到

$$T \geqslant \frac{3}{4} \frac{\lambda}{v_{\mathrm{t}} \cos\delta \sin\varphi \sin\alpha} \tag{2.40}$$

根据式(2.38)和式(2.40),不考虑角度影响,得到雷达天线口径 A 和相干积累时间 T 必须满足

$$A \geqslant \frac{3}{2} \frac{v_{\mathrm{r}}}{v_{\mathrm{t}}} \lambda \tag{2.41}$$

$$T \geqslant \frac{3}{4} \frac{\lambda}{v_{\mathrm{t}}} \tag{2.42}$$

如果雷达天线的单元间距为半波长 $\lambda/2$,则空间的采样点数 N_{s} 为

$$N_{\mathrm{s}} = 3 \frac{v_{\mathrm{r}}}{v_{\mathrm{t}}} \tag{2.43}$$

而时间的采样率等于雷达收到的地面杂波的最大多普勒频率 $2v_{\mathrm{r}}/\lambda$ 的两倍,则总的时间采样点数 N_{t} 为

$$N_{\mathrm{t}} = 3 \frac{v_{\mathrm{r}}}{v_{\mathrm{t}}} \tag{2.44}$$

观察式(2.43)和式(2.44),可以发现空间的采样点数和时间的采样点数是一样的,它们只与 $v_{\mathrm{r}}/v_{\mathrm{t}}$ 有关,与雷达工作频率无关。

因此可以发现为了能够检测速度较低的运动目标。要求雷达具备很大的天线口径和较长的相干积累时间。

2.3.4　周期阵列与随机阵列

多星天基预警系统中卫星的排布可以有规律排布,也可以随机排布,由此合成的天线相对应的是周期阵列与随机阵列。这两种阵列接收到的地面杂波的回波信号的频谱有很大差别,从而会影响雷达检测运动目标的性能。

首先分析稀疏阵列接收到的地面回波的频谱特征。假设一线阵以速度 v_{r} 运动,线阵内单元周期排列,其单元间距为 D,如果天线指向法向,那么在 $\sin\theta_n = n\frac{\lambda}{D}$,$n = \pm 1$、$\pm 2$ 等处(具体与 D 的大小有关)产生栅瓣,栅瓣对应的速度为 $v_{\mathrm{r}n} = v_{\mathrm{r}} \sin\theta_n$,见图 2.11 和图 2.12,其多普勒频率为

$$f_{\mathrm{d}n} = \frac{2}{\lambda} v_{\mathrm{r}} \sin\theta_n = n \frac{2v_{\mathrm{r}}}{D} \tag{2.45}$$

从式(2.45)可以看出,当平台速度一定时,$f_{\mathrm{d}n}$ 与单元间距为 D 密切相关,D 越大,$f_{\mathrm{d}n}$ 越小,也就是栅瓣频谱越密,由于雷达只能利用在栅瓣频谱之间的空隙检测运动目标,因此希望 $f_{\mathrm{d}n}$ 越大越好。

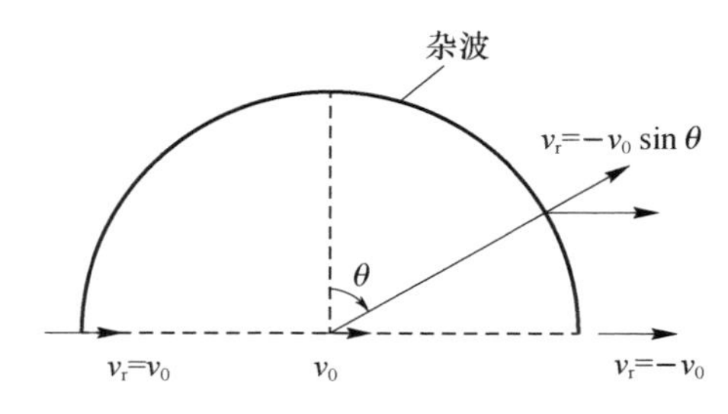

图 2. 11　稀疏线阵示意图

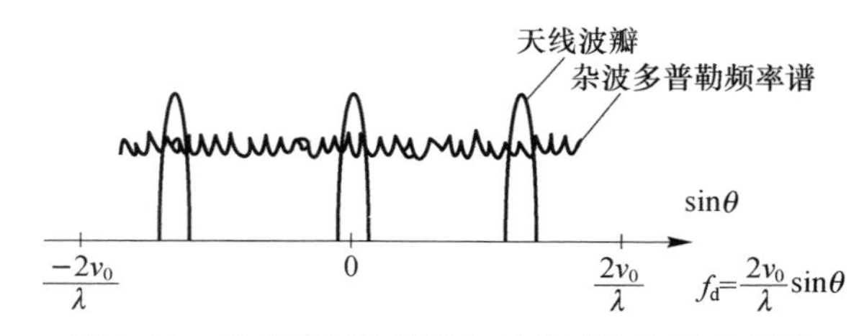

图 2. 12　稀疏线阵的栅瓣与接收到的杂波示意图

由于雷达是以脉冲重复频率 f_{rep} 工作,因此频谱也以 $f_{dn}+mf_{rep}$ 重叠。见图 2. 13。

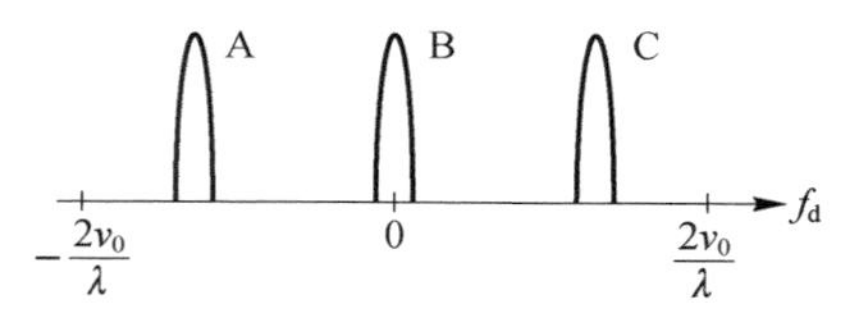

(a) 假设线阵有三个栅瓣,其接收到的杂波示意图

(b) 由于脉冲重复频率引起波瓣 A 在多普勒频率域的折叠

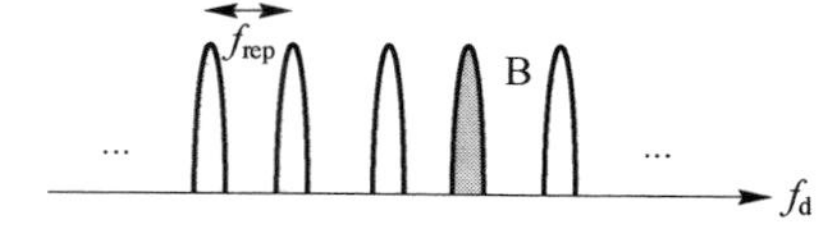

(c) 由于脉冲重复频率引起波瓣 B 在多普勒频率域的折叠

(d) 由于脉冲重复频率引起波瓣 C 在多普勒频率域的折叠

图 2. 13　线阵栅瓣和脉冲重复频率引起的频谱折叠

如果f_{rep}是v_r/D的整数倍,那么由于f_{rep}引起的频谱折叠与栅瓣对应的频谱重合,而栅瓣中间地带的杂波大小由天线副瓣决定,天线副瓣远小于栅瓣,因此只要通过多普勒滤波器把栅瓣对应的杂波频谱滤除就可以检测出落入在副瓣区的运动目标,这样就非常有利于运动目标检测,见图 2.14 所示。

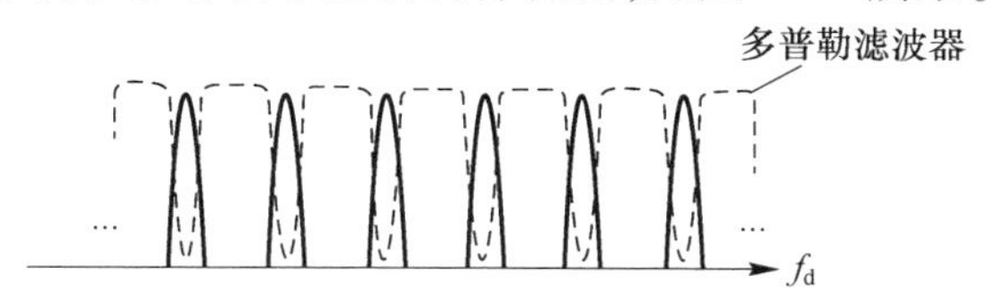

图 2.14 多普勒滤波器滤除栅瓣杂波示意图

当然由于地球自转影响,以及天线阵面在轨道上运动时沿其几何中心的旋转,会使栅瓣对应的杂波频谱结构在不断变化,这需要通过不断调整脉冲重复频率f_{rep},使之成为v_r/D的整数倍,否则栅瓣对应的杂波频谱结构经过f_{rep}折叠后变得非常复杂,不再具有图 2.14 所示的有规则的分布,多普勒滤波器将无法将这些栅瓣对应的杂波滤除。最终导致雷达检测运动目标的性能会下降。

而对于阵元随机分布的稀疏天线阵,由于天线栅瓣的分布不再呈规则排布,因此其杂波分布也不再像周期排布阵列具有周期特性。图 2.15 给出了满阵阵列、稀疏阵周期阵列和稀疏阵随机阵列的杂波分布特性[7]。从图中可以看出,虽然随机阵列的杂波谱的最大值没有周期阵列的大,但是它的杂波能量没有像周期阵列集中在少数谱线上,而是呈随机分布,这样当运动目标落入在随机分布的杂波上时,被检测的概率将下降。文献[7]以输入输出信杂比作为判据,仿真 19 个单元的稀疏阵列,两者的性能相差 7 ~ 17dB。

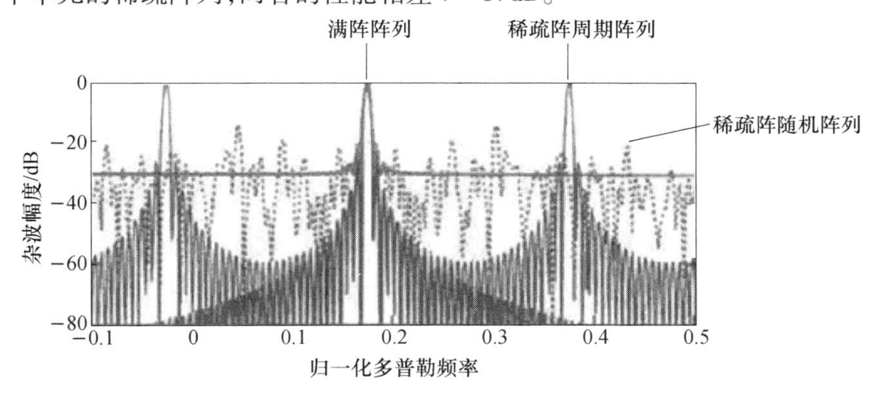

图 2.15 三阵天线阵列的杂波谱分布特性(见彩图)

2.3.5 多基地天基预警雷达的信号处理

前面已经指出由于平台运动速度快,存在地球自转等原因使得天基预警雷达面临的地面杂波十分复杂，在复杂背景下检测运动目标是所有天基雷达必须解决的首要问题，而多基地天基预警雷达是通过合成许多小天线获得最终需要的大天线，这个合成的大天线存在天线栅瓣，这使得多基地天基预警雷达面临的问题更为严重，上面提出的采用周期阵列方式也仅仅使问题得到局部的缓和，因此多基地天基预警雷达的信号处理是能否有效检测运动目标的核心。多基地天基预警雷达必须采用自适应信号处理技术以获得最优的检测性能。自适应信号处理技术有两种形式，一种是级联的自适应处理，另一种是全自适应处理。

2.3.5.1 级联自适应处理

级联自适应处理就是先做空间域的自适应处理，也就是通常所说的自适应阵列信号处理，经过空域处理的信号再进行频域处理，如图 2.16 所示。处理的最终目标使输出信杂噪比最大化。

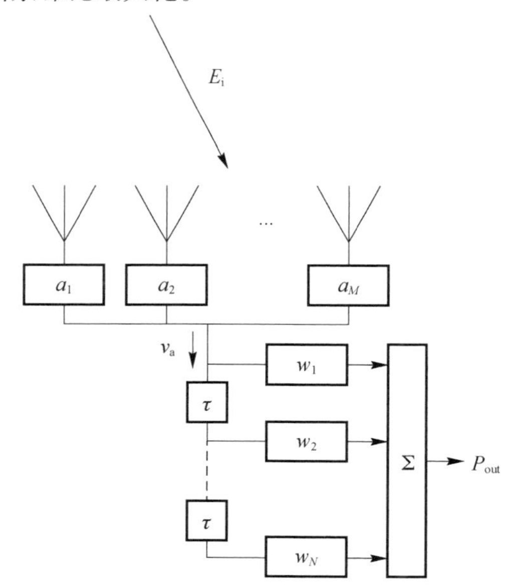

图 2.16 级联自适应信号处理

1）空域自适应处理

假设 P_s、P_c、P_n 为输出端的信号、杂波和噪声功率，$\{a_i\}$ 和 $\{w_i\}$ 分别为空域和时域的权函数。在做空域处理时，可认为 $\{w_i\}$ 是固定的。空域处理的目标是使

$$\frac{P_s}{P_c + P_n} = \max \tag{2.46}$$

假设有一入射信号为 E_i，到第 m 个天线的距离为 r_m。信号的频率为 $f=f_0+f_D$，其中 f_0 为载频，f_D 为多普勒频率。则第 m 个天线收到该入射信号为 $E_i(\varphi)e_0(\varphi)e^{j(2\pi ft-kr_m)}$，$E_i(\varphi)$ 为来自 φ 方向的入射信号，$e_0(\varphi)$ 为单个天线在 φ 方向的增益，$k=\dfrac{2\pi f}{c}$，c 为光速。则经过下变频等处理后，整个合成天线接收到的信号为

$$V_a(t,f_D)=E_i(\varphi)e_0(\varphi)e^{j2\pi f_D t}\sum_m a_m e^{-jkr_m} \tag{2.47}$$

式中：a_m 为各天线的加权，写成矢量形式为

$$V_a(t,f_D)=E_i(\varphi)e_0(\varphi)e^{j2\pi f_D t}\boldsymbol{a}^T\boldsymbol{\phi}(k) \tag{2.48}$$

式中：$\boldsymbol{a}=\{a_i\}$；$\boldsymbol{\phi}(k)=\{e^{-jkr_m}\}$。

经过多普勒滤波处理后，

$$V_{out}=w(f_D)V_a(t,f_D)=E_i(\varphi)e_0(\varphi)w(f_D)\boldsymbol{a}^T\boldsymbol{\phi}(k) \tag{2.49}$$

式中：$w(f_D)$ 为多普勒滤波器的响应函数，在这里可以认为是常数。

如果有一目标，其信号为 E_T，入射角为 φ_T，信号均匀分布于 $(0,f_{rep})$ 内，则其最终的输出功率 P_s 为

$$P_s=\int_0^{f_{rep}}|E_T(\varphi_T)e_0(\varphi_T)w(f_D)\boldsymbol{a}^T\boldsymbol{\phi}(k)|^2 df_D \tag{2.50}$$

可写成

$$P_s=\boldsymbol{a}^T\boldsymbol{Q}\boldsymbol{a}^* \tag{2.51}$$

$\boldsymbol{Q}$ 矩阵中的每个元素为

$$q_{mn}=|E_T(\varphi_T)e_0(\varphi_T)|^2\int_0^{f_{rep}}|w(f_D)|^2 e^{-jk(r_m-r_n)}df_D \tag{2.52}$$

由于 $k\approx k(f_0)$，因此有 $q_{mn}=|E_T(\varphi_T)e_0(\varphi_T)|^2\left[\int_0^{f_{rep}}|w(f_D)|^2 df_D\right]e^{-jk(f_0)(r_m-r_n)}$ 所以整个输出信号为

$$P_s=\boldsymbol{a}^T\boldsymbol{Q}\boldsymbol{a}^*\propto\boldsymbol{a}^T\boldsymbol{\phi}(k(f_0))\boldsymbol{\phi}(k(f_0))^H\boldsymbol{a}^* \tag{2.53}$$

而对于杂波，雷达经过处理接收到的多普勒频率为 f_D 的杂波功率为

$$S_c(f_D)\propto\sigma_c(f_D)\left|e_0(f_D)\sum_m a_m e^{-jkr_m}\right|^2 \tag{2.54}$$

式中：$\sigma_c(f_D)$ 表示 f_D 对应的杂波的反射强度；$e_0(f_D)$ 表示 f_D 对应的角度的天线

单元波瓣。写成矢量形式,得到

$$S_c(f_D) \propto \sigma_c(f_D) |e_0(f_D)|^2 \boldsymbol{a}^T \boldsymbol{\phi}(f_D) \boldsymbol{\phi}(f_D)^H \boldsymbol{a}^* \tag{2.55}$$

由于杂波的多普勒频谱的范围要比雷达的脉冲重复频率f_{rep}大得多,所以必然会以f_{rep}为周期进行折叠,则所有杂波的叠加为

$$\begin{aligned} S_c &= \sum_{m=-\infty}^{\infty} S_c(f_D + mf_{rep}) \\ &\propto \boldsymbol{a}^T \left[\sum_{m=-\infty}^{\infty} \sigma_c(f_D + mf_{rep}) |e_0(f_D + mf_{rep})|^2 \boldsymbol{\phi}(f_D + mf_{rep}) \boldsymbol{\phi}(f_D + mf_{rep})^H \right] \boldsymbol{a}^* \end{aligned} \tag{2.56}$$

经过多普勒滤波处理,输出的杂波为

$$P_c = \int_0^{f_{rep}} |w(f_D)|^2 S_c \mathrm{d}f_D \tag{2.57}$$

对于所有的 m,有 $w(f_D + mf_{rep}) = w(f_D)$,因此式(2.57)可写为

$$P_c = \int_{-\infty}^{\infty} |w(f_D)|^2 S_c(f_D) \mathrm{d}f_D \tag{2.58}$$

则有

$$P_c = \boldsymbol{a}^T \boldsymbol{C} \boldsymbol{a}^* \tag{2.59}$$

矩阵 $\boldsymbol{C}$ 为

$$\boldsymbol{C} \propto \int_{-\infty}^{\infty} |w(f_D)|^2 \sigma_c(f_D) |e_0(f_D)|^2 \boldsymbol{\phi}(f_D) \boldsymbol{\phi}(f_D)^H \mathrm{d}f_D \tag{2.60}$$

噪声功率为

$$P_n = \boldsymbol{a}^T n_0 \boldsymbol{I} \boldsymbol{a}^* \tag{2.61}$$

式中:$\boldsymbol{I}$ 为单位矩阵;n_0 与信噪比有关,代表噪声强度。

这样式(2.46)变为

$$\frac{P_s}{P_c + P_n} \propto \frac{\boldsymbol{a}^T \boldsymbol{\phi}(k(f_0)) \boldsymbol{\phi}(k(f_0))^H \boldsymbol{a}^*}{\boldsymbol{a}^T (\boldsymbol{C} + n_0 \boldsymbol{I}) \boldsymbol{a}^*} \tag{2.62}$$

由式(2.62)就可以获得最优的加权值为

$$\boldsymbol{a} \propto [(\boldsymbol{C} + n_0 \boldsymbol{I})^{-1} \phi(f_0)]^* \tag{2.63}$$

2)频域自适应处理

频域自适应处理就是对图 2.16 中经过空域自适应处理后的信号进行自

适应多普勒频率滤波，寻找最佳的多普勒滤波器加权 $\boldsymbol{w}$，使输出端的信噪比最大。

假设 $v_{\text{in}}(f_{\text{D}},t)$、$v_{\text{out}}(f_{\text{D}},t)$ 分别为多普勒滤波器的输入输出信号，$\boldsymbol{w}$ 为多普勒滤波器的权函数，τ 为脉冲采样周期，也就是 $\tau=1/f_{\text{ref}}$。则输出信号为

$$v_{\text{out}}(f_{\text{D}},t)=\boldsymbol{w}^{\text{T}}\boldsymbol{v}_{\text{in}} \tag{2.64}$$

式中：$\boldsymbol{w}^{\text{T}}=(w_1,w_2,\cdots,w_N)$；$\boldsymbol{v}_{\text{in}}^{\text{T}}=A(f_{\text{D}})(1,\text{e}^{\text{j}2\pi f_{\text{D}}\tau},\cdots,\text{e}^{\text{j}2\pi f_{\text{D}}(N-1)\tau})$；$A(f_{\text{D}})$ 为输入端的信号。则输出的信号功率谱为

$$S_{\text{out}}=|A(f_{\text{D}})|^2\boldsymbol{w}^{\text{T}}\boldsymbol{M}\boldsymbol{w}^* \tag{2.65}$$

矩阵 $\boldsymbol{M}$ 为

$$\boldsymbol{M}=\begin{bmatrix} 1,\text{e}^{-\text{j}2\pi f_{\text{D}}\tau},\cdots,\text{e}^{-\text{j}2\pi f_{\text{D}}(N-1)\tau} \\ \text{e}^{\text{j}2\pi f_{\text{D}}\tau},1,\cdots, \\ \vdots \\ \text{e}^{\text{j}2\pi f_{\text{D}}(N-1)\tau},\cdots,1 \end{bmatrix} \tag{2.66}$$

对于目标 $A_{\text{T}}(f_{\text{D}})$ 为常数，经过多普勒滤波处理后的输出功率为

$$P_{\text{T}}=\int_0^{f_{\text{rep}}}S_{\text{T}}(f_{\text{D}})\text{d}f_{\text{D}}=|A_{\text{T}}(f_{\text{D}})|^2\boldsymbol{w}^{\text{T}}\int_0^{f_{\text{rep}}}\boldsymbol{M}(f_{\text{D}})\text{d}f_{\text{D}}\boldsymbol{w}^*=|A_{\text{T}}(f_{\text{D}})|^2f_{\text{rep}}\boldsymbol{w}^{\text{T}}\boldsymbol{I}\boldsymbol{w}^* \tag{2.67}$$

对于杂波，同样有

$$P_{\text{C}}=\int_0^{f_{\text{rep}}}S_{\text{C}}(f_{\text{D}})\text{d}f_{\text{D}}=\boldsymbol{w}^{\text{T}}\int_0^{f_{\text{rep}}}\boldsymbol{M}(f_{\text{D}})|A_{\text{C}}(f_{\text{D}})|^2\text{d}f_{\text{D}}\boldsymbol{w}^* \tag{2.68}$$

$A_{\text{C}}(f_{\text{D}})$ 为式(2.56)输出的杂波信号。以 $\boldsymbol{M}_{\text{C}}$ 表示杂波矩阵，即

$$\boldsymbol{M}_{\text{C}}=\int_0^{f_{\text{rep}}}\boldsymbol{M}(f_{\text{D}})|A_{\text{C}}(f_{\text{D}})|^2\text{d}f_{\text{D}} \tag{2.69}$$

$\boldsymbol{M}_{\text{C}}$ 为 Hermetian 矩阵，式(2.68)变为

$$P_{\text{C}}=\boldsymbol{w}^{\text{T}}\boldsymbol{M}_{\text{C}}\boldsymbol{w}^* \tag{2.70}$$

多普勒滤波器要使 $P_{\text{T}}/P_{\text{C}}$ 最大，等效于寻找 $\boldsymbol{w}$，使

$$\frac{1}{\boldsymbol{w}^{\text{T}}\boldsymbol{M}_{\text{C}}\boldsymbol{w}^*}=\max \tag{2.71}$$

当 $\boldsymbol{w}$ 为 $\boldsymbol{w}=\boldsymbol{e}_{\min}^{*}$ 时，$\dfrac{1}{\boldsymbol{w}^{\mathrm{T}}\boldsymbol{M}_{\mathrm{C}}\boldsymbol{w}^{*}}=\dfrac{1}{\boldsymbol{\lambda}_{\min}}$达到最大值。

式中：$\boldsymbol{e}_{\min}$ 为矩阵 $\boldsymbol{M}_{\mathrm{C}}$ 的最小特征值对应的特征矢量。

2.3.5.2　全自适应处理

全自适应处理结构类同于大家熟悉的自适应空时两维信号处理，标准的处理结构如图2.17所示。所不同的是常规的天线各单元间距是相同的，而这里却有差异，每个卫星内的天线单元的间距是一致的，满足不出现天线栅瓣的要求，而卫星间的天线单元间距却不能保证这一条件，必然出现栅瓣。

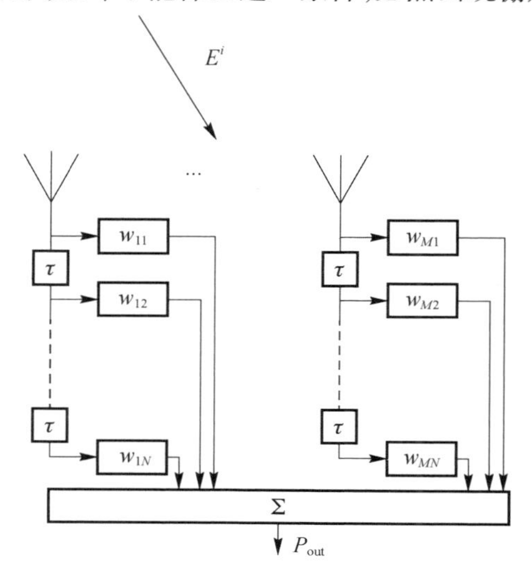

图2.17　全自适应处理框图

图2.17中 $\boldsymbol{W}$ 为需要寻求的权矢量，为

$$\boldsymbol{W}=[w_{11},w_{12},\cdots,w_{1N};w_{21},\cdots,w_{2N};\cdots;w_{N1},\cdots,w_{NN}]^{\mathrm{T}} \tag{2.72}$$

每个天线单元接收到的信号为

$$v_{mn}=v_{\mathrm{m}}(t-(n-1)\tau)=E^{i}e_{\mathrm{m}}(\varphi)\mathrm{e}^{\mathrm{j}2\pi f_{\mathrm{D}}(t-(n-1)\tau)} \tag{2.73}$$

式中：$e_m(\varphi)=e_0(\varphi)\mathrm{e}^{-\mathrm{j}kr_m}$；$e_0(\varphi)$ 为单元天线波瓣。输出信号为

$$V_{\mathrm{out}}=\sum_{m,n}w_{mn}v_{mn}=\boldsymbol{W}^{\mathrm{T}}\boldsymbol{V} \tag{2.74}$$

式中：$\boldsymbol{V}$ 以矢量形式表示输入，其内部每个值即为式(2.73)表示。最终的输出功率为

$$P_{\mathrm{out}}=\boldsymbol{W}^{\mathrm{T}}\boldsymbol{M}\boldsymbol{W}^{\mathrm{H}} \tag{2.75}$$

式中：$\boldsymbol{M}$ 为协方差矩阵，内部每个单元为

$$M_{mn} = \int_{0}^{f_{\text{rep}}} v_m v_n^* \, \mathrm{d}f_{\text{D}} \tag{2.76}$$

自适应处理的准则是保持输出信号不变的情况下，寻求一组最佳 $\boldsymbol{W}$，使杂波和噪声的电平最小。理论上 $\boldsymbol{W}$ 为

$$\boldsymbol{W} = \boldsymbol{M}^{-1} \boldsymbol{S}_{\text{t}} \tag{2.77}$$

式中：$\boldsymbol{S}_{\text{t}}$ 为目标导引矢量。

2.3.6　卫星编队误差对系统的影响

卫星编队的位置误差会使合成天线的栅瓣产生变化，也就是原来属于天线栅瓣的一部分能量不再处在栅瓣位置，而是分散到栅瓣之间的区域，从而抬高这些区域的杂波功率，进而影响这些区域的目标检测。如果误差变得很大，则原来按周期排布的阵列就变得与非周期阵列一样，性能也随之下降到非周期阵列一样。

每颗卫星的正常运动由 Kepler 方程决定，但是受各种扰动的影响，会偏离正常的运动轨迹。这种偏离可分为可测量的偏差和不可测量的偏差，目前可测量的偏差大概在几米量级，不可测量的偏差在毫米量级。通过相控阵天线的相位控制可以修正可测量偏差引起的天线指向误差，即使合成天线的主波束指向所设定的方向，但是栅瓣的位置却是不能修正的，因此需要对控制的精度提出要求。根据文献[5]的分析，卫星在距离向的偏差对性能影响不大，主要是考虑方位向的偏差，也就是沿航迹方向的偏差。假设这个由卫星群组成的稀疏阵列天线的平均栅瓣控制在主瓣天线的 3dB 以下（如果是理想周期性的稀疏天线，所有的栅瓣与主瓣天线是一样的），并且所有卫星在沿航迹的位置偏差在 $\pm\delta$ 米以内，那么根据文献[5]，δ 必须满足

$$\delta \leqslant 0.22L/B \tag{2.78}$$

式中：L 为每颗卫星的天线沿航迹方向的尺寸；B 为天线在沿航迹方向进行加权后，天线波束的展宽因子，均匀加权时，B 为 1。

图 2.18 就是天线在几种典型加权下，为保证平均栅瓣增益与主瓣天线相比不小于 3dB 情况下，对卫星位置的控制精度要求。

从上面的分析可以看出，虽然多基地天基预警雷达系统可以避免采用大口径天线、大型卫星平台等存在的问题，由此减小工程实现的难度，但是其自身存在的关键技术也相当复杂，基础也十分薄弱。特别是多基地雷达群之间的协调工作，其技术复杂度远超双基地天基预警雷达；卫星群的编队精确控制与维持、

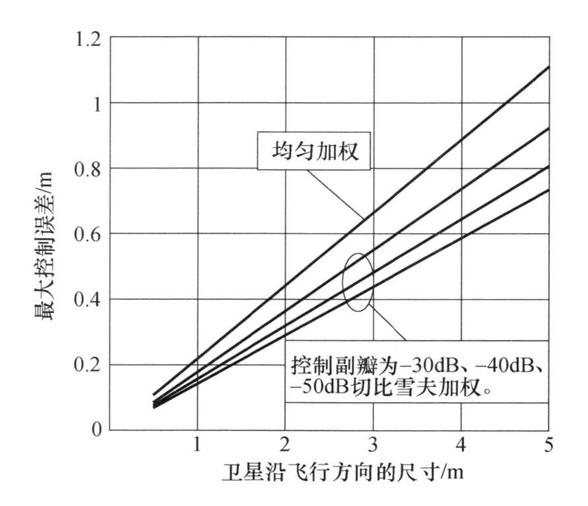

图 2.18　对编队的位置控制精度要求

位置的精确测量与补偿也有待技术的突破;最后还存在稀疏阵列天线固有的影响目标检测性能的问题更是天基多基地雷达将来能否稳定工作的关键。因此目前多基地天基预警雷达系统仍处在概念研究阶段,技术进展有限。

综上所述,本章针对可能存在的三种天基预警雷达的体制进行了讨论,特别对双基地和多基地天基预警雷达的特点、优势和存在的问题进行了较为深入的分析。由于天基预警雷达技术是整个雷达界至今还没有突破的领域,因此三种体制的天基预警雷达各自都面临技术难题,没有哪种体制可以轻易实现。有的在理论上相对成熟,但工程实现困难;有的似乎可以避免其他雷达体制存在的问题,但自身又面临新的、还没有完全确认或是性能有固有缺陷的问题。总而言之,世界上还没有天基预警雷达系统,甚至还没有演示验证系统,需要我们进一步的探索研究。

参考文献

[1] Skolnik M I. Radar Handbook[M]. 2nd ed. New York:McGraw – Hill Book Co. 1990.

[2] Hartnett M P, Davis M E. Bistatic Surveillance Concept of Operations[C]. Atlanta, Georgin: 75 ~ 80. 2001 IEEE National Radar Conference.

[3] Guttrich G L , Sievers W E. Wide Area Surveillance Concepts Based on Geosynchronous Illumination and Bistatic UAV or Satellite Reception[C]. Syracuse, NY:1997 IEEE National Radar Conference:126 – 131.

[4] Victor S C. 双(多)基地雷达系统[M]. 周万幸,等译. 北京:电子工业出版社,2011.

[5] Steyskal H. Pattern Synthesis for TechSat 21 – A Distributed Space – Based Radar System[J]. IEEE Antennas and Propagation Magazine, 45(4), August 2003, :19 – 25.

[6] Das A,Cobb R,Stallard M. TechSat 21 – A Revolutionary Concept in Distributed Space Based Sensing[C]. AIAA Defense and Civil Space Programs Conference and Exhibit, Huntsville AL:October 1998 28 –30.
[7] Steyskal H, Schindler J K. Distributed Array and Signal Processing for the TechSat 21 Space – Based Radar[R]. Air Force Research Laboratory,April 2009.

第3章 天基预警雷达卫星星座设计

天基预警雷达卫星星座设计与系统的整体性能密切相关。天基预警雷达系统在完成需求分析的基础上，需要综合考虑目标的特性及雷达系统的约束，进行轨道优化和星座构形设计工作[1]。星座设计合理既可以保证整个星座的观测性能，如搜索空域、重访时间和测量精度等，又可以降低天基预警雷达的设计难度。另外，合理的卫星数目可以降低系统研制、发射和维护费用，提高整个系统运行的可靠性。因此，需要在性能和成本之间权衡，设计一种满足各种约束条件、所需卫星数目最少、覆盖性能最优的天基预警雷达卫星星座。

3.1 星座构形与优化方法发展概况

从 1945 年 Arther C. Clark 提出位于静止轨道的三星组网以来，人们提出了各种的星座设计方法，并成功设计了数十个星座。目前卫星星座广泛应用于移动通信、定位导航、深空探测、环境和灾害监测、军事侦察以及科学实验等领域。表 3.1 给出了发展至今已发射的星座及基本参数[2]。常采用的星座构形如下：

（1）Walker 星座。卫星在空间上分布较均匀，适合于全球覆盖卫星通信系统。

表 3.1　已发射的星座及基本参数

星座名称	卫星数目	轨道面数	轨道高度/km	轨道倾角/(°)	星座类型	用途
TDRSS	3	1	35786	0	赤道轨道	空基跟踪和数据中继
GPS	24	6	20200	55	Walker	全球定位
Globalstar	48	8	1414	52	Walker	全球声音、数据、传真和定位
Orbcomm	36		815	45/70/108	混合	全球通信
Iridium	66	6	780	86.4	极轨道	全球通信
SAR – Lupe	5	3	500	98.2	极轨道	全球监测
Comsmo Skymed	4	1	632	97.9	Walker	全球监测

（2）极轨道星座。卫星在赤道分布密度小而两极密度大，可以实现全球覆盖或极冠覆盖。

（3）赤道轨道星座。所有的卫星均位于赤道平面上，适合于低纬度地区覆盖。

（4）共地面轨迹星座。星座中所有卫星沿不变的地面轨迹运行，比较适合于实现区域覆盖。

随着卫星星座的发展，卫星轨道和星座构形也开始多样化。近年来卫星星座构形方面取得了一些突破：

（1）通信卫星从单一的地球同步轨道转变为低轨道星座，如 Iridium、Globalstar 和 Orbcomm 系统的平均轨道高度分别为 780km、1414km 和 815km。

（2）卫星星座不再是单一的 Walker 星座，出现了其他的星座构形，如德国 SAR－Lupe 雷达卫星星座，如图 3.1 所示。将 5 颗卫星分布在 3 个轨道面上，平均轨道高度 500km，采用近极轨道倾角，为 98.2°，可实现平均响应时间小于 12h 的全球覆盖。

（3）中轨道在星座中得到了更多的应用，中轨道星座具有卫星数目相对较少、系统成本较低、受摄动较小、地面控制网复杂程度适中等优点。如 GPS，利用布置在平均高度 20200km，倾角 55°，6 个轨道面上的 24 颗卫星，实现了全球连续四重覆盖，可对全球任何地方提供定位和导航服务。

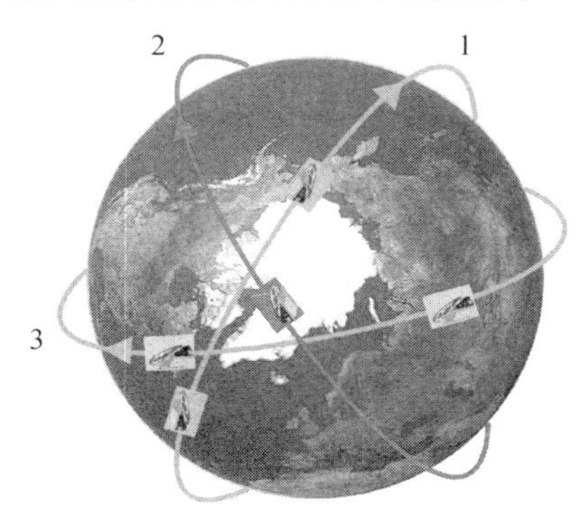

图 3.1　SAR－Lupe 卫星星座示意图（见彩图）

卫星轨道不再单一，星座构形多样化，这突显了卫星星座优化设计的重要性。目前，卫星星座优化设计方法主要有以下几种：

（1）球面三角形外接圆设计方法。1980 年，Ballard 采用球面三角形外接圆设计方法研究了玫瑰星座，即利用卫星星下点的球面几何拓扑关系确定出球面上距离所有卫星星下点最远的点，若星座能够覆盖该点，则星座能够覆盖全球[3]，如图 3.2 所示。

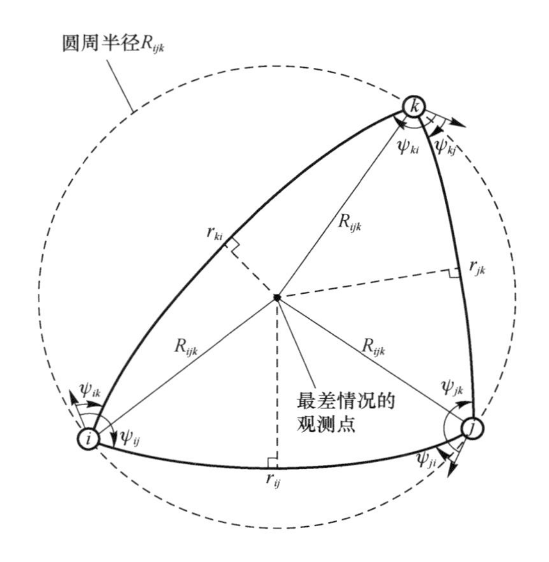

图 3.2　玫瑰星座星下点球面三角形关系示意图

（2）卫星覆盖带设计方法。1986 年，L. Rider 提出了卫星覆盖带设计方法，该方法是一种典型的解析方法，可给出全球单重和多重、极冠地区、赤道带、地球表面带状区域等情况在连续覆盖时所需的最少卫星数目，卫星采用圆形倾斜等高度轨道，轨道面间卫星的相位是任意的[4]。该设计方法比较简单，在卫星轨道面数目较少时，效率还是比较高的。

（3）多面体包围方法。1987 年，J. E. Draim 提出多面体包围方法，用于椭圆轨道卫星星座全球覆盖的设计。以星座的各颗卫星为顶点构成一个多面体，若该多面体任意一个面都不与地球相切或相交，则星座覆盖全球。J. E. Draim 用多面体包围法证明了全球 N 重覆盖卫星星座的最少卫星数目为 $2N+2$[5]。

（4）间歇覆盖方法。1992 年，Hanson 等人提出了间歇覆盖星座的设计方法。卫星采用共地面轨迹，因而具有更好的间歇覆盖性能，结果显示比 Walker 星座性能要好。Hanson 认为“最好”意味着卫星数目最少、轨道倾角最小、最大覆盖间隙最短[6]。

（5）点数字仿真方法。点数字仿真方法是一种典型的数值法，在全球、重点区域或重点地带抽取一定数量的特征点，用数值仿真的方法计算卫星星座对这些特征点的覆盖性能，将合理的覆盖性能作为优化性能指标优化设计星座。点数字仿真方法具有广泛的适用性，该方法对任何类型的星座都适用，可将卫星的轨道参数和星座参数等作为自由独立的参数进行全方位的优化设计，同时带来非常大的计算量。

（6）遗传算法。1994 年，Eric Frayssinhes 和 Lansard 用遗传算法和点数字仿

真方法相结合对卫星星座进行了优化设计[7]。遗传算法由于能方便地处理离散、连续变量,无需梯度信息,具有灵活的编码方式,以及高效、并行搜索能力和能以较大概率搜索到全局最优解等优点获得了广泛的应用。目前国际上对遗传算法在星座设计中的应用研究较多。

卫星对全球和地面区域覆盖的星座构形选择准则和优化设计方法已发展得较为完善,对于不同的覆盖要求,如间隙覆盖、单重覆盖、多重覆盖都提出了合理的星座设计方法。

3.2 星座设计基本理论、空域覆盖和优化算法

3.2.1 坐标系定义及转换关系

3.2.1.1 坐标系定义

星座设计中常用的坐标系有:地心赤道惯性坐标系、地心赤道旋转坐标系、地心轨道坐标系、航天器质心轨道坐标系和观测坐标系。

1) 地心赤道惯性坐标系 S_i

地心赤道惯性坐标系(Geocentric Equatorial Inertial Frame) $Ex_iy_iz_i$ 可以简称为惯性坐标系(图 3.3),原点 E 在地球中心,z_i 轴垂直于地球赤道平面,指向北极,x_i 轴在赤道平面内,指向春分点的方向,该点是地球赤道面与黄道面(地球绕太阳运动所在的平面)的相交线上无穷点,y_i 轴则按右手法则确定。

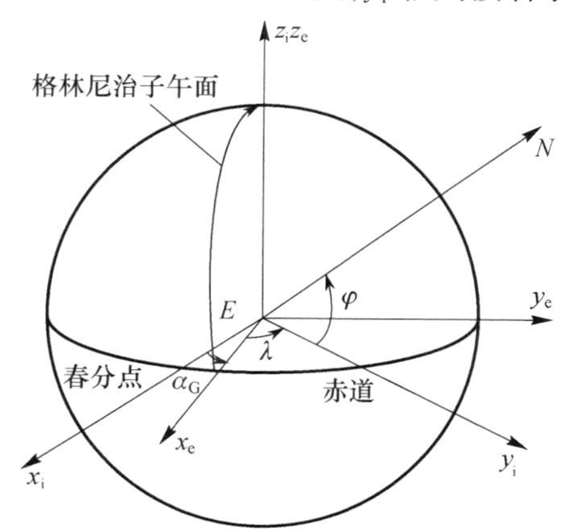

图 3.3　地心赤道惯性坐标系和地心赤道旋转坐标系

2) 地心赤道旋转坐标系 S_e

地心赤道旋转坐标系(Geocentric Equatorial Rotating Frame) $Ex_ey_ez_e$ 可以简称为中心地球固连坐标系或地球坐标系(图 3.3),是与地球固联的,原点 E 在

地球中心，z_e 轴垂直于地球赤道平面，指向北极，x_e 轴沿着赤道平面与格林尼治子午面的相交线，y_e 轴则按右手法则确定。λ 是地理经度，在赤道平面内从格林尼治子午线向东度量；φ 是地心纬度。

此坐标系和地球一样具有角速度

$$\omega_E = \frac{2\pi}{86164} = 7.292116 \times 10^{-5} \text{rad/s} \tag{3.1}$$

α_G 是 x_i 轴与 x_e 轴之间的角，称为格林尼治赤经，是随时间而变化的，即：

$$\alpha_G = \alpha_{G0} + \omega_E (t - t_0) \tag{3.2}$$

式中：α_{G0}是初始时刻 t_0 的格林尼治赤经。

3）地心轨道坐标系 S_g

地心轨道坐标系（Geocentric Orbit Frame）$Ex_g y_g z_g$（图 3.4），原点 E 在地球中心，z_g 轴指向卫星轨道面正法线方向，x_g 轴在卫星轨道面内指向升交点方向，y_g 轴则按右手法则确定。

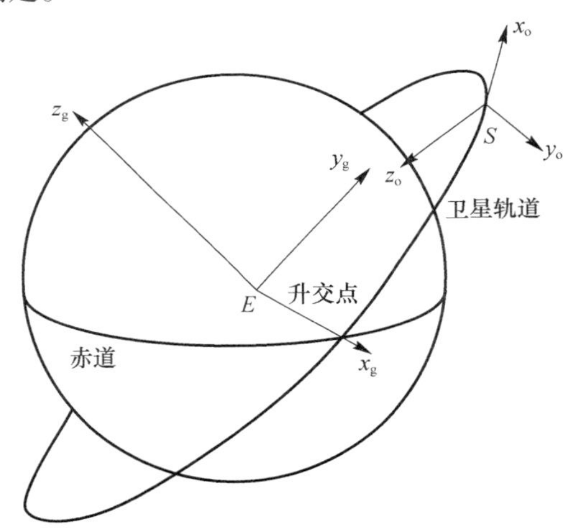

图 3.4　地心轨道坐标系和航天器质心轨道坐标系

4）航天器质心轨道坐标系 S_o

航天器质心轨道坐标系（Observation Frame）$Sx_o y_o z_o$ 可以简称为轨道坐标系（图 3.4），原点 S 在航天器质心，z_o 轴在轨道面内指向地心，x_o 轴在卫星轨道面内指向轨道切线方向，y_o 轴则按右手法则确定。

5）观测坐标系 S_p

观测坐标系（Satellite Body - fixed Frame）$Tx_p y_p z_p$（图 3.5），原点 T 在观测点，x_p 轴水平向东，y_p 轴水平向北，z_p 轴则按右手法则确定。

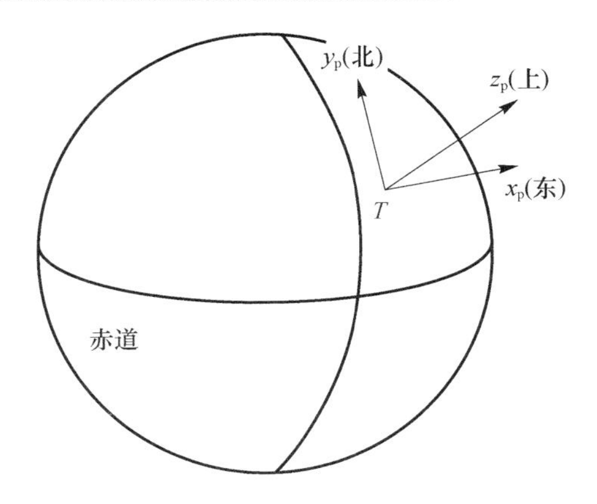

图 3.5　观测坐标系

3.2.1.2　坐标系转换关系

假定空间有一点 P,在 S 坐标系中的坐标是(x,y,z),将坐标系 S 绕 x 轴顺时针(符合右手法则)转过一个角度 θ 得到第一新坐标系 S',则该点在新坐标系中的坐标为(x',y',z'),两组坐标系之间的关系为

$$\begin{bmatrix} x' \\ y' \\ z' \end{bmatrix} = \begin{bmatrix} 1 & 0 & 0 \\ 0 & \cos\theta & \sin\theta \\ 0 & -\sin\theta & \cos\theta \end{bmatrix} \begin{bmatrix} x \\ y \\ z \end{bmatrix} = \boldsymbol{L}_x(\theta) \begin{bmatrix} x \\ y \\ z \end{bmatrix} \tag{3.3}$$

同样可定义绕 y 轴和 z 轴的变换关系为

$$\boldsymbol{L}_y(\theta) = \begin{bmatrix} \cos\theta & 0 & -\sin\theta \\ 0 & 1 & 0 \\ \sin\theta & 0 & \cos\theta \end{bmatrix} \tag{3.4}$$

$$\boldsymbol{L}_z(\theta) = \begin{bmatrix} \cos\theta & \sin\theta & 0 \\ -\sin\theta & \cos\theta & 0 \\ 0 & 0 & 1 \end{bmatrix} \tag{3.5}$$

以上坐标系间的转换关系为

$$S_e \xrightarrow{\boldsymbol{L}_z(-\alpha_G)} S_i \xrightarrow{\boldsymbol{L}_z(\Omega)} \circ \xrightarrow{\boldsymbol{L}_x(i)} S_g \xrightarrow{\boldsymbol{L}_z\left(u+\frac{\pi}{2}\right)} \circ \xrightarrow{\boldsymbol{L}_x\left(-\frac{\pi}{2}\right)} S_o$$

$$S_e \xrightarrow{\boldsymbol{L}_z\left(\lambda_p+\frac{\pi}{2}\right)} \circ \xrightarrow{\boldsymbol{L}_x\left(\frac{\pi}{2}-\varphi_p\right)} S_p$$

式中:Ω 为升交点赤经;i 为轨道倾角;u 为纬度幅角;λ_p 和 φ_p 是观测点的地理经

度和地理纬度。

S_e 到 S_o 坐标系的转换矩阵为

$$L_{oe}=L_x\left(-\frac{\pi}{2}\right)L_z\left(u+\frac{\pi}{2}\right)L_x(i)L_z(\Omega-\alpha_G) \tag{3.6}$$

S_e 到 S_p 坐标系的转换矩阵为

$$L_{pe}=L_x\left(\frac{\pi}{2}-\varphi_p\right)L_z\left(\lambda_p+\frac{\pi}{2}\right) \tag{3.7}$$

3.2.2 考虑 J_2 项摄动的轨道计算模型

卫星在运行中,不仅受到地球引力的作用,还受到地球非球形、大气阻力、太阳光压和第三体摄动等的影响,使其轨道不再是理想的开普勒轨道。在众多的摄动因素下,地球非球形的摄动是最显著的,反映在地球势函数谐系数中,J_2 比其余系数大三个数量级以上。在星座的初步设计中,仅考虑 J_2 项摄动已经可以满足设计精度的需求。

已知初始时刻 t_0 的卫星轨道要素为:轨道半径 a_0、偏心率 e_0、轨道倾角 i_0、升交点赤经 Ω_0、近地点幅角 ω_0 和真近点角 θ_0,考虑地球非球形带谐项 J_2 项的摄动,t 时刻卫星的轨道要素为[8]

$$\begin{cases} a=a_0 \\ e=e_0 \\ i=i_0 \\ \Omega=\Omega_0-1.5J_2\sqrt{\mu}R_e^2\dfrac{\cos i}{a^{3.5}(1-e^2)^2}(t-t_0) \\ \omega=\omega_0+0.75J_2\sqrt{\mu}R_e^2\dfrac{(5\cos^2 i-1)}{a^{3.5}(1-e^2)^2}(t-t_0) \\ u=\omega_0+\theta_0+\left(\sqrt{\dfrac{\mu}{a^3}}+1.5J_2\sqrt{\mu}R_e^2\dfrac{4\cos^2 i-1}{a^{3.5}}\right)(t-t_0) \end{cases} \tag{3.8}$$

式中:u 为纬度幅角;R_e 为地球半径;μ 为地球引力常数。可见,J_2 项对半长轴、偏心率和轨道倾角没有影响,却使升交点赤经和近地点幅角长期漂移,并对真近点角产生长期影响。此外,上式的输入和输出轨道要素均为平均轨道要素。

3.2.3 星座基本概念

3.2.3.1 星下点及星下点轨迹

一般称卫星在地球表面的投影点为星下点。星下点的位置用地理经度 λ 和纬度 φ 表示。随着卫星的运动,星下点也相对移动,形成的轨迹称为星下点轨迹,它是卫星轨道运动和地球自转运动的合成。

设 t 时刻的纬度幅角为 u,星下点纬度 φ 和经度 λ 满足式(3.9),见图3.6。

$$\begin{cases}\sin\varphi = \sin i\sin u \\ \tan\Delta\lambda = \cos i\tan u \\ \lambda = \Omega + \Delta\lambda - \alpha_{\mathrm{G}}\end{cases} \tag{3.9}$$

式中:i 为轨道倾角;u 为纬度幅角;$\Delta\lambda$ 和 u 同象限。

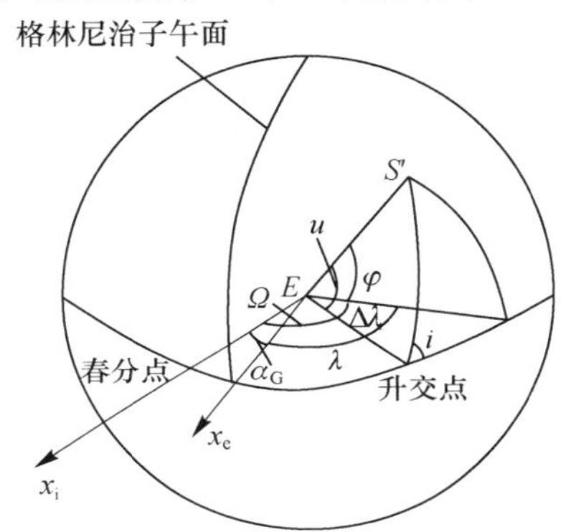

图3.6　星下点示意图

由式(3.9),得到星下点的纬度 φ 和经度 λ 为

$$\varphi = \arcsin(\sin u\sin i)$$

$$\begin{cases}\lambda = \Omega + \arctan(\cos i\tan u) - \alpha_{\mathrm{G0}} - \omega_{\mathrm{E}}(t - t_0) & \text{升段} \\ \lambda = \Omega + \arctan(\cos i\tan u) - \alpha_{\mathrm{G0}} - \omega_{\mathrm{E}}(t - t_0) + \pi & \text{降段}\end{cases} \tag{3.10}$$

3.2.3.2　回归轨道和准回归轨道

回归轨道即星下点轨迹出现周期性重叠的轨道,重叠出现的周期称为回归周期。

显然,卫星轨道相对于地球的运动角速度为 $\omega_{\mathrm{E}} - \dot{\Omega}$,因此,轨道相对于地球旋转一周的时间间隔为 T_{e},即

$$T_{\mathrm{e}} = \frac{2\pi}{\omega_{\mathrm{E}} - \dot{\Omega}} \tag{3.11}$$

式中:ω_{E} 为地球自转角速度;$\dot{\Omega}$为轨道节点线进动的平均速率。

$$\omega_{\mathrm{E}} = 7.2921158 \times 10^{-5}\quad (\mathrm{rad/s}) \tag{3.12}$$

$$\dot{\Omega} = -\frac{3}{2}\sqrt{\frac{\mu}{a^3}}J_2\left(\frac{R_{\mathrm{e}}}{a(1-e^2)}\right)^2\cos i\quad (\mathrm{rad/s}) \tag{3.13}$$

设卫星的交点周期为 T_N,若存在既约正整数 D 和 N,满足

$$NT_N = DT_e \tag{3.14}$$

式中

$$T_N = 2\pi\sqrt{\frac{a^3}{\mu}}\left[1 - \frac{3}{2}J_2\left(\frac{R_e}{a}\right)^2(4\cos^2 i - 1)\right] \tag{3.15}$$

式中:R_e 为地球半径。则卫星在经过 D 天,正好运行 N 圈后,卫星星下点轨迹开始重复,当 $D=1$ 时称为回归轨道,当 $D\neq1$ 时称为准回归轨道。

3.2.3.3 Walker－δ 星座

Walker－δ 星座是由 J. G. Walker 提出的,并得到了普遍的承认和广泛应用。星座以各条轨道对参考平面(通常是赤道平面)有相同的轨道倾角,以及卫星按等间隔均匀分布为特征。

Walker－δ 星座可以用三个参数 T,P 和 F 来描述,再加上轨道倾角 i 和轨道高度 h,则完全可以确定一个星座,通常用 $T/P/F$ 来表示 Walker－δ 星座的参考码或描述符。表示此星座共有 T 颗卫星,P 个圆轨道面,每条轨道的升交点以等间隔 $2\pi/P$ 均匀分布,且轨道的半长轴和轨道倾角均相等,每个轨道面内均匀分布 S 颗卫星,满足关系 $S=T/P$,按等间隔 $2\pi/S$ 均匀分布。相邻轨道面上的卫星之间的相对位置与它们的升交点赤经成正比,也就是说,任一条轨道上的一颗卫星经过它的升交点时,相邻的东侧轨道上的对应卫星已经超过它自己的升交点,并覆盖了 $2\pi F/T$ 地心角,定义 F 是在不同轨道面内的卫星相对位置的无量纲量,它可以是从 0 到$(P-1)$的任何整数。Walker－δ 星座的轨道平面和卫星的分布如图 3.7 所示。

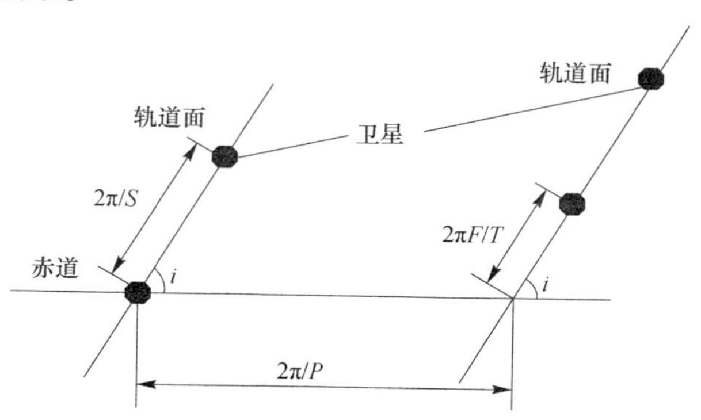

图 3.7 Walker－δ 星座卫星分布示意图

由 T 颗卫星组成的 Walker－δ 星座,选取不同的 P 和 F,可以组成很多种不同的星座构型。它的总数等于包括 1 和 T 在内的 T 的所有因子的总和。例如 6 颗卫星可以组成 12 种 Walker－δ 星座;24 颗卫星可以组成 60 种 Walker－δ 星座等。

Walker－δ 星座具有很好的覆盖特性，但对于实际应用的星座来说，不仅要考虑星座在理想条件下的覆盖特性，还要考虑这种星座构型在轨道摄动作用下的稳定性。理论上 Walker－δ 星座中每颗卫星所受的轨道摄动基本相同，因而星座构形具有一定的稳定性。因此大多数实际星座都采用了 Walker－δ 星座构形，或者是以 Walker－δ 星座为基础的一些变化形式。美国劳拉公司（LORAL Aerospace Corporation）的 Globalstar 就是一个典型的 Walker－δ 星座，其描述符为 48/8/1，轨道倾角为 52°，轨道高度为 1389km，图 3.8 给出了其三维示意图。

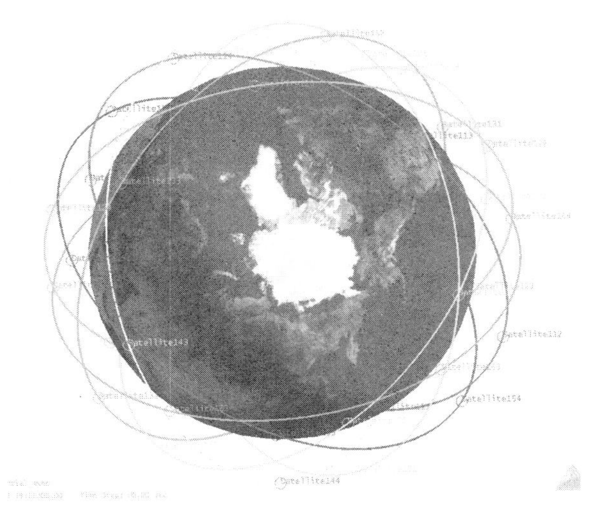

图 3.8 Globalstar－48/8/1Walker－δ 星座三维示意图（见彩图）

3.2.3.4 玫瑰星座

玫瑰星座是由 A. H. Ballard 提出的，它是 Walker－δ 星座中 $P=T$ 的一种特殊星座，每个轨道面上仅有一颗卫星，这种星座的轨道在固定的天球上的投影犹如一朵盛开的玫瑰，故称其为玫瑰星座。

玫瑰星座中任一颗卫星在天球上的位置可以用三个方位角：轨道面的升交点赤经 α、轨道面的倾角 β 和卫星的初始相位角 γ，及一个随时间变化的卫星相位角 $X_e=2\pi t/T$ 来描述，这里 t 是时间，T 是轨道周期。于是，由 N 颗卫星组成的玫瑰星座满足下式为

$$\begin{cases}\alpha_i=2\pi i/N & i=0,1,2,\cdots,N-1\\ \beta_i=\beta & \\ \gamma_i=m\alpha_i & i=0,1,2,\cdots,N-1\end{cases} \tag{3.16}$$

式中：m 是玫瑰星座的一个重要的描述符，它不仅影响卫星的初始分布状态，而且影响整个星座的进动角速度。当 m 取 0 到 $N-1$ 范围内的不同整数时，就能产生出各种不同的玫瑰星座。

玫瑰星座的覆盖性能非常好，由 5 颗卫星和 7 颗卫星组成的连续全球覆盖理想星座和连续全球双重覆盖理想星座都属于玫瑰星座，图 3.9 给出了 5/5/1 玫瑰星座的三维示意图。

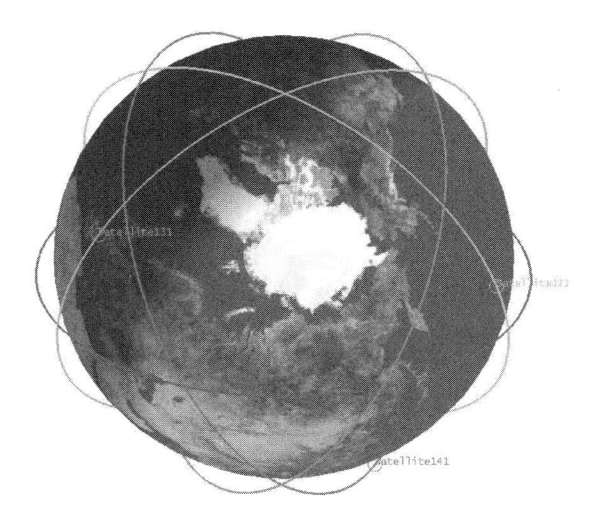

图 3.9　5/5/1 玫瑰星座三维示意图（见彩图）

3.2.3.5　σ 星座

σ 星座是指所有的卫星沿着一条星下点轨迹运动，且按等间隔分布的星座，它是 Walker $-\delta$ 星座的子星座。

σ 星座通常用两个整数 T 和 M 作参考码，它对应于 Walker $-\delta$ 星座的 $T/P/F$ 参考码，这里的 P 和 F 满足以下关系为

$$
\begin{aligned}
P &= \frac{T}{H[M,T]} \\
F &= \frac{T}{PM}(KP-M-1)
\end{aligned}
\tag{3.17}
$$

式中：$H[M,H]$ 为去 M 和 H 的最高公因子；注意到 F 是从 0 到 $P-1$ 的范围内的整数，系数 K 即可唯一确定。

图 3.10 是 $i=57.6°$，$h=20232.1\text{km}$，参考码为 6，1 的一个 σ 星座的星下点和三维示意图，对应于 6/6/4 的 Walker $-\delta$ 星座。

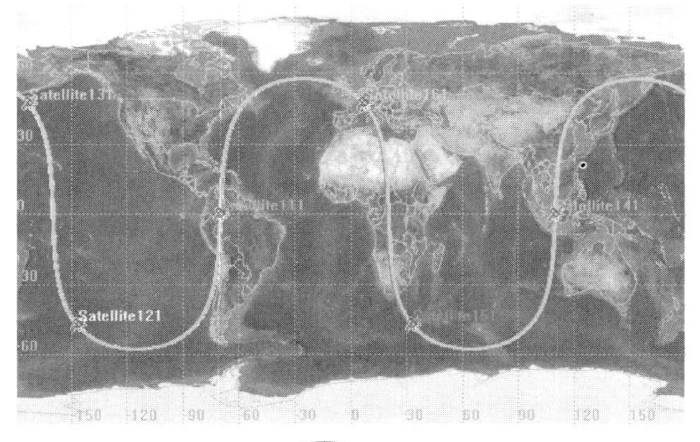

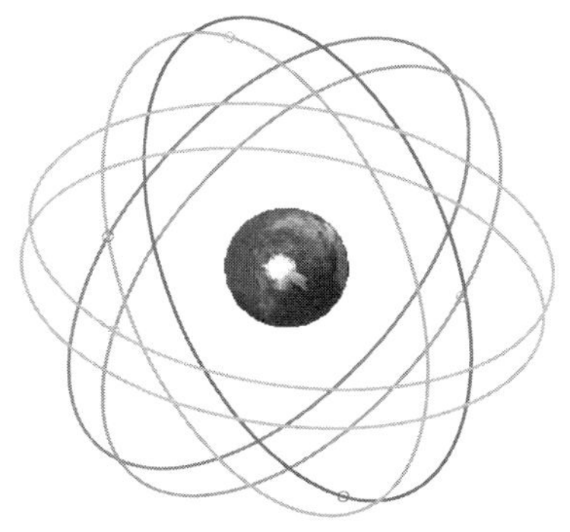

图 3.10　参考码 6,1σ 星座星下点和三维示意图(见彩图)

3.2.3.6　七要素表示改进的 Walker 星座

在 Walker $-\delta$ 星座的基础上改进,使得相邻轨道面的第一颗卫星的纬度幅角差值为$[0,2\pi]$内的任意值。改进的 Walker 星座共需要以下 7 个要素表示:共有 T 颗卫星,P 个圆轨道面,相邻轨道面的第一颗卫星的纬度幅角差值为 Δu,轨道高度为 h,轨道倾角为 i,第一颗卫星的升交点赤经和纬度幅角分别为 Ω_0 和 u_0。于是,每个轨道面上均匀分布 $N(N=T/P)$颗卫星,每颗卫星的轨道要素为

$$\begin{cases} a_{j,k}=R_{\mathrm{e}}+h \\ e_{j,k}=0 \\ i_{j,k}=i \\ \Omega_{j,k}=\Omega_0+\dfrac{2\pi}{P}(j-1) \\ \omega_{j,k}=0 \\ u_{j,k}=u_0+\Delta u(j-1)+\dfrac{2\pi P}{T}(k-1) \end{cases} \tag{3.18}$$

式中：下标 j 为轨道号（$j=1,2,\cdots,P$）；k 为卫星在轨道面内的编号（$k=1,2,\cdots,N$）。

改进的 Walker 星座与 Walker $-\delta$ 星座相比，在卫星颗数一定的情况下，可以组成任意多的星座，且保持了星座构形的均匀性。

3.2.4 覆盖准则

3.2.4.1 载荷模型

已知天基预警雷达俯仰角为 $\pm\alpha$，方位角为 $\pm\beta$，安装俯仰角为 δ，安装方位角为 θ，作用距离为 l，其定义为，在卫星质心轨道坐标系 $Sx_oy_oz_o$ 下，俯仰角为 $\arctan\left(\frac{z_0}{\sqrt{x_0^2+y_0^2}}\right)$，方位角为 $\arctan\left(\frac{x_0}{y_0}\right)$，图 3.11 给出了垂直轨道面内的截面示意图。

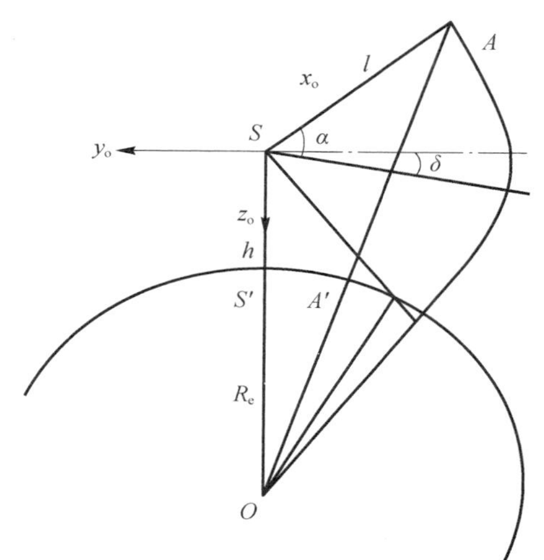

图 3.11　雷达模型垂直轨道面内的截面示意图

式中：点 S 为卫星；点 S' 为卫星星下点；点 A 为雷达扫描的最高点；点 A' 为点 A 的星下点；R_e 为地球半径；h 为轨道高度。由下式计算雷达可扫描的最大高度 AA' 为

$$AA'=\sqrt{l^2+(R_e+h)^2-2l(R_e+h)\cos(90^\circ+\alpha-\delta)}-R_e \tag{3.19}$$

3.2.4.2 基于雷达模型的数值法

数值法既是在仿真时间内取时间步长，分别计算每时刻的值，根据需要判断是否满足要求，如果满足，此时刻即为覆盖时间。

已知空中点的纬度 λ、经度 φ 和海拔高度 dh，需要将其从 S_e，经过 S_i、S_g，转

换到 S_o 下,见图 3.12,转换矩阵见下式,得到空间点 t 时刻在 S_o 坐标系下的坐标。

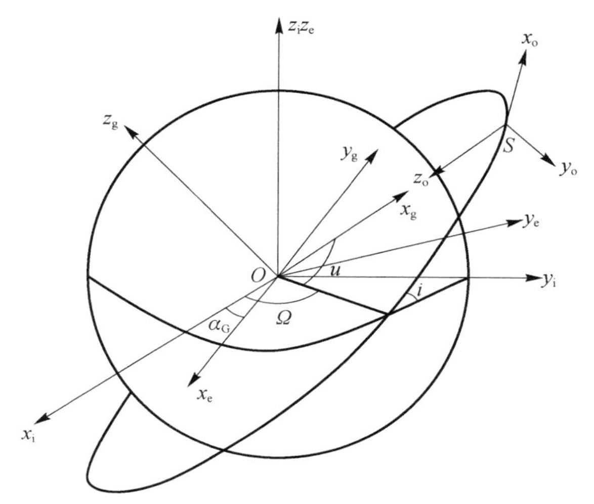

图 3.12　天基雷达覆盖模型三维示意图

$$\begin{bmatrix} x_o \\ y_o \\ z_o \end{bmatrix} = L_x\left(-\frac{\pi}{2}\right) L_z\left(\frac{\pi}{2}\right) \left[L_z(u) L_x(i) L_z(\Omega) L_z(-\alpha_G) \begin{bmatrix} x_e \\ y_e \\ z_e \end{bmatrix} - \begin{bmatrix} a \\ 0 \\ 0 \end{bmatrix} \right] \tag{3.20}$$

$$\begin{bmatrix} x_e \\ y_e \\ z_e \end{bmatrix} = \begin{bmatrix} (R_e + \mathrm{dh})\cos\lambda\cos\varphi \\ (R_e + \mathrm{dh})\cos\lambda\sin\varphi \\ (R_e + \mathrm{dh})\sin\lambda \end{bmatrix} \tag{3.21}$$

$$u = \omega + \theta \tag{3.22}$$

$$\alpha_G = \alpha_{G0} + \omega_E(t - t_0) \tag{3.23}$$

式中:a 为轨道半径;i 为轨道倾角;Ω 为升交点赤经;u 为纬度幅角;ω 为近地点幅角;θ 为真近点角;α_G 为 t 时刻的格林尼治赤经;α_{G0} 为初始时刻 t_0 的格林尼治赤经;ω_E 为地球自转角速度。

空中点可以被雷达覆盖时,应满足俯仰向、方位向和距离的限制,判断准则为

$$\begin{cases}\dfrac{\pi}{2}-\alpha-\delta\leqslant\arctan\left(\dfrac{z_o}{\sqrt{x_o^2+y_o^2}}\right)\leqslant\dfrac{\pi}{2}+\alpha-\delta\\ \theta-\beta\leqslant\arctan\left(\dfrac{x_o}{y_o}\right)\leqslant\theta+\beta\\ \sqrt{x_o^2+y_o^2+z_o^2}\leqslant l\end{cases}\tag{3.24}$$

式中:第一式为俯仰向限制;第二式为方位向限制;第三式为距离限制,arctan 表示反正切函数值的区间为[$-\pi,\pi$]。

已知卫星的初始轨道要素和空间点,设定仿真时间为 T_0,仿真步长为 t_c,数值法的计算过程如下:

(1) 根据式(3.8)可计算得到 t_i 时刻的轨道要素;

(2) 由式(3.20)计算得到 t_i 时刻空中点在卫星质心轨道坐标系 S_o 下的坐标;

(3) 根据式(3.24)进行覆盖判断,如果满足式(3.24),则 t_i 时刻空间点可以被覆盖,记 $t_i=1$,否则 $t_i=0$;

(4) 依次完成仿真时间内所有时刻点的覆盖判断,得到 t_i 的 0 和 1 矩阵,即可以得到覆盖的开始和结束时间矩阵,如图 3.13 所示,则单颗卫星对空中点的覆盖时间矩阵为:$[t_a,t_b]$、$[t_m,t_n]$、$[t_p,t_q]$、…、$[t_z,T_0]$。

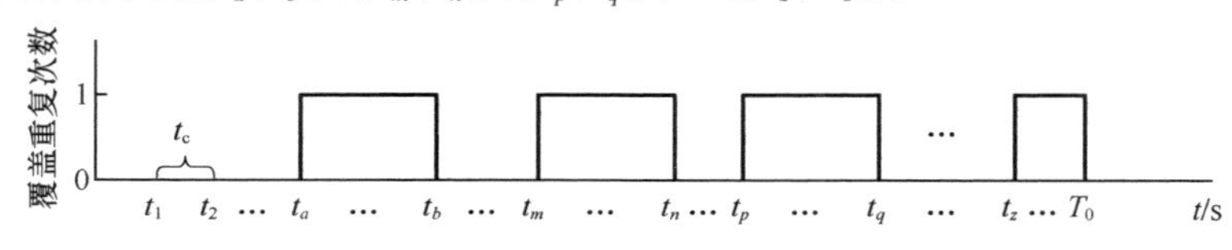

图 3.13 单颗卫星对空中点的覆盖时刻集

基于雷达模型的数值法优点为:只要地球模型和摄动模型足够精确,就能够得到准确的仿真精度,仿真时间可以任意长,而不会占用太多的计算机内存。缺点为:计算量比较大,要取得足够的精度,仿真步长需取得足够小,仿真时间需足够长。

3.2.4.3 基于地心平面的解析法

解析法是以建立时间为变量的等式,通过对等式的求解得到精确的时间值。为了简化计算等式,可将载荷在不同高度上投影,得到类似扇形的覆盖范围,见图 3.14,图中 a 为卫星到地心的距离,地面 M 点高度为 dh,R_e 为地球半径,l 为卫星 S 到地面 M 点的距离,B_1 为地面 N 点与卫星 S 所对的地心角,B_2 为地面 M 点与卫星 S 所对的地心角,θ 为 SM 与水平面的夹角,α 为 $\overline{SM}$ 与 $\overline{SN}$ 之间的夹角,β 为方位扫描角。

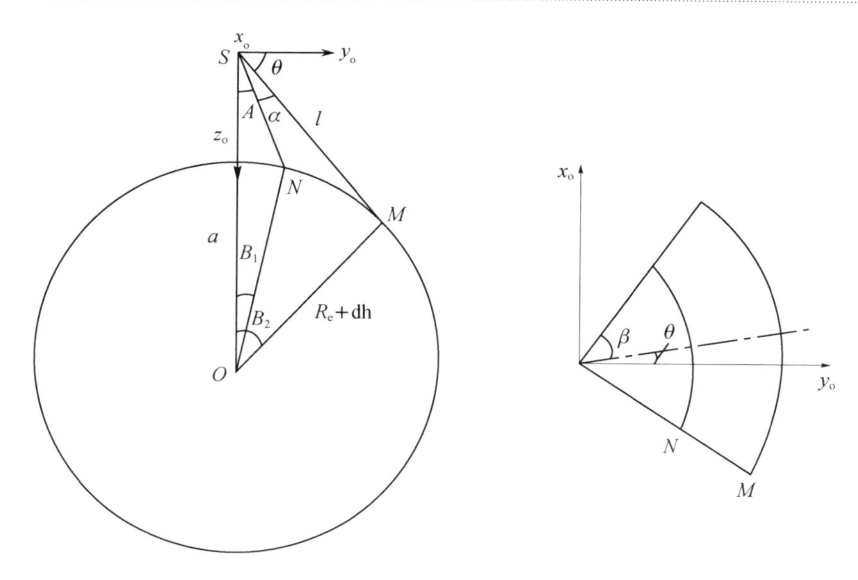

图 3.14　雷达模型在地面高度 dh 处垂直轨道面内和球面内的截面示意图（自卫星 S 正上方向下看）

通过对三角形 ΔOSN 和 ΔOSM 的求解得到在地面高度 dh 处的地心角范围为

由于 $dh \leqslant h$，

$$B_1 = \arcsin\left(\frac{\left(a - \sqrt{a^2 - [1 + \tan^2(A)][a^2 - (R_e + dh)^2]}\right)\tan(A)}{[1 + \tan^2(A)](R_e + dh)}\right) \tag{3.25}$$

$$B_2 = \arccos\left(\frac{a^2 + (R_e + dh)^2 - l^2}{2a(R_e + dh)}\right) \tag{3.26}$$

其中

$$A = 90° - \alpha - \theta \tag{3.27}$$

式(3.28)给出了时间 t 时，卫星和空间点在 S_e 下的矢量 $\boldsymbol{r}_s$ 和 $\boldsymbol{r}_p$：

$$\begin{aligned} \boldsymbol{r}_s &= L_z(\alpha_G)\begin{bmatrix} x_{se} \\ y_{se} \\ z_{se} \end{bmatrix} \\ &= L_z(\alpha_G)\begin{bmatrix} a(\cos(u)\cos(\Omega) - \sin(u)\cos(i)\sin(\Omega)) \\ a(\cos(u)\sin(\Omega) + \sin(u)\cos(i)\cos(\Omega)) \\ a\sin(u)\sin(i) \end{bmatrix} \end{aligned} \tag{3.28}$$

$$\boldsymbol{r}_{\mathrm{p}}=\begin{bmatrix}x_{\mathrm{pe}}\\y_{\mathrm{pe}}\\z_{\mathrm{pe}}\end{bmatrix}=\begin{bmatrix}(R_{\mathrm{e}}+\mathrm{dh})\cos\lambda\cos\varphi\\(R_{\mathrm{e}}+\mathrm{dh})\cos\lambda\sin\varphi\\(R_{\mathrm{e}}+\mathrm{dh})\sin\lambda\end{bmatrix} \tag{3.29}$$

即得到变量仅为时间的等式,为

$$\begin{cases}f_1(t)=\dfrac{\boldsymbol{r}_{\mathrm{s}}\cdot\boldsymbol{r}_{\mathrm{p}}}{(R_{\mathrm{e}}+\mathrm{dh})a}-\cos(B_1)\\f_2(t)=\cos(B_2)-\dfrac{\boldsymbol{r}_{\mathrm{s}}\cdot\boldsymbol{r}_{\mathrm{p}}}{(R_{\mathrm{e}}+\mathrm{dh})a}\\f_3(t)=\left|\mathrm{arctan2}\left(\dfrac{x_{\mathrm{o}}}{y_{\mathrm{o}}}\right)-\theta\right|-\beta\end{cases} \tag{3.30}$$

式中,第一式和第二式是关于地心角的,第三式是关于载荷方位向角的。分别利用二分法,求得等式为零时的解,即覆盖开始和结束的精确时刻。

已知卫星的初始轨道要素和空间点,设定仿真时间为 T_0,解析法的计算过程如下:

(1) 根据式(3.25)和式(3.26)计算在地面高度 dh 处的地心角范围 B_1 和 B_2;

(2) 在仿真时间 T_0 内,取步长 t_c(根据载荷的大小,适当选取),根据式(3.30)第一式计算得到每个时刻的函数值;

(3) 在函数值从正变到负的区间内,利用二分法求解方程,得到覆盖时间开始时刻;在函数值从负变到正的区间内,利用二分法求解方程,得到覆盖时间结束时刻;

(4) 在第一个等式得到的覆盖时间范围内,利用同第(2)和第(3)的步骤,计算第二个等式下的覆盖时间范围;

(5) 在第二个等式得到的覆盖时间范围内,计算第三个等式下的覆盖时间范围,即得到单颗卫星对空中点的覆盖时间矩阵:$[t_a,t_b]$、$[t_m,t_n]$、$[t_p,t_q]$、…、$[t_z,T_0]$。

基于地心平面的解析法优点为:对覆盖指标的统计非常精确,不存在由仿真步长引起的误差,不需要将仿真区间分为很短的时间段,因此运算很快。缺点为:存储仿真时间内,空域一点对星座中所有卫星的可视函数的解,所需内存空间较大。

3.2.5 星座设计

3.2.5.1 星座设计过程

根据天基预警雷达星座的特点和任务需求,结合星座设计的传统过程,提出星座设计过程如下：

（1）确定与星座有关的任务要求并进行任务分析：

① 用户需求，即覆盖区域范围、高度范围、区域覆盖率和重访时间等；

② 载荷工作方式和性能参数；

③ 其他要求。

（2）星座类型的选择，根据任务要求，综合考虑成本和技术方面的限制，从常用的星座类型选取合适的星座类型；

（3）利用初步估计的星座规模的典型星座进行全部轨道设计的权衡，在给定的轨道高度和轨道倾角范围内，确定轨道高度和轨道倾角及优化的取值范围；

（4）利用选取的轨道高度和轨道倾角，计算不同卫星颗数在典型星座下的覆盖性能，以得到满足要求的卫星数目；

（5）利用遗传算法，明确目标函数和优化参数，合理设置遗传算法参数，在得到的卫星数目下进行星座优化设计；

（6）根据需求进行星座保持策略和性能台阶分析；

（7）编制设计文件，包括用以设计星座的任务要求，选择星座类型和轨道参数的理由和方法，以及选定的星座参数值。当飞行任务的条件改变时，可以随时修改这些原始资料。

3.2.5.2 星座设计参数

星座设计中待确定的参数、影响和选择准则见表3.2。

表3.2 星座设计中的待确定要素

参数	影响	选择准则	对应于七要素表示改进的Walker星座参数
卫星数目	决定成本和覆盖的主要因素	选择最少的卫星满足覆盖和性能台阶的要求	T
轨道平面数	灵活性，覆盖性能台阶，发展和降级使用，维持费用	以最少的轨道平面满足覆盖性能要求	P
轨道平面的相位	决定覆盖的均匀性	在各组独立的相位取舍中选择最佳覆盖	Δu
轨道高度	覆盖，发射和变轨成本	通常是成本和性能之间的系统级权衡	h
轨道倾角	决定覆盖的纬度分布	纬度覆盖与成本的综合权衡	i
首星升交点赤经和纬度幅角	决定覆盖性能	覆盖性能最优	Ω_0 和 u_0

3.2.5.3 覆盖性能评价指标

最通用的衡量星座覆盖性能的评价指标主要有:覆盖百分比、最大重访时间、平均重访时间、时间平均间隙和平均响应时间。

1) 覆盖百分比(Percent Coverage)

地面上一点的覆盖百分比,就是该点被覆盖的累计时间在进行统计的总时间中所占的百分比。它表示地面上某一点或某一区域被覆盖多少次,但它并不提供有关覆盖间隙分布的信息。

$$P_{\text{PercentCoverage}} = \frac{\sum_{i=1}^{N}(t_{\text{begin}}^{i} - t_{\text{end}}^{i})}{t_{\text{total}}} \tag{3.31}$$

2) 最大重访时间(Maximum Coverage Gap)

最大重访时间就等于单独一个点所遇到的最长的覆盖间隙。当研究多个点的统计特性时,可能取其最大覆盖间隙的平均值或其中的最大值,全球平均最大间隙是全部个别点的最大间隙的平均值,而全球最大间隙则是任一个别点覆盖间隙的最大值。这个统计特性可给出某种最坏情况的信息。但由于用一个点或少数几个点就可确定这一结果,故它不能正确排定星座覆盖优劣的顺序。

$$t_{\text{MaxGap}} = \max(t_{\text{begin}}^{i} - t_{\text{end}}^{i-1}) \tag{3.32}$$

3) 平均重访时间(Mean Coverage Gap)

平均重访时间是给定地面点上遇到的所有覆盖间隙的平均长度。

$$t_{\text{AverageGap}} = \frac{\sum_{i=1}^{N}(t_{\text{begin}}^{i} - t_{\text{end}}^{i-1})}{N_{\text{Gap}}} \tag{3.33}$$

4) 时间平均间隙(Time Average Gap)

时间平均间隙是按时间平均的覆盖间隙平均时间。换句话说,如果对系统随机采样,时间平均间隙就是间隙长度的均值。

$$t_{\text{TimeAveragedGap}} = \frac{\sum_{i=1}^{N}(t_{\text{begin}}^{i} - t_{\text{end}}^{i-1})^{2}}{t_{\text{total}}} \tag{3.34}$$

5) 平均响应时间(Mean Response Time)

平均响应时间是从接收到要观测某点的随机请求开始到可以观测到该点为止的平均等待时间。如果一颗卫星在给定的时间步长内位于该点的视场之内,则该步长的响应时间为零。平均响应时间在数值上为时间平均间隙的1/2。

$$t_{\text{MeanResponseTime}} = \frac{\sum_{i=1}^{N} (t_{\text{begin}}^{i} - t_{\text{end}}^{i-1})^2}{2 \cdot t_{\text{total}}} \tag{3.35}$$

6）覆盖的最大、最小和平均时间(Maximum,Minimun,Mean Coverage Time)

覆盖时间的最大值,顾名思义就是覆盖段中的最长连续覆盖时间。覆盖时间的最小值,即为覆盖段中最短的连续覆盖时间。覆盖时间的平均值,等于总的覆盖时间长度除以覆盖次数。

$$t_{\text{MaxCoverage}} = \max(t_{\text{begin}}^{i} - t_{\text{end}}^{i}) \tag{3.36}$$

$$t_{\text{MinCoverage}} = \min(t_{\text{begin}}^{i} - t_{\text{end}}^{i}) \tag{3.37}$$

$$t_{\text{AverCoverage}} = \frac{\sum_{i=1}^{N} (t_{\text{begin}}^{i} - t_{\text{end}}^{i})}{N_{\text{coverage}}} \tag{3.38}$$

3.2.5.4　多星对单点的覆盖时刻集的合并

通过上述方法求得每颗卫星对单个空中点的覆盖时刻集后,需要对所有覆盖时刻集进行合并,得到多颗卫星对单点的覆盖时刻集。

合并方式:只要存在一颗卫星覆盖的时间段为覆盖段,存在几颗卫星同时覆盖的时间段为几重覆盖,不存在卫星覆盖的时间段为间隙段。

合并方法:按序排列所有卫星的覆盖时刻集,存在卫星覆盖时,依次记录卫星覆盖空中点开始时刻的最小值和终止时刻的最大值,并可累计覆盖重数。

以合并两颗卫星时刻集为例,如图 3.15 所示。

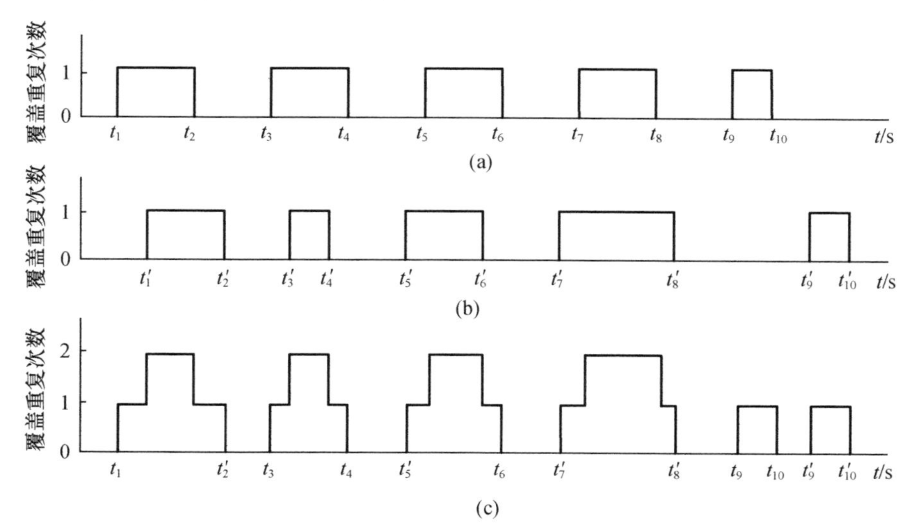

图 3.15　两颗卫星覆盖时刻集的合并

图3.15(a)为第一颗卫星对空中点的覆盖时刻集;图3.15(b)为第二颗卫星对空中点的覆盖时刻集合;图3.15(c)为合并后两星对空中点的覆盖时刻集。有多颗卫星时,将第一颗和第二颗卫星合并得到的覆盖时刻集再与第三颗卫星的合并,以此类推,最终得到多星对单点的覆盖时刻集:$[t_a, t_b]$、$[t_m, t_n]$、$[t_p, t_q]$、…、$[t_z, T_0]$。

3.2.5.5 星座对空域覆盖性能指标的统计

为了求星座对空域的覆盖性能指标,首先将空域划分成若干网格点,分别求得星座对所有空中点的覆盖时刻集后,根据需要统计覆盖性能指标,即可得到星座对空域的覆盖性能指标。

空域的划分可先对空域的地面区域均匀划分,再在高度范围上等距离划分,即可得到均匀的空域网格点。地面区域的划分有等长度划分和等面积划分两种常用的方法。如对地面区域按照等经度和等纬度划分,则高纬度单位面积上的网格点数将比低纬度多得多,在取覆盖性能平均值时,不能反映区域的平均性能,因此可令等纬度间隔的网格点中每一纬度的点数与该纬度的余弦值成正比,相当于地面区域单位面积上的网点数近似相等。有时为了简化空域模型,也可以直接取空域长方体的八个角及中心点为特殊点进行计算,但这需要验证特征点能否代表整个空域的特征,如图3.16所示。

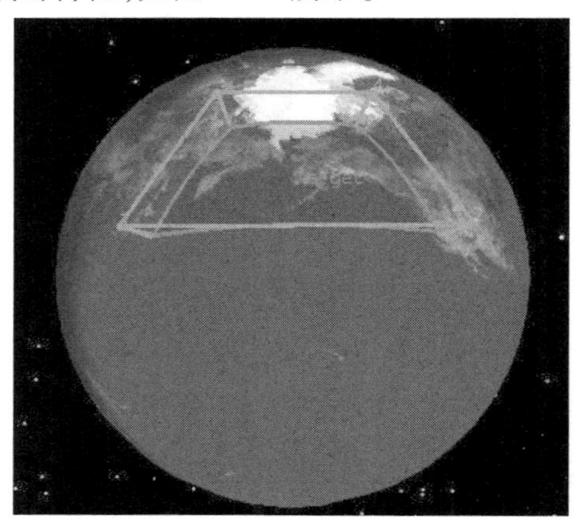

图3.16 空域范围示意图(见彩图)

3.2.6 星座站位保持

星座中的每颗卫星由于其初始入轨误差及在轨运行期间所受轨道摄动存在微小差异,经过一段时间,卫星就会逐渐偏离设计轨道,使得星座结构失衡,最后导致星座失效,甚至卫星之间发生碰撞,因此需要使星座的几何构形在一定精度范围内保持不变，保证星座的覆盖性能指标满足设计要求，称为站位保持（Station Keeping）或构形保持（Formation Keeping），也有文献称其为星座维持（Constellation Maintenance），这里通称为站位保持。

星座站位保持可以分为绝对站位保持（即要求星座中每颗卫星的升交点赤经 Ω 和轨道倾角 i 的变化率和相对相位保持为同一常值）和相对站位保持（即要求星座中每颗卫星的 Ω 和 i 的变化率和相对相位保持相同值）两种控制策略。

3.2.6.1　星座绝对站位保持

星座绝对站位保持是分别对每一颗卫星进行独立控制，预先为每一颗卫星确定参考轨道（包括时间历程），施加控制使其在一定精度范围内保持沿参考轨道运行，从而保证整个星座的构形不变。

绝对站位保持的控制方法比较成熟，与单星的控制方法基本一致，有一定的工程应用基础，可适用于任何星座，并且各卫星独立控制，之间不需要相互通信，这样使得整个控制系统的可靠性高，即使某一颗甚至几颗卫星的控制系统出现故障也不影响其他卫星的站位保持。

但是，配合传统的非自主式轨道控制会使地面控制系统的负担太重，当星座规模较大时，需要大量增加地面控制站；其次用于站位保持的推进剂消耗较多和轨道机动频率也较高；另外每颗卫星都必须按照预定的轨道运行，控制策略可供优化的余地不大。

3.2.6.2　星座相对站位保持

星座相对站位保持是对星座进行全局的控制，而不是独立地控制每一颗卫星，控制的目标也由每一颗卫星的绝对位置保持变为各卫星之间的相对位置保持。

相对站位保持只修正星座中各卫星所受摄动的不同部分，对摄动的相同部分由于其不影响星座的几何构形而不予修正（例如所有卫星在相同方向上相同大小的平面内相位漂移不影响星座的几何构形）。直观地，相对站位保持的推进剂消耗比绝对站位保持要少，所需轨道机动次数也较少。

相对站位保持可以分为两种方式。其一，在星座中确定某一颗卫星为基准卫星，其余所有卫星都与基准卫星保持一定的相对位置；其二，控制基准由所有卫星来共同确定，取“平均”效果，或者在“平均”的基础上根据情况给各卫星以不同的加权。

随着卫星星座规模的不断扩大，需要同时对数量众多的卫星进行控制，给地面控制系统带来越来越大的压力，卫星轨道控制的自主化成为一个发展方向。卫星星座的绝对站位保持有利于实现各卫星的自主控制，而且控制策略的复杂性不随着卫星数量的增加而增加,因此有学者提倡绝对站位保持。另外,对于对星下点轨迹有要求的星座(如回归轨道星座),相对站位保持就不适用了。

3.2.7 优化算法

3.2.7.1 传统优化方法

优化问题和方法可追溯到古老的函数极值问题,早期可利用的方法和能解决的问题都比较单一,直到20世纪40年代末,优化方法逐渐发展成为一门独立的学科,其理论研究迅速发展,新的方法不断出现,在计算机技术的推动下,其实际应用也越来越广泛。

约束最优问题一般形式为

$$\begin{aligned} &\min \quad f(x) \\ &\text{s.t.} \quad c_i = 0 \quad i \in E \\ &\qquad\ \ c_j \geqslant 0 \quad j \in I \end{aligned} \tag{3.39}$$

式中:$x \in R^n$ 为决策变量;$f(x)$ 为目标函数;$c_i(x)$ 为约束函数;E 和 I 分别为等式约束和不等式约束的指标集。当目标函数和约束函数均为线性函数时,问题称为线性规划;当目标函数和约束函数中至少有一个是变量 x 的非线性函数时,问题称为非线性规划。

传统优化方法通常采用迭代法求解最优解。其基本思想是:给定一个初始点 $x_0 \in R^n$,按照某一迭代规则产生一个点列 $\{x_n\}$,使得当 $\{x_k\}$ 是有穷点列时,其最后一个点是优化模型问题的最优解;当 $\{x_k\}$ 是无穷点列,且有极限点时,其极限点是优化模型问题的最优解。

设 x_k 为第 k 次迭代点,d_k 为第 k 次搜索方向,α_k 为第 k 次步长因子,则第 k 次迭代为

$$x_{k+1} = x_k + \alpha_k d_k \tag{3.40}$$

从这个迭代格式可以看出,不同的步长因子 α_k 和不同的搜索方向 d_k 构成了不同的优化方法。

传统的求解非线性规划问题的代表性方法有:梯度法、牛顿法、拟牛顿法、共轭梯度法和变尺度法,这些方法的共同特点是:梯度在优化中起重要作用,计算速度快,但是求解过程容易陷入局部最优,使得结果接近全局最优是优化理论中的一个难点。

3.2.7.2 遗传算法

遗传算法(GA)萌芽于20世纪50年代末60年代初,“遗传算法”这个名称

则出现在1967年Bagley的博士论文中。1975年De Jong在进行了大量数值实验后,在博士论文中提到:“对于规模在50到100的群体,经过10到20代的演化,遗传算法都以很高的概率找到最优或近似最优解”,他还指出:“串中每位的变异概率只要在0.001的数量级,就足以防止搜索陷入局部最优。”这些结论对遗传算法参数的选择非常具有指导意义。80年代以后,由于遗传算法能方便地处理离散、连续变量,无需梯度信息,具有灵活的编码方式,以及高效、并行搜索能力和能以较大概率搜索到全局最优解等优点,获得了广泛的应用。遗传算法所涉及的主要应用领域包括控制、规划、设计、组合优化、图像处理、信号处理、机器人、人工生命等。

遗传算法是一种基于生物进化原理构想出来的搜索最优解的仿生算法,它以自然选择和遗传理论为基础,模拟基因重组与进化的自然过程,把待解决问题的参数编成二进制码或十进制码(即基因),若干基因组成一个染色体(即个体),许多染色体进行类似于自然选择、配对交叉和变异的运算,经过多次重复迭代(即世代遗传)直至得到最后的优化结果。遗传算法提供了一种求解非线性、多模型、多目标等复杂系统优化问题的通用框架,是一种概率搜索算法,在搜索过程中不易陷入局部最优,即使在定义的适应函数是不连续的、非规则的或有噪声的情况下,它也能以很大的概率找到全局最优解。

遗传算法有以下三个基本操作:

(1) 选择(Selection):把当前群体中的个体按与适应值成比例的概率复制到新的群体。

(2) 交叉(Crossover):作用在从新群体中选取的两个个体上,产生两个子代串,每个子代串都包含两个父代串的遗传物质。

(3) 变异(Mutation):以一个很小的概率改变染色体上的某些位。

图3.17给出了遗传算法基本流程图。

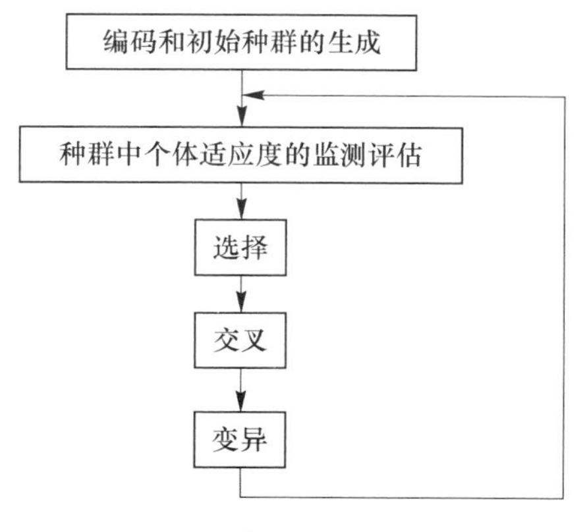

图3.17　遗传算法的基本流程图

遗传算法设计流程的实现包含如下五个基本要素，这五个要素构成了遗传算法的核心内容：

1）参数编码

编码是应用遗传算法时要解决的首要问题，也是设计遗传算法时的一个关键步骤。需要明确遗传算法中需要优化的参数，通过各自的取值范围和精度选择合理的编码方法。目前，主要有二进制编码、浮点数编码、动态变量编码等方法。

2）初始群体的确定

初始种群的特性对计算结果和计算效率均有重要影响，要实现全局最优解，初始种群在解空间中应尽量分散，且各个个体之间应保持一定的距离。

3）适应度函数的设计

适应度函数也称为评价函数，遗传算法中根据目标函数值区分群体中个体的好坏，并指导搜索，是算法演化过程的驱动力，性能不良的适应度函数会导致无法找到最优解。适应度函数的选取标准是：规范性、合理性、计算量小、通用性。

4）控制参数设定

主要指染色体长度、群体规模、交叉概率和变异概率等的选择，这些参数对遗传算法的性能影响很大：染色体的长度对二进制编码来说取决于特定问题的精度，存在定长和变长两种方式；群体规模的大小直接影响到遗传算法的收敛性和计算效率；交叉操作通过组合交叉两个个体中有价值的信息产生新的后代，它在群体进化期间大大加快了搜索速度；变异操作可保持群体中基因的多样性，偶然、次要的起辅助作用。

5）遗传操作设计

标准的遗传算法具有早熟现象（即很快收敛到局部最优解而不是全局最优解）和接近最优解时在最优解附近左右摇摆的现象，这对寻优是不利的，因此需要采用改进的遗传算法，引入合理的选择、交叉和变异算子。

遗传算法简单、通用、鲁棒性强，是21世纪关键智能计算方法之一。遗传算法和其他搜索方法相比，主要有以下优势：

（1）不易陷入局部最优，即使碰到非连续、不规则的目标函数，仍能以极高的概率趋于全局最优解；

（2）暗含并行性，可提高计算速度；

（3）容许中间过程出错，不会影响最终的结果。

遗传算法用于天基预警雷达星座设计时需要考虑：

（1）天基预警雷达星座的优化参数的类型既有实数也有整数，对于随机生成的参数，需要进行初步的处理以满足参数类型的要求；

(2) 明确优化参数的取值范围,对遗传算法待优化参数进行限制,这样更容易得到满足条件的最优解;

(3) 对遗传算法每一步输入和输出保存至文本文件,对计算过程进行监控,方便对过程的验证和对数据的处理,以发现一些显而易见的结论;

(4) 修改遗传算法,对之前计算过的输入直接输出结果,尤其是作为最优值进入下一代的输入,这样大大减少了计算量,提高了计算效率。

天基预警雷达星座设计优化参数较多,并且是对空中区域覆盖,二维空间增加至三维空间,使得遗传算法的适应值函数的复杂性大大增加,这些对遗传算法提出了新的要求,需要有较快的计算速度和较好的收敛性。

3.3 天基预警雷达轨道与星座设计

天基预警雷达系统一般由固定轨道高度和轨道倾斜角的圆形轨道上的卫星组成。单颗卫星受重访时间限制,无法实现对全球和局部区域的有效覆盖。而只有通过星座组网,才能形成对全球和局部区域的监视能力。星座设计是星座部署和运行的前提,其设计的优劣将影响天基预警雷达监视能力的发挥[9]。

设计天基预警雷达的方法是,首先确定雷达卫星的轨道高度和目标的散射截面积,然后计算能可靠检测目标所需的功率孔径积,最后根据目标特点和所需观测的空间范围,确定区域覆盖率的要求。可见卫星轨道选择对设计天基预警雷达非常重要。卫星轨道有双曲线、抛物线、椭圆和圆4种。对监视雷达应选用圆形轨道,优点是对地球观测能提供均匀的覆盖,即对目标检测所需的功率孔径积不变。再者是圆形轨道为提供全球覆盖所需的星座规模最小。

3.3.1 轨道高度

按卫星地球轨道高度分有:低轨(LEO),高度1000km以下;中轨(MEO),1000~20000km;高轨(HEO),20000km以上。除了执行特殊任务外,卫星轨道高度一般不会低于400 km,因为太低的轨道高度,地球的大气阻力会影响卫星的工作寿命。卫星的轨道高度也不会选择在高度为3200km和14400~19200km,因为这两个高度可分别对应着内、外范阿伦辐射带,强烈的辐射要求严密的屏蔽,以保护星上电子设备不受伤害。由此而使电子设备的重量增加,使发射费用变得昂贵。

卫星轨道越高,提供的视野越大,要求覆盖全球的卫星数越少,但所需的功率孔径积会随着高度迅速增加。卫星轨道选择要在功率孔径积,为实现全球覆盖所需的卫星数量及造价间折中选取。卫星轨道高度与卫星数量的关系曲线如图3.18所示[12]。

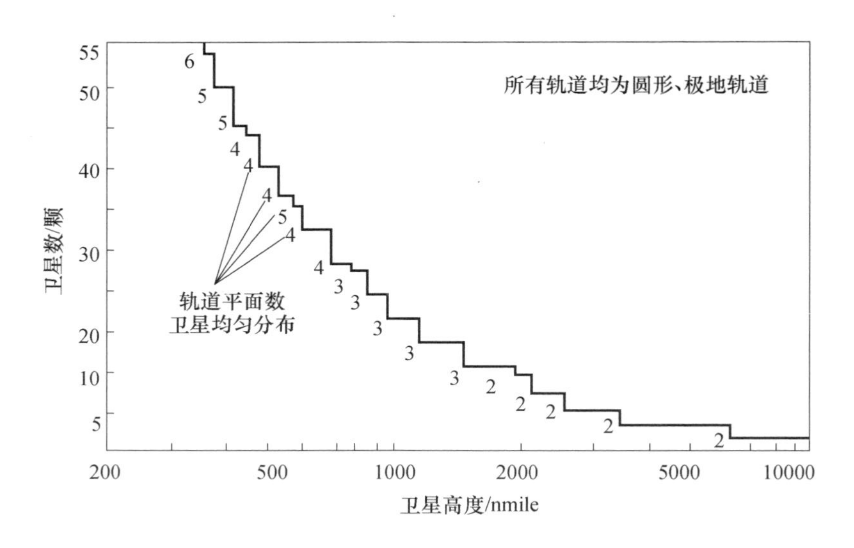

图 3.18　卫星轨道高度与全球覆盖的卫星数

在区域覆盖率 Ω/t_s 和目标雷达截面积（RCS）限定的前提下，由式（2.1）可知雷达功率孔径积与作用距离的四次幂成正比[10]。

为了充分发挥雷达的作用距离优势，轨道高度应与作用距离相匹配，因此轨道高度的选择依赖于雷达作用距离，也就是依赖于雷达的功率孔径积。

3.3.2　星座性能

评价星座构型的性能主要有三个指标：覆盖率、最大覆盖间隙/最大重访时间和平均响应时间[11]。

覆盖率就是星座中任意一颗卫星能够看到地面某一点的时间百分比。比如：在 100min 的时间内，卫星 A 能够看到最开始的 5min，此后 30min 的时间内没有卫星能够看到该点，随后卫星 B 能够看到 15min，而最后 50min 没有卫星能够看到。这样覆盖率为（5 + 15）/100 = 20%，如图 3.19 所示。

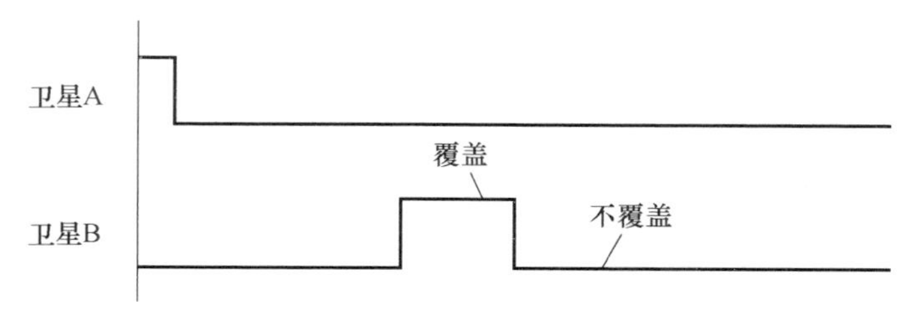

图 3.19　卫星覆盖举例

最大覆盖间隙/最大重访时间表示地面某一点不能被星座中的任意卫星看到的最大时间间隔。在战时，敌人完全可以利用该时间段采取军事行动而不被发现；而当天基预警雷达执行任务时，在该时间段无法探测到运动目标。在上面的例子中，最大重访时间为 50min。因此，最大重访时间需要设计得尽可能短以确保对运动或机动目标的跟踪。

平均响应时间表示地面某一点在被任意卫星看到之前的平均等待时间。

在高、中、低纬度范围，执行 GMTI、AMTI 和 SAR 任务，最大重访时间和平均响应时间的相对重要性如表 3.3 所列。

表 3.3　最大重访时间和平均响应时间的相对重要性

纬度 / 性能指标 / 任务	高纬		中纬		低纬	
	最大重访时间	平均响应时间	最大重访时间	平均响应时间	最大重访时间	平均响应时间
GMTI	低	低	中	中	中	中
AMTI	中	中	高	高	高	高
SAR	低	低	低	中	低	中

其中最关键性指标为最大重访时间，星座设计应围绕最大重访时间进行优化设计。对于 AMTI 任务，最大覆盖间隙超过 2min 就已经不可接受，因此星座设计最大重访时间应小于 1min，而对应的响应时间应小于 10s。

3.3.3　轨道倾角与卫星数量

对全球绝大部分纬度覆盖可以考虑 Walker 轨道星座和近极地轨道星座[11]。

3.3.3.1　Walker 轨道星座

Walker 轨道星座是一种常用的星座，卫星以一定高度和倾角的圆轨道组网，轨道南北半球对称，对全球的覆盖性能较好。设计的目标就是采用对称轨道，使用最小的卫星数量，实现对全球的连续多重覆盖。但设计 Walker 轨道星座对于天基预警雷达性能发挥并非最优。

3.3.3.2　近极地轨道星座

44 颗卫星星座组网，分别采用 80°和 89°倾斜轨道，最大重访时间间隔比较如图 3.20 所示。

从图 3.20 可以看到：在 ±35°之间，80°倾角会有一个很大的重访时间间隔；89°倾角可以获得赤道到南北纬 85°之间较好的覆盖性能。具体覆盖性能指标

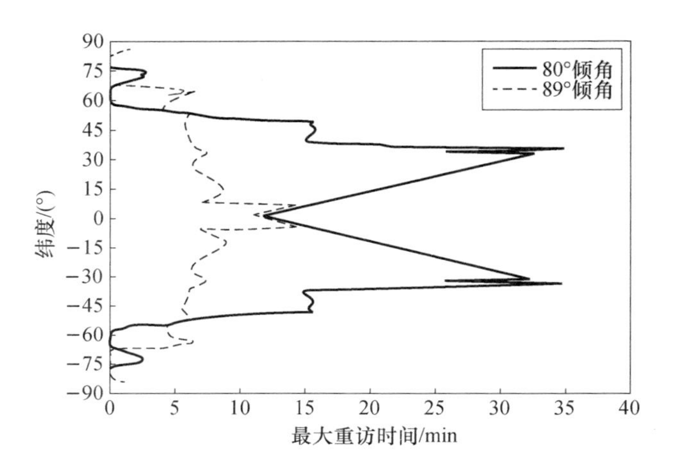

图 3.20　80°与 89°倾角最大重访时间随纬度的变化比较

比较如表 3.4 所列。

进一步增加卫星数量，采用 89°倾斜轨道 78 颗卫星星座，覆盖性能如表 3.5 所列。

表 3.4　80°倾角和 89°倾角的覆盖性能比较

倾角 / 覆盖性能	轨道倾角	
	80°	89°
平均覆盖范围	51% ~100%	68% ~100%
全球平均覆盖	77%	81%
最大重访时间范围/min	0 ~ 35	0 ~ 14
最大平均响应时间范围/min	0 ~ 4	0 ~ 1
全球平均响应时间/min	1	0.3

表 3.5　89°倾斜轨道 78 颗卫星星座的覆盖性能

倾角 / 覆盖性能	轨道倾角 89°
平均覆盖范围	95% ~100%
全球平均覆盖	98.5%
最大重访时间范围/s	0 ~ 115
最大平均响应时间范围/s	0 ~ 1
全球平均响应时间/s	0.3

1.9min 的最大重访时间和 0.3s 的平均响应时间完全可以满足 AMTI 的设计目标。

而如果仅对部分纬度实现较好的覆盖，则可以考虑选择：

（1）低倾斜角圆轨道星座以50°倾斜角轨道星座为例，可实现对南北纬72°区域较好的覆盖，但是在纬度略低于50°附近，存在严重的覆盖缺陷。因为在这一区域附近，卫星一般是往东向飞行，探测区域处于北向和南向，因此在卫星星下点附近存在一条东西走向的覆盖盲区。这种在轨道倾角纬度附近覆盖性能变差的问题，出现在所有低倾角系统的星座中。

（2）赤道轨道星座可对低纬度区域具有覆盖优势的星座。

（3）椭圆轨道星座对中高纬度区域覆盖性能优于圆轨道星座，但是对低纬度区域存在覆盖空隙。

本章对星座设计理论、空域点覆盖方法和优化算法进行了介绍。星座设计需要考虑轨道高度、离心率、卫星数量、轨道面数量、卫星之间的相位差和雷达性能。在标准天基预警雷达概念和执行任务需求的基础上，主要通过改变卫星数量、轨道面数量、卫星之间的相位差来寻求使最大重访时间和平均响应时间满足要求的最优解。

参考文献

[1] Leopold J C. Space Base Radar Handbook [M]. Artech House, 1989.

[2] Tirpak J A. The space based radar plan [J], Air Force Magazine ,USA , 2002,8.

[3] Ballard A H. Rosette Constellations of earth Satellites[J], IEEE Transaction on Aerospace and Electronic Systems,1,AES - 16(5),1980:656 - 673.

[4] Rider L. Analytic Design of Satellite Constellations for Zonal Earth Coverage Using Inclined Circular Orbits [J]. The Journal of the Astronautical Sciences, 34 (1), January - March 1986,:31 - 64.

[5] Draim J E. A Six - Satellite Continuous Global Double Coverage Constellation [C]. paper AAS 87 - 497. Presented at AAS/AIAA Astrodynamics Specialist Conference, Kalispell, Montana:1987,:10 - 13.

[6] Hanson J M, Evans Maria J,Turner Ronald E. Designing Good Partial Coverage Satellite Constellations [J]. The Journal of the Astronautical Sciences, 40 (2), April - June 1992,: 215 - 239.

[7] Frayssinhes E, Janniere P, Lansard E. The Use of Genetic Algorithms in the Optimization of Satellite Constellations [J]. Spaceflight Dynamics, Toulouse, CEPADUES, June 1995:971 - 982.

[8] 刘林，航天器轨道理论[M].北京：国防工业出版社，2000.

[9] 贲德，王海涛.天基监视雷达新技术[M].北京：电子工业出版社，2014.

[10] Rosen P, Davis M. A Joint Space - Borne Radar Technology Demonstration Mission for NASA and the Air Force[C]. Proc. 2003 IEEE Aerospace Conference, Big Sky, MT: March 8 -

15, 2003:437 -444.

[11] Tollefson M V, Preiss B K. Space Based Radar Constellation Optimization[C]. NM, USA: IEEE Aerospace Conference, Nichols Res. Corp., Albuquerque, March 21 - 28, 1998,: 379 -389.

[12] 贲德,龙伟军. 天基雷达的关键技术[J],数据采集与处理,2013,28(4):391 -396.

第4章 天基预警雷达系统设计

本章主要讨论设计单基地天基预警雷达系统需要考虑的基本问题。首先讨论衡量天基预警雷达性能的主要指标和主要工作模式，它们决定了雷达的主要功能和使用特点，这些参数基本确定了雷达的规模，以及对卫星平台的重量、供电等需求。随后分析了为实现这些指标应该选择的雷达技术参数，包括雷达工作频率、工作波形、天线体制等。

4.1 主要性能指标

这里讨论的主要性能指标既确定了天基预警雷达的工作能力和性能，也是雷达系统设计的输入条件。衡量天基预警雷达的主要指标与普通地面或机载预警雷达类似，主要有威力、精度、分辨力、搜索和跟踪目标数量等。但是由于天基预警雷达的平台是卫星，有些要求与卫星的轨道参数如卫星高度、倾角以及卫星的数量等有关，最佳的设计过程是应该首先确定整个雷达卫星预警系统网的性能要求，由此再确定单部雷达的性能要求，由于这样做涉及面太广，有许多不确定因素，因此这里还是以讨论单部雷达的基本性能要求为主，分析时尽可能涉及卫星轨道等参数。

4.1.1 威力

威力是指雷达在给定条件下发现目标的最大距离，所以也常常称为雷达作用距离，它是衡量雷达性能的最基本的指标，与常规雷达一样，天基预警雷达的威力由雷达发射的平均功率和天线的口径大小，即常说的功率孔径积决定，功率孔径积越大，雷达就能发现更远处的目标。所谓的条件是指雷达观测目标的后向散射截面积和目标的起伏类型，发现目标的检测概率、虚警概率以及工作模式和雷达的覆盖范围等。雷达有许多种工作模式，不同工作模式下的检测目标的原理有差异，雷达会采用不同的信号处理方法和不同的工作波形，因此相应的威力有较大的差异。雷达覆盖范围越大，分配给雷达驻留每个波束的时间相应就减小，因而可用于检测目标的累积时间就越短，相应雷达的威力就会减小。

雷达检测目标时的信杂噪比决定了发现目标的检测概率和虚警概率。对于使用者而言，自然是希望雷达发现概率越高越好，而产生的虚警越少越好，但是这会要求回波信号的信杂噪比非常高，相应雷达的威力就会减小，所以对于以预警为主要功能的雷达一般情况下按检测概率为0.5，虚警概率为10^{-6}来考虑，或者以累积发现概率和平均出现的虚警的时间来衡量雷达威力的前提条件，它们之间是可以换算的。为了弥补信噪比的不足，已有人利用相控阵雷达的特点，采用检测前跟踪等方法，提高总的发现概率，降低虚警概率。

与机载预警雷达一样，当天基预警雷达工作在下视模式，利用地球背景杂波与运动目标回波的多普勒频率差异来检测目标时，雷达的威力又与目标相对雷达的径向速度、地面的反射特性、天线的副瓣特性等有关。运动目标处在不同径向速度时，与其对应的多普勒频率的杂波功率是不一样的，对于地面杂波而言，它的主瓣杂波功率比副瓣杂波要大得多，因此雷达是不可能在主瓣杂波区检测到运动目标，另一个条件是地面杂波的反射特性和天线的副瓣电平，地面反射越强和天线副瓣越高，雷达收到的副瓣杂波就会越强，当地面杂波功率超过雷达本身接收机的噪声时，就会使雷达系统检测运动目标的能力下降。

与普通雷达不同的是天基预警雷达威力的需求还与卫星轨道密切相关。卫星轨道越高，雷达到地面目标的距离越远，因此要求雷达的威力越大才能满足检测空中和地面目标的需求。由于卫星轨道的最低维持轨道在500km左右，对应雷达的视线距离在2000km左右，因此天基预警雷达可接受的威力应不小于2000km，否则就会失去意义。

4.1.2 空域覆盖

空域覆盖是指雷达天线波束在方位向和俯仰向的扫描范围，这样和威力一起确定了以雷达为中心的有效工作范围。通常希望雷达能够在方位覆盖360°，在俯仰覆盖所需要观测目标的活动高度。而对于天基预警雷达，情况有较大的不同，首先雷达平台在高速运动，不能停留在某一区域；其次受技术水平的限制，卫星不能连续为雷达提供大功率电源，从而雷达不能长时间连续工作；最后受卫星平台的重量等因素控制，无论雷达采用何种形式的天线，单部雷达在方位向实现360°扫描是非常困难的。因此应以用户需求为中心，结合卫星轨道和卫星组网的情况，提出单部雷达的瞬时的空域覆盖，以此作为输入条件计算雷达的威力。

4.1.3 测量精度

雷达不仅需要在指定的观测空域内发现目标，而且在检测到目标后，要提供每个目标的距离、方位角、俯仰角等位置参数,以及径向速度、加速度等运动参数。其中相对雷达的距离、方位角和俯仰角可以直接测量,目标径向速度通过测量目标回波的多普勒频率获得,其他运动参数通过数据滤波处理间接获取。

这里讨论的雷达测量精度是指在接收机噪声背景下测量距离等参数时所能达到的最小测量误差,如果存在干扰或地面背景杂波,则测量精度会变差,其影响可以折算成信杂噪比来考虑。

4.1.3.1　测距精度

雷达是通过测量目标信号所在的距离门数获得目标距离的。由于天基预警雷达在有的工作模式下,目标的距离大于脉冲重复频率所对应的距离,也就是存在距离模糊的问题,需要通过措施解距离模糊的问题,在解距离模糊正确的情况下,影响测距精度的因素主要有:

1）数据量化误差 σ_{R_1}

数据量化误差是指计算机位数有限引入的测距误差,为

$$\sigma_{R_1}=\frac{R_{\mathrm{m}}}{2^N\sqrt{12}} \tag{4.1}$$

式中:N 为计算机字长;R_{m} 为雷达的最大探测距离。由于现在计算机的字长很大,所以这一项一般很小,小于 1m,几乎可以忽略。

2）定时脉冲抖动误差 σ_{R_2}

目标信号的产生和回波信号的采样都受定时脉冲控制,定时信号的抖动会引起测距误差,其误差为

$$\sigma_{R_2}=\frac{c\Delta t_{\mathrm{s}}}{2\sqrt{12}} \tag{4.2}$$

式中:Δt_{s} 为定时抖动;c 为光速。雷达的频率稳定度很高,Δt_{s} 很小,在纳秒左右,σ_{R_2}小于 1m。

3）距离量化误差 σ_{R_3}

雷达是通过距离门数确定目标的距离,由于回波出现的位置是随机的,而采样脉冲是固定的,由此引入的误差为

$$\sigma_{R_3}=\frac{c}{2B\sqrt{12}} \tag{4.3}$$

式中:B 为信号带宽,按一般雷达的信号带宽,这项误差在十米到几十米之间。

4）噪声引起的测距误差 σ_{R_4}

由雷达内部噪声引起的测距误差为

$$\sigma_{R_4}=\frac{c\tau}{2\sqrt{2n_e(S/N)}} \tag{4.4}$$

式中：τ 为脉冲压缩后的脉冲宽度；n_e 为等效脉冲数；(S/N) 为目标回波的信噪比，按一般雷达的信号带宽，这项误差在十米到几十米之间。

5）多路径反射引起的测距误差 σ_{R_5}

由于地面的反射引起回波信号的多路径，由多路径引起的测距误差为

$$\sigma_{R_5}=\frac{c\tau\rho}{2\sqrt{8G_{SL}}} \tag{4.5}$$

式中：ρ 为地面反射系数，最大值可取为 0.15 左右；G_{SL} 为天线在俯仰维的副瓣，这一项误差一般在十米以内。

6）距离和多普勒频率耦合引起的测距误差 σ_{R_6}

雷达为提高平均辐射功率，一般采用宽脉冲信号，同时为保证距离分辨力，会采用线性调频等方式对发射的宽脉冲信号进行调制，如果雷达平台和目标之间存在相对运动，那么这个多普勒频率会影响脉压后的回波信号的峰值位置，由此引起测距误差为

$$\sigma_{R_6}=\frac{cTf_d}{2B\sqrt{12}} \tag{4.6}$$

式中：T 为雷达发射脉冲信号的宽度，B 为信号带宽；f_d 为多普勒频率。由于在天基预警雷达中，f_d 比较大，T 也比较大，因此最好对多普勒频率进行补偿，使得这项误差能够控制在十米以内。

7）目标闪烁引起的测距误差 σ_{R_7}

当雷达照射到复杂的目标时，目标运动的变化，会引起回波信号的闪烁，从而引起测距误差，特别当目标长度跨距离门时，影响会更大些。由目标闪烁引起的测距误差为

$$\sigma_{R_7}=0.35L_T \tag{4.7}$$

式中：L_T 为目标长度。对于空中目标，这项误差在几米以内，对于舰船，这项误差可能最大会有几十米。

8）大气折射引起的测距误差 σ_{R_8}

大气折射引起的测距误差与雷达工作频率和擦地角有关。一般在几米左右。

总的来说，雷达的测距精度主要与回波信号的信噪比和信号带宽密切相关，以天基预警雷达可能使用的参数，其测距精度应能控制在 100m 以内。

4.1.3.2　测角精度

1）天线指向误差 σ_{A_1}

天线阵面由于展开机构、热变形等因素不再是理想的平面，导致天线面的机械轴和天线电轴不一致，从而引起测角误差：

$$\sigma_{A_1}=\frac{\Delta\phi\Delta\theta_{3\mathrm{dB}}}{2\sqrt{N}} \tag{4.8}$$

式中：N 为天线单元数量；$\Delta\theta_{3\mathrm{dB}}$ 为天线波束宽度；$\Delta\phi$ 为每个天线单元的等效相位偏差，这项有部分是天线机构引起的误差，是系统误差，可以通过校正而消除。

2）移相器量化引起的误差 σ_{A_2}

天基预警雷达需要采用相控阵天线才能完成其功能，由于相控阵天线所使用的移相器位数是有限的，从而存在量化误差，由此引起的测角误差为

$$\sigma_{A_2}=\frac{2.6\Delta\theta_{3\mathrm{dB}}}{N_{\mathrm{L}}2^{p}} \tag{4.9}$$

式中：p 为移相器位数，N_{L} 为天线在方位向或距离向的单元数量。雷达移相器位数一般在5位以上，预警雷达的 N_{L} 也很大，因此这一项比较小。

3）噪声引起的测角误差 σ_{A_3}

如果采用单脉冲测角，由热噪声引起的测角误差为

$$\sigma_{A_3}=\frac{\Delta\theta_{3\mathrm{dB}}}{2\sqrt{(S/N)n_{\mathrm{e}}}} \tag{4.10}$$

式中：(S/N) 为检测目标时的回波信号信噪比；n_{e} 为检测同一个目标的次数。

4）目标闪烁引起的测角误差 σ_{A_4}

目标闪烁引起的测角误差与雷达到目标的距离 R 和目标在探测方向的投影尺寸 L_{x} 有关，为

$$\sigma_{A_4}=0.35\frac{L_{\mathrm{x}}}{R} \tag{4.11}$$

由于天基预警雷达的距离 R 很远，此项可以忽略。

5）多路径反射引起的测角误差 σ_{A_5}

多路径反射引起的测角误差为

$$\sigma_{A_5}=\frac{\Delta\theta_{3\mathrm{dB}}\rho}{\sqrt{8G_{\mathrm{SL}}}} \tag{4.12}$$

式中：ρ 为地面反射系数；G_{SL} 为天线在俯仰维的副瓣电平，由于天线副瓣电平要在 $-30\mathrm{dB}$ 以下，因此这项误差很小。

6）大气折射引起的测角误差 σ_{A_6}

大气折射引起的测角误差与雷达工作频率和擦地角有关。在精度要求较高、擦地角较小时,需要进行补偿。对于天基预警雷达 σ_{A_6} 选项可以忽略。

7）和、差通道不一致引起的测角误差 σ_{A_7}

雷达一般采用和、差单脉冲测角,和、差通道的相位不一致会导致测角误差,可表示为

$$\sigma_1 = 0.11\sin(\Delta\phi_1)\tan(\Delta\phi_2)\Delta\theta_{3\mathrm{dB}} \tag{4.13}$$

式中:$\Delta\phi_1$ 为和、差比较器相位的差异;$\Delta\phi_2$ 为和、差通道的相位差异。

单脉冲和、差通道的增益不一致引起的测角误差在和、差通道形成器前影响较大,可以表示为

$$\sigma_2 = \frac{\ln K}{2.7726}\Delta\theta_{3\mathrm{dB}} \tag{4.14}$$

式中:K 为和、差形成前的幅度差异。

总的测角误差为

$$\sigma_{A_7} = \sqrt{\sigma_1^2 + \sigma_2^2} \tag{4.15}$$

由于现代雷达的数字化往前端移,幅度和相位不一致性越来越小,从而这项误差也变得越来越小。

综上所述,测角误差主要由天线的波束宽度和回波信号的信噪比决定,一般小于波束宽度的十分之一。

4.1.3.3 测速精度

雷达是通过测量多普勒频率获得目标与雷达之间的径向速度,因此速度测量误差由多普勒频率测量误差引起,而多普勒频率测量误差与多普勒滤波器宽度或相干积累时间及回波信号的信噪比决定,测速误差为

$$\sigma_v = \frac{\lambda}{2T_{\mathrm{d}}\sqrt{2S/N}} \tag{4.16}$$

式中:T_{d} 为相干积累时间;(S/N) 为信噪比;λ 为雷达工作波长。

4.1.4 分辨力

分辨力是指雷达在距离、速度和角度维分辨目标的能力。这也是雷达重要的性能指标之一。

4.1.4.1 角度分辨力

雷达的角度分辨力取决于雷达天线波束在方位和仰角上的半功率点间的波

束宽度 $\Delta\theta_{3dB}$、$\Delta\varphi_{3dB}$。如果雷达采用相控阵天线，其天线的波束宽度与天线的扫描角有关，扫描角度为60°时，波束宽度将增加一倍，相应角度分辨力下降一半。

4.1.4.2　距离分辨力

雷达的距离维分辨力取决于雷达工作的瞬时信号带宽。如果信号的瞬时带宽为 B，则距离分辨力 ΔR 为

$$\Delta R = \frac{c}{2B} \tag{4.17}$$

式中：c 为光速。

4.1.4.3　横向距离分辨力

普通雷达的横向距离分辨力 ΔR_a 为

$$\Delta R_a = R\Delta\theta_{3dB} \tag{4.18}$$

式中：R 为目标到雷达的距离；$\Delta\theta_{3dB}$ 为天线方位向的角度分辨力。由上式可以看出，横向距离分辨力不仅与 $\Delta\theta_{3dB}$ 有关，而且不同距离所对应的 ΔR_a 是不一样的。距离越远，ΔR_a 越差。一种改进方法是利用目标的转动或者目标相对雷达视线角的变化，通过多普勒频率差获得高的横向距离分辨力。此时横向距离分辨力 ΔR_a 为

$$\Delta R_a = \frac{\lambda}{2\Delta\theta} \tag{4.19}$$

式中：$\Delta\theta$ 为目标相对雷达视线的角度变化。

通常要求横向距离分辨力要与距离向分辨力相当，则有

$$\Delta\theta = \frac{\lambda B}{c} = \frac{B}{f} \tag{4.20}$$

由上式可以看出，载频 f 越大，所需要的转动角 $\Delta\theta$ 就越小。

4.1.4.4　速度分辨力

雷达的速度分辨力其实由多普勒频率的分辨力决定，如果不考虑多普勒滤波器为抑制副瓣而采用加权使多普勒滤波器加宽的因素，那么多普勒频率的分辨力就是相干积累时间 T_d 的倒数，即

$$\Delta f_d = \frac{1}{T_d} \tag{4.21}$$

对应速度分辨力为

$$\Delta v = \frac{\lambda}{2}\Delta f_d = \frac{\lambda}{2T_d} \tag{4.22}$$

4.1.5 搜索和跟踪多目标的能力

天基预警雷达在搜索某一空域时,首先在搜索状态发现可能的目标,然后对可能的目标进行确认并转入跟踪状态,之后继续在该空域搜索,以期发现新的目标。因此雷达工作进程同时存在搜索和跟踪两个基本模式。

雷达在发现目标过程中肯定会出现虚警,需要有特定的目标确认和截获过程,通过这一过程可以滤除大部分的虚假目标。没有滤除的虚假目标也会被当成目标。这时需要通过后续的航迹相关等跟踪过程将其剔除。剔除虚假目标需要雷达显著增加雷达信号的能量和时间资源的消耗。

因此雷达搜索和跟踪多目标的能力不仅与雷达的数据处理能力,如滤波算法、计算机的运算速度、存储容量等有关,而且与雷达的能量和时间密切相关。跟踪目标数越多,所要消耗雷达的能量和时间越多。因此搜索和跟踪多目标的能力是雷达重要的使用指标。

4.1.6 数据率

雷达数据率是指雷达在 1s 内能够提供某一目标数据的次数。有时也用它的倒数,即提供目标数据的时间间隔表示。时间间隔越长,目标相对雷达位置变化就会越大。当目标速度较大时,相对位置变化过大会导致雷达无法判断前后获得的回波信号是否来自同一个目标的回波,当然当目标速度较慢时,采样目标间隔可以长些,因此不同目标所需要的数据率是不一样的。对于雷达来说,数据率又可以分为搜索数据率和跟踪数据率。

只有采用相控阵天线的雷达才能将搜索空间根据重要性划分为多个搜索区。不同的搜索区可以有不同的数据率。重要区域的数据率可以设置得更高些。同样跟踪数据率也可以对不同的目标采用不同的数据率。重点目标或威胁度大的目标需要更快的数据率。数据率是调配雷达资源的重要的手段。

4.1.7 抗干扰能力

天基预警雷达系统与其他雷达一样必须能在复杂的电子环境中稳定工作,因此在雷达系统设计中必须采用各种抗干扰技术。天基预警雷达卫星虽然运行的轨道固定,但是由于其在不断快速运动,同时雷达到地面的距离有 1000km 以上,干扰设备要实现对天基预警雷达的有效干扰,也需要采用新的手段。

4.1.8 可靠性与寿命

与其他航天电子设备一样,由于不能进行在轨维护,因此天基预警雷达必须具有高的可靠性和长的使用寿命。而天基预警雷达的设备量大于一般的星载合成孔径雷达,因此对于天基预警雷达而言,可靠性与寿命的需求会更高。

4.1.9 重量、体积和功耗

重量、体积和功耗等资源对卫星平台而言都是有限的,而这些又都是提高雷达威力的直接保证,所以在限定的重量、体积和功耗条件下获得最大的威力是雷达系统设计最大的挑战。

4.2 工作模式

天基预警雷达根据主要任务的特点和自身的需要大致可以设置对海工作模式、对空工作模式、地面动目标检测模式、高分辨力成像模式、无源定位模式和雷达系统自检与校正模式。其中对海工作模式主要完成搜索跟踪指定海面上的舰船;对空模式主要搜索跟踪指定空域中的飞机等高速运动目标,对于导弹、临近空间和太空中卫星等目标,虽然与飞机相比,其运行速度和目标反射特性有区别,但可以归类到对空模式这一类;地面动目标检测模式是发现在地面慢速运动的车辆,虽然车辆也属于运动目标,但是其运动速度相对于卫星已经非常慢,不能采用检测高速运动目标的方法,而是需要为它设定专门的工作模式;高分辨力成像模式就是采用合成孔径成像技术(SAR)提供固定区域的高分辨力图像;无源探测与定位模式就是对雷达同频率的辐射信号进行测向,确定其位置;雷达系统自检与校正模式就是通过对雷达自身的工作状态的测试,判断其工作是否正常。

4.2.1 对海工作模式

对海工作模式的主要任务是搜索跟踪海面上的舰船。舰船可以处在停泊或运动状态,但相对高速运动的卫星而言,无论哪种情况,都不能通过多普勒滤波处理来检测舰船,只能利用舰船自身较大的雷达反射截面积和海面相对较小的后向反射特性,直接从海面背景中检测出舰船。实际上就是直接比较舰船回波和海面回波的能量,只有当舰船的信杂噪比超过检测门限时才能发现海面上的舰船。

由于舰船的雷达反射截面积与船的大小、视角有关,一旦确定了船只的类型和视角,其雷达反射截面积基本确定,所以为了获得高的信杂噪比,雷达的主要手段是尽可能减小海杂波的大小。海杂波的反射截面积可以由下式表示为

$$\sigma_c = \sigma_0 R \Delta R \Delta\theta_{3dB} \sec\phi \tag{4.23}$$

式中:σ_0 为海杂波反射率;R 为雷达到海杂波的距离;$\Delta\theta_{3dB}$ 为雷达天线在方位向

的波束宽度;ΔR 为雷达距离分辨力;ϕ 为擦地角。

由上式可以看出,对于天基预警雷达,雷达到海面的距离比较远,即使对于处在低轨卫星的雷达,相对机载预警雷达要远 10 倍以上,这不利于抑制海杂波。好在天基预警雷达的天线也比机载预警雷达长,使 $\Delta\theta_{3dB}$ 比较小,弥补了距离的影响。另外采用宽带信号可使 ΔR 变小,这直接有利于抑制海杂波,同时也可用来识别目标。

4.2.2 对空工作模式

天基预警雷达利用空中高速运动目标回波的多普勒频率与地海面回波的多普勒频率的差异,从背景杂波中检测出目标,这一点与机载预警雷达一样,但是由于地海面杂波的多普勒频率的范围与雷达平台运动的速度成正比,因此天基预警雷达收到的杂波多普勒频率范围比机载预警雷达大 30 倍左右,已经不存在机载预警雷达常有的无杂波的多普勒频率区域,同时其对应的主瓣杂波宽度也大许多,而只有当目标不落在主瓣杂波区,雷达才有可能检测出该目标。另外天基预警雷达还存在独有的地球自转的效应,地球自转会使雷达的主瓣杂波的能量泄漏到副瓣杂波区,大大抬升副瓣区的杂波能量,从而使雷达检测运动目标变得更加困难。

天基预警雷达对空模式的性能取决于雷达天线的副瓣高低和自适应信号处理的能力。雷达天线的副瓣越低,可使副瓣杂波越低,否则检测落在副瓣杂波区的目标能力将会下降。空时自适应信号处理通过空域和频域的联合处理有助于抑制背景杂波,提高雷达的检测性能。

4.2.3 地面运动目标检测模式

检测地面动目标的基本原理也是基于频域处理,即动目标回波和它所处背景杂波的多普勒频率的差异,但是与前面谈到的空中快速运动的目标相比又有不同。因为地面动目标的速度相对慢得多,其回波的多普勒频率往往在雷达主杂波附近,甚至就在主杂波内,主杂波的幅度要大大强于目标回波,不采用措施便无法检测落入到主杂波区的运动目标,所以主杂波的宽度对检测地面运动目标的影响较大。因此如何使主杂波谱变窄是检测地面运动目标的首要任务。

最早使主杂波变窄的技术是 DPCA 技术[1],这种技术可以有效地抑制主瓣杂波宽度。但却存在较大缺陷,它要求雷达工作参数与平台运动参数之间存在固定关系时才有比较好的性能,这不仅给系统设计带来了限制,并且许多情况下也不能满足这一要求,主杂波谱对消的能力将下降。

另一种方法就是前面提到的空时自适应处理技术,这种技术可以同时抑制主杂波和副瓣杂波,它的潜在性能是最佳的,但是全空时的自适应处理所需要的运算量很大,目前大都采用降维处理。

这两种方法适合在很大区域搜索检测地面运动目标,但无论哪种方法,压缩主瓣杂波谱宽度的能力是有限的,因此目标的最小可检测速度受到限制。

为了进一步降低最小可检测速度,能够检测速度更慢的运动目标的另一条途径是与合成孔径成像技术相结合。合成孔径成像技术主要对固定目标成像,也就是成像处理算法与地面固定目标回波是匹配的,但并不与地面运动目标匹配,运动目标的径向速度分量会导致回波信号的多普勒频率中心与其所在背景回波产生偏异,从而使运动目标的方位位置发生偏离,同时也会使回波信号的距离徙动加剧,方位速度分量会使运动目标的回波信号的多普勒频率的斜率发生变化,从而不能有效聚焦,因此需要综合兼顾固定目标和运动目标。

这方面的研究分为两类。一类是单通道处理方法,也就是只用一部接收天线,它对硬件设备量要求少,数据处理量相对小。主要的方法有 WVD 时频处理方法[2],它用 Wigner Ville 分布函数估计运动参数,其缺点是这种分布由于双线性存在交叉项,不利于估计多个运动目标的参数,需要采取措施抑制交叉项;另一种利用合成孔径成像技术的运动补偿的反射移位法(RDM)处理 SAR 数据[3],从回波信号的多普勒频率的斜率中估计方位速度分量,利用连续的 SAR 数据,通过估计运动目标在连续的 SAR 图像中的偏移量得到方位速度分量,通过估计信号幅度变化得到径向速度分量。这类单通道处理方法一般要求运动目标的回波能量要大于周围环境的回波能量,这一点在自然环境中还是可能的,因为采用合成孔径成像时,分辨力已经较高,假设分辨力为 $10\text{m}\times10\text{m}$,那么像草地等自然区域的一个分辨单元的雷达反射截面积会在 1m^2 左右,而运动目标如车辆的雷达反射截面积在 10m^2 左右,所以可以使地面运动目标的回波能量大于其背景的回波。另外虽然分辨力越高,每个分辨力单元的雷达反射截面积会越小,但是分辨力越高时,会使动目标回波散焦越厉害,因此在动目标检测时,分辨力并非越高越好,需要折中考虑。

另一类是多通道处理方法,它利用多个子天线,对每个子天线接收到的信号先进行成像处理,之后再对每个分辨单元内的信号进行干涉对消处理,这样不仅可以提取静止目标的图像,也可以提取动目标的信号,这称为 VSAR 处理[4]。

4.2.4　高分辨力成像模式

高分辨力成像模式就是采用合成孔径成像技术提供指定区域的高分辨力图像。雷达通过发射和处理宽带信号获得高的距离维分辨力,宽带信号的产生和压缩技术(如线性调频、非线性调频和相位编码)已经成熟,广泛应用于各种雷达。

雷达在方位向获取高分辨力的技术要比距离向复杂得多。由式(4.18)进

一步可以得到

$$\Delta R_{a}=R\Delta\theta_{3dB}\approx 0.88\frac{R\lambda}{L} \tag{4.24}$$

式中:L 为雷达天线在方位向的口径;λ 为雷达工作波长。

由式(4.24)进一步可知,普通雷达在方位向的分辨力与雷达天线的长度成反比,与雷达到目标的距离和工作频率成正比,因此为获得高的方位向分辨力,需要大天线口径和高工作频率,这也可称为实孔径成像。但实际工程中这些是受严格限制的,因此依靠真实孔径所能获得的分辨力是无法满足需求的。

虽然实孔径天线长度有限,但是利用雷达平台的移动可以产生虚拟的天线,将一段时间内接收到的信号进行合成,就可以产生大的合成孔径天线,这虚拟的天线将大大超过实孔径天线,从而有效改善雷达的方位分辨力,这就是合成孔径成像技术的基本原理。

如果雷达只是把接收到的信号进行简单的积累相加,那么其方位向的分辨力为

$$\Delta R_{a}\approx 0.5\sqrt{R\lambda} \tag{4.25}$$

比较式(4.25)与式(4.24)可以看出,与实孔径成像相比,分辨力有了很大的改善,但是其依然与距离和雷达工作波长有关,没有达到最佳的合成效果。这是因为雷达接收到的回波之间存在相位差,因此不能把雷达主瓣照射到的全部回波进行合成,合成孔径天线的长度变短,另外合成增益下降,这种处理也称为非聚焦合成孔径。

现在采用的合成孔径成像都是聚焦式合成孔径成像技术,就是雷达把天线主瓣接收到的所有回波的相位首先按聚焦点,或是参考点进行补偿,使得所有回波信号的相位同相,然后进行相干积累,这样可以获得非常高的方位分辨力,理论上其方位分辨力为

$$\Delta R_{a}\approx\frac{L}{2} \tag{4.26}$$

从上式可以看出,合成孔径雷达的方位分辨力与雷达工作波长和雷达到目标的距离无关,这极大改善了雷达远距离处的方位分辨力。

在第1章中已谈到了多个型号的星载成像雷达卫星,这些天基成像雷达的功能是单一的,就是采用合成孔径成像技术获取高分辨力图像,因此在雷达系统的设计也针对这些要求,而对于天基预警雷达高分辨力成像仅仅是其中一种工作模式,并且还不是主要工作模式,它的工作频率的选择,天线的要求等首先是为了满足预警探测的需要,因此高分辨力成像模式的性能受到一定的限制,例如它的分辨力不可能有专用的天基成像雷达那么高。所以天基预警雷达的成像模

式应重点研究在雷达系统瞬时带宽允许的情况下，采用宽幅成像技术，获得大区域范围内的高分辨力图像。

4.2.5 无源探测与定位模式

天基预警雷达将来工作的电磁环境会十分复杂，需要有专门的工作模式来探测与定位对雷达性能造成影响的电磁波的辐射源位置。利用天基预警雷达高灵敏度的接收系统和高精度的测角系统，可以检测出与雷达工作频率相同的辐射源和它的辐射方向，同时通过卫星自身的运动，可以从不同角度的雷达位置获得同一辐射源的信息，然后通过数据处理的方法确定其位置。由于天基预警雷达的接收灵敏度和测角精度要高于电子侦察系统，因此采用无源探测与定位方法获取的辐射源位置精度要比电子侦察系统的高。

4.2.6 雷达系统自检与校正模式

雷达系统自检模式主要用来判断和评估雷达内部各分系统的工作状态，根据评估的结果采取参数调整、补偿和切换备用单机等措施来维持雷达的性能。校正模式主要通过定标手段测试天线激励源的幅相特性和接收通道的一致性等性能。并且根据测得的参数进行补偿，使天线和接收机处在良好的工作状态。雷达系统自检与校正模式根据情况可以周期性实施。

4.3 雷达工作频率选择

天基预警雷达的工作频率是雷达系统最基本的工作参数，也是雷达系统设计必须首先考虑的问题，它不仅与雷达的功能和许多指标密切相关，而且也与雷达工程实现难易密切相关。天基预警雷达工作频率的选择需要考虑以下几个因数。

4.3.1 雷达功能的要求

雷达的功能大致可以分成预警探测、精密测量、武器制导和目标识别这几大类。预警探测就是在大的空间区域内搜索、发现和跟踪可能的目标，它要求雷达搜索空域大、威力远，但对目标的位置和运动参数的测量精度相对要求不高；精密测量要求雷达提供目标精确的运动轨迹和位置参数，它一般用于靶场武器测试或精确提供空间目标的轨道等，它的搜索空域一般事先基本预知或确定，因此范围较小；武器制导是雷达向武器系统提供目标装订参数，引导武器攻击目标，它的首要任务是必须提供满足武器攻击精度要求的目标位置和运动参数，威力只要满足武器攻击的范围；目标识别是对已跟踪的目标进行特性的判别，描述目标内部的运动特性的细节,或是对固定区域进行目标识别,分辨力是它的主要指标。

总体而言,雷达选用较低的工作频率,易于实现大的功率孔径积,而采用高的工作频率,容易获得高的精度和高的分辨力。因此由雷达的功能需求可基本确定雷达的工作频率范围。对于预警探测功能,主要满足搜索空间、威力的需求,一般选用低波段,也就是 S 波段以下;对于武器制导、精密测量和目标识别雷达一般选用 C 波段以上的高波段,甚至到毫米波段、太赫兹波段。也有雷达要同时兼顾预警探测和武器制导功能,就会选择 S、C 等中间波段。

具体对于天基预警雷达而言,其主要功能是实现预警探测功能,对于其他要求只能适当兼顾,并且考虑卫星平台能提供的重量、功耗等因数,能选择的工作频率也就是 S、L、P 这几个波段。

4.3.2 雷达威力的要求

威力是天基预警雷达关注的关键性能指标之一。对于预警搜索雷达,理论上威力只与雷达的功率孔径积有关,与雷达工作频率无关,但在工程实现方面还是存在很大差别,特别需要根据雷达平台的能力和特性进行综合权衡。

一般来说,雷达工作频率越低,天线密度越低,这样天线的重量相对要轻,成本相对要便宜,但是过低的频率也会产生新的问题,例如频率降到了 P 波段,其辐射天线的厚度尺寸将会显著增加,从而增加整个雷达天线的体积;反过来讲,当卫星包络给定时,天线尺寸就会受到限制。另一个问题是,随着频率的降低,天线辐射单元数将随之成平方律减少,如果辐射功率保持不变,那么每个辐射单元的输出功率将会显著提高,特别当单元辐射峰值功率超过 100W 时,太空中特有的微放电的风险相应显著提高,热量也很集中,为保证雷达长期可靠工作,这些情况应该尽可能避免。因此需要根据实际情况综合考虑。

4.3.3 电磁环境的影响

这里讨论的电磁环境是指雷达工作的频率范围内可能存在的诸如通信信号、电视信号等非有意干扰信号的强度和密度,这些信号的存在自然会进入雷达接收机,抬高雷达接收机的噪声电平,最终影响雷达的性能。与普通地面雷达不同,天基预警雷达的位置随卫星运动在不断变化,同时雷达天线的主瓣波束直接照射到的区域也远远超过地面和机载雷达,因此这些信号进入天基预警雷达的概率大大超过地面和机载雷达,同时雷达自身能够采用的抑制这些干扰信号的措施也有限,代价也大,甚至不可接受。不同的频率存在干扰信号的概率也大不相同,较低的波段存在的这些干扰信号多,波段越高就越少。图 4.1 是实测的从 30MHz 到 1500MHz 范围内干扰信号密度与强度图。从图中可以看出低于

1000MHz频率中，只在很小的频谱范围内，干扰较少；而大于1000MHz的频率中，基本没有干扰。因此干扰信号的多少也是频率选择的考虑的因数之一。

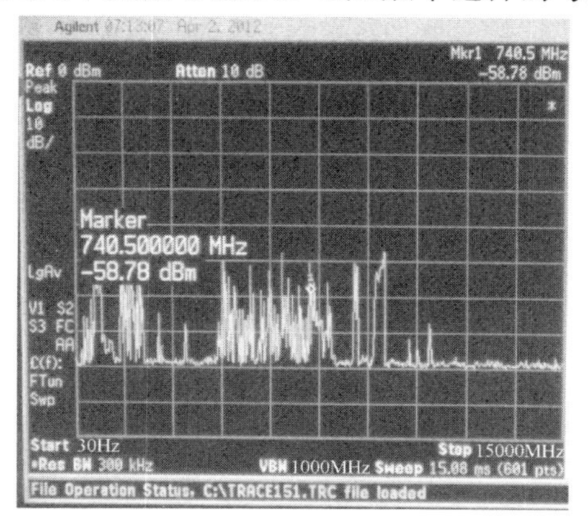

图4.1　实测的干扰信号频谱图(原图)(见彩图)

4.3.4　电磁波的传播影响

天基预警雷达发射的电磁波信号要穿过电离层和大气层才能到达目标，因此必须考虑它们对雷达信号特性的影响，这些影响的大小也与频率有关。

4.3.4.1　大气层的影响

大气层对电磁波的影响主要有两个方面。一是大气的吸收，大气的吸收大小与大气中的状况(如云、雾、雨、雪)直接相关，也与穿过大气的路径长度相关，同时也随频率的增加而稳定增加，但S波段以下大气的吸收相对较小，变化不大。图4.2是标准大气环境下天顶方向上，干空气与标准大气衰减率随频率的变化。

二是大气的折射，大气的折射会引起测距误差和测角误差。测距误差一般在几米至几十米量级。大气折射引起原来直线传播途径产生弯曲，从而影响雷达测角精度。大气的折射可以通过模型进行修正。

4.3.4.2　电离层的影响

电离层的影响主要有三个方面，一是电离层的闪烁，二是法拉第旋转，三是对传播信号产生时延色散。

电离层闪烁是指雷达信号穿过电离层电子密度不均匀体时，信号的幅度发生变化，表现为信号电平的快速起伏，信号的峰-峰起伏可达1~10dB，起伏可持续几分钟甚至几小时，严重时可使雷达工作信道中断。电离层闪烁现象在低

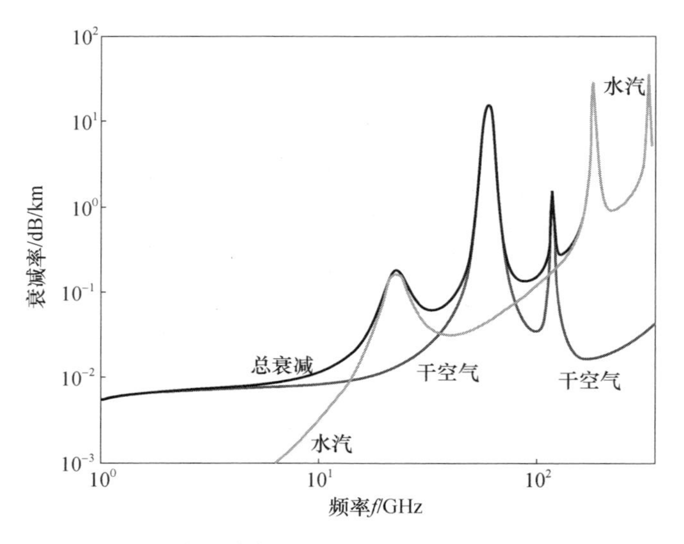

图 4.2　标准大气环境下天顶方向上大气衰减率

纬度地区的夜间尤为频繁,影响也相对严重,电离层的闪烁随频率的提高而下降。

电离层中自由电子的存在会减缓电磁信号的传播速度。超过自由空间传播时间的时间延迟称为群时延。忽略地磁场和碰撞效应,电离层群时延 t 反比于工作频率的平方,正比于电子密度沿传播路径的积分:

$$t = 1.345 N_{\mathrm{T}}/f^2 \times 10^{-7} \tag{4.27}$$

式中:t 为与真空中传播相比的时延(s);f 为传播频率(Hz);N_{T} 为传播路径上的总电子含量(TEC)。图 4.3 是对应传播路径上不同电子容量情况下,时延和频率的相对关系图。

当雷达发射的信号带宽较大时,电离层将引入色散。信号带宽范围内时延的差与传输路径上电子密度的积分成正比,与频率的立方成反比。时延 $\delta_{\Delta t}$ 与相位 $\delta_{\Delta\varphi}$ 的色散量可表示为

$$\delta_{\Delta t} = \frac{2.68 \times 10^{-7}}{f^3} \times \Delta f \times N_{\mathrm{e}} \tag{4.28}$$

$$\delta_{\Delta\varphi} = \frac{8.44 \times 10^{-7}}{f^2} \times \Delta f \times N_{\mathrm{e}} \tag{4.29}$$

式中:Δf 为信号带宽,f 为信号载频,N_{e} 为积分电子含量。由式(4.28)、式(4.29)可知,在时延和相位色散相同的情况下,频率越低,可用的带宽越窄。

由于地磁场的存在,无线电信号通过电离层时,总会变成两种特征波,即寻常波和非寻常波。在某些极其有限的情况下,还会出现第三种波——Z 波。一

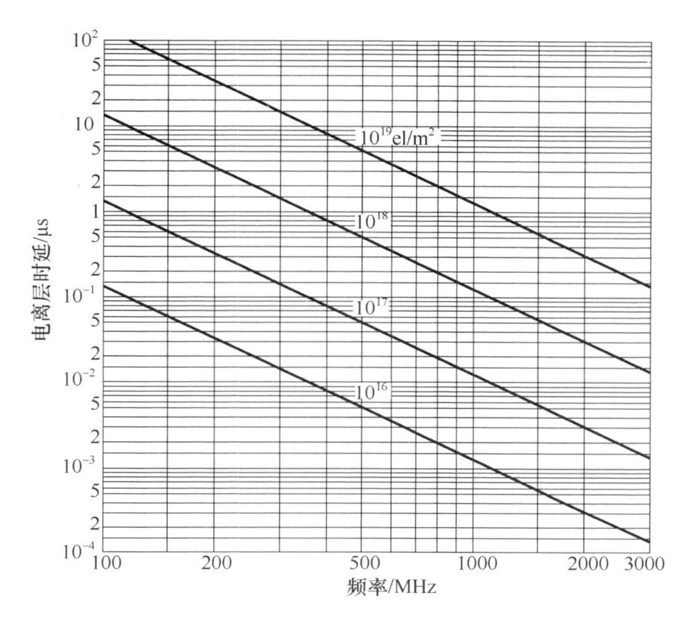

图 4.3　电离层群时延随频率的变化图(elm 表示 TEC 的单位)

般情况下,寻常波和非寻常波都是椭圆极化波。寻常波和非寻常波的相路径是不同的,它们合成的偏振面出现慢旋转,这就是众所周知的法拉第旋转。法拉第旋转量依赖于电波的频率 f、沿积分路径的平均地磁场强度 B_{av} 和沿传播路径的总电子含量 N_T(TEC),表示为

$$\theta = 2.36 \times 10^2 B_{av} N_T f^{-2} \tag{4.30}$$

法拉第旋转角的典型值如图 4.4 所示。

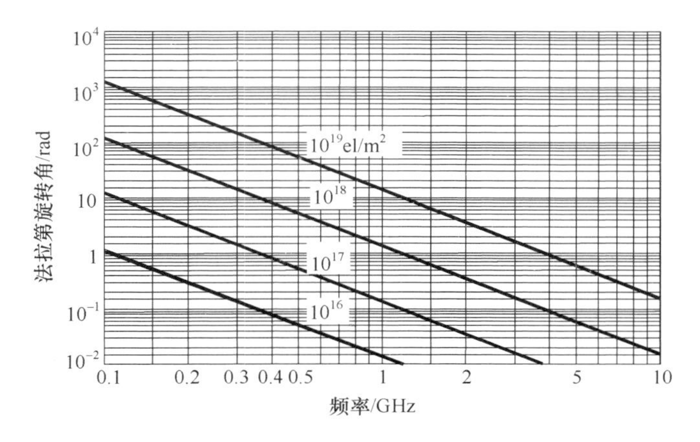

图 4.4　法拉第旋转角随频率和 TEC 变化的曲线图

法拉第旋转角和频率的平方成反比，与沿传播路径的平均地磁场强度和TEC成正比。当频率低于1000MHz时，必须考虑这一影响，一般需要采用圆极化天线来减小它的影响，当然这样会增加天线设计的难度以及它的效率。

4.3.5 目标的反射特性

由于目标种类繁多，形状复杂，要精确描述它的后向反射特性和频率的关系非常困难。只有简单的目标可以说明与频率的关系，通常以目标为圆球体为例说明其反射截面积的基本频率特性。大致可以分为三种状态。当目标尺寸a远小于雷达工作波长λ时，目标的雷达反射截面积σ_t与$(2\pi a/\lambda)^4$成正比，这时称目标处在瑞利区；当目标尺寸a与雷达工作波长相当，满足$1<2\pi a/\lambda<10$时，进入振荡区，此时目标的雷达反射截面积随雷达工作波长剧烈变化，起伏很大；当目标尺寸a远大于雷达工作波长时，即$2\pi a/\lambda>10$时，进入平稳区，目标的雷达反射截面积保持平稳，与工作频率几乎无关。而对于天基预警雷达而言，所需要观测的目标，其反射截面积与频率的关系都处在平稳区。

由参考文献[5]可知，对于大部分空中目标，如轻型轰炸机、战斗机等目标的雷达反射截面积基本与频率无关，而重型轰炸机的雷达反射截面积随雷达工作频率的提高而稳定增长。对于舰船目标，其雷达反射截面积与工作频率(以MHz为单位)的平方根成正比。

对于隐身目标，如B-2、F-22和F-35等飞机，通过外形设计和涂敷能吸收雷达入射波的复合材料来降低雷达反射截面积，一般来说，这类目标对于低于L波段的雷达，其隐身效果要差些，这在第5章中将谈到，对于天基预警雷达，由于从上往下看，现有隐身目标的隐身效果将下降。

4.3.6 背景的反射特性

对于天基预警雷达，除了高分辨力成像这一工作模式外，其他工作模式均希望雷达接收到的目标背景反射的信号越弱越好，如果目标背景的回波强度大于雷达内部的噪声，就会干扰目标的检测。

背景的反射特性也十分复杂，与地形、植被、海况等级、入射角和频率等有关，详细在第5章中讨论。在其他条件相同的情况下，背景反射特性与工作频率成正比，也就是工作频率越低，反射越小。虽然如此，对雷达接收到的背景信号强度而言，不仅仅与背景特性，还与天线副瓣高低有关，天基预警雷达的天线尺寸受卫星包络和重量的限制是有限的，特别是在距离方向的尺寸一般不超过3m，这样对工作频率低的天线，辐射单元数量非常有限，例如对于P波段，距离方向的单元数量不到10个，这样其天线副瓣就会下降，从而接收到的副瓣杂波会抬高，因此系统设计必须考虑这一问题。

4.3.7 最小可检测速度要求

前面已经谈到雷达无法检测处在主瓣杂波区的运动目标,为了保证目标不落在这一区域,就会对目标相对雷达的径向速度提出要求,一般把刚超过主瓣杂波区的速度称为最小可检测速度。

雷达主瓣杂波的多普勒频率的3dB宽度Δf为

$$\Delta f \approx \frac{2}{\lambda} v \Delta\theta_{3dB} \approx \frac{2}{L} v \tag{4.31}$$

式中:v为平台在地面的等效速度;λ为雷达工作波长;$\Delta\theta_{3dB}$为雷达天线的方位波束宽度;L为天线的方位向长度。从中可以看出主瓣杂波的宽度与频率无关,与平台速度成正比,与天线长度成反比。但是目标的多普勒频率与径向速度有关。考虑可检测目标应处在两倍的Δf外,这样最小可检测速度为

$$v_{\min} \approx \frac{\lambda}{2} \Delta f = \frac{\lambda}{L} v \tag{4.32}$$

由式(4.32)可以看出,目标最小可检测速度与波长成正比。由于低轨卫星平台的速度非常快,在7000m/s左右,而雷达天线的长度是有限的,以第1章中美国演示雷达天线的长度为例,对于P波段,目标最小可检测速度在98m/s左右,L波段在32.2m/s左右,S波段在16m/s左右,这还是理想状态下的最小可检测速度,如果考虑地球自转等影响,至少还要比这大20%。如果最小可检测速度很大,就会直接影响到可检测目标的能力,因此波段选择也必须考虑这一因数。

4.3.8 测量精度和分辨力的要求

虽然天基预警雷达对测量的精度要求相对不高,但是目标参数的精度还与数据处理的性能相关,测量精度越高,通过数据处理滤除假目标的概率越高,建立正确的航迹的概率也越高,这在探测区域存在多目标时尤其如此。

由4.1.3节可知距离测量精度与波长无关,但在天线尺寸一定的情况,测角精度与波长成反比,也就是工作频率越高,精度越好。因此也需要考虑这一因数。

如果对雷达有目标识别的性能要求,必定需要采用相应的宽带信号,由此就要选择相应的工作频率。

总而言之,雷达工作频率涉及面很广,不仅与雷达的使用性能有关,也与雷达自身的技术指标、技术成熟度、系统的复杂性等有关,是设计天基预警雷达必须首先考虑的问题,也是最终权衡各种因数的结果。

4.4 雷达作用距离

在第1章提到的现有天基合成孔径成像雷达的天线面积都不大，小的不到$5m^2$，大的也只有$30m^2$左右，辐射的平均功率大都不超过1kW。而天基预警雷达对天线面积和辐射功率的需求要大得多，这也是至今还没有天基预警雷达的主要原因之一。在天基预警雷达的各种工作模式中，对空工作模式对雷达功率孔径积的需求最大，后面的讨论以这种模式为基础。

4.4.1 雷达的搜索作用距离

雷达的搜索作用距离定义为雷达只做搜索，并在时间t_s内完成立体角为Ω的空域这一条件下的雷达作用距离。由雷达作用距离方程得到

$$R^4 = \frac{P_{av}G^2\lambda^2\sigma_t}{(4\pi)^3 kT_0F_n(S/N)B_d(1+C/N)L_s} \tag{4.33}$$

式中：R为雷达到目标的距离；P_{av}为雷达辐射的平均功率；G为天线的增益，这里为分析方便，假设雷达天线的发射和接收增益一致；λ为雷达工作波长；σ_t为目标雷达反射截面积；k为玻耳兹曼常数；T_0为290K；F_n为雷达系统噪声系数；L_s为系统损耗；(S/N)为检测需要的信噪比；C/N为杂波与噪声比；B_d为多普勒滤波器宽度，也是相干积累时间的倒数。

天线的增益G可表示为

$$G = 4\pi\frac{A\eta_1\eta_2}{\lambda^2} = \frac{4\pi\eta_1\eta_2}{\Delta\Omega} \tag{4.34}$$

式中：A为天线面积；η_1为天线加权而引起的损失；η_2为天线自身因失配、损耗引起的损失；$\Delta\Omega$为天线主瓣的立体角。

虽然低副瓣天线的获得与许多因素有关，详细将会在后面章节中讨论，但是首先必须对天线阵面进行加权设计，η_1的大小与天线采用的加权深度和加权形式有关，有时也称为加权效率。如果天线需要的副瓣越低，效率就越低，不同的加权形式，η_1会有差别，目前大都采用Taylor权等，-40dB加权损失在1dB左右。

由搜索时间t_s、搜索空域Ω和天线主瓣立体角$\Delta\Omega$，可以得到每个天线波束的驻留时间t_0为

$$t_0 = \frac{\Delta\Omega}{\Omega}t_s \tag{4.35}$$

如果把波束内驻留时间均用来做相干积累，则B_d多普勒滤波器宽度为

$$B_d \approx \frac{1}{t_0} = \frac{\Omega}{\Delta\Omega \cdot t_s} \tag{4.36}$$

将式(4.34)和式(4.36)代入式(4.33),并经过整理可以得到

$$R^4 = \frac{P_{av} A \eta_1^2 \eta_2^2 \sigma_t}{(4\pi) k T_0 F_n (S/N)(1 + C/N) L_s} \frac{t_s}{\Omega} \tag{4.37}$$

从式(4.37)可以看出,在搜索状态下,雷达作用距离只与雷达辐射的平均功率和天线面积有关,与频率无关。换言之,雷达在搜索模式下对功率孔径积的需求为

$$P_{av} A = \frac{(4\pi) k T_0 F_n (S/N)(1 + C/N) L_s}{\eta_1^2 \eta_2^2 \sigma_t R^4} \frac{\Omega}{t_s} \tag{4.38}$$

下面再对式(4.38)中的信噪比 S/N、杂噪比 C/N 和系统损耗 L_s 进行进一步的分析。

4.4.1.1 信噪比 S/N

信噪比是直接与检测性能相关的参数,与雷达发现目标的概率和产生虚假目标的概率密切相关。总的来说,信噪比越高,发现概率越大,虚警概率越低。如果目标起伏模型为 Swerling Ⅰ和 Swerling Ⅱ,且噪声为白高斯噪声,那么由参考文献[6]可知,信噪比 S/N 和检测概率 P_d 与虚警概率 P_{fa} 的关系为

$$S/N = \frac{\ln P_{fa}}{\ln P_d} - 1 \tag{4.39}$$

由式(4.39)可知,检测概率和虚警概率决定了对目标回波信噪比的需求。但是在许多情况下,并不直接给定检测门限处的检测概率和虚警概率,而是以单次扫描的检测概率 P_D 和虚警概率 P_{FA},或要求出现一次虚警的时间 t_{fa} 以及累积发现概率 $P_c(N)$ 等形式给出,这样需要在它们之间进行转换。

1) P_d、P_{fa} 和 P_D、P_{FA} 的关系

P_D 定义为雷达在一个天线波束驻留时间内的发现概率,P_{FA} 定义为雷达在一个天线波束驻留时间内的虚警概率。雷达工作在对空模式时,为了解距离和速度模糊,一般需要把一个天线波束驻留时间分割成若干帧,每帧各自采用不同的脉冲重复频率,并进行各自独立的检测,得到各自的发现概率 P_d 和虚警概率 P_{fa},由于雷达在每帧发射的功率和相干积累时间一般设计成基本一致,因此每帧得到的 P_d、P_{fa} 基本相当。最后根据事先约定的准则,得到一个天线波束驻留时间内获得的 P_D、P_{FA},也称为单次扫描的检测概率 P_D 和虚警概率 P_{FA}。假设有 m 次独立的检测,如果其中有 n 次以上发现目标,就判有目标,同样如果有 n 次以上存在虚警,就判虚警,那么 P_d、P_{fa} 和 P_D、P_{FA} 的关系就为

$$P_{\mathrm{D}} = \sum_{i=n}^{m} C_m^n P_{\mathrm{d}}^i (1 - P_{\mathrm{d}})^{m-i} \tag{4.40}$$

$$P_{\mathrm{FA}} = \sum_{i=n}^{m} C_m^n P_{\mathrm{fa}}^i (1 - P_{\mathrm{fa}})^{m-i} \tag{4.41}$$

式中：C_m^n 为 m 中取 i 的组合。

由于一般 $P_{\mathrm{fa}} \ll 1$，因此式(4.41)近似为

$$P_{\mathrm{fa}} = \left(\frac{P_{\mathrm{FA}}}{C_m^n}\right)^{1/n} \tag{4.42}$$

式(4.40)和式(4.41)实际上表示为一个波束驻留时间内，各帧的非相干处理。m 和 n 的关系，会影响最终的结果，按文献[6]，如果它们之间满足

$$n = 1.5\sqrt{m} \tag{4.43}$$

则系统获得最佳的处理效果。

2）虚警时间 t_{fa} 与 P_{fa} 的关系

虚警时间 t_{fa} 是指雷达出现一次虚警的时间，它不仅与雷达的虚警概率 P_{fa} 有关，还与检测次数有关。假设在时间 t_0 内有 n_{r} 个距离门和 n_f 个多普勒频率门，那么雷达要做 $n_r n_f$ 次检测，而每次检测的虚警率为 P_{fa}，那么在 t_0 时间内将会产生 $n_r n_f P_{\mathrm{fa}}$ 次虚警，因此有

$$t_{\mathrm{fa}} = \frac{t_0}{n_{\mathrm{r}} n_{\mathrm{f}} P_{\mathrm{fa}}} \tag{4.44}$$

而 n_{r}、n_{f} 有

$$n_{\mathrm{r}} = \frac{T_{\mathrm{r}}}{\tau} \tag{4.45}$$

$$n_{\mathrm{f}} = \frac{t_0}{T_{\mathrm{r}}} \tag{4.46}$$

式中 T_{r} 为雷达工作的脉冲重复频率；τ 为雷达脉冲压缩后的距离门宽度。

将式(4.45)和式(4.46)代入式(4.44)，得到

$$t_{\mathrm{fa}} = \frac{\tau}{P_{\mathrm{fa}}} \approx \frac{1}{BP_{\mathrm{fa}}} \tag{4.47}$$

式中：B 为雷达信号带宽。由式(4.47)可以看出，在 P_{fa} 一定的情况下，如果带宽越大，雷达做检测的次数越多，则出虚警的时间越短。当然并不是说，信号带宽越小越好，因为还要考虑其他因素。

3）累积发现概率 $P_{\mathrm{c}}(N)$ 与 P_{D} 的关系

累积发现概率 $P_{\mathrm{c}}(N)$ 为雷达对指定空域进行 N 次扫描后，发现目标的概

率。因此 $P_c(N)$ 可表示为

$$P_c(N) = 1 - \prod_{i=1}^{N}(1 - P_{Di}) \tag{4.48}$$

式中：P_{Di} 为第 i 次扫描的发现概率。

根据以上分析，无论以哪种形式对雷达提出要求，最终都可以确定雷达检测目标时的信噪比要求。一般要求雷达信号比在 10dB 以上。

4.4.1.2　杂噪比 C/N

杂噪比表征的是背景回波对雷达检测性能的影响，如果杂波能量与雷达内部噪声电平相当，则雷达的作用距离就会下降 19%；如果 C/N 为 3dB，则雷达的作用距离下降 31%；只有 C/N 小于 -10dB 时，才能忽略它对雷达作用距离的影响。因此对于天基预警雷达而言，C/N 的大小是必须关注的关键问题之一，在第 5 章里专门讨论了天基预警雷达的杂波与杂波谱问题，为了获得好的雷达性能，必须控制天线的副瓣和选择合适的信号处理方法，把 C/N 降到最小，否则就会导致雷达作用下降，甚至丧失应有的预警能力。

4.4.1.3　系统损耗 L_s

系统损耗是指雷达在信号产生、辐射、接收和处理等各个环节中对信号造成的损失。系统损耗越小，雷达检测性能自然可以得到提高，因此需要对各个环节的损耗进行严格控制。

系统损耗大致可以分为射频损失、处理损失和其他损失三大类。射频损耗包括发射、接收支路的馈线损失、天线波束形状损失和传输损失；处理损失包括滤波器失配损失、脉冲压缩处理的加权损失、恒虚警处理损失、距离门和速度门遮挡损失，非相干积累损失等；其他损失包括距离门和速度门跨越损失、距离门和速度门匹配损失等。一般雷达在对空模式工作时，整个损失在 10dB 左右。

4.4.2　雷达的跟踪作用距离

雷达的跟踪作用距离定义为雷达只对已发现的目标进行跟踪，不再进行搜索。如果需要跟踪的目标数为 N_t，跟踪采样间隔为 T_{ti}，T_{ti} 表示为超过这一时间，雷达无法维持对目标的稳定跟踪。T_{ti} 与目标的机动特性等有关。如果对每个目标跟踪的波束驻留时间一样，那么雷达对每个跟踪目标的驻留时间为

$$t_s = \frac{T_{ti}}{N_t} \tag{4.49}$$

目标累积时间近似为$\dfrac{T_{ti}}{N_t}$，B_d 为

$$B_d \approx \frac{N_t}{T_{ti}} \tag{4.50}$$

由式(4.50)、式(4.34)代入式(4.33)，并经整理可得雷达的跟踪距离为

$$R_{tr}^4 = \frac{P_{av}A^2\eta_1^2\eta_2^2\sigma_t}{(4\pi)kT_0F_n(S/N)(1+C/N)L_s}\frac{T_{ti}}{\lambda^2N_t} \tag{4.51}$$

由上式可以看出，在辐射功率、天线面积一定的情况下，跟踪距离的4次方与雷达的工作波长的平方成反比。这是因为在跟踪状态，已经没有搜索状态下对搜索时间和搜索空域的限制，也就是雷达的相干积累时间与天线波束的宽度无关了，因此在天线面积一定的情况下，更短的工作波长可以获得更大的天线增益。

在跟踪状态下，目标跟踪数量 N_t 和跟踪采样间隔是限制雷达跟踪作用距离的主要因素之一。一般来说采样间隔是必须确保的，而目标跟踪数量 N_t 是可以变动的，因此目标跟踪数目决定了雷达的跟踪距离。由式(4.51)可以看出，在相同辐射功率、天线面积和雷达跟踪距离条件下，雷达工作频段越高，可跟踪的目标数量越多，这是高波段相对低波段的优势。

4.4.3 雷达搜索加跟踪作用距离

在实际雷达工作中，不太可能出现只做搜索或只做跟踪的情况，而是边搜索边跟踪，也就是通过搜索发现目标，对发现的目标进行跟踪处理。

对于采用机械扫描天线的雷达，由于天线波束不能任意调度，只能靠机械转动完成对指定空域的搜索，因此搜索数据率或搜索周期等同于跟踪数据率，这时搜索周期的设置必须满足跟踪目标的要求，一般对于飞机目标，周期应设置为10s左右，此时雷达的跟踪作用距离等同于搜索作用距离。但对于导弹等目标，要求数据率要远高于这个要求，因此机械扫描雷达基本不适合搜索跟踪导弹等高机动目标，必须采用相控阵雷达。

采用相控阵天线的雷达实施的是另一种模式，即搜索加跟踪模式，此时搜索和跟踪可以看成两个相对独立的过程。因此搜索周期和跟踪周期可以允许独立设置，这样做的优点是雷达可以用较长的时间完成对指定空域的搜索，可以确保雷达的搜索作用距离，但搜索数据率偏低，而为了提高目标航迹的稳定性和精度，特别是降低高速机动目标的跟踪丢失概率，要求有较高的跟踪数据率。

由于存在两个相对独立的过程，因此需要将雷达信号能量合理分配给搜索和跟踪，也就是将雷达可用时间在搜索和跟踪之间进行合理配置。如果需要跟踪的目标过多，又要很高的数据率，将会使跟踪时间挤占搜索时间，甚至占用雷达的全部时间也无法满足跟踪需求，这时就要减小跟踪目标的数量。

雷达对需要的搜索空域还可以细划分成不同的区域，重点区域可以设置较长的搜索时间，以提高雷达的检测性能或作用距离，同样对跟踪目标也可以根据目标的状态设置成不同等级的跟踪，等级高的目标可以有较高的跟踪数据率。这里为分析方便，不分搜索空域和目标的等级，来分析雷达可能获得的搜索时间和跟踪时间。

如果需要跟踪目标的间隔时间为 T_{ti}，跟踪时需要的波束驻留时间为 t_t，完成对 N_t 个目标的一次跟踪需要的时间 T_t 为

$$T_t = N_t t_t \tag{4.52}$$

由于对搜索一次空域时间（含跟踪时间）T_{si} 远大于跟踪间隔时间 T_{ti}，因此在 T_{si} 时间内要多次对目标跟踪，其总的跟踪次数为 T_{si}/T_{ti}，在 T_{si} 内，总的跟踪时间 T_{tt} 为

$$T_{tt} = (T_{si}/T_{ti}) N_t t_t \tag{4.53}$$

而 $T_{si} = T_s + T_{tt}$，T_s 为用于搜索的时间。

则可跟踪的目标数为

$$N_t = (T_{si} - T_s)\frac{T_{ti}}{T_{si} t_t} \tag{4.54}$$

$(T_{si} - T_s)$ 表示为可用于跟踪的时间，T_{ti}/T_{si} 表示总跟踪时间在搜索间隔里所占的比例，提高 $(T_{si} - T_s)$ 和 T_{ti}/T_{si} 均可以增加跟踪目标数量，而降低每个目标的跟踪波束驻留时间 t_t 均可以提高跟踪目标数。

为了保证跟踪距离与搜索距离相匹配，跟踪波束的驻留时间也应与搜索波束驻留时间相等，即

$$t_t = \frac{T_s}{\Omega}\Delta\Omega = \frac{T_s \lambda^2}{\Omega A} \tag{4.55}$$

则可跟踪目标数为

$$N_t = (T_{si} - T_s)\frac{T_{ti}}{T_{si} T_s}\frac{\Omega A}{\lambda^2} \tag{4.56}$$

由式(4.56)可以看出，空域、天线面积、搜索时间、跟踪间隔时间和总的时间确定的情况下，可跟踪目标数与雷达工作波长成平方成反比。这是在雷达设计中需要考虑的问题。

4.5　天线体制选择

雷达天线对天基预警雷达的设计影响重大，它是雷达硬件系统最重要的

组成部分，不仅雷达的性能，而且与雷达的体积、重量、功耗和成本，以及对卫星平台的要求等密切相关。在考虑雷达系统技术方案时，必须首先确定天线体制。

4.5.1 天线体制

天线的体制大致分成相控阵天线、机械扫描天线和两者混合的天线三种。相控阵天线是一种通过电子信号控制天线内每个辐射单元的相位和幅度实现天线波束指向在空间转动或扫描。这种天线的最大特点是天线波束不仅可以无惯性转动，而且天线波束可以突变，也就是天线波束指向可以在天线扫描范围内任意设置，快速切换。其次整个天线面可以根据需要容易地分割成子天线，形成多个子天线相位中心，以便后续的数字波束形成处理或空时两维信号处理等先进的自适应信号处理。

机械扫描天线是一种通过机械转动天线口径面实现天线波束扫描的装置。由于存在机械驱动，因此它的波束连续转动，不可以任意设置，波束转动的速度也受天线口径面的大小以及驱动能力的限制。机械扫描天线一般采用集中式的发射机。

第三种形式的天线介于前两者之间，天线在一个方向采用相控阵天线扫描，另一个方向采用机械扫描形式。

相控阵天线又可分为有源相控阵天线和无源相控阵天线。有源相控阵天线是指每个天线单元后面接有源电路，如发射功率放大器、低噪声接收机等，一般典型的有源电路称为 T/R(收/发)组件。而无源相控阵天线的天线单元后只接移相器等无源电路。

有源相控阵天线的第一个大优点是 T/R 组件输出的大功率信号直接通过天线单元向空间辐射，几乎没有馈线网络的损耗，同时天线单元接收到的信号也直接被 T/R 组件中的低噪声放大器放大，与无源相控阵天线相比大幅减小了发射功率的损失，整个雷达系统的噪声系数也小得多，因此具有更高的能量利用效率。

有源相控阵天线的第二个大的优点是通过空间合成实现雷达作用距离所需要大的辐射功率，因此每个天线单元自身辐射的功率并不大，从几瓦，最多到上百瓦，大都采用固态器件，低电压电源，具有很高的可靠性和很长的寿命。而无源相控阵天线采用集中式发射机，并且大都采用真空管器件，输出功率很大，还需要高压电源，器件的可靠性和寿命相对较低，馈线系统需要承受耐高功率的要求，在空间环境应用中存在微放电等不利影响。

有源相控阵天线进一步的发展形式就是数字阵列天线。数字阵列天线采用数字 T/R 组件。根据雷达发出的控制信号，与每个天线单元直接连接的数字 T/

R 自行产生雷达信号,并通过数字 T/R 组件的功率放大器放大后,经天线单元辐射到空间;天线单元接收到的射频信号通过数字 T/R 后,直接变成数字信号送雷达信号处理机。数字阵列天线的天线口径利用效率和能量利用效率与常规有源相控阵天线相同,但是它的瞬时动态范围、天线单元的幅度与相位控制精度,以及可供信号处理的空间自由度要优于常规有源相控阵天线,当然这要以增加系统复杂度为代价,另外受器件性能的限制,能够产生的信号带宽相对较窄。

4.5.2　天线体制的选择

前面讨论的各种形式的天线,都在不同的雷达系统中得到了应用。天基预警雷达天线体制的选择一定要从雷达的功能、性能等要求出发,特别需要考虑以下因素。

4.5.2.1　雷达的功能

雷达可以有许多功能,设置多种工作模式,但是最基本的工作模式还是搜索与跟踪这两种。天基预警雷达卫星一次过顶时间不长,低轨卫星只有 10min 左右,要求雷达同时具备搜索和跟踪功能,特别是多目标跟踪能力。因此要求天线波束可以任意跳变,天线波束的驻留时间可以任意设置,这样只有相控阵天线才能满足这一要求。

4.5.2.2　雷达的作用距离

在雷达功率孔径确定的情况下,雷达作用距离受雷达系统损耗和相干积累时间的影响最大。采用相控阵天线后,利用无惯性波束扫描能力,可以合理使用雷达的能量,进行相干和非相干积累获得可能最大的雷达作用距离;另外,有源相控阵天线在降低馈线损耗方面有明显的优势,因此有源相控阵天线体制是天基预警雷达的首选。

4.5.2.3　目标特性

天线体制的选择还要考虑所需要观测目标的运动特性,如果目标具有大机动能力,如导弹、高速临近空间目标等,就必须使用相控阵天线,采用搜索加跟踪模式才能保证对机动目标的跟踪稳定性和跟踪精度,这是机械扫描天线做不到的。

4.5.2.4　抗干扰能力

天基预警雷达抗干扰能力也是必须考虑的因素。理论上,相控阵天线可以采用自适应波束形成技术,使天线在干扰方向形成零点,从而使进入雷达的干扰信号大幅降低。还可以合理使用雷达能量,利用"烧穿"工作模式对目标进行长时间照射,以保证在干扰条件下雷达的有效作用距离。

4.5.2.5 可靠性与寿命

天基预警雷达具有不可维护和维修的特点,因此对可靠性和寿命提出了更为严格的要求,天线体制的选择要充分考虑这一要求。有源相控阵天线采用众多的 T/R 组件,相互之间是冗余的,根据理论分析,5% 的组件失效几乎不影响整个天线的性能;所有器件均是固态器件,这些器件的功耗低、工作电压低,并通过空间合成获得雷达需要的大功率,而其他形式的天线采用集中式发射机,大都采用真空管器件,要采用高压电源,所以有源相控阵天线比其他形式的天线在可靠性和寿命方面具有显著优势。

4.5.2.6 卫星平台

卫星平台对天线体制的选择也有很大的制约。卫星所能提供的重量、体积和功耗有限,在这种条件下,天线口径利用效率和电源利用效率的高低对雷达性能起到了关键作用。另一方面,前面已经指出,天基预警雷达所需要的天线口径面积远大于现有星载成像雷达的天线,在工程上不太可能通过平台来转动等措施实现天线波束扫描。因此从卫星平台看,有源相控阵体制是天基预警雷达几乎唯一的选择。

4.6 天线副瓣要求

天线有许多技术指标,但这里特别把天线的副瓣电平这一指标单独提出来进行讨论的主要原因是,当天基预警雷达工作在对空这一主要模式时,由于卫星平台速度非常快,雷达接收到的杂波的多普勒频率的频谱非常宽,所以雷达只能在副瓣杂波区检测目标,副瓣杂波的强度将直接影响雷达检测目标的能力。副瓣杂波的强度主要取决于雷达辐射的功率和天线的副瓣,雷达辐射功率与目标回波的信噪比密切相关,是不能改变的,为降低副瓣杂波,唯一有效的方法是降低天线的副瓣电平。因此天线副瓣不仅仅是天线的指标,也是影响到系统性能的关键指标,必须受到特别关注。

对于天线来说,除了天线主瓣波束外的其他区域都称为天线副瓣,范围很大,而实际上天线各处的副瓣对雷达副瓣杂波电平的贡献是有差异的,有文章专门讨论这一问题[7],以期分析天线不同处的副瓣的影响。当然比较精确的做法是根据天线实测的波瓣数据,按第 5 章的模型,仿真预计天基预警雷达接收到的杂波频谱特性。如果副瓣杂波超过雷达内部的噪声电平,就需要进一步分析,是否可以通过自适应信号处理方法抑制杂波的可能性，但是即便是理想的信号处理，它也只能把副瓣杂波抑制到噪声电平，根据式(4.33)，仍然会降低雷达的作用距离。所以最好还是控制好天线的副瓣，具体将在第6章讨论。

4.7　工作波形设计

雷达工作波形设计是天基预警雷达系统设计的重要组成部分，合适的工作波形可以在保持硬件不变的情况下获得最佳的性能。雷达的工作波形涉及三个参数，脉冲重复频率、发射脉冲宽度和发射信号带宽。雷达工作波形是与雷达工作模式相对应的。下面针对天基预警雷达三种主要的工作模式，简要分析工作波形的设计原则。

4.7.1　对海工作模式

天基预警雷达对海工作模式时的工作波形设计相对单一，以低脉冲重复频率为基础，在硬件处理速度等条件允许的情况下，信号带宽可以选择宽一些，这有利于海杂波的减小。当然也不是越宽越好，一是雷达硬件不能满足宽带信号的处理速度要求，二是当信号带宽过大时，距离向分辨单元过小而引起舰船目标的雷达反射截面积减小。发射脉冲宽度的选择以满足雷达回波信号的信噪比为前提，由于雷达到目标的距离有几千千米，因此严格按低脉冲重复频率设计，会使脉冲重复周期很长。为保证信噪比所需要的雷达平均辐射功率，发射脉冲宽度可能会很宽，导致发射信号发生顶降，因此脉冲重复频率的设计需要考虑这一因素。

4.7.2　对空工作模式

由于卫星平台速度是普通运输机的30倍左右，其高度是飞机巡航高度的50倍以上，天基预警雷达到目标的距离至少是机载预警雷达的5倍以上，因此与机载预警雷达相比，天基预警雷达在对空工作模式时，工作波形的使用将受到更大的限制。

常规机载预警雷达根据不同情况可以有三种不同的工作波形。第一种是低脉冲重复频率，其特点是脉冲重复周期很长，大于来自最远的雷达回波的到达时间，因此雷达回波在时间(距离)维不会发生折叠现象，也就是雷达回波在距离维没有模糊，但是这时雷达接收到的回波信号的多普勒频率远大于脉冲重复频率，从而使回波信号在多普勒频率维发生折叠，也就是回波信号在多普勒(速度维)是高度模糊的。由于天基预警雷达速度很快，如果采用低脉冲重复频率，甚至导致主瓣杂波谱也折叠，也就是整个频域都被主瓣杂波谱占据，而卫星平台很高，雷达工作在对空模式时必然是下视，这样雷达就会无法有效工作，因此天基预警雷达不能采用低脉冲重复频率。

第二种是高脉冲重复频率，它与低脉冲重复频率相反，脉冲重复频率大于雷达回波信号最大的多普勒频率，因此回波信号在多普勒频域不折叠，而回波信号在距离域是严重折叠、严重模糊。采用高脉冲重复频率的本意是希望在多普勒频域存在无杂波的清晰区，当目标回波落入到这一区域时，雷达就可以获得非常好的检测性能，这种情况在机载雷达中是存在的，例如当两架飞机迎头对飞时，目标回波就处在无杂波的清晰区，但是天基预警雷达是不可能出现这种情况的，目标只能处在雷达的副瓣杂波区，采用高脉冲重复频率反而因距离维的高度折叠而抬高副瓣杂波区的电平。因此高脉冲重复频率也不合适天基预警雷达。

最后一种是中脉冲重复频率，它介于前两者之间，也就是回波信号既在距离维存在模糊，也在多普勒维存在模糊，这似乎觉得中脉冲重复频率只有缺点，其实不然，选择合适的中脉冲重复频率，可使雷达在天线副瓣一定的情况下，接收到的副瓣杂波电平最低，从而可以在硬件性能不变的情况下，获得最佳的检测性能，这对天基预警雷达尤为重要，因为目标只能落入雷达的副瓣杂波区。中脉冲重复频率的取值范围是比较大的，除了确保雷达副瓣杂波电平最小外，还要兼顾另外两个因素。第一，使距离和速度盲区最小，由于中脉冲重复频率存在距离模糊，而雷达在发射脉冲信号期间，接收机将自动关闭而不能接收任何信号，因此当目标回波与雷达发射信号在时间维重叠时不能进入接收机，这称为距离盲区。同样当目标落入主瓣杂波范围时不能被发现，称为速度盲区，要选择合适的中脉冲重复频率，使距离和速度盲区占据的区域最小。第二，采用中脉冲重复频率已不能直接获得真实的目标距离和速度，需要通过一组不同的中脉冲重复频率获得的同一个目标相对应的模糊的距离和速度值，然后由这组模糊的距离和速度值通过解模糊，最终获得真正的目标距离和速度，因此在选择中脉冲重复频率时需要考虑解模糊的需求。

4.7.3 高分辨力成像工作模式

雷达工作在高分辨力成像模式时，工作波形参数为发射脉冲宽度、信号带宽和脉冲重复频率。脉冲重复频率的选择比较复杂，涉及多个方面，下面对其基本要求进行具体讨论。

4.7.3.1 发射脉冲宽度和信号带宽

发射脉冲宽度和信号带宽的选择相对简单。发射脉冲宽度的选择以雷达所需要的平均功率为基础，在卫星供电和散热允许的条件下，尽可能选择宽的发射脉冲，以获得高的图像信噪比。信号带宽的选择要满足图像分辨力的要求，即

$$B \approx \frac{c}{2\rho_r \sin\eta} \tag{4.57}$$

式中：c 为光速；ρ_r 为距离分辨力；η 为雷达入射角。由于入射角的不同，对信号带宽的要求会有变化，因此为取得雷达视角范围内相对均匀的分辨力，可以根据 η 值调整信号带宽。

4.7.3.2　脉冲重复频率

雷达工作在成像模式时，地球表面已成为有用的目标，雷达天线主波束照射区域就是需要成像的区域。此时脉冲重复频率需要满足如下两个基本要求。

1）模糊度的要求

由于平台速度很快，雷达接收到的回波的多普勒频率远大于脉冲重复频率，因此回波在方位向存在前面提到的折叠，这折叠的信号将会叠加在有用信号上，造成图像在方位向的模糊，这种叠加的信号与有用信号之比，称为方位模糊度（AASR），如果考虑方位向地表面的回波后向反射率是均匀的，则方位模糊度为

$$\mathrm{AASR} = \frac{\sum\limits_{\substack{m=-\infty \\ m\neq 0}}^{\infty} \int_{-B_a/2}^{B_a/2} G^2(f + m \cdot \mathrm{prf})\,\mathrm{d}f}{\int_{-B_a/2}^{B_a/2} G^2(f)\,\mathrm{d}f} \tag{4.58}$$

式中：G 表示天线方向图；B_a 为方向信号处理带宽；prf 为雷达脉冲重复频率；实际上就是天线主瓣波束照射到的区域对应的多普勒频率。一般要求 AASR 在 -20dB以下，为保证图像清晰，减小鬼影，AASR 越小越好。由式（4.58）可以看出，有两个途径可以减小 AASR，与分子 $G^2(f+m \cdot \mathrm{prf})$ 有关，一是减小天线副瓣，二是提高脉冲重复频率。但是天线副瓣的减小是有限的，脉冲重复频率的提高还受到距离模糊度的限制。因为雷达回波在距离维也是模糊的，距离模糊度定义为

$$\mathrm{RASR} = \frac{\sum\limits_{i=1}^{N} S_{ai}}{\sum\limits_{i=1}^{N} S_i} \tag{4.59}$$

式中：S_{ai} 和 S_i 分别表示距离向的模糊信号和有用信号的功率。

$$S_i = \frac{\sigma_{ij} G_{ij}^2}{R_{ij}^3 \sin(\eta_{ij})} \tag{4.60}$$

$$S_{ai} = \sum_{\substack{j=-n \\ j\neq 0}}^{n} \frac{\sigma_{ij} G_{ij}^2}{R_{ij}^3 \sin(\eta_{ij})} \tag{4.61}$$

式中：σ_{ij}表示对应入射角的地面归一化的后向散射系数；G_{ij}表述对应角度的天线增益；η_{ij}表示对应的入射角；R_{ij}表示对应的雷达斜距。

$$R_{ij} = \frac{c}{2}\left(t_i + \frac{j}{\text{prf}}\right) \tag{4.62}$$

式中：t_i 为成像带宽中某一点对应的时间时延。

显然脉冲重复频率越高，距离模糊度（RASR）就会越差。RASR 至少应在 -20dB左右，脉冲重复频率的选取需要同时考虑方位和距离模糊度。

2）避开遮挡的要求

由于雷达回波信号存在距离折叠，因此在选择脉冲重复频率时，需要保证成像的观测带避开发射信号。假设成像观测带中到雷达的最小距离为 $R_{\min}$，最大距离为 $R_{\max}$，为保证从 $R_{\min}$ 到 $R_{\max}$ 的整个成像带不与发射脉冲重叠，脉冲重复频率就需要同时满足

$$\text{Frac}\left(\frac{2R_{\min}}{c}\Big/\frac{1}{\text{prf}}\right) > \tau_{\text{p}} + \tau_{\text{rp}} \tag{4.63}$$

$$\text{Frac}\left(\frac{2R_{\max}}{c}\Big/\frac{1}{\text{prf}}\right) < \frac{1}{\text{prf}} - \tau_{\text{rp}} \tag{4.64}$$

$$\text{INT}\left(\frac{2R_{\min}}{c}\Big/\frac{1}{\text{prf}}\right) = \text{INT}\left(\frac{2R_{\max}}{c}\Big/\frac{1}{\text{prf}}\right) \tag{4.65}$$

式中：c 为光速；τ_{p} 为发射脉冲宽度；τ_{rp} 为脉冲保护宽度；函数 Frac 表示取小数部分；函数 INT 表示取整。

另外为避免卫星星下点的干扰，还要保证成像带不落入星下点，由此有

$$\frac{2H}{c} + \frac{j}{\text{prf}} > \frac{2R_{\max}}{c} \tag{4.66}$$

$$\frac{2H}{c} + 2\tau_{\text{p}} + \frac{j}{\text{prf}} < \frac{2R_{\min}}{c} \tag{4.67}$$

式中：H 为卫星高度；j 取整数。

4.8 系统动态范围

与其他地面和机载预警雷达一样，天基预警雷达是一部相参雷达，在各种雷达工作模式下均要求雷达接收系统工作在线性状态，尽可能不产生非线性失真，以保持最佳的相参特性。如果接收系统存在非线性，则会产生许多不希望的谐波、杂散和互调信号，这些信号会严重干扰目标的检测。接收系统能够确保处在线性工作状态的输入信号范围称为系统动态范围，它必须大于雷达可能接收到

的回波信号的变化范围。

雷达接收到的回波可以分为三大类。第一类是各种目标的回波信号;第二类是各种背景的回波信号,如地面、云雨、海面等,当然这类地面回波在成像模式中已成为目标信号了;第三类就是各种干扰信号,包括有意干扰和无意干扰信号,这类信号特别是有源干扰信号可能会远远超过前两类。

4.8.1　目标信号的动态范围

根据参考文献[8],接收信号的动态范围可以定义为最大接收信号功率与最小接收信号功率之比,即

$$K_{D}=\frac{P_{max}}{P_{min}} \tag{4.68}$$

最小接收信号功率 P_{min} 一般为接收机内部的等效噪声系数,即

$$P_{min}=KT_0F_n\Delta F \tag{4.69}$$

式中:F_n 为雷达系统噪声系数;ΔF 为系统信号带宽。这样系统动态范围可表示为

$$K_{D}=K_{R}+K_{\sigma_s}+S/N \tag{4.70}$$

式中:K_R 表示目标回波信号的强度随目标距离的变化的范围,即

$$K_{R}=40\lg\left(\frac{R_{max}}{R_{min}}\right) \tag{4.71}$$

K_{σ_s}为目标的雷达反射截面积变化范围,即

$$K_{\sigma_s}=10\lg\left(\frac{\sigma_{smax}}{\sigma_{smin}}\right) \tag{4.72}$$

对于天基预警雷达,如果不考虑空间目标,雷达到目标的最远距离有几千千米,最近距离也有几百千米,因此由 K_R 引起的信号动态范围大约 40dB 左右;天基预警雷达所要观测的最大的空中目标为大型运输机或民航机,其雷达反射截面积在 50 ~ 100m^2,最小的空中目标为隐身飞机,其雷达反射截面积大约在 0.01m^2 左右。对于海面目标,大型舰船的雷达反射截面积大约在 100000m^2 左右,小型舰船的雷达反射截面积大约在 100m^2 左右,因此目标的雷达反射截面积的变化范围大约在 40dB 左右。S/N 为雷达检测目标时的信噪比,在 10dB 左右,因此目标信号的动态范围在 90dB 左右。

4.8.2　杂波回波和干扰对动态范围的影响

在考虑目标信号的动态范围的同时,还要考虑地面、空中云雨和干扰信号对

动态范围的影响。当这些杂波回波强度大于目标回波时将会扩大系统的动态范围要求。

杂波回波可分为两大类,一类是面杂波,如地面和海洋回波;另一类是体杂波,如云雨等回波。

4.8.2.1 面杂波

面杂波的雷达反射截面积为

$$\sigma_c = \gamma_0 \Delta\theta_{3dB} R_c \Delta R \tan\varphi \tag{4.73}$$

式中:$\Delta\theta_{3dB}$为天线的方位波束宽度;γ_0 为面杂波单位面积的雷达反射截面积,与地形、海情和雷达工作频率有关;R_c 为雷达到杂波的距离;ΔR 为距离维分辨力;φ 为雷达波束的擦地角。

4.8.2.2 体杂波

体杂波的雷达反射截面积为

$$\sigma_c = \gamma_V V = \gamma_V \Delta\theta_{3dB} \Delta\varphi_{3dB} R_c^2 \Delta R \tag{4.74}$$

式中:γ_V 为单位体积的体杂波的雷达反射截面积,它与雷达工作波长和体杂波特性有关,由参考文献[9]知,对于箔条 $\gamma_V = 3\times10^{-8}\lambda$,对于雨 $\gamma_V = 6\times10^{-4}\gamma^{1.8}/\lambda^4$,$\gamma$ 为降雨量(mm/h);$\Delta\theta_{3dB}$、$\Delta\varphi_{3dB}$分别为天线在方位和距离维的波束宽度;R_c 为雷达到杂波的距离,体杂波的雷达反射截面积与 R_c^2 成正比,随 R_c 迅速增加,R_c 一般要小于雷达的最大作用距离。

有源干扰引起的动态变化会比信号和杂波的动态范围都大,事先也很难预计。强干扰信号的强度不仅可以超过雷达的线性动态范围,甚至可以让接收机完全饱和,所以要单独考虑。

4.9 系统稳定度要求

为保持雷达接收到的信号的相干性,除了前面提到的雷达要具有高的线性动态范围外,另一个要求是系统自身的稳定度,主要是雷达基准源必须保持稳定,如果基准源不能保持良好的稳定度,雷达内部就会产生随机的寄生信号,这些寄生信号就会产生虚警。而通过抬高检测电平来抑制虚警,就会降低雷达系统的灵敏度,因此必须对雷达系统内部的稳定性提出要求。

4.9.1 信号稳定度的表征

用频谱可以很好地表征信号内部的稳定性,一个信号的频谱越平坦,就越不稳定，随即特性就越接近噪声，理论上白噪声的频谱就是一条直线。可用三个参数表征信号频谱。

4.9.1.1 中心频率

中心频率就是信号频谱中心对应的频率，信号的能量主要集中在中心频率。

4.9.1.2 边带功率谱

边带功率谱是指中心频率外的信号频谱能量，边带功率谱的幅度越低，表示信号越稳定，它是确定信号是否稳定的关键指标。一般来说，偏离中心频率越远，信号的边带功率就会越低，因此还存在以偏离中心频率多远处来衡量边带功率谱的问题，这个频率原则上与雷达所需要检测的最小可检测速度有关，确定为 $\frac{2}{\lambda}v_r$，λ 为雷达工作波长，v_r 为雷达最小可检测速度。

4.9.1.3 杂散

杂散不同于信号的边带功率谱，它以离散形式的谱线存在，离散谱线高于周围的边带功率谱，但离散谱线占据的能量应小于边带功率谱能量。

4.9.2 信号稳定度的要求

雷达系统是一个线性系统，根据线性系统理论，雷达接收到的回波信号实际上是雷达发射信号与雷达发射单频信号所接收到的地面和目标回波信号的线性卷积，第5章的地面杂波的仿真实际上就是按雷达发射单频信号所接收的背景杂波谱，发射信号的频谱会使雷达接收到的总主瓣杂波谱展宽，副瓣杂波谱抬高。副瓣杂波谱抬高的程度与发射信号的边带频谱强度，以及发射单频信号所接收到的地面回波信号的主瓣杂波谱的强度成正比，其结果会使雷达系统的平均噪声电平抬高，减小检测弱小目标的能力，同时可能有的边带杂波会被当作目标的回波信号，成为虚假目标，增加了雷达的虚警概率。因此为保证雷达性能，要求发射信号和单频信号的回波卷积后的总的信号谱的边带功率低于接收机的噪声功率[8]。

边带谱的测量起始点由前面提出的雷达最小可检测速度决定，对边带功率谱的要求表示为

$$S(f) = -(C/N)_{\mathrm{MB}} - 10\lg(B_{\mathrm{d}}) + (C/N)_{\mathrm{req}} \tag{4.75}$$

式中：$S(f)$ 为1Hz带宽内低于信号峰值功率谱的分贝数；B_{d} 为多普勒滤波器的带宽；$(C/N)_{\mathrm{MB}}$ 为主瓣杂波强度；$(C/N)_{\mathrm{req}}$ 为剩余杂波低于噪声的分贝数。

4.10 ECCM 技术

随着电子干扰技术的发展，雷达工作的电磁环境越来越复杂，因此为确保其能在复杂的电磁环境中有效稳定地工作，在设计天基预警雷达方案时，需要仔细考虑如何采用 ECCM 技术。雷达的 ECCM 技术涉及多个方面，下面按雷达各个环节原则性讨论可能采用的 ECCM 技术。

1）信号产生

雷达信号产生环节采用 ECCM 技术的目标是尽可能降低雷达信号被电子侦察系统截获的概率。在信号产生过程中能采用的 ECCM 技术是随机改变雷达工作波形的各个参数，包括工作频率、脉冲重复频率和脉冲内部的信号调制形式，这些参数的改变可以增加电子侦察系统的难度。由于天基预警雷达有多种工作模式，不同工作模式对雷达的功率孔径积的要求有差异，因此另一个措施是根据工作模式、探测目标对象和探测距离自适应调整雷达的功率孔径积，以降低雷达信号被截获的概率。

2）天线

天线是雷达实现 ECCM 的重要手段之一。利用相控阵天线波束的捷变能力，可实现天线波束的随机扫描，使电子侦察系统难以确认雷达的真实意图；低副瓣天线可以直接降低进入雷达的干扰信号电平，低副瓣天线是降低电子干扰效果的最有效的措施之一；利用有源相控阵天线可以在电子侦察方向形成凹口，减小进入电子侦察系统的雷达信号功率；采用旁瓣匿影可以有效抑制从天线副瓣进入雷达的干扰信号。

3）接收

接收系统的 ECCM 措施是采用大动态范围的接收机确保雷达受到强干扰时，接收机仍处在线性动态范围内；另一个措施是通过高抑制度滤波器抑制带外的干扰信号。

4）信号处理

信号处理也是雷达抑制干扰信号的重要手段。恒虚警处理、旁瓣对消、自适应数字波束形成和空、时两维信号处理均可以有效抑制干扰信号。

本章在具体分析单基地天基预警雷达主要性能指标的基础上，讨论了天基预警雷达设计需要首先考虑的基本问题，特别对雷达工作频率、工作模式、功率孔径积、天线体制和工作波形等进行了较为深入的分析，从中可以发现许多需要解决的关键技术，不过最基本的有两项：一是大型轻量化有源相控阵天线，二是高性能信号处理技术。它们是获得高性能天基预警雷达的前提。

参考文献

[1] Skolnik M I. Radar Handbook[M]. 2nd ed. New York:McGraw – Hill Book Co. 1990.

[2] Barbarossa S, Farina A. Detection and Imaging of Moving Objects with Synthetic Aperture Radar – Part2 Joint Time – Frequency Analysis by Wigner – Ville Distribution [J]. IEE Proc, Part F, 139(1):89 – 97.

[3] Moreira J R, Keydel W. A New MTI – SAR Approach Using the Reflectivity Displacement Method [J]. IEEE Trans Geoscience and Remote Sensing,1995,33(5):1238 – 1244.

[4] Friedlander B, Porat B. A High Resolution Radar System for Detection of Moving Targets [J]. IEE proc ,Part F, 1997,144(4):205 – 218.

[5] William C M. Airborne Early Warning Radar[M]. Artech House,1989.

[6] Barton D K . Modern Radar System Analysis[M]. Artech House, 1988.

[7] 贲德,韦传安,林幼权. 机载雷达技术[M]. 北京:电子工业出版社,2006.

[8] 张光义. 相控阵雷达系统[M]. 北京:国防工业出版社,1994.

[9] Kahrilas P J. Electronic Scanning Radar Systems Design Handbook [M]. USA: ARTECH House,1976.

第5章 天基预警雷达杂波与目标特性

对于天基预警雷达,总是希望来自地面反射的回波强度越弱越好,而目标回波强度越强越好。如果地面反射回波强度大于雷达系统内部噪声,就会影响雷达的目标检测性能。相对于陆基和机载雷达,天基预警雷达工作环境有许多特点:一是居高临下,视场范围大;二是需考虑地球自转的影响,杂波非平稳性强;三是目标背部被探测的概率增加。因此,需要分析天基预警雷达下视探测条件下杂波和目标特性。

5.1 天基预警雷达杂波特性

天基预警雷达由于平台高速运动、大覆盖面积以及地球自转等对雷达信号处理提出了非常高的要求,而对杂波特性的分析是研究信号处理技术的基础和前提。

5.1.1 杂波的雷达反射截面积模型

对于每个杂波单元,雷达等效反射截面积(RCS)可以表示为 $\sigma_{\mathrm{RCS}}=\sigma^0\cdot A_c$。$\sigma^0$ 为杂波的后向反射系数,与杂波类型和擦地角等有关;A_c 为杂波单元的面积。

σ^0 按杂波类型可以分为地杂波和海杂波。

地杂波后向反射系数公式[1]为

$$\sigma^0(r)=\gamma\sin\theta_g+\sigma_{0s}\exp\left[-\frac{(\pi/2-\theta_g)^2}{\Delta\theta_0^2}\right] \tag{5.1}$$

式中:γ 表示与漫反射有关的系数;σ_{0s}为镜面反射系数;θ_g 为擦地角或称为入射余角;$\Delta\theta_0$ 为镜面反射区域角。上式第二项构成雷达的高度线回波。仿真中取值分别为:$\gamma=0.15$(对应山区地形),$\sigma_{0s}=10$,$\Delta\theta_0=0.1$,擦地角为$0.1°\sim90°$,得到地杂波后向反射系数随擦地角变化如图 5.1 所示。

从图 5.1 可以看出:擦地角越大,地杂波后向反射越强。

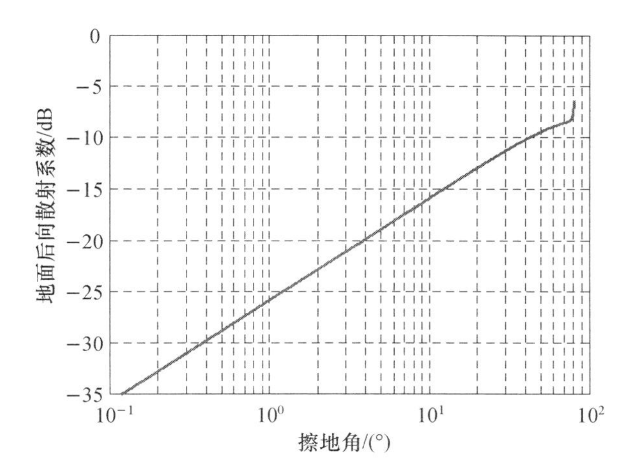

图 5.1　地面后向散射系数随擦地角的变化关系

海杂波后向反射系数公式[1]为

$$\sigma^0 = \frac{10^{-6.4+0.6(ss+1)} \cdot \sigma_c^0 \cdot \sin\theta_g}{\lambda} + \cot^2\beta_0 \cdot \exp\left\{\frac{-\tan^2[\pi/2-\theta_g]}{\tan^2\beta_0}\right\} \tag{5.2}$$

式中：ss 为海情等级；θ_g 为擦地角；λ 为波长；$\beta_0 = [2.44(ss+1)^{1.08}]/57.29$；$\sigma_c^0 = \begin{cases} 0, \theta_g > \theta_c \\ 10K\log(\theta_g/\theta_c), \theta_g < \theta_c \end{cases}$；$K = 1.9$；$\theta_c = \arcsin[\lambda/(4\pi h_e)]$；$h_e = 0.025 + 0.046 \cdot ss^{1.72}$。

设海情等级为 4，载频分别为 P、L 和 S 频段，擦地角为 0.1°～60°，得到海杂波后向反射系数随擦地角变化，如图 5.2 所示。

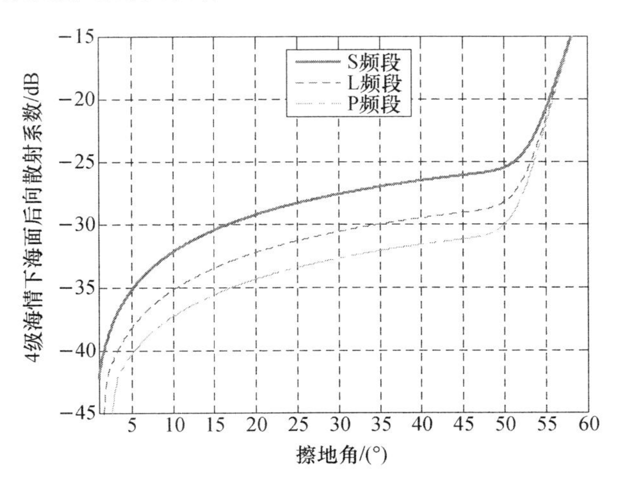

图 5.2　海面后向散射系数与擦地角的变化关系（见彩图）

从图 5.2 可以看出：擦地角越大，海杂波后向反射越强；频段越高，海杂波后向反射越强。

5.1.2 地球自转模型

天基预警雷达需要考虑地球自转的影响[2,3]。首先考虑雷达平台的运动对地面回波的多普勒频移的影响。天基预警雷达与地球的几何关系如图 5.3 所示。天基预警雷达高度为 H，其星下点为 B，感兴趣的为点 D，它们在地球表面的距离为 R。容易得到，天基预警雷达的运动使得该点相对雷达产生的速度值为 $v_{P-D}=v_P\sin\theta_{el}\cos\theta_{az}$。其中，$\theta_{el}$是俯仰角，$\theta_{az}$是方位角。$v_P=\sqrt{GM_e/(R_e+H)}$是天基预警雷达的速度值（$G$ 是重力常数，M_e 是地球质量，R_e 是地球半径）。

接着考虑地球自转的因素。地球绕轴向东自转，23.9345h 为一个周期。设(α_1,β_1)为天基预警雷达的星下点的纬度和经度，(α_2,β_2)为所感兴趣的点 D 的纬度和经度，见图 5.3。这样，地球自转导致 D 点就会有一个东向的速度 $v_e\cos\alpha_2$（v_e 是赤道上的地球自转切线速度值）。

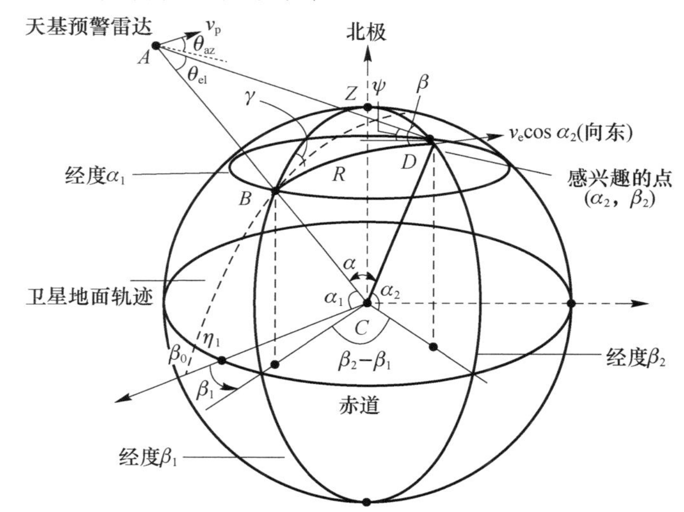

图 5.3 天基预警雷达与地球的几何关系

天基预警雷达接收到目标点 D 回波的多普勒频移[2]为

$$f_d=\frac{2}{\lambda}(v_P\sin\theta_{el}\cos\theta_{az}-v_e\cos\alpha_2\sin\beta\cos\psi) \tag{5.3}$$

式中：β 是地面距离矢量与 D 点经度线的球面夹角；ψ 是信号在 D 点的擦地角；λ 是雷达工作波长.

地球自转的存在会对地面杂波回波的多普勒频率产生影响，使得杂波回波

的频谱进一步展宽，对杂波的抑制也变得更加复杂。地球自转影响下，卫星相对于地面回波点的多普勒频率[2]为

$$f_{\mathrm{d}} = \frac{2v_{\mathrm{P}}}{\lambda}A_{\mathrm{c}}\sin\theta_{\mathrm{el}}\cos(\theta_{\mathrm{az}} \pm \theta_{\mathrm{c}}) \tag{5.4}$$

式中：当检测区位于天基预警雷达以东时，“±”项取值为“+”，反之取“-”，偏航幅度为

$$A_{\mathrm{c}} = [1 + k^2\cos^2(\alpha_1) - 2k\cos(\theta_{\mathrm{i}})]^{\frac{1}{2}} \tag{5.5}$$

偏航角为

$$\theta_{\mathrm{c}} = \arctan\left(\frac{k\sqrt{\cos^2(\alpha_1) - \cos^2(\theta_{\mathrm{i}})}}{1 - k\cos(\theta_{\mathrm{i}})}\right) \tag{5.6}$$

$$k = \frac{v_{\mathrm{e}}}{v_{\mathrm{P}}}\left(1 + \frac{h}{R_{\mathrm{e}}}\right) \tag{5.7}$$

式中：v_{P} 为卫星平台速度；θ_{el} 为波束入射角；θ_{az} 为波束方位角；v_{e} 为赤道上地球自转速度；R_{e} 为地球半径；h 为卫星平台高度；α_1 为星下点纬度；θ_{i} 为轨道倾角。

由此可见，地球自转会在两个方面对多普勒频率产生影响，一个是使得真实方位角产生偏差的偏航角；一个是使得多普勒幅度产生偏差的偏航幅度。偏航角度和偏航幅度的大小只与轨道倾角、星下点纬度和卫星轨道高度有关，仿真结果如图 5.4 和图 5.5 所示。

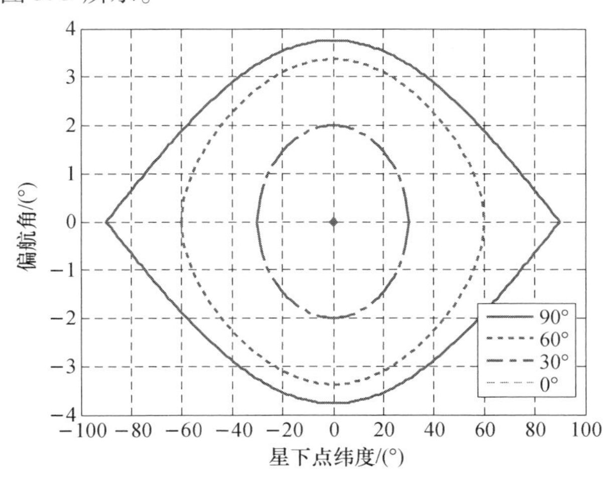

图 5.4　偏航角随轨道倾角和星下点纬度变化

当卫星轨道倾角为 0°，即为赤道轨道时，其偏航角度最小，最小值为 0。正向运行的卫星由地球自转引起的偏航幅度为 $1 - k = 0.9342$（轨道高度为 500km）。

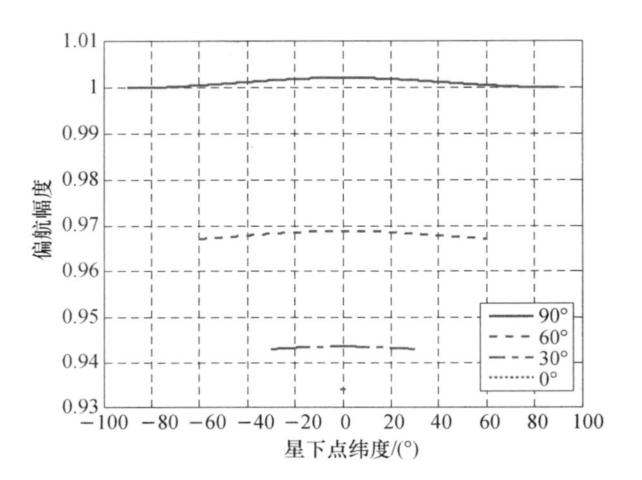

图 5.5 偏航幅度随轨道倾角和星下点纬度变化

当卫星轨道倾角为 90°,即为极地轨道时极地轨道处的偏航幅度最大值为 $\sqrt{1+k^2}\approx1.002$,此时对应的偏航角为 $\arctan(k)\approx3.8°$,卫星星下点纬度为 0°(赤道上);当卫星星下点纬度为 90°(两极上)时,多普勒频差为 0,即此时的地球自转没有产生影响。

偏航角和偏航幅度均随着轨道倾角的增大而增大;最大偏航角度和最大偏航幅度均在星下点纬度为 0°(赤道上)处达到,与轨道倾角无关。

5.1.3 杂波模型

天基雷达地面杂波单元划分必须在球面上进行,同时需考虑地球自转的影响[4]。

建立右手坐标系 $X_rY_rZ_r$,如图 5.6 所示。其中 X_r 指向卫星惯性运动方向,Z_r 轴指向地心。相控阵天线沿飞行方向放置,俯仰向倾斜放置,其法向指向与 Z_r轴成 θ_{EL}角度,法线方向的地面擦地角 ψ 满足

$$\theta_{EL}=\arcsin\left(\frac{R_e}{R_e+H}\cos\psi\right) \tag{5.8}$$

式中:R_e 和 H 分别为地球半径和卫星轨道高度。

考虑第 n 个子阵接收到的第 k 个距离单元的第 m 个脉冲的杂波回波 c_{mn},它是相应等距离环上若干杂波单元回波信号的叠加。设该等距离环相对雷达的斜距为 R_{sk},俯仰角为 θ_k,则该距离环上方位角为 φ_i 的杂波单元在雷达坐标系下的坐标为

$$\boldsymbol{c}_{ki}=R_{sk}\sin\theta_k\cos\varphi_i\cdot\hat{\boldsymbol{x}}_r+R_{sk}\sin\theta_k\sin\varphi_i\cdot\hat{\boldsymbol{y}}_r+R_{sk}\cos\theta_k\cdot\hat{\boldsymbol{z}}_r \tag{5.9}$$

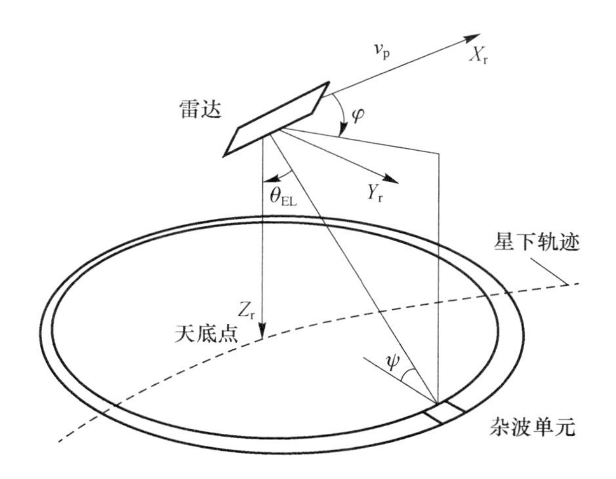

图 5.6 天基预警雷达右手坐标系

该杂波单元的回波功率可表示为

$$P(\theta_k,\varphi_i)=\frac{P_t G_t(\theta_k,\varphi_i) G_r(\theta_k,\varphi_i)\lambda^2 D\sigma_c}{(4\pi)^3 R_{sk}^4 L} \tag{5.10}$$

式中：P_t 为雷达发射的峰值功率；λ 为波长；D 为脉压比；$G_t(\theta_k,\varphi_i)$ 和 $G_r(\theta_k,\varphi_i)$ 分别为发射和接收天线的功率增益；σ_c 为杂波的雷达等效反射截面积（RCS），L 为系统损耗。

$$G_t(\theta,\varphi)=G_{t,\max}[F_t(\theta,\varphi)]^2 \tag{5.11}$$

和

$$G_r(\theta,\varphi)=G_{r,\max}[F_r(\theta,\varphi)]^2 \tag{5.12}$$

式中：$F_t(\theta,\varphi)$ 和 $F_r(\theta,\varphi)$ 分别为发射和接收方向图。考虑到天线的倾斜 θ_{EL} 角度放置，则通过子阵合成的接收方向图可以表示为

$$F_r(\theta,\varphi)=\sum_{n_1=0}^{N_1-1}\sum_{n_2=0}^{N_2-1} I_{n_1} I_{n_2}\exp[\mathrm{j}(n_1 k_x \Phi_x+n_2 k_y \Phi_y)] \tag{5.13}$$

式中

$$k_x=\frac{2\pi d_x}{\lambda},k_y=\frac{2\pi d_y}{\lambda}$$

$$\Phi_x=\sin\theta\cos\varphi-\sin\theta_0\cos\varphi_0$$

$$\Phi_y=\cos\theta_{EL}\sin\theta\sin\varphi-\sin\theta_{EL}\cos\theta-(\cos\theta_{EL}\sin\theta_0\sin\varphi_0-\sin\theta_{EL}\cos\theta_0)$$

式中：(θ_0,φ_0) 为主波束当前指向；I_{n1}、I_{n2} 分别为列向和行向幅度权值。

将杂波回波 c_{mn} 表示成若干杂波单元回波信号的叠加，为

$$c_{mn} = \sum_{k=1}^{K_0} \sum_{i=1}^{N_c} \sqrt{P(\theta_k,\varphi_i)} a_{ki} X_k \exp\{-\mathrm{j}2\pi[(n-1)w_s + (m-1)w_d]\} \tag{5.14}$$

对编号 k 的求和对应于不同模糊距离环杂波的叠加，K_0 为距离模糊数；N_c 为沿每个距离环划分的杂波单元数目；a_{ki} 和 X_k 分别为衡量杂波幅度起伏和频谱分布的参数；w_s 和 w_d 分别为归一化的空间和多普勒频率，可表示为

$$w_s = \frac{d}{\lambda}\sin\theta\cos\varphi$$

$$w_d = \frac{2v_r(\theta,\varphi)}{\lambda f_r}\sin\theta\cos\varphi$$

式中：d 为相邻空间接收通道的间距；$v_r(\theta,\varphi)$ 为杂波单元相对雷达平台的径向速度；f_r 为雷达的脉冲重复频率。

幅度起伏系数 a_{ki} 反映了杂波单元回波幅度随时间的随机变化，一般可用某种特定的统计分布描述，如指数分布、对数正态分布、Weibull 分布或更复杂的 K 分布等。由于杂波的内部运动使得其频谱具有一定的分布，一般可用高斯频谱描述。对频谱函数采样后做快速傅里叶逆变换即可得到相关时间序列 X_k。

天基预警雷达杂波单元的划分将在球面上进行，以卫星星下点为中心划分各等距离环，相邻等距离环之间的地面间距在雷达视线方向的投影为雷达距离分辨力，如图 5.7 所示。

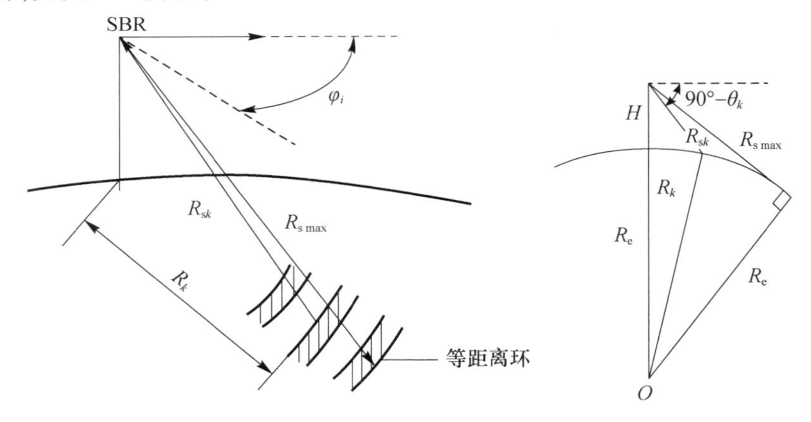

图 5.7　地面等距离环划分

设 R_{smax} 为雷达可观测到的最大地面斜距，则按照上述方式划分的地面距离环个数为

$$N_k = (R_{s\max} - H)/\Delta r \tag{5.15}$$

式中：$\Delta r = \dfrac{c\tau}{2}$；$\tau$ 为脉宽；$R_{\mathrm{s\,max}} = \sqrt{(R_{\mathrm{e}} + H)^2 - R_{\mathrm{e}}^2}$。第 k 个等距离环的斜距为 $R_{sk} = H + \Delta r \cdot k$，该等距离环杂波的地面擦地角为

$$\psi_k = \arcsin\left[\frac{(R_{\mathrm{e}} + H)^2 - R_{\mathrm{e}}^2 - R_{sk}^2}{2R_{\mathrm{e}}R_{sk}}\right] \tag{5.16}$$

擦地角 ψ_k 是决定杂波单元后向反射系数的一个重要参数。进一步将各等距离环在方位向划分成小的杂波单元，为保证对杂波单元的多普勒分辨能力，即要求杂波单元内的多普勒变化率小于脉冲多普勒处理的最大分辨力，每个距离环划分的杂波单元数目应满足

$$N_{\mathrm{c}} \geqslant \frac{8\pi K v_{\mathrm{p}}}{\lambda f_{\mathrm{r}}} \tag{5.17}$$

式中：v_{p} 为卫星平台运动速度；K 为多普勒处理点数。

在杂波仿真公式中为获得杂波单元的归一化多普勒频率，需计算杂波单元相对雷达的径向速度。此外，为分析雷达波束在地面的投影情况，需计算每个杂波单元的地面位置坐标。为此，通过建立 3 个坐标系和适当的坐标转换来完成。这 3 个坐标系分别为：天基预警雷达坐标系 $X_{\mathrm{r}}Y_{\mathrm{r}}Z_{\mathrm{r}}$，地心坐标系 $X_{\mathrm{e}}Y_{\mathrm{e}}Z_{\mathrm{e}}$ 和轨道坐标系 $X_0Y_0Z_0$，如图 5.8 所示。

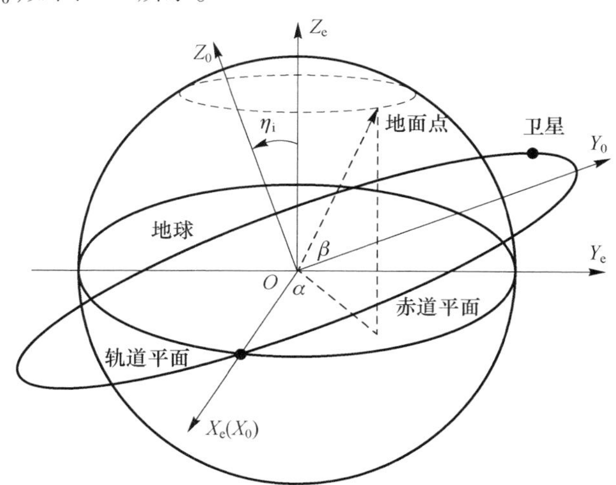

图 5.8　地心坐标系和卫星轨道坐标系

图 5.8 中，O 为地心，$X_{\mathrm{e}}OY_{\mathrm{e}}$ 为地球赤道面，X_0OY_0 为卫星轨道平面，X_{e} 轴与 X_0 轴重合，为赤道面与轨道面交点的矢径，η_{i} 为轨道倾角。设卫星自南向北穿过地球赤道面，卫星当前所在位置的相对经纬度为 α 和 β，卫星运动角速度为 ω_{p}。容易得到轨道坐标系到地心坐标系的转换公式为

$$
\begin{bmatrix} x_e \\ y_e \\ z_e \end{bmatrix} = \begin{bmatrix} 1 & 0 & 0 \\ 0 & \cos\eta_i & -\sin\eta_i \\ 0 & \sin\eta_i & \cos\eta_i \end{bmatrix} \begin{bmatrix} x_0 \\ y_0 \\ z_0 \end{bmatrix} \tag{5.18}
$$

雷达坐标系到地心坐标系的转换公式推导如下。雷达卫星在地心坐标系下的位置为

$$
\boldsymbol{S} = (R_e + H)(\cos\alpha\cos\beta \cdot \hat{\boldsymbol{x}}_e + \sin\alpha\cos\beta \cdot \hat{\boldsymbol{y}}_e + \sin\beta \cdot \hat{\boldsymbol{z}}_e) \tag{5.19}
$$

在轨道面内卫星的位置矢量与 X_0 轴的夹角为

$$
\mu = \arcsin(\sin\beta / \sin\eta_i) \tag{5.20}
$$

由于卫星的惯性速度矢量仅在轨道平面内,它可以表示为

$$
\begin{aligned}
\boldsymbol{v}_p &= (R_e + H)\omega_p(-\sin\mu \cdot \hat{\boldsymbol{x}}_0 + \cos\mu \cdot \hat{\boldsymbol{y}}_0) \\
&= (R_e + H)\omega_p(-\sin\mu \cdot \hat{\boldsymbol{x}}_e + \cos\eta_i\cos\mu \cdot \hat{\boldsymbol{y}}_e + \sin\eta_i\cos\mu \cdot \hat{\boldsymbol{z}}_e)
\end{aligned} \tag{5.21}
$$

式中:字母上的“^”表示该量为单位矢量。

而雷达坐标系中轴 X_r 指向卫星惯性速度矢量,因此有

$$
\hat{\boldsymbol{x}}_r = -\sin\mu \cdot \hat{\boldsymbol{x}}_e + \cos\eta_i\cos\mu \cdot \hat{\boldsymbol{y}}_e + \sin\eta_i\cos\mu \cdot \hat{\boldsymbol{z}}_e \tag{5.22}
$$

坐标 $\boldsymbol{Z}_r$ 指向地心,因此有

$$
\hat{\boldsymbol{z}}_r = -\cos\alpha\cos\beta \cdot \hat{\boldsymbol{x}}_e - \sin\alpha\cos\beta \cdot \hat{\boldsymbol{y}}_e - \sin\beta \cdot \hat{\boldsymbol{z}}_e \tag{5.23}
$$

进而有

$$
\begin{aligned}
\hat{\boldsymbol{y}}_r &= \hat{\boldsymbol{z}}_r \times \hat{\boldsymbol{x}}_r \\
&= (\sin\beta\sin\mu + \cos\alpha\cos\beta\sin\eta_i\cos\mu) \cdot \hat{\boldsymbol{y}}_e - \\
&\quad (\sin\alpha\sin\mu + \cos\alpha\cos\eta_i\cos\mu) \cdot \hat{\boldsymbol{z}}_e
\end{aligned} \tag{5.24}
$$

从而可以得到雷达坐标系到地心坐标系的转换公式为

$$
\begin{bmatrix} x_e \\ y_e \\ z_e \end{bmatrix} = \begin{bmatrix} -\sin u & 0 & -\cos\alpha\cos\beta \\ \cos\eta_i\cos\mu & \sin\beta\sin\mu + \cos\alpha\cos\beta\sin\eta_i\cos\mu & -\sin\alpha\cos\beta \\ \sin\eta_i\cos\mu & -\sin\alpha\sin\mu - \cos\alpha\cos\eta_i\cos\mu & -\sin\beta \end{bmatrix} \cdot \begin{bmatrix} x_r \\ y_r \\ z_r - (R_e + H) \end{bmatrix} \tag{5.25}
$$

通过上面的坐标转换公式,可以计算出杂波单元

$$
\boldsymbol{C}_{ki} = R_{sk}\sin\theta_k\cos\varphi_i \cdot \hat{\boldsymbol{x}}_r + R_{sk}\sin\theta_k\sin\varphi_i \cdot \hat{\boldsymbol{y}}_r + R_{sk}\cos\theta_k \cdot \hat{\boldsymbol{z}}_r \tag{5.26}
$$

在地心坐标系下的坐标,设为

$$\boldsymbol{C}_{ki}=x_{\mathrm{e},ki}\cdot\hat{\boldsymbol{x}}_{\mathrm{e}}+y_{\mathrm{e},ki}\cdot\hat{\boldsymbol{y}}_{\mathrm{e}}+z_{\mathrm{e},ki}\cdot\hat{\boldsymbol{z}}_{\mathrm{e}}\tag{5.27}$$

考虑地球自转的速度为

$$\boldsymbol{v}_{\mathrm{e},ki}=-\omega_{\mathrm{e}}y_{\mathrm{e},ki}\cdot\hat{\boldsymbol{x}}_{\mathrm{e}}+\omega_{\mathrm{e}}x_{\mathrm{e},ki}\cdot\hat{\boldsymbol{y}}_{\mathrm{e}}\tag{5.28}$$

式中:$\omega_{\mathrm{e}}=2\pi/(23.9345\times3600)$。

设雷达指向杂波单元(θ_k,φ_i)的单位矢量为$\boldsymbol{SC}_{ki}$,则杂波单元相对卫星的径向速度为

$$v_{\mathrm{r}}(\theta_k,\varphi_i)=(\boldsymbol{v}_{\mathrm{p}}-\boldsymbol{v}_{\mathrm{e}})\cdot\boldsymbol{SC}_{ki}\tag{5.29}$$

对于空中或海面目标,设目标在地心坐标系的坐标为

$$\boldsymbol{T}_{\mathrm{t}}=x_{\mathrm{e,t}}\cdot\hat{\boldsymbol{x}}_{\mathrm{e}}+y_{\mathrm{e,t}}\cdot\hat{\boldsymbol{y}}_{\mathrm{e}}+z_{\mathrm{e,t}}\cdot\hat{\boldsymbol{z}}_{\mathrm{e}}\tag{5.30}$$

在地心坐标系下,目标速度为

$$\boldsymbol{v}_{\mathrm{t}}=x_{\mathrm{e,tv}}\cdot\hat{\boldsymbol{x}}_{\mathrm{e}}+y_{\mathrm{e,tv}}\cdot\hat{\boldsymbol{y}}_{\mathrm{e}}+z_{\mathrm{e,tv}}\cdot\hat{\boldsymbol{z}}_{\mathrm{e}}\tag{5.31}$$

则目标相对于卫星的径向速度为

$$v_{\mathrm{r}}(\theta,\varphi)=(\boldsymbol{v}_{\mathrm{p}}-\boldsymbol{v}_{\mathrm{e}}-\boldsymbol{v}_{\mathrm{t}})\cdot\boldsymbol{ST}_{\mathrm{t}}\tag{5.32}$$

5.1.4 杂波仿真

对球自转引起的杂波二维谱的变化进行仿真,仿真条件参照美国L波段天基预警雷达参数[5],如表5.1所示。

表5.1 美国L波段天基预警雷达参数表

雷达参数	数 值
卫星轨道	506km
工作频率	L波段(1250MHz)
天线孔径	2m(高),50m(长)
天线体制	相控阵
天线单元数	384个(方位),12个(俯仰)
天线通道数	32个(方位),1个(俯仰)
工作模式	MTI,SAR
覆盖范围	方位:±45°;俯仰:±20°
工作带宽	80MHz,1220~1300MHz
PRF	4000Hz
平均功率	4kW
峰值功率	25kW
质量	4t

考虑了有/无地球自转和有/无距离模糊四种情况，仿真杂波二维谱结果如图 5.9 所示。

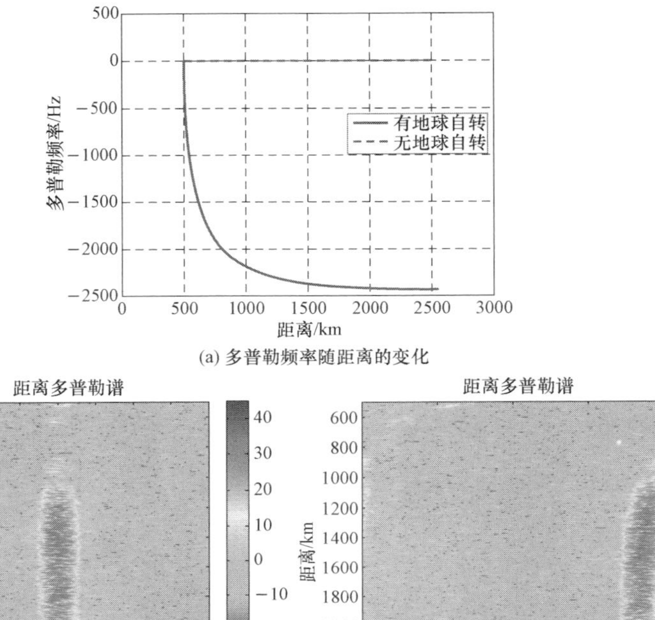

(a) 多普勒频率随距离的变化

(b) 无地球自转

(c) 有地球自转

(d) 无地球自转，有距离模糊

(e) 有地球自转，有距离模糊

图 5.9　天基预警雷达杂波仿真结果(见彩图)

无地球自转条件下，多普勒频率不随距离变化；有地球自转条件下，多普勒频率随距离变化，星下点多普勒频率为 0Hz，2500km 处为 −2435Hz，距离 − 多普勒谱上 2500km 处主杂波频率为 1565Hz(PRF 取 4000Hz,1565 - 4000Hz 等于 - 2435Hz)。这说明距离 - 多普勒谱的仿真结果与理论曲线一致。由于地球自转,导致主杂波频谱随距离偏移,并经距离模糊后,进一步展宽主瓣杂波超过 10% 以上。

因此,在距离 - 多普勒频谱上,主瓣杂噪比,与雷达平均功率和收发天线增益、波长、杂波后向反射系数、杂波单元面积、距离向主波束脚印模糊次数、杂波与雷达之间的距离、系统损耗、噪声系数和多普勒滤波器宽度等因素有关;副瓣杂噪比,除影响主瓣杂噪比的因素外,还与收发天线副瓣和方位向多普勒频率模糊次数等因素有关。

5.2　天基预警雷达目标特性

本节围绕天基预警雷达主要观测的大型军用飞机、隐身飞机、弹道导弹、临近空间飞行器和海面舰船,利用计算机电磁仿真,对上述目标在 P、L、S 波段的雷达反射截面积开展研究,可为天基预警雷达系统设计提供参考依据。

5.2.1　雷达反射截面积计算方法

在雷达工程中,对具有任意复杂外形的三维导体目标电磁反射特性的研究,具有非常重要的价值。在军用目标的隐身/反隐身、雷达系统设计与优化、目标成像与识别、作战仿真等方面都有大量应用。

雷达反射截面积(RCS)是一种度量雷达目标对照射电磁波反射能力的一个物理量。雷达反射截面积定义[6]为

$$\sigma = 4\pi \lim_{R\to\infty} R^2 \frac{|E_s|^2}{|E_i|^2} \tag{5.33}$$

式中:σ 是雷达反射截面积;R 是雷达与目标的距离;E_s 是雷达接收到的目标反射电场强度;E_i 是目标处雷达入射波电场强度。

RCS 是定义在远场条件下获得的,因此反射电场与入射电场都是基于平面波,此时雷达反射截面积与距离没有关系。

雷达反射截面积按雷达接收、发射位置来分有单站、双站。如果收发位于同一地理位置,使用同一天线,则是单站 RCS;如果收发位置不重合,则是双站 RCS,发射入射波与接收反射波之间在目标处形成的夹角称为双站角。

雷达反射截面积的单位是 m^2,但是雷达反射截面积并不是目标实际物理尺寸,只是目标的一种等效面积,它表征目标截获和反射雷达入射波的能力,所以通常用分贝表示雷达反射截面积,单位 dBsm。

目前雷达反射截面积的计算方法主要有三大类:解析法、低频数值法和高频近似法。

解析法是用公式精确描述电磁反射边值问题,利用分离变量法,严格求解获得雷达反射截面积。但是,解析法只适用于一些简单特殊形状的目标,如球体、圆柱体等。而在实际应用中,雷达目标如飞机、导弹等外形要复杂得多,很少能采用精确解析法获得雷达反射截面积。

低频数值法基于对 Maxwell 方程或与之等效的积分方程用数值方法求解。与解析法相比,最大优点在于能计算非常复杂的反射体,同时精度也很高。从20 世纪 60 年代以来,逐渐发展出许多低频数值法,主要有 Harrington 提出的矩量法(MoM)、Yee 提出的时域有限差分法(FDTD),以及有限元方法(FEM)等。它们各有优缺点,适用范围也不完全一样,都具有数值精度高、使用灵活等特点,但也存在着存储量大、计算时间长等不利方面。所以基于数值方法的快速算法一直收到广泛重视,快速多极子方法(FMM)就是一种基于矩量法的快速算法,备受关注。

虽然基于数值法的快速算法能够大幅度提高计算速度,降低存储量,但是对于电尺寸较大的目标依然难以快速给出结果。高频近似法就是一类专门针对这类尺寸目标电磁反射求解的方法。高频近似法基于场的局部性原理,当波长趋近于零时,反射和绕射等现象只是一种局部现象,仅取决于反射体上反射点或绕射点附近很小区域的几何性质和物理性质,而与目标其他部分无关。这就相对简化了反射场的预估,同时也简化了求解远区场和计算 RCS 所进行的目标表面反射场积分。

高频近似法主要有:几何光学法(GO)、物理光学法(PO)、几何绕射理论(GTD)、物理绕射理论(PTD)、一致性几何绕射理论(UTD)和弹跳射线方法(SBR)等。高频近似法具有物理概念清楚、场分布可以直接写出表达式、简单易用、计算速度很快、存储量需求少等优点,被广泛应用于各类电尺寸较大的复杂目标电磁反射特性分析。但这些方法也存在计算精度较低的问题,主要原因是目标宏观上大的电尺寸与细节上小的电尺寸并存,使高频法在分析目标细节特征时不满足局部性原理;另外关键反射部位存在的重要电磁互耦关系被忽略。

尽管电磁预估方法有许多,但每种方法都有优缺点,没有哪一种方法能够适用所有情况,将两种方法或更多方法进行组合的混合法研究是当前的热点。

5.2.2 目标起伏特性

工程计算中,通常把目标截面积视为常数,但实际情况下目标 RCS 在雷达观测过程中会起伏很大,甚至达到几十分贝。

为了较为准确地描述各种目标 RCS 的起伏特性，目前常采用 Swerling 模型进行描述。典型的目标起伏分为四种类型[10]：

第一种称为 Swerling Ⅰ型，慢起伏，即接收到的目标回波在任意一次扫描期间都是恒定的，但是从一次扫描到下一次扫描都是独立的，且回波功率 σ 分布服从指数分布，即

$$p(\sigma)=\frac{1}{\overline{\sigma}}\exp\left(-\frac{\sigma}{\overline{\sigma}}\right) \tag{5.34}$$

式中：$\overline{\sigma}$为目标起伏全过程的功率平均值。

第二种称为 Swerling Ⅱ型，快起伏，即脉冲与脉冲间起伏是统计独立的，回波功率 σ 分布服从指数分布，回波分布服从式(5.34)。

第三种称为 Swerling Ⅲ型，慢起伏，回波功率 σ 分布服从下式，即

$$p(\sigma)=\frac{4\sigma}{\overline{\sigma}^2}\exp\left(-\frac{2\sigma}{\overline{\sigma}}\right) \tag{5.35}$$

式中：$\overline{\sigma}$为目标起伏全过程的功率平均值。

第四种称为 Swerling Ⅳ型，快起伏，回波分布服从上式(5.35)。

第一、二类情况，适用于由大量近似相等单元反射体组成的复杂目标。而第三、四种情况，适用于目标具有一个较大反射体和许多小反射体组成的复杂目标。

5.2.3　典型目标 RCS 仿真和运动特性

根据被研究对象的电尺寸大小，目标电磁仿真采用快速多极子算法和高频近似方法。所有仿真目标都是按照目标表面为理想导体进行的，并没有考虑吸波材料的影响。下面分别介绍典型目标的仿真结果。

5.2.3.1　飞机

1）E-2D 预警机

E-2D“鹰眼”是美国诺斯罗普·格鲁曼公司研制的舰载预警机，用于舰队防空和空战导引指挥，但也适用于执行陆基空中预警任务，如图 5.10 所示。

E-2D 采用上单翼双发动机悬臂式四立尾布局。E-2D 系列预警机是为执行舰载预警任务专门设计的飞机，为减少在航母上占用的停放空间，其外翼段可以折叠到与机身侧面平行的位置，机身中部背上的圆形雷达罩停放时可降低 0.64m，该机采用悬臂式四立尾，平尾上反 11°。前三点收放式起落架，可在航母上弹射起飞，机尾设有着舰钩，着舰后用拦阻索制动。驾驶舱内设有正副驾驶员，机舱内从前向后有分列两侧的雷达和其他电子设备机柜，左侧有雷达操纵员

图 5.10　E-2D 预警机(见彩图)

工作台、作战情报官工作台、空中控制员工作台。在执行长时间值勤任务时,可多乘 1 名作战空勤人员。

E-2D 的电子系统由雷达、敌我识别、被动探测、任务通信导航、显示控制和中央处理计算机等分系统组成。雷达采用主振放大、相关脉压式发射机。双层"八木"天线、偏置相位中心,与之背对背的是敌我识别用的"八木"天线。二者置于直径 7.32m、厚 0.76m、6r/min 的旋罩内。该雷达有较强的抗海杂波能力。雷达采用低瓣天线和较好的信号处理技术,提高了对水面和陆地上空目标的探测与跟踪能力以及抗电子干扰的能力。

E-2D 是具有全天候出动能力、适合在湿热盐雾环境条件下使用、可靠性较高、再次出动时间较短的空中预警机。它除具有指挥引导截击作战的能力外,还可用于指挥引导某些战斗机对陆(海)军事目标遂行攻击任务。

(1) 运动特性和作战规律。E-2D 动力装置采用 2 台 T56-425 涡桨发动机,单台最大功率 4910kW,平均功率 4508kW,驱动直径 4.11m 的 4 叶螺旋桨。

① 尺寸数据:

翼展 24.56m(机翼折叠 8.94m);

机长 17.54m;

机高 5.58m;

机翼面积 65.03m^2;

展弦比 9.3;

雷达天线罩直径 7.32m;

雷达天线罩厚度 0.76m;

主轮距 5.93m;

前主轮距 7.06m。

② 质量数据：

空重 17265kg；

最大起飞总重 23356kg(带副油箱 27160kg)；

最大载油量 5624kg(带副油箱 8990kg)。

③ 性能数据：

最大平飞速度 598km/h；

最大巡航速度 576km/h；

转场巡航速度 496km/h；

实用升限 9390m；

执勤续航时间 3 ~ 4h(离航空母舰 320km)。

(2) 电磁反射特性。仿真了目标在上半空间 P、L 与 S 波段的 RCS,结果如图 5.11 至图 5.13 所示。

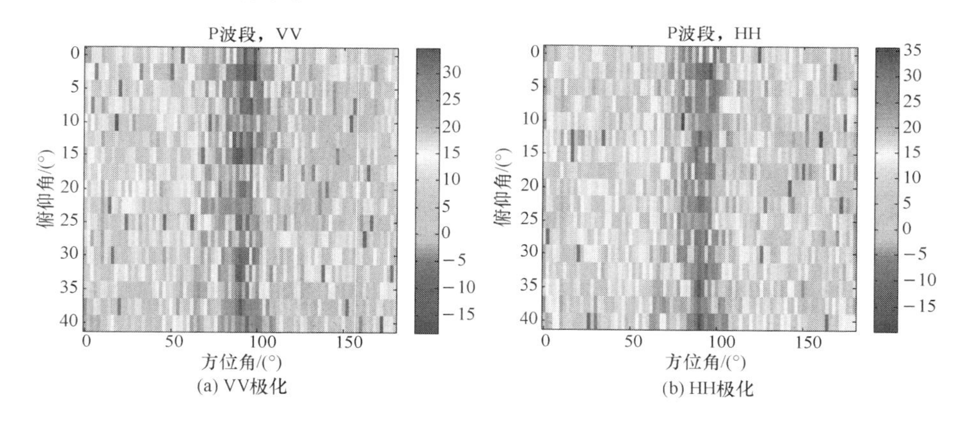

图 5.11 P 波段 E-2D RCS 仿真结果(见彩图)

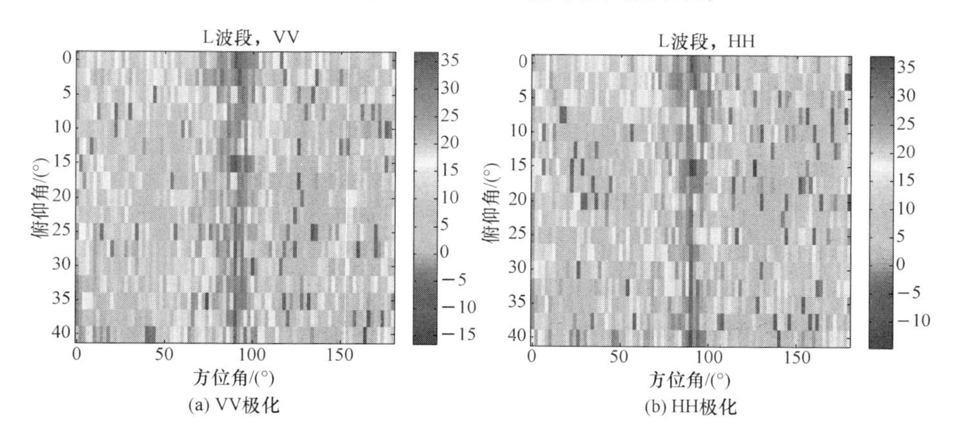

图 5.12 L 波段 E-2D RCS 仿真结果(见彩图)

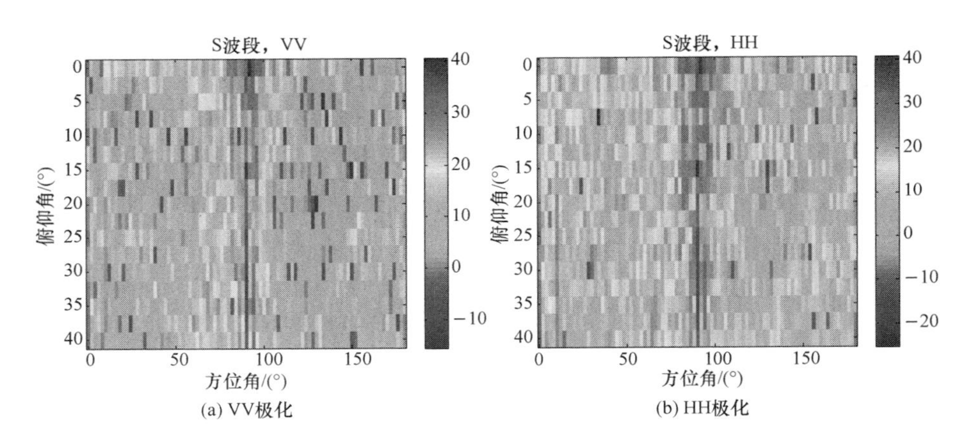

(a) VV极化　(b) HH极化

图 5.13　S 波段 E-2D RCS 仿真结果(见彩图)

表 5.2 给出 P、L、S 波段 E-2D,俯仰角 40°内的 RCS 均值。

表 5.2　P、L、S 波段 E-2D RCS 统计均值

波段	P		L		S	
极化	VV	HH	VV	HH	VV	HH
RCS 均值/dBsm	12.8	13.0	15.8	16.0	16.0	16.4

2）P－3C 反潜巡逻机

P－3C“奥利安(Orion)”是美国洛克希德公司为美国海军研制的重型螺旋桨式岸基反潜机,主要用途是在海上遂行反潜、巡逻和侦察任务,如图 5.14 所示。1957 年开始设计,1962 年交付美国海军。该机采用悬臂式下单翼翼上发动机短舱式布局,传统铝合金结构,乘员 10 名,装四台 T56－A－14 涡桨发动机,功率 4×3661kW。使用的国家有美国、西班牙、荷兰、日本、加拿大、新西兰、澳大利亚、挪威和伊朗。

图 5.14　P－3C“奥利安”反潜机

P－3C“奥利安”反潜机的机载设备:AN/APS－115 全方位雷达、LTN－72 惯性导航和 AN/APN－227 多普勒导航系统、奥米加远距导航系统、AN/ASW 飞

行控制系统、AN/ASQ－114通用数据计算机和AN/AYA－8数据处理设备及计算机控制显示系统、AQS磁异探测器、ASA－64水下异常探测器、ARR－72声纳接收机、AN/ACQ－5数据链路，以及ALQ－64电子对抗设备等。

P－3C"奥利安"反潜机装有4台T56－A－14涡桨发动机，单台功率为4000kW(5438马力)，采用45H60型四叶恒速螺旋桨。

(1) 运动特性和作战规律。

① 尺寸数据：

机长35.61m；

机高10.29m；

翼展30.37m；

机翼面积120.77m^2；

展弦比为7.0；

主轮距9.50m；

前主轮距9.07m；

螺旋桨直径4.11m。

② 质量数据：

空重27890kg；

正常起飞质量61240kg；

最大起飞质量64410kg；

最大武器装载量8740kg；

燃油量34830L。

③ 性能数据：

最大平飞速度(高度4570m)760km/h；

最大爬升率(高度457m)10m/s；

实用升限8630m；

最大活动半径3840km；

起飞滑跑距离1280m；

着陆距离(自15m高)1670m。

④ 武器装备：

翼下有10个武器挂点，依不同作战方案可带6颗908kg的水雷，两颗MKl01深水炸弹，4条MK44鱼雷，87个声纳浮标，以及信号枪、信号弹、照明弹。

(2) 电磁反射特性。仿真了目标在上半空间P、L波段与S波段的RCS，结果如图5.15至图5.17所示。

表5.3给出P、L、S波段，P-3C俯仰角40°内的RCS均值。

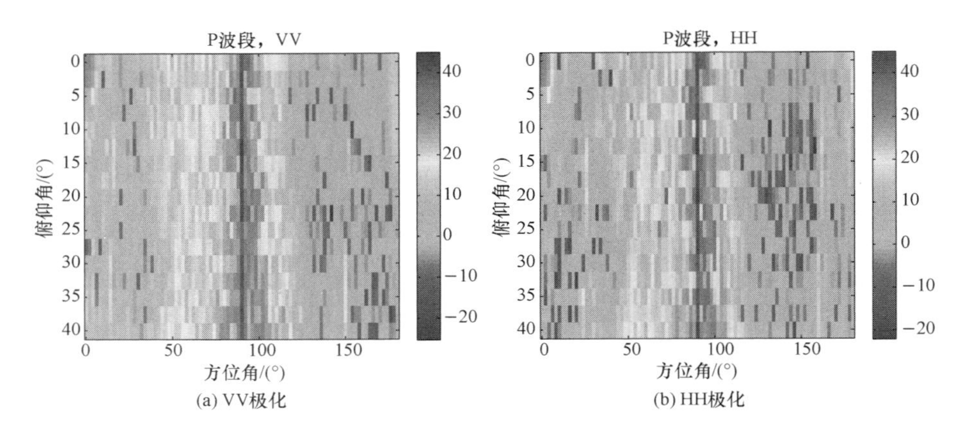

图 5.15 P 波段 P-3C RCS 仿真结果(见彩图)

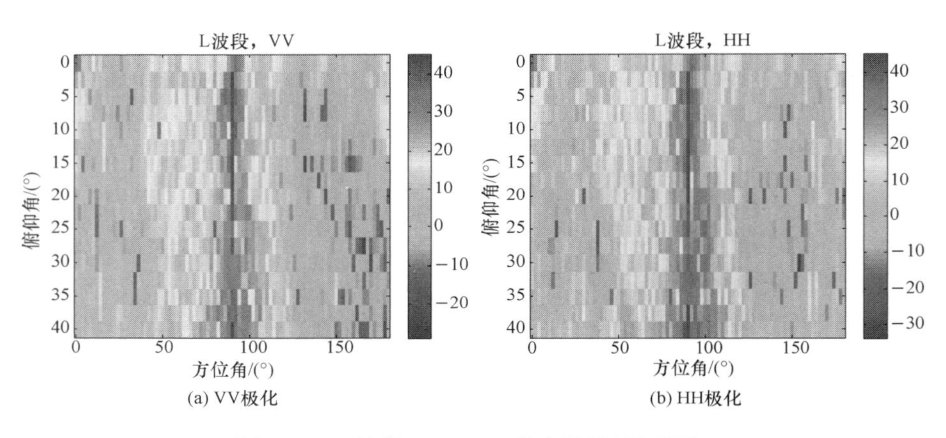

图 5.16 L 波段 P-3C RCS 仿真结果(见彩图)

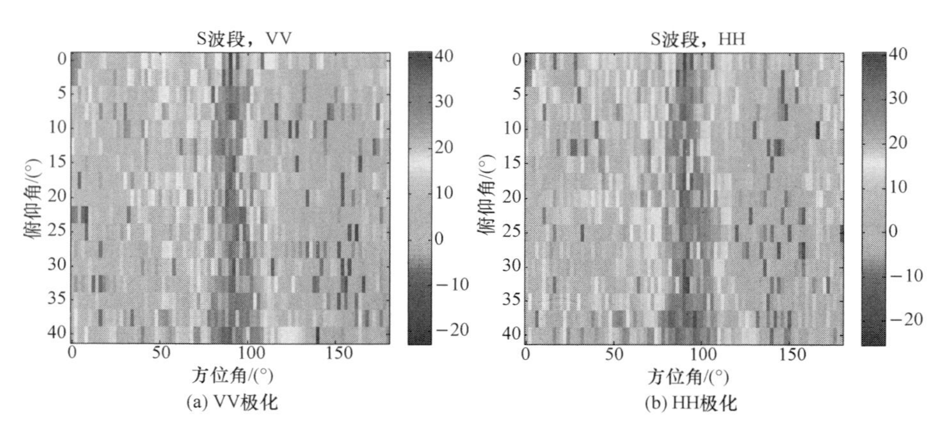

图 5.17 S 波段 P-3C RCS 仿真结果(见彩图)

表5.3 P、L、S波段P-3C RCS统计均值

波段	P		L		S	
极化	VV	HH	VV	HH	VV	HH
RCS均值/dBsm	12.4	12.3	15.0	15.2	16.1	15.7

3）隐身战斗机F-22

F-22隐身超声速巡航战斗机是由美国洛克希德·马丁公司研制的第四代先进战斗机。F-22隐身战斗机是针对米格-29和苏-27战斗机的出现而设计的新一代具有空中优势的先进战斗机。这种飞机集隐身性、高机动性、超声速巡航性、多用途、高可靠性与可维护性于一体。

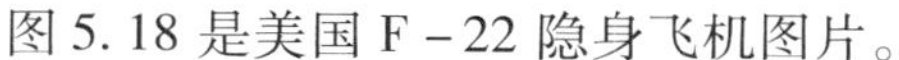

图5.18是美国F-22隐身飞机图片。

图5.18 F-22隐身飞机（见彩图）

F-22隐身飞机具有极高的隐身性能，主要隐身措施包括：采用翼身融合、机翼赋形、垂尾外倾、翼边平行、舱门边缘锯齿化、S形进气道、油箱与武器内置、平面相控阵雷达天线阵面后倾、天线阵面边缘非规则外形等外形隐身技术；采用金属化座舱盖、带通频率选择性表面（FSS）天线罩、钛合金结构材料、复合材料、多种吸波材料和涂层、尾喷口陶瓷吸波材料等材料隐身技术；此外提高飞机表面加工精度、精细处理缝隙拼接等部位，对隐身效果也有好处；通过综合应用多种隐身技术与先进的制造加工手段，大大减少和削弱了反射源的数量和强度，有效降低了F-22的反射特性。

F-22隐身飞机的机载设备和武器系统十分先进，采用了数字化、模块化和通用化航空电子设备，如超高速集成电路的中央计算机，综合通信/导航/识别系统，综合电子战系统，综合飞行管理系统和APG-77有源相控阵火控雷达。

（1）运动特性和作战规律。由于F-22配备了两台高推重比的F-119涡扇发动机，在不使用加力的状态下，就能以马赫数1.5~1.6的速度巡航飞行，最大飞行速度马赫数为2.0，最大飞行迎角75°，最大起飞质量28000kg，实用升限

15240m,作战半径达1450km,航程为F-15飞机的一倍。先进的机载武器不外挂,弹舱内安装,可携带2枚AIM-9X近距格斗导弹和6枚AIM-120先进中距拦射导弹或采用正在研制中的新一代精确制导弹药。

① 尺寸数据:

机长:18.90m。

翼展:13.56m。

高度:5.08m。

机翼面积:78.04m^2。

② 性能参数:

最大飞行速度:2410km/h。

航程:2960km。

作战半径:759km。

转场距离:3219km。

升限:19812m。

推重比:1.09。

空重:19700kg。

最大起飞重量:38000kg。

动力系统:2台普惠F119-PW-100矢量涡轮风扇发动机。

推力:单台104kN。

最大推力:单台156kN。

燃油重量:内置油箱8200kg,包含外部油箱11900kg。

③ 武器系统:

机炮:M61A2,20mm口径加特林机炮。

空空导弹:

6×AIM-120 AMRAAM;

2×AIM-9 Sidewinder。

空地导弹:

2×AIM-120 AMRAAM;

2×AIM-9 Sidewinder;

2×1000磅[①](450kg)JDAM;

8×250磅(110kg)。

(2)电磁反射特性。仿真了目标在上半空间P、L与S波段的RCS,结果如图5.19~图5.21所示。

---

① 1磅=0.45kg。

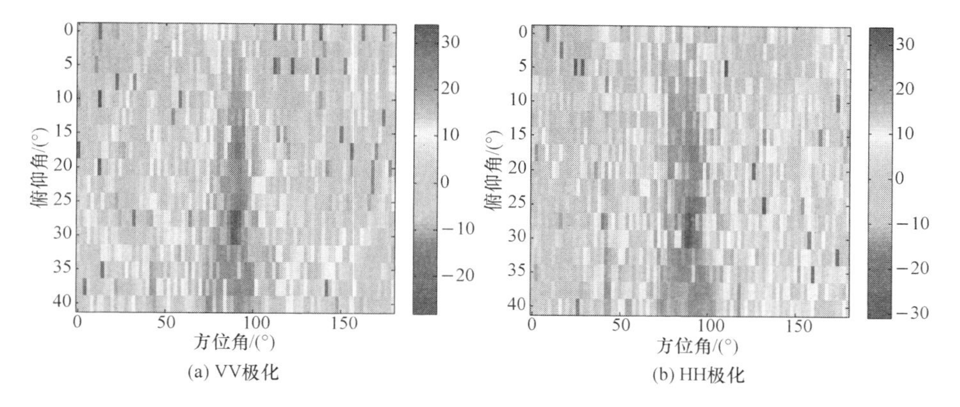

图 5.19 P 波段 F-22 RCS 仿真结果(见彩图)

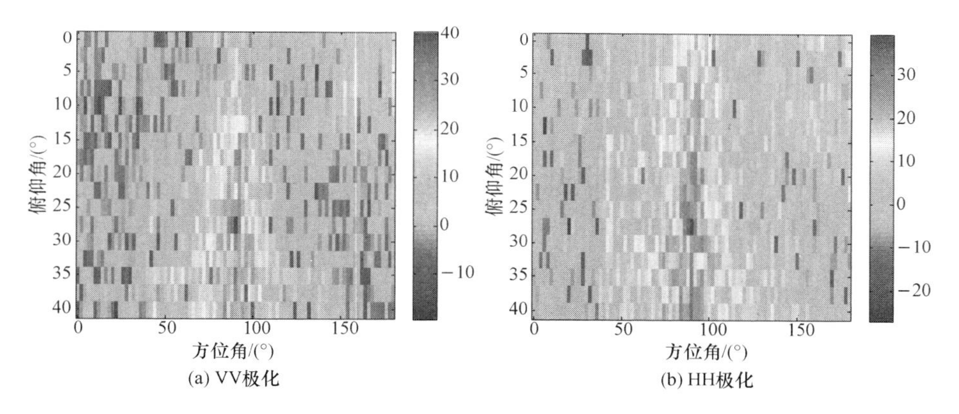

图 5.20 L 波段 F-22 RCS 仿真结果(见彩图)

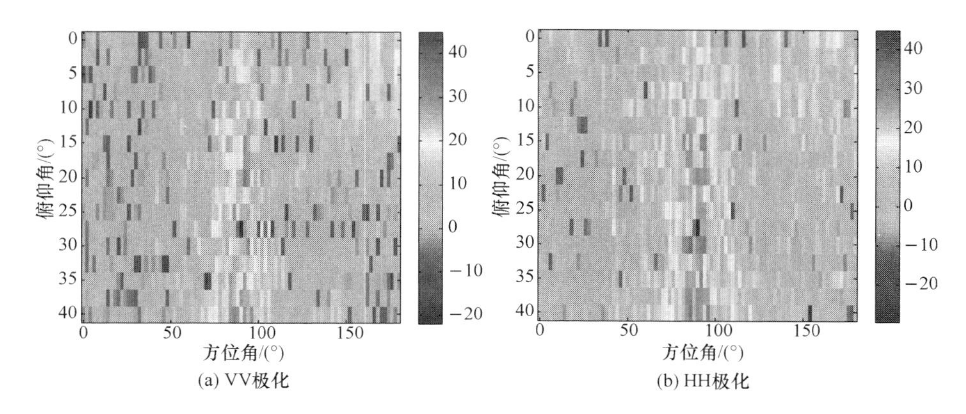

图 5.21 S 波段 F-22 RCS 仿真结果(见彩图)

表 5.4 给出 P、L、S 波段 F-22 俯仰角 40°内的 RCS 均值。

表 5.4 P、L、S 波段 F-22 RCS 统计均值

波段	P		L		S	
极化	VV	HH	VV	HH	VV	HH
RCS 均值/dBsm	2.8	2.3	-1.1	-0.37	-3.1	-2.18

4）B-2 隐身轰炸机

有“灰色幽灵”之称的 B-2 隐身战略轰炸机是由美国诺思罗普公司经过 10 年研制而推出的一种崭新气动外形的轰炸机。它没有机身、没有前翼、没有平尾，也没有立尾，从上往下看，如同一个巨大的后缘锯齿状的飞镖或飞翼，如图 5.22所示。

图 5.22 B-2 隐身轰炸机(见彩图)

B-2 轰炸机为了达到隐身的效果，采用了先进的翼身融合体布局，电传操纵系统，两台推力为 86kN 的 F118-GE-100 涡扇喷气发动机置于左右机翼上部，进气口的上唇呈 M 形，进气道呈 S 形，压缩器不外露，尾喷口低于进气口，位于机翼后缘上方，并采用 V 字形二元喷口，从而避免了地面雷达的直接照射和减弱了空中预警机探测雷达的回波，加上飞机大量采用复合材料和吸波涂层，使飞机对雷达、红外线和可见光均有隐身能力。

(1) 运动特性和作战规律。

① 尺寸数据:

机长:21.0m。

翼展:52.4m。

高度:5.18m。

机翼面积:478m^2。

② 性能参数:

最大飞行速度:*Ma* 数 0.95(1010km/h)。

巡航速度:*Ma* 数 0.85(900km/h)。

航程:11100km。

升限:15200m。

空质量:71700kg。

最大起飞质量:170600kg。

动力系统:4 台 GE 产 F118 - GE - 100 涡扇发动机,单台推力 77kN。

燃油质量:75750kg。

推重比:0.205。

③ 武器系统:

80 枚 500 磅炸弹(MK - 82)。

36 枚 750 磅炸弹。

16 枚 2000 磅炸弹(MK - 84,JDAM - 84,JDAM - 102)。

16 枚 B61 或 B83 核武器。

(2) 电磁反射特性

仿真了目标在上半空间 P、L 与 S 波段的 RCS,结果如图 5.23 至图 5.25 所示。

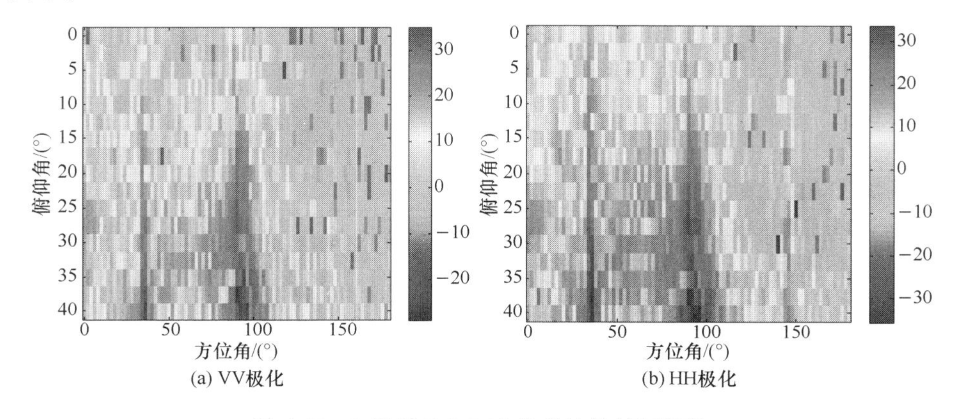

图 5.23 P 波段 B-2 RCS 仿真结果(见彩图)

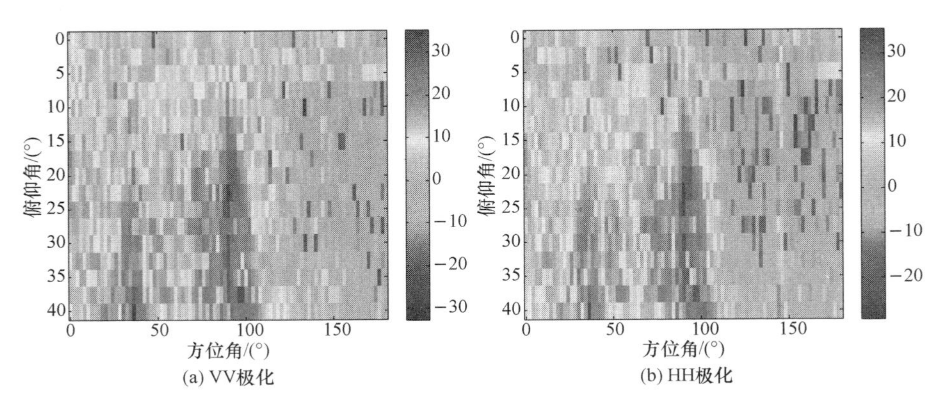

图 5.24　L 波段 B-2 RCS 仿真结果(见彩图)

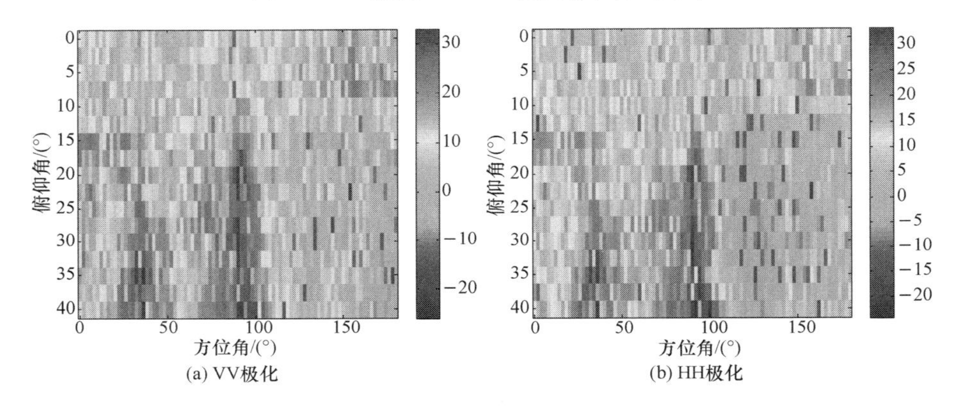

图 5.25　S 波段 B-2 RCS 仿真结果(见彩图)

表 5.5 给出 P、L、S 波段 B-2 俯仰角 40°内的 RCS 均值。

表 5.5　P、L、S 波段 B-2 RCS 统计均值

波段	P		L		S	
极化	VV	HH	VV	HH	VV	HH
RCS 均值/dBsm	9.6	12.9	7.6	9.7	3.2	4.3

5.2.3.2　弹道导弹

典型弹道导弹弹头外形尺寸:

(1) 弹头长度:1.66m。

(2) 底部弹径:0.55m。

(3) 半锥角:约 9°。

弹头模型如图 5.26 所示。

由于弹头具有旋转对称性,因此仅需仿真过弹轴的任意平面的反射特性,下

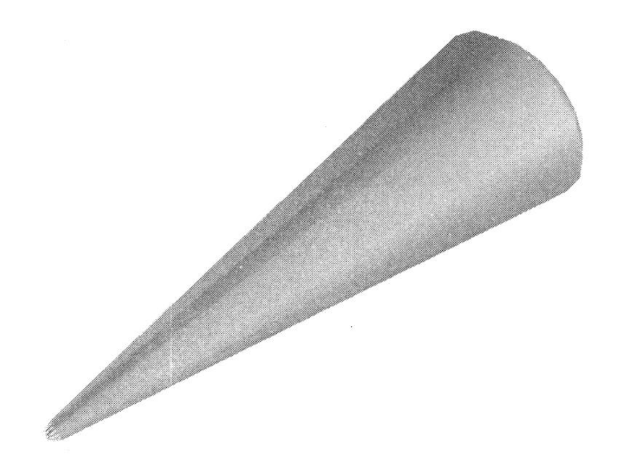

图 5.26　典型弹道导弹弹头数字模型

面是电磁仿真的 RCS 结果。

从图 5.27 至图 5.29 可见，方位角 0°，即弹头鼻锥方向，RCS 较小；方位角约 81°，RCS 出现强反射峰值，主要原因是弹头半锥角约 9°，弹头锥体侧面法向的镜面反射是强反射源；在方位角 180°，即弹体底面法线方向，RCS 也出现强反射峰值，主要是由于弹头锥体底面的镜面反射造成的。

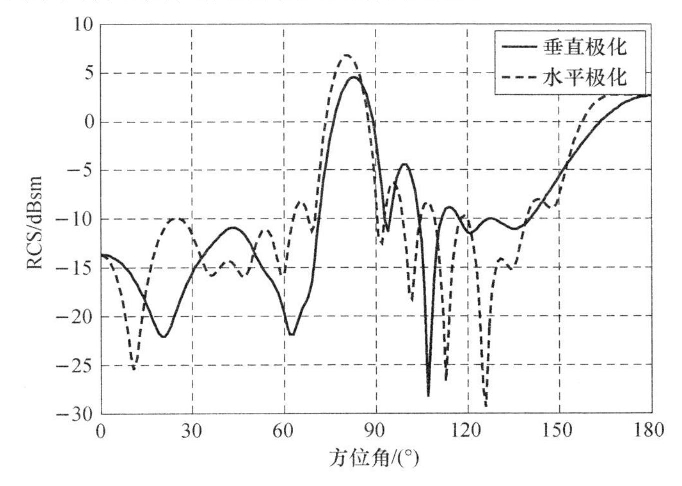

图 5.27　P 波段弹道导弹弹头 RCS 仿真结果

当方位角处于弹头迎头和锥体侧面法向之间时，此角度对应弹头前半球空间，因此通过弹头的外形设计（小锥角、细长弹体）、涂覆吸波材料和弹头姿态控制，能够降低弹头在主要威胁方向上的 RCS，大幅提高弹道导弹弹头的突防性能。

表 5.6 列出 P、L、S 波段经统计的弹道导弹弹头 RCS 均值。

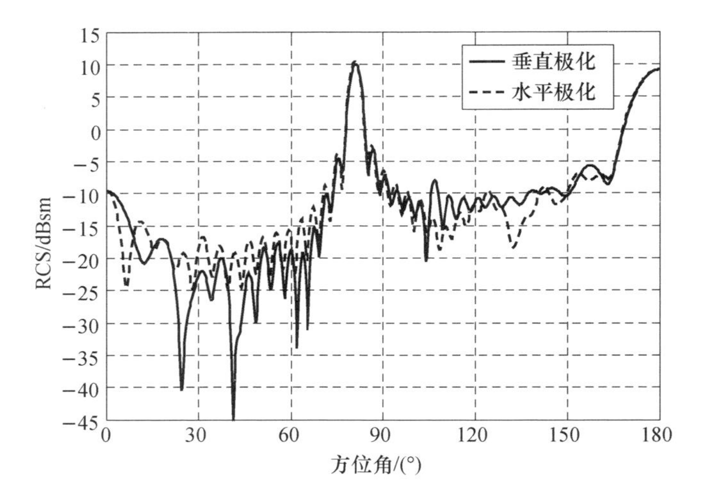

图 5.28　L 波段弹道导弹弹头 RCS 仿真结果

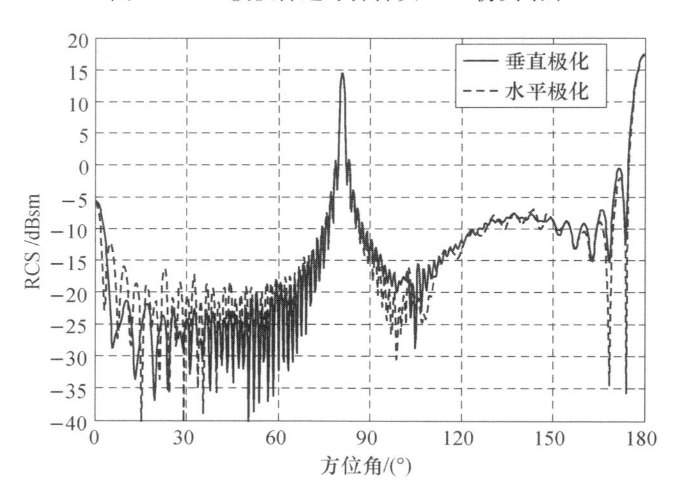

图 5.29　S 波段弹道导弹弹头 RCS 仿真结果

表 5.6　P、L、S 波段弹道导弹弹头 RCS 统计结果

波段	P		L		S	
极化	VV	HH	VV	HH	VV	HH
RCS 均值/dBsm	−10.1	−10.7	−12.7	−11.1	−15.3	−15.0

5.2.3.3　临近空间飞行器

1）X−51 飞行器

美国早在 20 世纪 60 年代就提出了一系列高超声速飞行器发展计划，先

后建造了一系列用于高超声速飞行试验的飞行器，如 X－30、X－33、X－34 和 X－43 等。20 世纪 90 年代制订并实施了“即时全球打击”（PGS）计划，以实现在 1h 内对全球任何目标实施打击的能力，探索其快速进入和利用空间的技术途径。

由波音公司制造的 X－51“乘波者”是一款飞行速度达 $Ma=7$ 的高超声速临近空间无人飞行器，如图 5.30 所示。在 2010 年 5 月 26 日进行的首次试验飞行中，X－51 实现了速度达 $Ma=5$、持续飞行时间最长的记录。

图 5.30　X－51 飞行器（见彩图）

（1）运动特性和作战规律。

① 尺寸参数：

长度：7.9m；

质量：1814kg。

② 动力系统：

MGM－140 ATACMS 固体火箭推进器；

Pratt & Whitney Rocketdyne SJY61 超燃冲压发动机。

③ 性能参数：

飞行高度：20km 以上；

最大飞行速度：$Ma=7$ 以上。

（2）电磁反射特性。仿真了目标在上半空间 P、L 与 S 波段的 RCS，结果如图 5.31 至图 5.33 所示。

表 5.7 给出 P、L、S 波段 X-51 俯仰角 40°内的 RCS 统计均值。

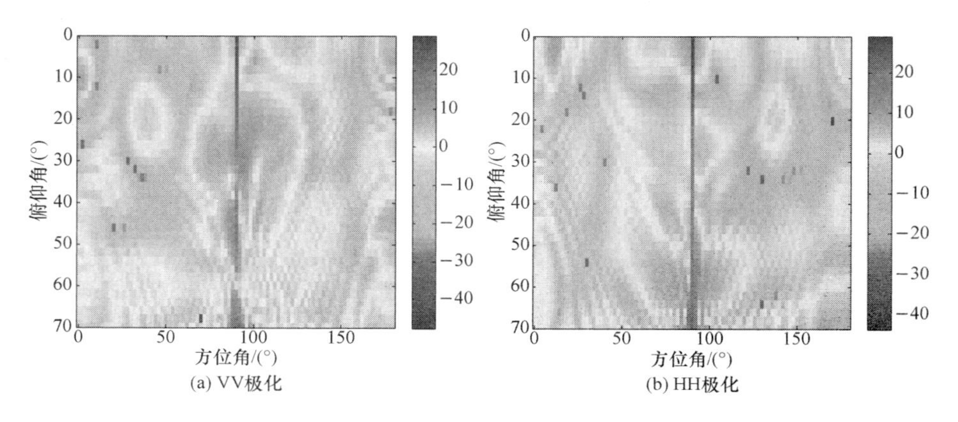

图 5.31　P 波段 X-51 RCS 结果(见彩图)

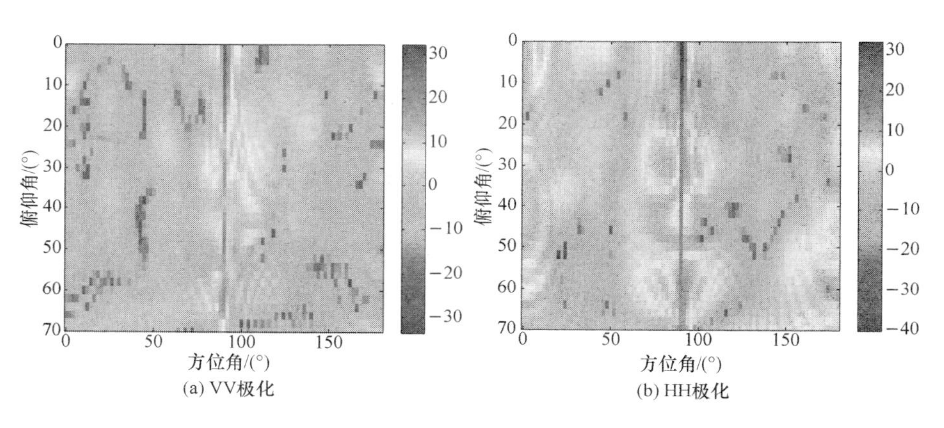

图 5.32　L 波段 X-51 RCS 结果(见彩图)

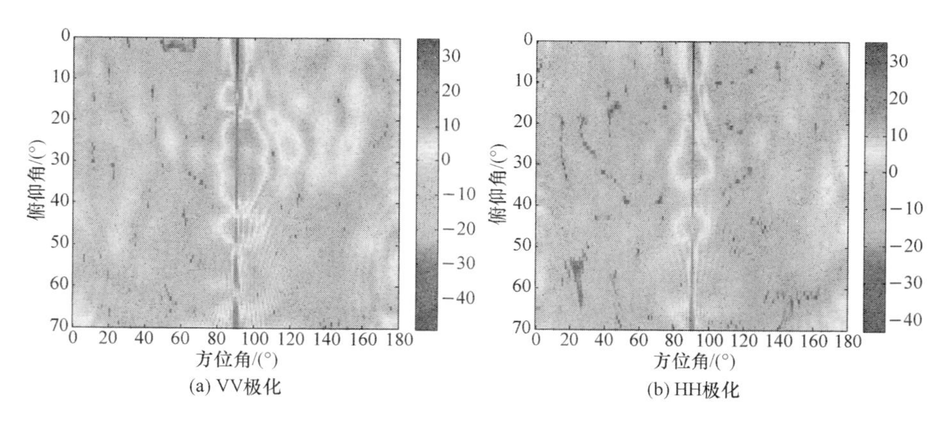

图 5.33　S 波段 X-51 RCS 结果(见彩图)

表 5.7　P、L、S 波段 X-51 RCS 统计均值

波段	P		L		S	
极化	VV	HH	VV	HH	VV	HH
RCS 均值/dBsm	-2.5	-2.9	-2.5	-2.2	-3.4	-3.7

2）X-37B 飞行器

X-37B 空天飞机尺寸大约只有美国现役航天飞机的 1/4，如图 5.34 所示。2004 年 X-37B 研究计划由美国国防部高级计划研究局接管，2006 年 4 月 7 日 X-37A 开始第一次飞行试验，2010 年 4 月完成第一次在轨飞行试验任务（任务代号 USA-212），并于 2010 年 10 月成功重返地球，2011 年 3 月开始第二次在轨飞行试验（任务代号 USA-226），并于 2012 年 6 月重返地球，2012 年 12 月又开展第三次在轨飞行试验。

图 5.34　X-37B 飞行器（见彩图）

（1）运动特性和作战规律。

① 尺寸数据：

长度：8.9m；

翼展：4.5m；

高度：2.9m。

② 动力系统：

砷化镓太阳能帆板与锂电池。

③ 性能参数：

轨道速度：28200km/h；

轨道类型：低轨道；

在轨时间：大于 270 天。

（2）电磁反射特性。仿真了目标在上半空间 P、L 与 S 波段的 RCS，结果如图 5.35 至图 5.37 所示。

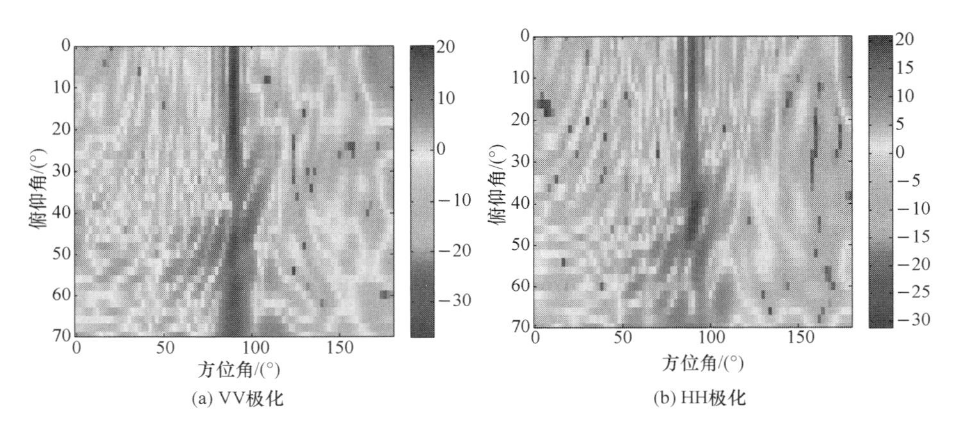

(a) VV极化　(b) HH极化

图 5.35　P 波段 X-37B RCS 结果(见彩图)

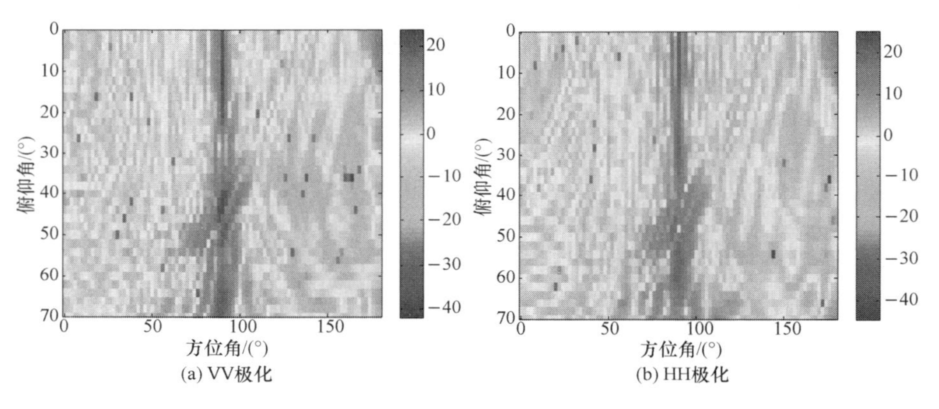

(a) VV极化　(b) HH极化

图 5.36　L 波段 X-37B RCS 结果(见彩图)

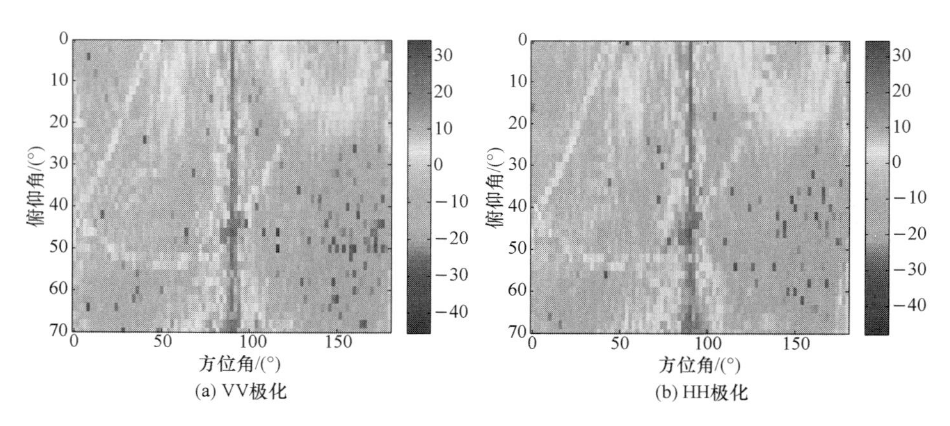

(a) VV极化　(b) HH极化

图 5.37　S 波段 X-37B RCS 结果(见彩图)

表 5.8 给出 P、L、S 波段 X-37B 俯仰角 40°内的 RCS 统计均值。

表 5.8 P、L、S 波段 X-37B RCS 统计均值

波段	P		L		S	
极化	VV	HH	VV	HH	VV	HH
RCS 均值/dBsm	-2.4	-1.6	-2.4	-2.9	-2.6	-2.9

5.2.3.4 舰船目标

以美国"尼米兹"级航空母舰为大型舰船,"阿利·伯克"级导弹驱逐舰为中型舰船,以及 1000t 以下舰船为小型舰船,开展舰船目标特性研究。

图 5.38 是"尼米兹"级航空母舰图片。

图 5.38 "尼米兹"级航空母舰

图 5.39 是"阿利·伯克"级导弹驱逐舰图片。

图 5.39 "阿利·伯克"级导弹驱逐舰

(1) 运动特性和作战规律。

① 尼米兹级航空母舰:

排水量:101400t;

长度:332m;

宽度:76.8m;

动力:2 台西屋公司 A4W 核反应堆,4 台燃气轮机,输出功率 194MW;

航速:大于 30kn(56km/h);

续航:无限制,连续使用 20 ~25 年。

② "阿利·伯克"级宙斯盾导弹驱逐舰:

排水量:约 9000t:

船体长度:153.8m;

船体宽:20.4m;

吃水:6.3m;

动力:4 台 GE 公司的 LM2500 燃气轮机,105000 马力①;

航速:32kn;

续航力:4400n mile/船速 20kn。

(2) 电磁反射特性。

① 小擦地角入射

根据 Skolnik(1974)[11]经验公式,以小擦地角入射时,以平方米为单位的海军舰船 RCS 中值与其排水量和雷达频率关系为

$$\sigma = 52 f^{0.5} D^{1.5}$$

式中:σ 为雷达反射截面积,单位 m^2;f 为雷达频率,单位 MHz;D 为满载排水量,单位 kt。

图 5.40 是上面经验公式与实际测量 RCS 结果的拟合曲线,两者吻合良好。

非隐身舰船的舰体外壁通常垂直于舰船甲板,因此,当以小擦地角入射时,雷达波入射方向垂直于舰体外壁,RCS 会很大。

图 5.41 是不同吨位排水量的舰船 RCS 随频率变化曲线,从图中可见,吨位越大,RCS 越大;频率增加,RCS 增大。对于 15000t 舰船,RCS 约为 50dBsm。

② 大擦地角入射。当以大擦地角入射时,电磁波斜入射于舰体外壁和甲板,因此,与小擦地角入射时相比,RCS 相对较小。根据经验,大擦地角入射时,舰船 RCS 与其排水吨数相当,即 15000t 舰船,其 RCS 约 $15000m^2$,即约 41dBsm。

③ 国外典型舰船测量值

表 5.9 是 Williams、Cramp、Curts 于 1978 年发表的典型常规非隐身舰船 RCS

① 1 马力 = 735499W。

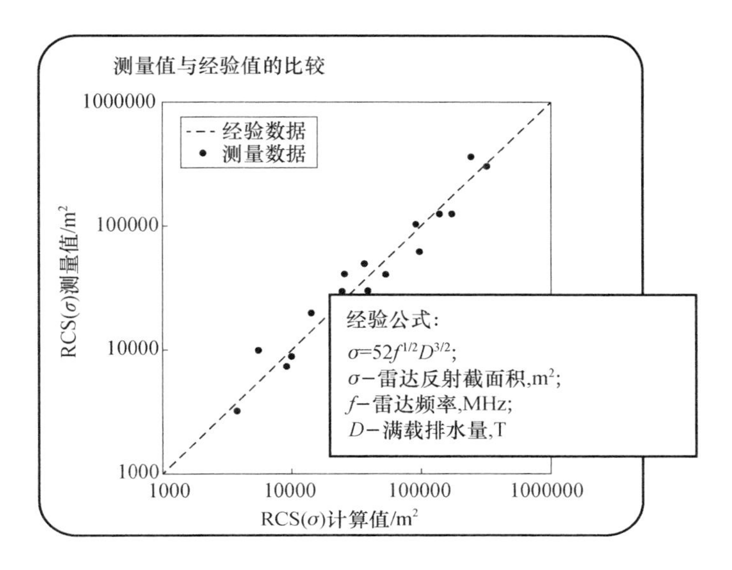

图 5.40　经验公式与测量结果对比拟合结果(见彩图)

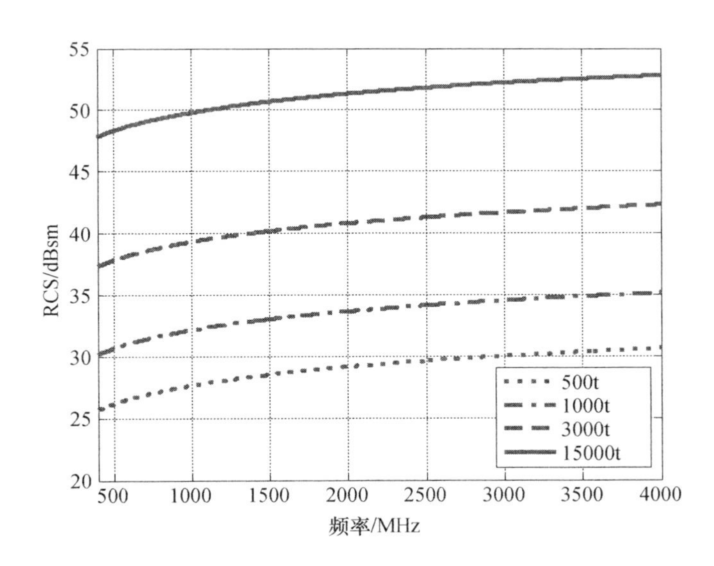

图 5.41　舰船 RCS 经验公式结果

测量结果。

表 5.10 列出了不同舰船目标的航行速度统计,护卫舰以上类舰船目标航行巡航速度在 12 ~ 30kn,最大航行速度可达 46kn。

④ 结论

表 5.11 给出大擦地角入射下,舰船目标在不同波段 RCS 的近似结果。

表 5.9　典型舰船的 RCS[7]

舰船RCS表 (Source:Williams/Cramp/Cramp/Curts,"Experimental Study of the Radar Cross Section of Maritime Targets",Electronic Circuits and Systems,Volume 2,No 4,July 1978)											
目标船			目标船的RCS中值,m²								
类型	全长(m)	吨位	10	100	1.000	10.000	100.000	1.000.000	10.000.000	近似最小RCS	近似最大RCS
近海渔船	9	5	Q							3	10
小贸易船	40-46	200-250		S	B/Q					20	800
沿岸贸易船	55	500								40	2.000
沿岸贸易船	55	500			S	BW/Q				300	4.000
沿岸贸易船	57	500				Q	BW			1.000	16.000
大贸易船	67	836-1.000				BW Q				1.000	5.000
运煤船	73	1.570			nB	BW				300	2.000
军舰	103	2000*				BW	B			5.000	100.000
货运班轮	114	5.000				BW	Q			10.000	16.000
货运班轮	137	8.000				BW/Q	Q			4.000	16.000
大搬运船	167	8.200			BW	B/Q				400	10.000
货船	153	9.400				BW BW				1.600	12.500
货船	166	10.430			BW		Q			400	16.000
大搬运船	198	15.000-20.000				nB	B/Q			1.000	32.000
运矿船	206	25.400				BW	nB			2.000	25.000
集装箱船	212	26436**					BW Q/B/BW			10.000	80.000
中等油轮	213-229	30.000-35.000				nB	Q			5.000	80.000
中等油轮	251	44.700					nB	B		16.000	1.600.000
注：近似吨位为200~500t的船只RCS中值处于13dBsm到36dBsm之间(高亮显示行)											

* 排水量
** 大甲板货船
S =船尾
Q =斜侧
B =船侧
BW =船头
BWO =船头方向
n =近处

表 5.10　不同类型舰船目标航行速度

目标类型	巡航速度/kn	最大速度/kn
水雷战舰艇	10－20	10－20.5
两栖舰	12－20	16－24
巡逻舰艇	12－35	16.5－46
轻型护卫舰	10－20	16－36
护卫舰	12－22	18－35
驱逐舰	14－29	27－34
巡洋舰	12－32	30－34
航空母舰	12－30	24－32

表 5.11　不同类型舰船目标航行速度

	P 波段	L 波段	S 波段
大型舰船(10000t)	39 dBsm	42 dBsm	44 dBsm
中型舰船(2000t)	31 dBsm	34 dBsm	35 dBsm
小型舰船(300t)	20 dBsm	25 dBsm	26 dBsm

因此,天基预警雷达在下视探测情况下,隐身飞机的雷达反射截面积显著增加,且雷达工作频率越低,其雷达反射截面积越大;常规大中型飞机雷达反射截面积,随俯仰角和频率变化小,雷达反射截面积一般大于 $20m^2$;舰船雷达反射截面积,大擦地角入射时,与其排水吨数相当,而小擦地角入射,雷达反射截面积会更大;临近空间飞行器雷达反射截面积在 $0.5m^2$ 左右;弹道导弹弹头雷达反射截面积在 $0.1m^2$ 左右。

综上所述,天基预警雷达在地/海杂波背景下探测海面和空中目标时,陆地和海洋反射特性仍然可以采用经典的地/海杂波后向反射模型进行分析,但相对于地面和机载雷达,需要考虑地球自转产生杂波非平稳性的影响;而对于目标的反射特性,随着雷达探测俯角的增加,隐身目标雷达反射截面积显著增大。

参考文献

[1] 陆军,郦能敬等. 预警机系统导论[M]. 北京:国防工业出版社,2011.

[2] Pillai S U, Himed B, Li K Y. Effect of Earth's Rotation and Range Foldover on Space - Based Radar Performance[J]. IEEE Transactions On Aerospace and Electronic Systems, 2006(3): 917 - 932.

[3] 贲德,王海涛. 天基监视雷达新技术[M],北京:电子工业出版社,2014.

[4] 张增辉,胡卫东,郁文贤. 天基雷达空时二维杂波建模与仿真[J],现代雷达, 31(1): 24 - 32, 2009.

[5] Rosen P, Davis M. A Joint Space - Borne Radar Technology Demonstration Mission for NASA and the Air Force[C]. Proc. 2003 IEEE Aerospace Conference, Big Sky, MT:March 8 - 15, 2003:437:444.

[6] 黄培康,殷红成,许小剑,等. 雷达目标特性[M]. 北京:电子工业出版社,2005.

[7] Williams,P D L,Cramp H D,Curts K. Experimental Study of the Radar Cross of Maricime Targets[J]. Electronic Circuits and Systems,2(4)July 1978:121 - 136.

[8] Barton D K. Modern Radar System Analysis[M]. Artech House,1988.

[9] William C M. Airborne Early Warning Radar[M]. Artech House,1989.

[10] 丁鹭飞. 耿富录. 雷达原理[M]. 西安:西安电子科技大学出版社,2014.

[11] Skolnik M I. An Empirical Formula for the Radar Cross Section of Ships at Grazing Incidence[J]. IEEE Transactions on Aerospace and Electronic Systems,1974(10):292.

第6章 天基预警雷达天线设计技术

天基预警雷达与星载合成孔径成像雷达不同，它需要远距离、大范围内搜索、跟踪各种目标，这就要求天基预警雷达天线同时具有大角度扫描、波束快速捷变和多波束等能力，同时雷达对天线功率孔径积的需求很大。由于受卫星平台电源供给和空间散热等条件的限制，往往采用“孔径换功率”思想，通常要求天线孔径面积在 100m^2 以上，远远超过普通星载合成孔径成像雷达的天线面积。

采用反射面的抛物面天线，可以实现大天线口径，但抛物面天线受其体制的限制，天线波束不能实现大角度、快速的灵活扫描，因此天基预警雷达不能采用抛物面天线。而固态有源平面相控阵天线由于其具有高可靠性、高效率、高辐射功率、波束控制灵活、可用频带宽而得到越来越广泛的应用。根据天基预警雷达系统对天线的要求，为了实现高功率、高效率、大扫描角、高可靠和在轨环境适应性，天基预警雷达天线优选平面有源相控阵天线。本章主要基于有源相控阵天线讨论天基预警雷达天线的设计技术。

6.1 主要性能指标

雷达天线的主要功能是向指定空域辐射电磁能量，同时接收来自目标和环境反射的回波信号。其主要技术指标如下。

1）频段

天线的工作频段就是雷达的工作频率，在第4章中已经详细讨论了天基预警雷达频率的选择，据此选择相应的天线工作频段。

2）工作带宽

天线的工作带宽包含两个方面。①可用的工作频率范围，是指雷达天线满足性能要求的频率范围。雷达可以在这个频率范围内任意选择一个频率点进行工作。从需求看，自然是希望频率范围越大越好，最好是跨倍频区，甚至是全频段，这样有利于雷达选择最佳的频率点工作，特别对抗干扰等非常有益，当然这样也增加了天线设计的复杂程度,以至于技术上不能实现这种要求,因此要根据技术水平和卫星平台的限制,综合确定雷达天线的工作频率范围。②瞬时工作带宽,它是指天线可以发射和接收的最大信号带宽,由雷达分辨力的需求决定,瞬时带宽虽然基于可用工作带宽,但比有效工作带宽要求更高,更为复杂,需要在它的基础上解决天线色散、孔径渡越等问题,一般来说瞬时带宽要小于可用工作带宽。

3）极化形式

天线极化选择与目标与环境的反射特性、传输路径的影响以及天线的效率等因数有关。通常可能的情况下,天线选择线极化以保证较高的天线效率和天线系统的简单化,但是前面也已讨论到,如果工作频率选择为P波段,为减小电离层的影响,必须采用圆极化天线,这样会降低天线的效率,增加天线系统的设备量。

4）天线口径

雷达天线口径面积是影响天线增益的最大限制,也是影响雷达性能的主要因素,在卫星能够接受的重量、体积的条件下,应使天线口径最大化。同时也可以在工作频率、辐射功率等限制条件下,可用单位面积的重量来评估天线的设计制造水平。

5）波束扫描能力

天线波束扫描能力由雷达需要覆盖的空域范围决定,由于受卫星轨道和地球之间的几何关系的影响,对雷达天线方位维的扫描能力要求较高,对俯仰维的要求相对低一些。方位维扫描能力要求在±45°以上,最好能到±60°,超过60°后天线性能会快速下降,已很难保证天线增益、副瓣等要求。即便如此,在卫星平台有限空间这一条件下,天线单元形式的选择受到很大限制,要实现这个指标也是有很大难度的。俯仰维有±20°的扫描能力,就基本能满足希望的空域覆盖了。

6）天线增益

天线增益表征了天线定向辐射的能力,是天线口径、工作频率和天线效率等因素的综合效应,直接影响雷达的作用距离。

7）副瓣电平

前面已多次提到天线副瓣对雷达性能的影响。对于天基预警雷达,只有足够低的天线副瓣,才能使天线副瓣区杂波小于或接近雷达内部噪声,从而确保雷达在地海杂波背景中检测运动目标的能力,否则即使有再大的天线口径、再大的辐射功率都不能提高天基预警雷达作用距离。

8）辐射功率

辐射功率是指通过天线辐射到指定空域的信号能量,它由卫星平台所能提供的电源和天线把电源转换成微波信号功率的效率决定。随着技术的发展,卫星能提供的电源在不断提高,估计在不远的将来从现在的几千瓦提高到几十千瓦;同样微波的转换效率也随着器件,特别是宽禁带器件的成熟,从砷化镓器件的40%左右提高到60%左右。因此可以预计天基预警雷达可能辐射的平均功率将会超过10kW,远远大于现有星载成像雷达。

9)天线效率

这里的天线效率是指为获得低的天线副瓣,天线阵面进行加权引起的损失与天线辐射单元自身因驻波、失配等引起的损失。前者是衡量天线系统的效率,通过优选加权形式以及精确的调试可以减小这一项的损失;后者主要取决于天线辐射单元的设计。

10)天线阵面噪声系数

天线阵面的噪声系数将决定雷达内部的噪声功率。有源相控阵天线阵面噪声系数主要由T/R组件的噪声系数和天线阵面有关参数共同决定,在设计天线时需要充分考虑。

11)天线厚度

天线厚度受卫星包络的限制,为了获得大口径天线,在卫星发射前,天线必须进行折叠。在包络一定的情况下,天线的厚度决定了可能折叠的次数,进一步决定了可能的天线的面积,因此天线的厚度实际上受到严格限制,这也是天线设计的限制条件之一。

12)天线平面度要求

天线的平面度会影响天线的指向、效率等电性能参数。平面度受天线展开机构的精度、热变性和天线的安装精度的影响,其要求与雷达工作频率密切相关,通常需要控制在1/0工作波长内,因此较低的工作频段可以容忍更大的平面度误差。

13)重量

天线的重量占整个天基预警雷达重量的90%以上,因此必须对天线的重量进行严格的限制,一般以单位面积的重量来衡量其要求。

14)功耗

天线的功耗基本决定了整个雷达的功耗。当然它与天线所需要的辐射功率直接相关,其核心在于电源的利用效率,这也是天基预警雷达天线设计追求的永恒的目标之一。

6.2 相控阵天线原理

相控阵天线是由许多天线辐射单元组成的阵列天线,无论哪种形式的相控阵天线,每个辐射单元后面都会接一个移相器,通过电子信号控制每个移相器的相位,可以使得相控阵天线的每个辐射单元对于指定的空间方向都处在同相状态。这样所有辐射单元接收到来自该方向的信号可以同相叠加,也就是相控阵天线在该方向形成了主瓣,而在其他方向由于构不成同相条件,各天线辐射单元间的信号会相互抵消,从而形成了天线的副瓣。因此通过改变每个移相器的相位,就可以使相控阵天线的主瓣处在不同的空间位置,这样实现了天线波束的扫描,而这一切都是通过电子控制实现。因此波束的切换不仅无机械惯性,而且可以跃变,其灵活程度非机械扫描天线可比。下面分线性阵列天线和平面相控阵天线两种形式讨论其原理。

6.2.1　线性阵列天线

假设有一个均匀分布的 N 个天线单元组成的相控阵阵列天线,如图 6.1 所示,天线长度为 L,单元间距为 d。为方便分析,认为阵列中的每个天线辐射单元的方向图相同且为全向,每个辐射单元后的移相器的相位量是线性变化,其差值为 $\Delta\theta_B$,且为$\frac{2\pi}{\lambda}d\sin\theta_B$,那么由文献[1]可以得到该线阵的方向图函数为

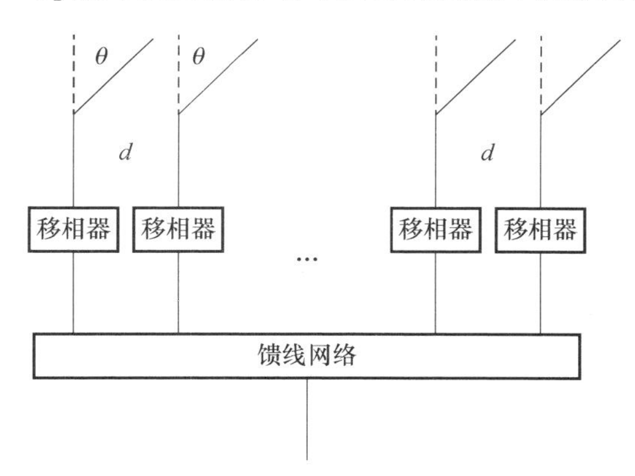

图 6.1　线性阵列天线示意图

$$F(\theta) = \sum_{i=0}^{N-1} a_i e^{ji\left(\frac{2\pi}{\lambda}d\sin\theta - \Delta\theta_B\right)} = \sum_{i=0}^{N-1} a_i e^{ji\left(\frac{2\pi}{\lambda}d\sin\theta - \frac{2\pi}{\lambda}d\sin\theta_B\right)} \tag{6.1}$$

式中:a_i 为每个辐射单元的激励信号幅度;λ 为雷达工作波长;d 为天线单元间距;θ 为偏离法向的角度。假设每个辐射单元的激励信号相同,并归一化为 1,则式(6.1)为

$$F(\theta) = \frac{1 - e^{jN\frac{2\pi}{\lambda}d(\sin\theta - \sin\theta_B)}}{1 - e^{j\frac{2\pi}{\lambda}d(\sin\theta - \sin\theta_B)}} \tag{6.2}$$

进一步处理成为

$$F(\theta)=\frac{\sin\frac{N}{2}\left[\frac{2\pi}{\lambda}d(\sin\theta-\sin\theta_B)\right]}{\sin\frac{1}{2}\left[\frac{2\pi}{\lambda}d(\sin\theta-\sin\theta_B)\right]}e^{j\frac{N-1}{2}\left[\frac{2\pi}{\lambda}d(\sin\theta-\sin\theta_B)\right]} \tag{6.3}$$

由于$\frac{2\pi}{\lambda}d(\sin\theta-\sin\theta_B)$较小,因此可得线阵的幅度方向图为

$$\begin{aligned}|F(\theta)|&\approx N\frac{\sin\frac{N}{2}\left[\frac{2\pi}{\lambda}d(\sin\theta-\sin\theta_B)\right]}{\frac{N}{2}\left[\frac{2\pi}{\lambda}d(\sin\theta-\sin\theta_B)\right]}\\&=N\frac{\sin\frac{1}{2}\left[\frac{2\pi}{\lambda}L(\sin\theta-\sin\theta_B)\right]}{\frac{1}{2}\left[\frac{2\pi}{\lambda}L(\sin\theta-\sin\theta_B)\right]}\end{aligned} \tag{6.4}$$

由式(6.4)可以看出线阵的幅度方向图为 sinc 函数。

1）天线波束的指向角

由式(6.4)可知,当$\theta=\theta_B$时,幅度方向图为最大值,也就是天线的主瓣指向角。因此改变θ_B,就可以使幅度方向图的最大值处在不同的位置,从而改变了天线波束的指向角,这就是相控阵天线最基本的原理。

2）天线的波束宽度

根据天线波束宽度定义,当θ角偏离指向角θ_B,并使$|F(\theta)|=\frac{1}{\sqrt{2}}|F(\theta_B)|$时,其对应的角度即为天线波束宽度。令天线波束宽度为$\Delta\theta_{3dB}$,则有

$$\left|F\left(\theta_B+\frac{1}{2}\Delta\theta_{3dB}\right)\right|=\frac{1}{\sqrt{2}}|F(\theta_B)| \tag{6.5}$$

那么有

$$\frac{N}{2}\frac{2\pi}{\lambda}d\left[\sin\left(\theta_B+\frac{1}{2}\Delta\theta_{3dB}\right)-\sin\theta_B\right]\approx1.39 \tag{6.6}$$

经整理得

$$\Delta\theta_{3dB}\approx\frac{1}{\cos\theta_B}\left(\frac{0.88\lambda}{Nd}\right) \tag{6.7}$$

从上式可知,相控阵天线的波束宽度不仅与阵列大小、波长有关,还与天线的扫描角有关。当扫描角为0°时天线波束最窄,当扫描角为60°时天线波束展宽一倍,此时由于波束变宽,其增益将随之下降,这也是相控阵雷达设计必须面对的问题,需要采取措施进行补偿。

3）天线波瓣的零点位置

当θ满足式(6.4)中的分子为零,分母不为零时,就是天线波瓣的零点。因此有

$$\frac{N}{2}\left[\frac{2\pi}{\lambda}d(\sin\theta-\sin\theta_{B})\right]=m\pi \tag{6.8}$$

式中:m为整数,经整理得

$$\sin\theta=\frac{m\lambda}{Nd}+\sin\theta_{B} \tag{6.9}$$

如果天线不扫描,即$\theta_{B}=0$,则有

$$\sin\theta=\frac{m\lambda}{Nd} \tag{6.10}$$

第一零点在$\arcsin\left(\frac{\lambda}{Nd}\right)$处,第二零点在$\arcsin\left(\frac{2\lambda}{Nd}\right)$处,其余可以依此类推。

4）天线副瓣位置与副瓣电平

当θ满足式(6.4)中的分子为最大值,分母不为零时,就是天线波瓣的副瓣位置,此时有

$$\frac{N}{2}\left[\frac{2\pi}{\lambda}d(\sin\theta-\sin\theta_{B})\right]=\frac{2m+1}{2}\pi \tag{6.11}$$

式中:m为整数,经整理得到

$$\sin\theta=\frac{2m+1}{2Nd}\lambda+\sin\theta_{B} \tag{6.12}$$

将式(6.11)代入式(6.4),并整理得到相应的副瓣电平为

$$|F(\theta)|\approx\frac{\lambda}{d(\sin\theta-\sin\theta_{B})\pi} \tag{6.13}$$

将式(6.12)代入式(6.13),并整理得到

$$|F(\theta)|\approx\frac{2N}{(2m+1)\pi} \tag{6.14}$$

式(6.14)表示的副瓣电平的绝对值,如果以天线波束的最大值N进行归一化,即为通常意义上的副瓣,为$\frac{2}{(2m+1)\pi}$。m为1时,就是第一副瓣,其值为$\frac{2}{3\pi}$,以功率的分贝表示,即为-13.4dB。如果天线不扫描,第一副瓣的位置在$\arcsin\left(\frac{3\lambda}{2Nd}\right)$处。显然这样的天线副瓣电平不能满足天基预警雷达的需求,后面

将在有关章节中专门讨论如何控制天线的副瓣电平。

5）栅瓣

当天线单元间距满足一定要求时，可以使式(6.4)出现多个与主瓣一样大的值，称为栅瓣。由式(6.4)可知，出现栅瓣的条件为

$$\frac{2\pi}{\lambda}d(\sin\theta-\sin\theta_B)=2m\pi \tag{6.15}$$

式中：m 为整数。整理得

$$\sin\theta=\frac{m\lambda}{d}+\sin\theta_B \tag{6.16}$$

由上式可知，当单元间距较大时，在天线的空间扫描范围内，不仅有 $\theta=\theta_B$，使 $m=0$ 时满足式(6.15)，也有其他 θ 值，可以满足式(6.15)。例如单元间距 d 为雷达工作波长 λ，且 $\theta_B=30°$时，若 $m=-1$，就有 $\theta=-30°$满足式(6.15)，也就是在 $-30°$处出现了一个大小与 $+30°$一样的波瓣，这个波瓣就是栅瓣。栅瓣的出现会使天线性能大大下降，因此必须避免这种情况的出现。由于 $\sin\theta\leqslant 1$，因此只要满足

$$\left|\frac{m\lambda}{d}+\sin\theta_B\right|>1 \tag{6.17}$$

无论 θ 处在哪个位置，都不能满足式(6.16)，也就是天线波瓣永远不会出现栅瓣。因此有

$$d<\frac{\lambda}{1+|\sin\theta_B|} \tag{6.18}$$

从式(6.18)可以看出，天线单元间距与雷达工作波长和天线扫描角有关，波长越短，扫描角越大，单元间距要求越小。

6.2.2 平面相控阵天线

平面相控阵天线是雷达最常用的相控阵天线形式。假设平面相控阵天线内部的辐射单元按矩形排列，如图 6.2 所示。沿 Z 轴方向有 M 个单元，间距为 d_1，沿 Y 轴方向有 N 个单元，间距为 d_2。那么来自(θ,φ)方向的信号在相邻辐射单元间形成的空间相位差为

在 Z 轴方向
$$\Delta\phi_1=\frac{2\pi}{\lambda}d_1\sin\theta \tag{6.19}$$

在 Y 轴方向
$$\Delta\phi_2=\frac{2\pi}{\lambda}d_2\cos\theta\sin\varphi \tag{6.20}$$

以原点处的辐射单元作为参考点，则第(i,k)个单元与之相比的空间相位

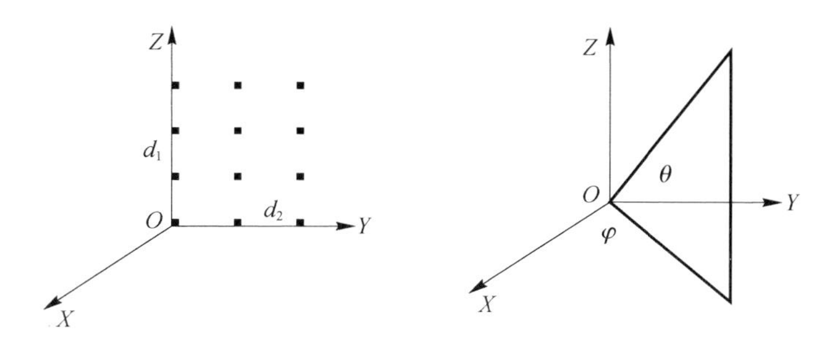

图 6.2 单元矩阵排列的平面相控阵天线示意图

差为

$$\Delta\phi_{ik} = i\Delta\phi_1 + k\Delta\phi_2 \tag{6.21}$$

如果与辐射单元联接的移相器的移相值按以下规律变化：

在 Z 轴方向

$$\Delta\phi_{B1} = \frac{2\pi}{\lambda} d_1 \sin\theta_B \tag{6.22}$$

在 Y 轴方向

$$\Delta\phi_{B2} = \frac{2\pi}{\lambda} d_2 \cos\theta_B \sin\varphi_B \tag{6.23}$$

同样以原点处的辐射单元的移相器作为参考点，则第(i,k)个单元联接的移相器与之相比的相位差为

$$\Delta\phi_{Bik} = i\Delta\phi_{B1} + k\Delta\phi_{B2} \tag{6.24}$$

在忽略辐射单元方向图的情况下，平面相控阵天线的方向图函数为

$$F(\theta,\varphi) = \sum_{i=0}^{M-1}\sum_{k=0}^{N-1} a_{ik}\exp[\mathrm{j}(\Delta\phi_{ik} - \Delta\phi_{Bik})] \tag{6.25}$$

为分析方便，同样令天线口径的激励函数为均匀分布，即 $a_{ik}=1$，则有

$$F(\theta,\varphi) = \sum_{i=0}^{M-1}\exp\left[\mathrm{j}\frac{i2\pi d_1}{\lambda}(\sin\theta - \sin\theta_B)\right] \sum_{k=0}^{N-1}\exp\left[\mathrm{j}\frac{k2\pi d_2}{\lambda}(\cos\theta\sin\varphi - \cos\theta_B\sin\varphi_B)\right] \tag{6.26}$$

因此平面相控阵天线的幅度方向图可以分为两个线阵方向图的乘积：

$$|F(\theta,\varphi)| = |F_1(\theta,\varphi)||F_2(\theta,\varphi)| \tag{6.27}$$

式中

$$|F_1(\theta,\varphi)| = \left|\sum_{i=0}^{M-1}\exp\left[\mathrm{j}\frac{i2\pi d_1}{\lambda}(\sin\theta - \sin\theta_B)\right]\right| \approx M\frac{\sin\frac{M}{2}\left[\frac{2\pi}{\lambda}d_1(\sin\theta - \sin\theta_B)\right]}{\frac{M}{2}\left[\frac{2\pi}{\lambda}d_1(\sin\theta - \sin\theta_B)\right]} \tag{6.28}$$

$$|F_2(\theta,\varphi)| = \left|\sum_{i=0}^{N-1}\exp\mathrm{j}\,\frac{i2\pi d_2}{\lambda}(\cos\theta\sin\varphi - \cos\theta_B\sin\varphi_B)\right]\right|$$

$$\approx N\frac{\sin\frac{N}{2}\left[\frac{2\pi}{\lambda}d_2(\cos\theta\sin\varphi - \cos\theta_B\sin\varphi_B)\right]}{\frac{N}{2}\left[\frac{2\pi}{\lambda}d_2(\cos\theta\sin\varphi - \cos\theta_B\sin\varphi_B)\right]} \tag{6.29}$$

由式(6.28)和式(6.29)可知,天线幅度方向图的最大值在(θ_B,φ_B)方向处,因此改变移相器值,就可以使平面相控阵天线在两个方向进行扫描。

与前面讨论的线阵一样,为了控制天线出现栅瓣,需要对单元间距进行控制,由式(6.28)、式(6.29)可知,出现栅瓣的条件为

$$\frac{2\pi}{\lambda}d_1(\sin\theta - \sin\theta_B) = 2m\pi \tag{6.30}$$

$$\frac{2\pi}{\lambda}d_2(\cos\theta\sin\varphi - \cos\theta_B\sin\varphi_B) = 2n\pi \tag{6.31}$$

式中:m、n 为整数。由此得到

$$\sin\theta = \frac{m\lambda}{d_1} + \sin\theta_B \tag{6.32}$$

$$\cos\theta\sin\varphi = \frac{n\lambda}{d_2} + \cos\theta_B\sin\varphi_B \tag{6.33}$$

同样只要

$$d_1 < \frac{\lambda}{1 + |\sin\theta_B|} \tag{6.34}$$

$$d_2 < \frac{\lambda}{1 + |\cos\theta_B\sin\varphi_B|} \tag{6.35}$$

式(6.30)和式(6.31)永远不会成立,也就是天线阵不会出现栅瓣。其他性能的分析与线阵相似,这里不再讨论。

6.3 宽带相控阵天线

天基预警雷达通常在搜索和跟踪空中和海面目标时所采用的信号带宽一般只有几兆赫,因此相对雷达工作频率而言都是窄带信号。对于窄带信号,前节分析的相控阵天线基本原理都成立。但是当工作在高分辨力成像模式时,必然要采用宽带信号,信号带宽只要在100MHz以上,此时对于相控阵天线来说会出现新的情况,前节分析的结论产生偏差,并且需要采取措施进行修正。

6.3.1　相控阵天线对雷达瞬时信号带宽的限制

6.3.1.1　天线波束指向的偏移对信号带宽的限制

前面已经指出，相控阵天线是通过控制与每个辐射单元联接的移相器的移相量实现天线波束的扫描。这个移相量不仅与天线扫描角、单元间距有关，实际上也与雷达工作波长有关，也就是在天线单元间距和扫描角固定不变的情况下，不同工作频率对相邻天线单元间的移相量是不一样的，因此当移相量固定时，相控阵天线对不同频率的指向是不一样的。假设有一线阵，相邻天线单元的移相器的移相量的差值为$\frac{2\pi}{\lambda}d\sin\theta_B$，由式(6.4)可知，雷达工作波长为 λ 时，天线的指向角为 θ_B，则如果雷达工作波长变为 $\lambda+\Delta\lambda$ 时，使式(6.4)最大值的 θ 角必然发生偏移，令为 $\theta_B+\Delta\theta$，并满足

$$\frac{2\pi}{\lambda}L\sin\theta_B=\frac{2\pi}{\lambda+\Delta\lambda}L\sin(\theta_B+\Delta\theta) \tag{6.36}$$

因 $\lambda=\frac{f}{c}$，c 为光速，代入可得

$$\frac{\sin\theta_B}{f}=\frac{\sin(\theta_B+\Delta\theta)}{f+\Delta f} \tag{6.37}$$

考虑 $\Delta\theta \ll 1$，整理上式可得

$$\Delta\theta=\frac{\Delta f}{f}\tan\theta \tag{6.38}$$

从式(6.38)可以看出，相控阵天线的波束指向随频率偏差（也就是信号带宽）和扫描角的增加而增大。雷达所发射的宽带信号的不同频率分量的指向是有差异的，因此为保证性能，必须对信号带宽进行限制，一般至少要求天线波束指向偏差不能大于波束宽度的1/4，由于相控阵天线的波束宽度也随扫描角变化，因此有

$$\Delta\theta=\frac{\Delta\theta_{3dB}}{4\cos\theta_B} \tag{6.39}$$

式中：$\Delta\theta_{3dB}$为天线波束宽度，对应信号带宽必须满足

$$\frac{\Delta f}{f}\leqslant\frac{\Delta\theta_{3dB}}{4\sin\theta_B} \tag{6.40}$$

因 $\Delta\theta_{3dB}\approx\frac{\lambda}{L}$，代入式(6.40)，并整理得

$$\Delta f \leqslant \frac{f\lambda}{4L\sin\theta_B} = \frac{c}{4L\sin\theta_B} \tag{6.41}$$

6.3.1.2 天线孔径渡越时间对信号带宽的限制

当天线尺寸较长时,回波信号到达天线阵两端的辐射单元会存在明显的时间差,为

$$\Delta t = \frac{c}{L\sin\theta_B} \tag{6.42}$$

式中:c 为光速;L 为天线尺寸;θ_B 为天线扫描角。

如果雷达信号带宽为 Δf,那么当 $\Delta t = \frac{1}{\Delta f}$时,来自天线两端的回波信号将不能在同一时刻到达接收机,也就是不能有效相加。因此天线孔径渡越时间限制了雷达可用的信号带宽。为保证性能,通常要求

$$\Delta f \leqslant \frac{1}{10\Delta t} = \frac{c}{10L\sin\theta_B} \tag{6.43}$$

比较式(6.41)和式(6.43)可以发现,天线孔径渡越对信号带宽的限制更严格,按第1章美国的天基预警雷达演示验证系统考虑,天线在方位向的尺寸为50m,最大扫描角为45°,则要求 $\Delta f < 0.84\text{MHz}$,显然不能满足雷达使用要求。

6.3.1.3 天线孔径渡越时间对线性调频信号速率的限制

当雷达使用宽带信号时,都需要对脉冲信号进行相位调制以增加带宽,因此脉冲信号的每个时刻的相位是变化的,而当相控阵天线扫描时,处在不同位置的天线单元接收到的信号存在时间差,也就是每个天线单元接收到的脉冲所对应的相位存在差异。这个相位差将会偏离前面讨论的相控阵天线单元之间的相位差的要求,随着相位调制速率的提高,其影响会越来越大。这种影响会使天线波束的指向发生偏离,天线波瓣变得不对称,天线副瓣会抬高。参考文献[1]以线性调频脉冲为例指出线性调频信号的调频速率 k 要满足

$$k \leqslant \frac{c^2}{16(N-1)^2(d\sin\theta_B)^2} \tag{6.44}$$

式中:c 为光速;N 为天线单元数;d 为单元间距;θ_B 为天线扫描角。对于其他调制信号也同样存在类似的要求,也就是脉冲内部的相位随时间变化不能太快。

6.3.2 宽带相控阵天线的延时补偿

上节讨论的宽带相控阵天线存在问题的原因主要是信号到达天线单元之间

存在时间差，天线尺寸越大，扫描角越大，时间差就越大，对宽带天线性能影响随之增大，也就是说影响程度与时延的大小成正比。因此补偿方法就是天线单元或天线子阵采用实时延迟线来补偿空间引起的时延差。

6.3.2.1 实时延迟线的作用

理论上每个天线单元接一个实时延迟线，且相邻单元间的延迟线的时延量与单元之间由空间引起的延时一样，就可以完全补偿相控阵天线的孔径渡越效应，并且由于延迟量与频率无关，因此也就不存在宽带的影响。当然工程实现上不可能做到实时延时线的时延与天线单元之间的空间延时完全一样。由于空间延时随扫描角是变化的，自然对于每个实时延迟线的时延也要求随扫描角变化，为了控制方便，延迟线的时延是以雷达工作波长 λ 为整数倍实现的，因此它的延迟量不会正好是所需要的延迟量，一般会小于一个波长，剩余部分仍然要采用移相器补偿相应的移相量。下面分析经过延迟线补偿后相控阵天线角度偏移与孔径渡越对宽带信号的限制。

假设有 N 个单元的线阵，第 N 个天线单元插入一个长度为 L_1 的时间延迟线，对应的第 i 个天线单元插入的延迟线长度为$\dfrac{L_1}{N}(i-1)$，则式(6.36)变为

$$\frac{2\pi}{\lambda}(L\sin\theta_B - L_1) = \frac{2\pi}{\lambda+\Delta\lambda}[L\sin(\theta_B+\Delta\theta_1) - L_1] \tag{6.45}$$

换成频率后：

$$\frac{2\pi}{f}(L\sin\theta_B - L_1) = \frac{2\pi}{f+\Delta f}[L\sin(\theta_B+\Delta\theta_1) - L_1] \tag{6.46}$$

简化整理后得

$$\Delta\theta_1 = \frac{\Delta f(L\sin_B - L_1)}{fL\cos\theta_B} \tag{6.47}$$

进一步可得

$$\Delta\theta_1 = \frac{\Delta f}{f}\tan\theta_B\left(1 - \frac{L_1}{L\sin\theta_B}\right) \tag{6.48}$$

因延迟线的延迟量与需要补偿的空间延时量的差值 $\Delta l = L\sin\theta_B - L_1 < \lambda$，而 $L\sin\theta_B >> \lambda$，因此有

$$\left(1 - \frac{L_1}{L\sin\theta_B}\right) << 1 \tag{6.49}$$

因此，比较式(6.38)和式(6.48)，在同样的条件下，$\Delta\theta_1 << \Delta\theta$。也就是在增加实时延迟线措施后，由带宽引起的指向偏差要小得多。同样对于式(6.43)，

增加延迟线后,修正为

$$\Delta f \leqslant \frac{c}{10(L\sin\theta_B - L_1)} \tag{6.50}$$

如果还是按第1章美国的天基预警雷达演示验证系统考虑,天线在方位向的尺寸为50m,最大扫描角为45°,假设经过延迟线补偿后的剩余按最大值为一个波长考虑,$L\sin\theta_B - L_1 = \lambda$,按 L 波段中心频率,λ 为23cm,则由式(6.50),$\Delta f <$ 130.4MHz,远远大于补偿前的0.84MHz。

6.3.2.2 子阵延迟线

前面讨论的每个天线单元之后都有一个延迟线,当天线阵面很大时,延迟线数量是非常大的,为了节省设备量,工程上需要进行简化,由若干个天线单元组成的天线子阵后面接一个延迟线,也就是子阵内所有的天线单元的延迟量都是一样的。将整个天线阵均匀划分成 m 个子阵,与每个子阵联接的延迟线延迟量依然为波长的整数倍,如图6.3所示。

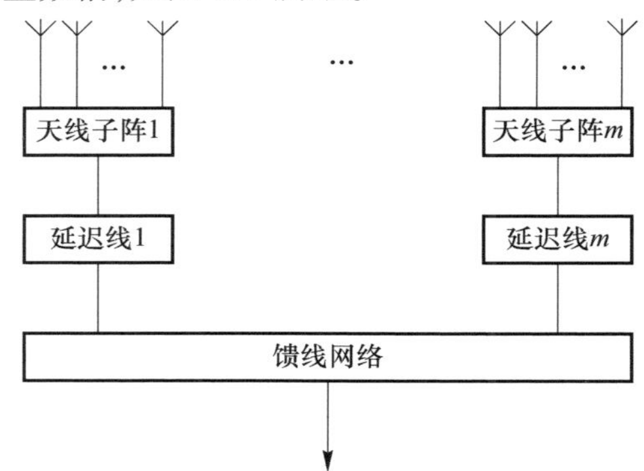

图6.3 按子阵级进行延迟补偿的相控阵天线示意图

子阵的延迟线的最大延迟量 L_1 仍要满足

$$L_1 \leqslant L\sin\theta_B \tag{6.51}$$

折算成波长 λ 的整数倍为

$$n \leqslant \text{int}\left(\frac{L\sin\theta_B}{\lambda}\right) \tag{6.52}$$

采用子阵延迟线进行补偿后,子阵之间的空间延迟可以视为被子阵延迟线补偿到一个波长内,这样没有得到的补偿的空间延迟量被压缩到一个子阵天线内,也就是由频率引起的波束指向偏离可以放大 m 倍,式(6.40)修正为

$$\frac{\Delta f}{f} \leqslant m\,\frac{\Delta\theta_{3\text{dB}}}{4\sin\theta_B} \tag{6.53}$$

孔径的渡越时间对瞬时带宽的限制也可以放大 m 倍,式(6.43)修正为

$$\Delta f \leqslant \frac{mc}{10L\sin\theta_{\mathrm{B}}} \tag{6.54}$$

由式(6.53)和式(6.54)可知,在天线阵面尺寸、天线最大的扫描角以及雷达必须使用的信号带宽确定后,子阵数量 m 必须满足

$$m \geqslant 10\,\frac{\Delta f}{f}\,\frac{\sin\theta_{\mathrm{B}}}{\Delta\theta_{3\mathrm{dB}}} \tag{6.55}$$

在后续的章节中将专门讨论实时延迟线的实现。

6.4　低副瓣相控阵天线的实现

相控阵天线的副瓣是天线的重要指标,对天基预警雷达在杂波中检测运动目标的能力,以及雷达抗干扰的性能都有重要的影响。要获得低副瓣相控阵天线的性能涉及多个方面。首先是天线的加权形式,其次是每个天线辐射单元等效激励信号的幅度和相位精度控制,下面分别进行讨论。

6.4.1　相控阵天线的加权形式

相控阵天线副瓣是通过控制每个天线单元的激励信号幅度和相位实现的。激励信号的加权形式有幅度加权、相位加权、台阶加权和密度加权这几种,在具体实现过程中可能会混合使用。

6.4.1.1　幅度加权

幅度加权最为经典和成熟。天线辐射单元中的激励信号的幅度按所选定的加权函数进行抽样选定。如果天线的副瓣要求控制得低一些,那么加权深度就要大一些,典型的加权函数如表 6.1 所列。图 6.4 为采用 -40dB 泰勒加权下的天线方向图。

表 6.1　典型的天线加权函数

加权函数		第一天线副瓣/dB	天线增益损失/dB
均匀分布		-13.2	0
$0.08+0.92\cos^2(\pi x/2)$		-42.8	-1.3
泰勒分布	$n=3$	-25	-0.5
	$n=4$	-30	-0.7
	$n=5$	-35	-0.9
	$n=6$	-40	-1.2

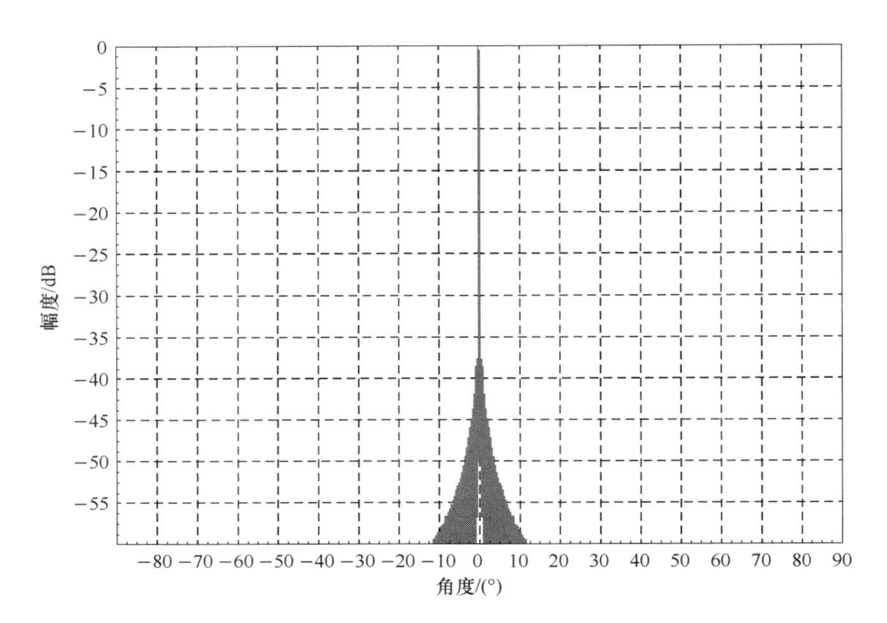

图 6.4 采用 −40dB 泰勒加权的天线方向图

这种加权方式不适合有源相控阵天线的发射天线的副瓣控制,原因是为了提高发射效率,天线的发射支路的末级固态放大器工作在饱和状态,它的输出功率基本不变,不能满足天线加权函数需要的分布。目前虽然已有人在研究一种输出功率可以线性控制的放大电路,但其输出范围也仅仅只有几个分贝,同时效率和相移也会随输出功率发生变化,因此发射天线副瓣控制不能采用这种方法。这种方法主要用在接收天线的副瓣控制,接收天线的放大电路都工作在线性状态,通过控制每个辐射天线单元后面的 T/R 组件的数字衰减器的衰减量可以实现加权函数,当然衰减器的衰减会影响接收支路的净增益,从而影响到雷达系统的噪声系数,因此需要综合考虑。

6.4.1.2 相位加权

控制相控阵天线每个辐射单元的相位,不仅可以实现天线波束的扫描,还可以实现天线波束的赋形和天线副瓣的降低[2],由于只有照射到地球表面的天线副瓣会影响天基预警雷达的检测动目标的性能,而不照射地球的天线波瓣高低与此无关,因此可以以抬高天线上半球(照射太空)为代价,降低天线下半球的天线副瓣,如图 6.5 所示。

这种加权的控制方法比较复杂,但是却对幅度没有要求,因此适用于发射天线的副瓣控制,这样既能保证雷达的输出功率,又能使来自地面的杂波得到抑制。

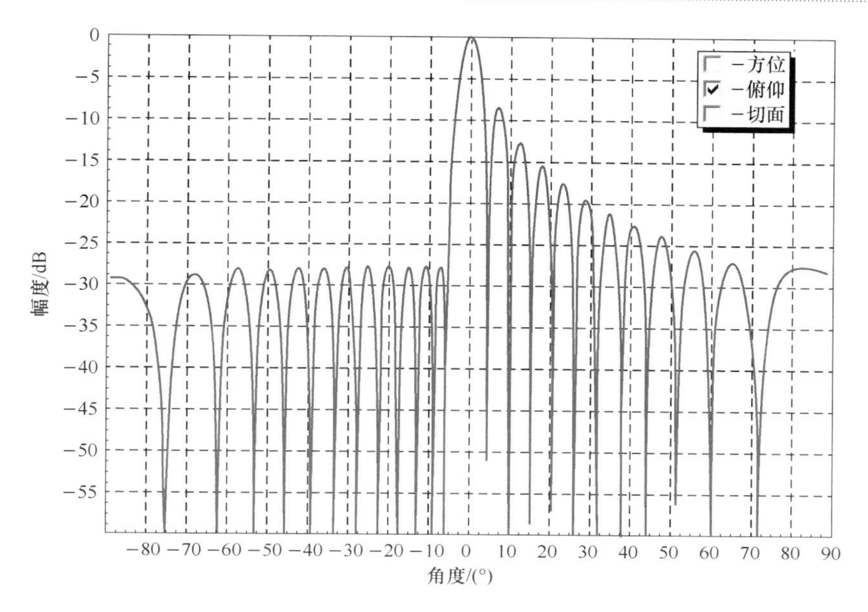

图6.5　相位的加权天线向方向图

6.4.1.3　台阶加权

台阶加权是第一种幅度加权的变形,它将天线的激励信号的幅度分成几个台阶,对于发射天线,可以选择几种不同输出功率的电路,这样既兼顾了固态放大器饱和放大的特点,又获得了较低的天线副瓣。根据有关文献的介绍,设计得比较合理的台阶加权,只要3~4个幅度台阶就可使天线的第一副瓣控制在-25dB以下,这种方法的缺点是天线的加权是量化权,不是第一种的连续权,这样就存在加权的量化瓣,也就是天线的平均副瓣电平不能控制得很低,依然会影响雷达接收到的副瓣杂波的电平。

6.4.1.4　密度加权

采用密度加权时,天线阵面内部的辐射单元分布不再是均匀分布,也就是天线单元间距不等间距,靠近天线中心的辐射单元间距小一些,偏离天线中心的单元的间距大一些,但每个单元的激励信号的幅度都是一样的。这种方式的加权所能获得的天线副瓣有限,一般不能满足天基预警雷达天线对副瓣的要求,它多用在地面雷达。

6.4.2　随机幅度和相位误差对天线副瓣的影响

前面讨论的天线性能均是在理想条件下获得的,也就是每个天线单元的激励信号的幅度和相位完全是符合加权函数分布的要求，但是在实际情况下，由于每个天线单元的激励信号会偏离设计要求，另外还存在天线阵面的安装误差、热变形，单元间的互耦合天线单元方向图不一致的问题，最终使得单元激励信号存在随机的幅度和相位误差，同时考虑可能存在的单元失效，这样式(6.1)变为

$$F(\theta) = \sum_{i=0}^{N-1} p(i) a_i (1 + \Delta a_i) \mathrm{e}^{\mathrm{j}i\left(\frac{2\pi}{\lambda}d\sin\theta - \frac{2\pi}{\lambda}d\sin\theta_{\mathrm{B}}\right)} \mathrm{e}^{\mathrm{j}\Delta\phi_i} \tag{6.56}$$

式中：$p(i)$表示第i单元失效时为0，正常工作时为1，整个天线阵的失效概率为P，Δa_i，$\Delta\phi_i$分别为第i个单元激励信号的随机幅度与相位误差，随机的幅度均方差为σ_{a}，相位均方差为σ_{ϕ}。由文献[3]可知，当存在随机幅度与相位误差时将影响天线的平均副瓣、峰值副瓣。

1）平均副瓣

存在随机幅度和相位误差时，天线阵的平均副瓣 MSSL[4] 为

$$\mathrm{MSSL} = \frac{(1-P) + \sigma_{\mathrm{a}}^2 + P\sigma_{\phi}^2}{P\eta N} \tag{6.57}$$

式中：P为失效率，如果没有一个单元失效则为1；η为天线加权函数的照射效率，均匀加权时为1；N为天线阵单元数量。天线的平均副瓣与天线单元的数量和完好率成正比，与随机的幅度和相位误差的均方差成反比。

对于天基预警雷达，天线的平均副瓣是关键的性能参数，它决定了雷达接收到的副瓣杂波电平的大小，因此必须控制天线单元激励信号的幅度和相位。假设有5000个单元组成的天线，天线状态完好，P为1，采用−40dB泰勒加权，$\eta=0.76$，要求保证平均天线副瓣为−50dB，考虑幅度和相位误差对天线的平均副瓣的影响一样，则由式(6.57)，要求辐射单元的激励信号的幅度偏差的均方差为1.1dB，相位偏差的均方差为7.9°。

2）峰值副瓣

有时不仅需要了解天线的平均副瓣与激励信号幅相偏差的关系，还需知道幅相偏差对天线的峰值副瓣的影响，不考虑天线单元因子，这种影响可以用概率分布函数[4]表示为

$$p(R) = \frac{2R}{\mathrm{MSSL}^2}\exp\left[-\frac{R^2 + R_0^2}{\mathrm{MSSL}^2}\right] I_0\left(\frac{2RR_0}{\mathrm{MSSL}^2}\right) \tag{6.58}$$

式中：R表示天线实际的峰值副瓣电平；R_0表示天线设计的峰值副瓣电平；$I_0(\cdot)$表示零阶修正贝塞尔函数；MSSL为天线阵的平均副瓣电平。$p(R)$表示天线出现峰值副瓣电平R的概率。则天线峰值小于R_{T}的概率为

$$p(R < R_{\mathrm{T}}) = \int_0^{R_{\mathrm{T}}} \frac{2R}{\mathrm{MSSL}^2}\exp\left[-\frac{R^2 + R_0^2}{\mathrm{MSSL}^2}\right] I_0\left(\frac{2RR_0}{\mathrm{MSSL}^2}\right)\mathrm{d}R \tag{6.59}$$

6.5　相控阵天线的波束控制

相控阵天线是通过波束控制器实现天线波束的快速扫描和捷变、低副瓣天线,以及波束赋形等功能。波束控制系统是相控阵天线控制的核心,也是发挥相控阵天线潜在能力的关键。它的主要功能如下。

(1)产生天线阵面中每个天线单元移相器所需要的控制信号,并且按雷达全机定时系统的统一时序,控制天线实现波束的快速扫描和捷变。

(2)控制天线单元激励信号的幅度和相位满足副瓣天线或天线赋形所需要的加权分布函数。

(3)对天线阵面的每个辐射单元进行幅度和相位的监测,并进行必要的补偿。

(4)根据需要,对天线阵面进行重构。

6.5.1　波束控制的实现方式

相控阵天线的波束扫描等功能是通过波束控制系统完成的,波束控制系统需完成与雷达控制器的数据交换、每个天线单元的幅度和相位运算,以及相关指令、定时、自检信号的分发。波束控制系统的实现构架主要为集中式和分布式两种。实现架构与波束计算、建立时间的快慢、信号传输分配网络布局等密切相关。

6.5.1.1　集中式架构

集中式波束控制系统的波束控制分机完成整个阵面的波束运算,并将每个天线单元的移相值、幅度衰减值通过专用传输网络直接送至各个T/R组件内。集中式架构对波束控制分机的运算能力、数据接口数量要求较高,当天线阵面需要控制的天线单元数量较大时,会造成波束控制分机设备量及电缆数量成倍增加,同时波束计算建立时间较长。

6.5.1.2　分布式架构

分布式波束控制系统的波束控制分机只完成雷达控制器与阵面之间的数据交换以及阵面遥测数据等汇总,而阵面每一个天线单元的幅度和相位运算将分散在阵面各个节点同步完成,节点越靠近T/R组件,运算单元的数量越多,对单元的运算和传输能力要求越小,波束运算的时间越短,系统数据传输的压力也越小,但运算单元的系统集成度、成本也相对会较高。指令、定时信号的传输在运算节点前均采用广播方式传输,目前地面、舰载大型相控阵雷达、机载有源相控阵雷达大都采用这种分布式架构。

对于天基预警雷达，由于天线阵面较大，所需要控制的天线单元数以千计，因此选择分布式架构较为合适。

6.5.2 波束控制信号的传输方式

无论哪种形式的波束控制系统，都需要把控制信号从天线阵面的波束控制器分发到每个天线单元，传输的方式主要有两种。

6.5.2.1 RS422 差分传输

RS422 差分传输是一种较为成熟的传输方式。数据传输协议为同步串行传输方式，包括数据、时钟、有效信号等。定时信号可以同步传输，接口时钟速度最高可达到 16MHz。波束控制分机与各个节点之间使用抗辐照屏蔽电缆组件互联。目前星载雷达普遍采用 422 电平差分传输方式。

6.5.2.2 光纤传输

光纤传输技术目前在民用通信领域已得到广泛应用，在军用地面、舰载、机载电子设备中应用也已成熟。光纤传输具有数据流量大、传输距离远、抗干扰性好，重量轻等特点。目前应用中，单根光纤数据传输速率达 10Gbit/s 以上，传输距离达上百千米。系统应用中，一般将数据、定时信号打包编码后通过一根光纤传输。

光纤传输在卫星中的使用目前处于起步阶段，主要原因受限于数据复用/解复用芯片、光收发器等器件在空间环境条件下的适应性，另外光缆的抗辐照能力也有限。但是随着技术的发展，波束控制信号采用光纤是发展趋势。

6.5.3 相控阵天线最小波束跃度

由于相控阵天线是通过改变与每个天线单元连接的移相器的移相值实现波束扫描，而移相器的移相值是离散的，且移相器的位数也是有限的，因此相控阵天线的波束指向在扫描过程中是离散的，不像机械扫描天线的波束指向是连续变化，也就是波束之间存在跃变，这称为波束跃度。当然，希望天线的波束跃度尽可能小，特别在跟踪目标时，为提高测角精度，要求目标始终处在差波束零点附近。

6.5.3.1 波束跃度与移相值的关系

假设有 N 个天线单元组成的相控阵天线，所使用的移相器位数为 m，那么其能提供的最小移相值为

$$\Delta = \frac{2\pi}{2^m} \tag{6.60}$$

当相邻天线单元间的移相器的移相值相差为 Δ 时，由文献[1]可知，天线波束跃度为

$$\Delta\theta_p = \frac{\lambda}{d2^m \cos\theta_B} \tag{6.61}$$

式中：θ_B 为天线指向角；λ 为雷达工作波长；d 为单元间距。

因天线波束宽度为

$$\Delta\theta_{3dB} = \frac{\lambda}{Nd\cos\theta_B} \tag{6.62}$$

故将式(6.62)代入式(6.61)，得到

$$\frac{\Delta\theta_p}{\Delta\theta_{3dB}} = \frac{N}{2^m} \tag{6.63}$$

从上面的分析可以看出，天线波束跃度与移相器位数直接相关，但是通常移相器的位数有限，一般是 5 位，高的不过 6 ~ 7 位，由式(6.63)可以看出，简单这样做，显然不能满足需求。

6.5.3.2 最小波束跃度

为了降低波束跃度，不能以 Δ 为步进，计算移相器的移相值，需要采用虚位技术，就是波束控制码运算时，按较高值进行计算，但并不能随意提高。假设有 N 个天线单元，它必须满足[1]

$$\frac{N-1}{2^K} \geqslant \Delta \tag{6.64}$$

式中：K 为计算位数。式(6.64)表示按 K 位计算时，必须使天线阵中的最后一个单元的移相器的增值大于实际移相器的最小移相值，否则所有移相器的增值均为零，失去了意义。因此可得

$$K \leqslant m + \lg(N-1)/\lg 2 \tag{6.65}$$

按 K 位计算，天线阵面中各单元间相位变化最小的增量为

$$\phi(i) = \begin{cases} -\Delta & i = N-1 \\ 0 & i = 0, 1\cdots, N-2 \end{cases} \tag{6.66}$$

由文献[1]可知，当天线处在法向时，对应的天线波束跃度最小，为

$$\Delta\theta_{\min} = \frac{\lambda}{d}\,\frac{6}{2^m}\,\frac{1}{N^2}\left(1 - \frac{1}{N}\right) \tag{6.67}$$

与天线波束宽度的比值为

$$\frac{\Delta\theta_{\min}}{\Delta\theta_{3\mathrm{dB}}}=\frac{6}{2^m}\ \frac{1}{N}\left(1-\frac{1}{N}\right) \tag{6.68}$$

比较式(6.68)和式(6.63),可以看出波束跃度与波束宽度之比减小了许多。

6.6 天线辐射单元

相控阵天线辐射单元是波导场与空间辐射场之间的转换器,它的性能会直接影响相控阵天线的性能。对辐射单元的主要要求为

(1) 宽的单元波瓣以满足相控阵天线大角度扫描的要求;

(2) 宽的工作带宽;

(3) 高效率以提高整个天线的增益;

(4) 良好的有源驻波特性;

(5) 高的极化隔离度;

(6) 轻量化和低剖面。

6.6.1 辐射单元的形式

可用做相控阵天线的辐射单元主要有四种[5],振子天线、波导裂缝天线、波导口辐射天线和微带天线。四种天线各有特点,需要根据具体情况选择使用。

6.6.1.1 振子天线

振子天线结构简单、加工方便和良好的宽带性能使其得到广泛的应用。振子天线比较大的优点是单元波瓣比较宽,容易实现相控阵天线宽角扫描的需求,但是单元剖面相对大,因此多应用于地面、舰船等对空间限制较小的雷达系统,而在空间应用中,由于受卫星包络的限制,更希望天线占用较小的体积,因此倾向于选择剖面较小的天线单元。振子天线的派生物有伞形振子、微带振子等。

6.6.1.2 波导裂缝天线

波导裂缝天线通过切割波导壁的表面电流使其具有辐射功能,波导裂缝天线的特点是天线效率相对较高,单元一致性较好,用做低或超低副瓣天线,广泛应用于机械扫描天线体制的机载火控雷达和机载预警雷达的天线。它的缺陷在于单元波瓣宽度相对较窄,相对带宽较窄,采用金属材质的波导裂缝天线较重。由于星载成像雷达通常只在一维进行小角度扫描,而另一维几乎不扫描,为了减

小设备量，在不扫描的一维采用子阵天线，也就是一个组件给一个有若干个波导裂缝单元组成的子阵馈电，并且对天线效率的要求较高，因此有多个型号，如德国的 TerraSAR，意大利的 COSMO 卫星雷达天线，采用波导裂缝天线，同时为了减轻重量，采用碳纤维材质的波导天线。

6.6.1.3 波导口辐射天线

波导口辐射天线特点是损耗低、效率高，适合工作频率较高的雷达使用，但它的天线单元波瓣不宽，且受高次模的影响，容易出现盲点。低波段雷达很少使用这种形式的天线。

6.6.1.4 微带天线

微带天线特点是体积小、重量轻，特别是天线剖面薄、结构简单、可靠性高、容易与后端的 T/R 组件等进行集成、成本低；但是工作频带窄、损耗大、效率低。目前在空间应用中，大都装备在工作频率较低的星载成像雷达天线上。

对于天基预警雷达，由于工作波段相对较低，而对天线剖面和重量控制要求高。这四种形式的天线中，微带天线相对是一种好的选择。但要实现天线需要的宽带、宽角扫描并非易事。

6.6.2 互耦对辐射单元性能的影响

不同于一般天线，相控阵天线的辐射单元之间存在互耦，单元之间的互耦对辐射单元的宽带、宽角等性能影响很大，互耦是设计相控阵天线辐射单元必须考虑的重要因素。

假设有一个 $M \times N$ 个辐射单元组成的相控阵天线，如图 6.6 所示。辐射单元之间都存在耦合，令耦合系数为 $S_{mn,pq}$，若第 mn 个单元的入射波为 A_{mn}，第 pq 个单元的入射波为 A_{pq}，那么第 mn 个单元的有源反射系数为[6]

$$\Gamma_{\mathrm{mn}} = \sum_{m=1}^{M} \sum_{n=1}^{N} S_{mn,pq} \frac{A_{pq}}{A_{mn}} \tag{6.69}$$

式(6.69)表示每个辐射单元的匹配特性不仅与其自身匹配特性有关，还与周围单元的特性有关。同时由于相控阵天线波束扫描过程中，每个辐射单元的激励信号在不断变化，所以辐射单元有源反射系数也在变化，使得辐射单元需要在相控阵天线工作频率范围和波束扫描范围内的任何一个频率、任何一个角度都要保持良好的匹配特性，这对辐射单元的设计带来了很大的困难和不确定性。

另一种表示互耦影响的参数是辐射单元的有源方向图。假设有一无限大的相控阵天线，天线内部辐射单元的按一定规则排列，辐射单元特性都一致，这样每个辐射单元的有源方向图也相同，为 $g(\theta,\beta)$。辐射单元的有源反射系数与扫

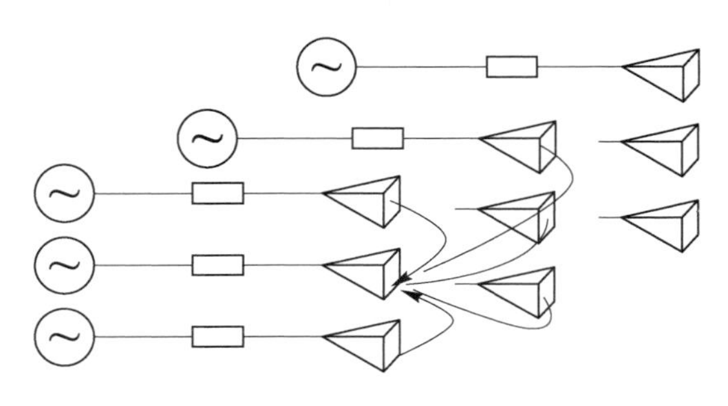

图 6.6　辐射单元之间的耦合示意图

描角有关,为 $\Gamma(\theta,\beta)$。在天线扫描范围内不出现栅瓣,则辐射单元有源方向图函数为

$$g(\theta,\beta)=\frac{4\pi a}{\lambda^{2}}\cos\theta(1-|\Gamma(\theta,\beta)|^{2}) \tag{6.70}$$

式中:a 为天线单元面积;λ 为工作波长。

从式(6.70)可以看出,代表辐射单元远场特性的方向图与单元的反射特性、单元之间的互耦特性密切相关,在有源反射系数为零的理想情况下,得到最佳的有源方向图,半功率波束宽度为 120°,这样通常情况下,相控阵天线扫描范围就为 120°。而当有源反射系数为 1 时,远场方向图出现零点,相控阵天线出现扫描盲点。

总而言之,相控阵天线辐射单元之间的互耦会产生以下几个问题:

1）引起天线激励电流的变化

在天线扫描过程中,由于互耦的影响,辐射单元的阻抗在变化,而馈电网络一旦确定后,它的输出端的电压基本不变,这样辐射单元的电流会发生变化,从而偏离原定的理论设计值,最终导致天线增益下降、副瓣抬高和天线主瓣变形。

2）引起辐射单元反射的增加

辐射单元的阻抗的变化,会增加它的驻波或反射系数的增加,由此引起的辐射功率损耗也随之增大,并且会导致二次反射波瓣,影响低副瓣天线性能。

3）引起相控阵天线扫描的盲点

由于天线单元之间互耦的存在,可能在特殊的扫描角,特别是当天线扫描角接近栅瓣时,单元反射系数接近 1,本来需要辐射单元辐射出去的功率会被反射回来,在天线的方向图上形成一个很深的凹口,甚至出现零点。

4）引起天线的极化特性的变化

天线单元之间互耦引起的激励信号的变化会导致天线极化隔离度的下降。

因此天线单元互耦对天线性能的影响很大,需要精确估计和测试互耦量,并在天线单元设计和天线阵面系统设计中进行补偿。

6.7　T/R 组件

T/R 组件是有源相控阵天线的核心部件,它决定了有源相控阵天线的主要收发功能和性能,T/R 组件的输出功率确定了有源相控阵天线的辐射总功率,T/R 组件的噪声系数基本确定了相控阵天线的噪声系数,同时 T/R 组件的成本决定了天线阵的研制费用。因此 T/R 组件的设计是有源相控阵天线设计的重要组成和关键技术。

6.7.1　T/R 组件功能与主要技术要求

典型的 T/R 组件的原理组成框图如图 6.7 所示。

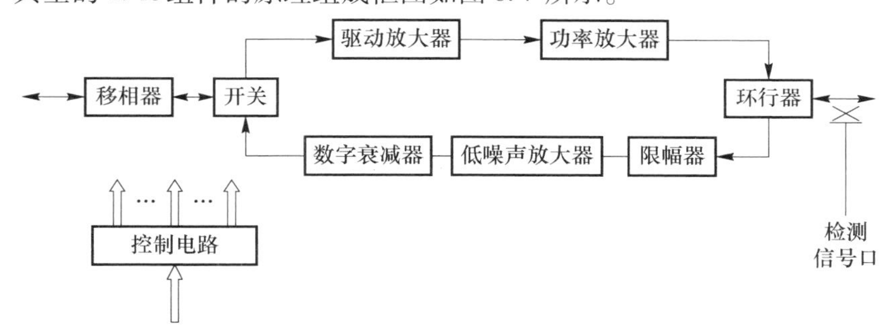

图 6.7　T/R 组件典型原理框图

T/R 组件由发射支路、接收支路和控制电路等组成。发射支路一般由 2～3 级放大器组成,接收支路由限幅器、低噪声放大器和数字衰减器组成。移相器是收发支路共用,通过开关切换,自检口用来评估组件性能。整个组件在波束控制器统一控制下工作。T/R 组件的主要功能如下。

1）发射信号的放大

T/R 组件把馈电网络送来的小信号进行放大,为了获得高的效率,T/R 组件的功率放大器通常工作在饱和状态,发射支路的效率基本决定了雷达的能量利用效率。

2）接收信号的放大与幅度控制

T/R 组件将天线接收到的回波信号进行放大,由于 T/R 组件的接收输出端口到通道接收机之间的馈线损耗较大,因此对接收支路增益有所要求,使后续的损耗对天线的噪声系数影响较小,以确保整个雷达系统的噪声系数较低。接收支路的输入端一般采用限幅器以避免发射信号经环行器至接收支路的大信号损坏低噪声放大器。接收支路的数字衰减器用来调整 T/R 组件接收支路的增益,使 T/R 组件输出信号之间的幅度保持一致,同时也根据接收加权函数实现接收天线的幅度加权以获得低副瓣天线。根据需要接收支路中还可以增加一个带通滤波器以滤除带外的有源干扰和噪声。

3）收发通道的相位控制

T/R 组件采用收发共用移相器完成辐射天线单元在发射和接收时所需要的相位。在组件中有一专用的波束控制电路,它不仅控制移相器的移相值,数字衰减器的衰减值,同时也控制 T/R 开关进行收发切换。为减小体积,通常用专用的 ASIC 芯片实现波束控制电路的功能。

4）组件的自检功能

虽然相控阵天线的 T/R 组件的数量众多,相互之间存在冗余特性,但是仍然必须对每个组件的收发性能进行监测,以判断组件的工作状态。组件的自检功能主要是在波束控制器的控制下,获取或输入自检信号。

衡量 T/R 组件的技术指标有许多,包括工作频率、信号带宽等,这里主要讨论与组件设计密切相关的指标。

1）输出功率与效率

T/R 的输出功率确定了雷达所能辐射的总功率,它直接与雷达的功率孔径积的需求相关,因此是首先需要考虑的指标。设计组件时根据所需的输出功率选择相应的功率放大管,功率管是组件内最重要的器件。在关注输出功率的同时,另一个与它紧密关联的要求是效率,组件的效率涉及卫星供电的要求、天线阵面热控的设计等,而它主要由功率放大管的效率决定。功率放大管的效率取决于半导体的工艺,砷化镓半导体的效率在 40% 以上,宽禁带半导体的效率在 60% 左右。

2）信号频谱纯度

T/R 组件输出信号的频谱纯度决定了雷达信号频谱的质量。输出信号的频谱不仅与来自信号源信号频谱有关,也与组件有源放大电路中的器件特性,以及相互之间的匹配状态有关,要尽量降低杂散信号和边频信号的能量。

3）噪声系数

组件的噪声系数基本决定了雷达系统的噪声系数,从而决定了雷达的系统灵敏度。组件的噪声系数取决于第一级低噪声放大器的噪声系数以及环行器、限幅器的损耗和相互间的匹配。

4）接收增益

接收增益虽然不直接影响雷达系统的性能,但是它与系统的动态范围、系统噪声系数和稳定性相关。通常在保持雷达系统噪声系数的情况下,不宜使组件接收增益太高,这样可以提高雷达的动态范围、组件工作的稳定度,降低组件设计的难度。

5）移相器与衰减器的控制精度

相控阵天线是主要通过移相器和衰减器完成天线波束指向和幅度加权的控制，因此其精度会影响天线加权函数的精度，进而影响天线的性能，特别是低副瓣的性能。根据天线副瓣和波束指向精度要求确定数字移相器和衰减器的位数和精度。

6）T/R 组件之间幅度和相位的稳定性

T/R 组件之间的相位一致性、接收支路的幅度一致性经过天线系统的修调可以与移相器和衰减器的精度相当，发射信号的功率由于不可调节，需要通过器件和电路保持一致。经过修调后，组件仍需要在工作过程中保持幅度和相位的稳定，这是组件设计的核心和困难所在，因为组件内的有源器件的幅相特性随环境温度变化，在空间环境中保证天线阵面内组件工作温度的一致性不太容易，全阵面温度差可能会超过 10°以上，因此当相位控制精度要求较高时，组件设计需要增加温度补偿功能。

7）可靠性

虽然有源相控阵天线允许个别或少量组件的性能下降或失效，但由于存在不可维修的特点，对决定天线可靠度的组件可靠性依然要严格要求，需要对设计、制造和试验过程的每个环节进行严格的控制，对器件和生产过程的批次性质量要进行特别的关注，以防出现组件批次性质量问题。

8）体积、重量和成本

组件的体积和重量是相控阵天线重要的组成部分，主要依靠器件设计制造和组装工艺技术的进步来减小组件的体积和重量，这也是组件设计制造技术发展的主要方向。

由于组件的成本在整个相控阵天线和雷达研制费用中占据比较大的比例，通常受到用户的关注，组件成本也是限制有源相控阵天线应用的重要因素之一，因此也是衡量组件设计、制造技术高低的指标。

6.7.2　数字 T/R 组件

前面讨论的 T/R 组件的发射输入和接收输出都是射频信号，组件的相位和幅度控制都是在射频段完成的，随着高速数字器件的不断发展，已经可以构成一种组件，其发射输入端和接收输出端可以均为数字信号，因而出现了一种称为数字 T/R 的组件，其典型框图如图 6.8 所示。

根据输入的时钟信号，及频率、幅度和相位控制信号产生所需要的基带信号，经上变频后获得雷达的发射激励信号，再经过射频放大后，由天线单元向空间辐射。

天线接收到的回波信号仍然通过射频接收支路的放大后，与由 DDS 产生的

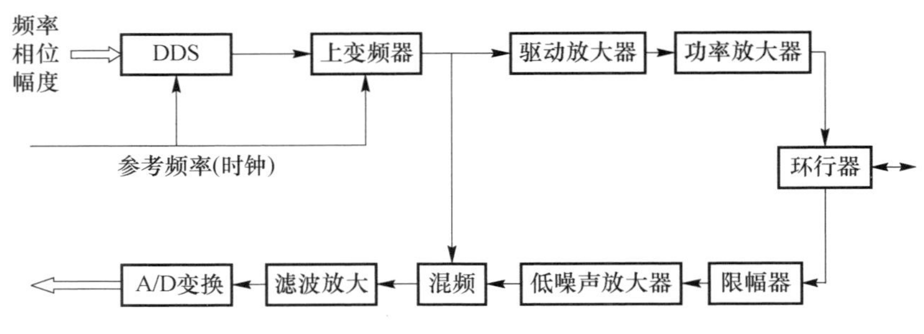

图 6.8　数字 T/R 组件典型原理框图

接收本振信号混频、滤波处理后，经 A/D 采样形成数字信号，直接送至雷达信号处理机。

与射频 T/R 组件相比，原来在射频段完成的收发支路的相位和幅度控制均在数字域完成，省去了数字移相器和衰减器，增加了 DDS、混频、滤波和 A/D 变换器等器件，设备量总体是增加的，相比优点是提高了收发支路幅度与相位控制的灵活性和精确性。

采用数字 T/R 的相控阵天线有以下特点：

（1）由于数字 T/R 组件已没有射频信号的发射输入和接收输出，因此可以不用通常相控阵天线所必需的发射分配网络和接收合成网络。

（2）数字 T/R 组件采用数字方式实现移相器和衰减器的功能，这不仅提高了相位和幅度控制的精度，同时避免了射频移相器和衰减器存在幅度和相位互调问题，也就是在移相器移相时带来的幅度变化，衰减器幅度衰减时带来的相位变化，更容易实现组件之间幅度和相位的一致性。

（3）每个组件自身带有信号产生源，信号产生的时间可独立控制，因此可以控制数字 T/R 组件信号产生的启动时间，实现数字延迟，省去了模拟延迟线。

（4）信号带宽受 DDS 器件和 A/D 转换器性能的限制。

6.8　延时组件

在 6.3 节已经讨论到宽带相控阵天线需要采用实时延迟线进行补偿，图 6.9和图 6.10 是仿真的采用延时线补偿前后的同一天线在不同频率下波束指向角变化的情况，天线在中心频率时的波束指向均为 30°，在补偿前高频和低频的天线波束的指向偏离 30°达 4°左右，远远超过天线波束宽度，如果不补偿，天线就无法使用，而经过子阵级延迟补偿后，高、中、低频下的天线波束指向基本一致。实现延迟功能的部件称为延迟组件，它是现代相控阵天线重要的组成。

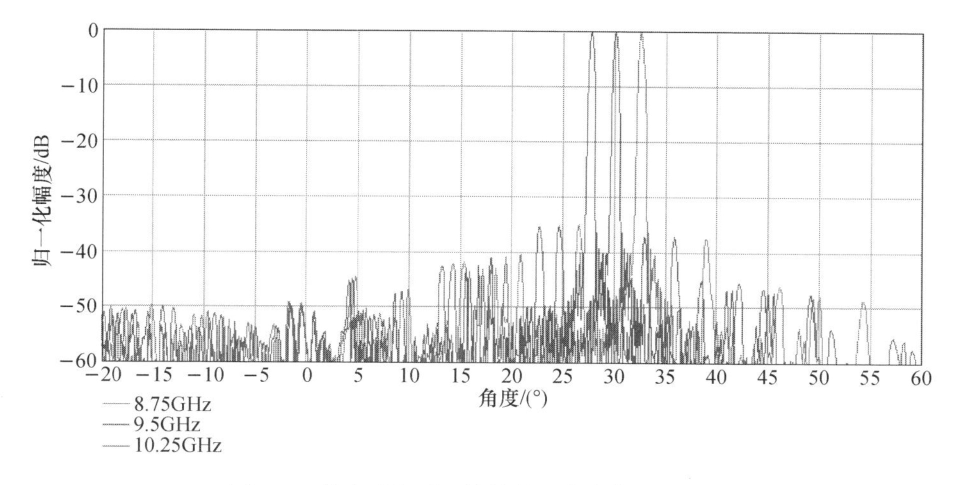

图6.9　没有进行延迟补偿的天线波束(见彩图)

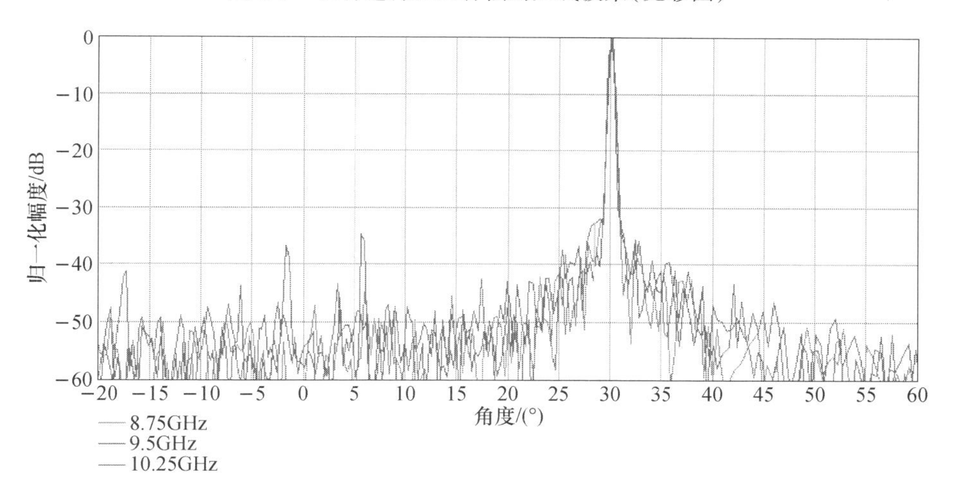

图6.10　经过延迟补偿的天线波束(见彩图)

6.8.1　延时组件的组成、主要指标和关键技术

典型的延迟组件原理框图如图6.11所示。通常延迟组件由不同延迟量的延迟线、发射支路放大链路、接收支路放大链路、开关,以及控制和供电电路等组成。工作时,控制电路根据波束控制器的指令,选择相应的延迟态。由于延迟线的损耗较大,所以需要在发射和接收支路引入放大电路补偿这些损耗。

除了工作频率、信号带宽等基本指标外,衡量延迟组件的主要指标如下。

1）最大延迟量

最大延迟量由天线尺寸、信号带宽和天线扫描角等决定,对于延迟组件而

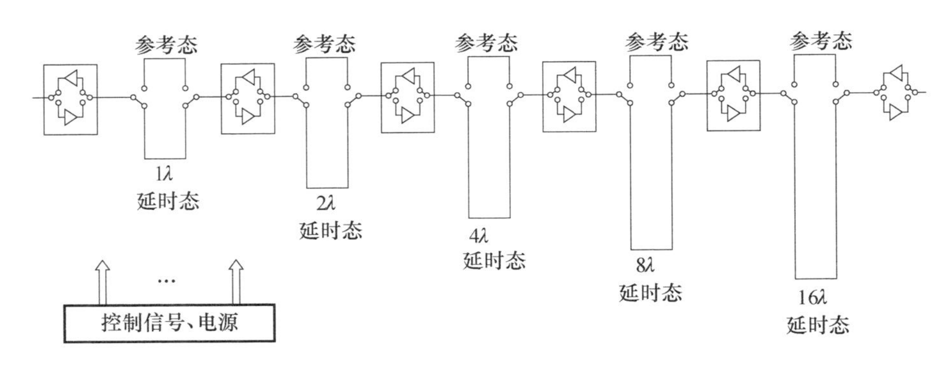

图 6.11　延迟组件组成原理框图

言，随着延迟量的增加，延迟线的长度越长，带来的插入损耗越大，需要发射支路和接收支路的增益需求增大，从而对延迟组件的稳定性要求越高。同时延迟线越长，延迟精度等指标越不容易实现，因此最大延迟量是延迟组件的核心指标。

2）延时步进

延迟步进通常以雷达工作的中心频率对应的波长为最小延迟步进，由最大延迟量和延迟步进可以确定最大延迟位数。

3）延迟精度

延迟精度是指相对基准状态的设计时延与实际时延之差，这个差值会带来插入相位，需要控制插入相位以获得低的天线副瓣等天线性能，通常要控制在10°以内，对应时间精度在1ps以内，特别当延迟量较大、工作频率较高时实现难度较大。

4）延迟寄生调幅

由于不同延迟态的插入损耗差异很大，同时工作频率的不同还会增加这种差异，这些幅度变化称为延迟寄生调幅，它最终成为辐射单元之间的激励信号的幅度差，影响天线性能，需要根据激励信号的幅度控制要求确定延迟寄生调幅。

涉及延迟组件设计制造的主要关键技术如下。

（1）宽带大延迟设计技术；

（2）高精度延迟设计技术；

（3）延迟寄生调幅控制技术；

（4）小型化、轻量化和高集成度设计技术。

6.8.2　延时组件的实现方式

延时组件的不同主要区别在延时线的实现方法，延迟线有两大类，一是对微波信号直接进行电延时；二是将微波信号转换为其他信号，如光、声表面波或数字信号再进行延时，延迟后再转换为微波信号。

6.8.2.1　微波模拟延时

根据微波信号延时所采用介质的不同，又可以分为电缆、印制板线、GaAs 芯片等方式。

1）电缆传输线延时

图 6.12 为采用电缆的方式实现的延时，这种方式的优点在于结构形式简单，易于实现，但当延时较长时需要很长的电缆、体积不易控制。

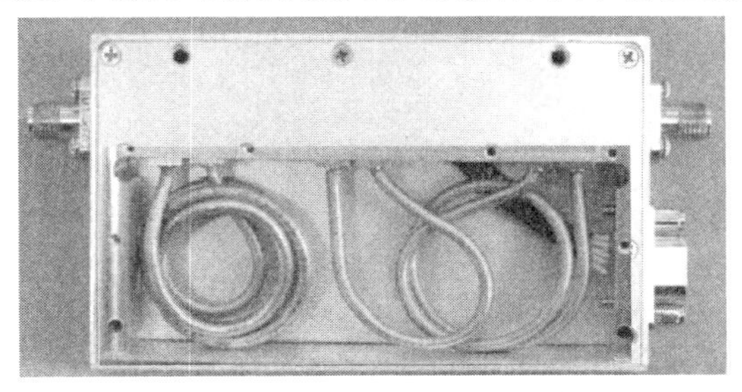

图 6.12　采用电缆实现延时

2）印制板线延迟

基于目前常用的微波板材，采用 50Ω 微带线、带状线或设计一些延时电路的方式可以实现微波信号的延时。图 6.13 是较为典型的微波印制板延迟线。

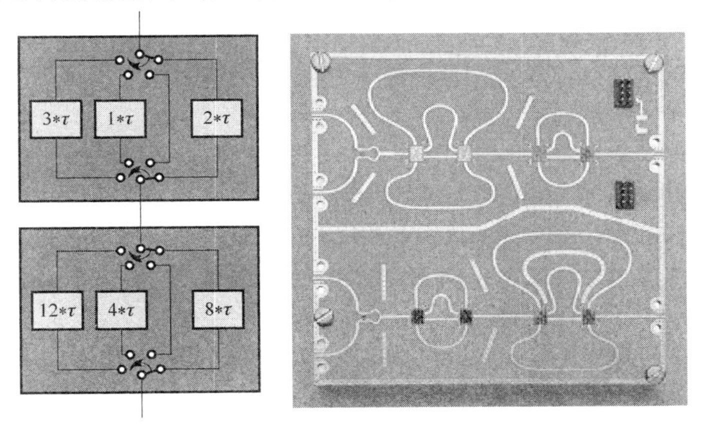

图 6.13　采用印制板线实现延迟（见彩图）

3）GaAs 芯片延迟

随着 GaAs 微波单片集成电路技术的发展和成熟，GaAs 微波单片产品广泛应用于军民市场。由于 GaAs 的介电常数远高于电缆与普通印制板，采用微波单片集成电路可以有效地减小印制电路的尺寸与重量。GaAs 芯片能有效地减小体积和重量，但随着延时量的增大，电损耗将急剧地增加，因此用来实现大位、大延时量较为困难。

6.8.2.2 光延时

随着光纤通信技术的发展和光学器件技术水平的提高,用光纤来实现实时延迟成为可能。采用这种延迟线方式时,光信号是微波信号的载波,通过光信号在两路有光程差的光通路之间切换,来实现实时延迟功能。光延时线原理如图6.14所示,主要由直接调制激光器、高速光电探测器、光开关、电源电路和控制电路组成。射频信号输入后采用调制激光器转换为光信号,采用光开关与光纤实现光信号的延时,再通过高速光电探测器转换为电信号后输出。图6.15为光延迟线样机。

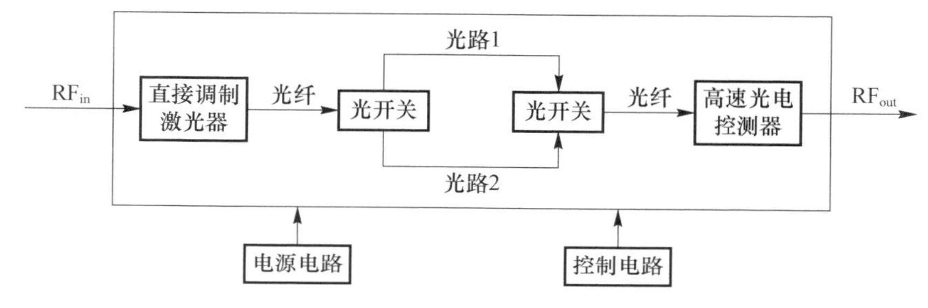

图6.14 光延时原理图

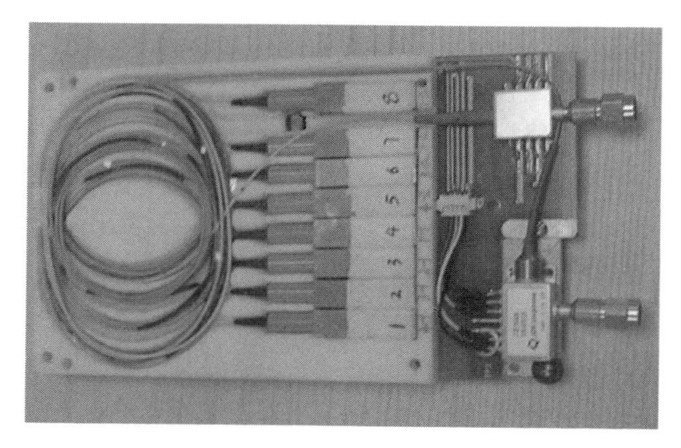

图6.15 X波段5位光纤延时线样机(见彩图)

6.8.2.3 声表面波延时

声表面波(SAW)延时线是利用声表面波在基材中传播速度远比电磁波慢的原理,可以在较小的尺寸下实现较大的延时量。声表面波延时线原理图如图6.16所示,由基片和2个叉指换能器(IDT)组成。左端的IDT将输入电信号转变成声信号,通过声媒质表面传播后,由右端的IDT将声信号还原成电信号输出。由于受到声/电转换器件的频带与带宽的限制,声表面波延时线主要涉及的频率为 10MHz ~ 1GHz。

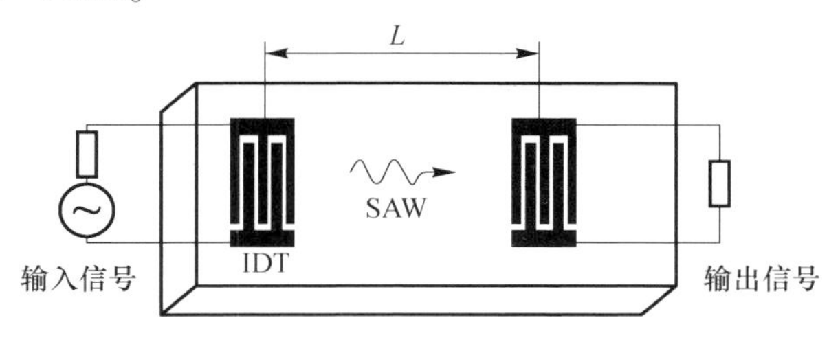

图 6.16 声表面波延时原理图

6.8.2.4 数字延时

随着数字技术的快速发展,可以采用 A/D 与 D/A 变换实现射频与数字信号的相互转换,这样通过 CMOS 集成电路来实现数字信号的时延也成为一种可能。理论上,对于任何频谱的模拟信号,经过符合采样定理要求的速率进行采样和模数转换,均可变成数字信号,经过数字式延时电路后,再经低通滤波器还原,便可获得所需要的、经过一定延时时间的模拟信号。在前节谈到了另一种形式的数字延迟,通过控制数字 T/R 组件中的 DDS 器件产生信号的时间,相当于实现了延迟。

各种延迟线实现的方式各有特点,都在不同的雷达中得到了应用,在考虑具体方案时,需要根据每部雷达天线的实际情况进行选择,并且在一部天线中可能会选用几种方式。

6.9 综合网络[7]

有源相控阵天线的组成非常复杂,由辐射单元、T/R 组件、延迟组件、驱放组件以及电源、波束控制分机等组成。它们之间通过微波信号的分配、合成与传输网络,控制信号的分配与传输网络,和电源传输网络连接在一起。在传统的相控阵天线设计中,这些网络各自独立,占据了很大的体积和重量,使相控阵天线结构非常复杂,体积过于庞大,阻碍了相控阵天线集成化、小型化和轻量化的发展,对体积、重量严格限制的天基预警雷达而言,必须采用综合网络替代分立的微波网络、控制网络和电源网络,也就是要对三大网络进行统一设计,集中在一个多层的微波电路板中,同时 T/R 组件等单机采用盲插,形成无引线的天线阵面。从而使天线阵面结构紧凑、尽可能压缩天线阵面的体积和重量。

这种综合网络最早出现在 20 世纪 90 年代美国的 Globalstar 卫星[8],该卫星的相控阵通信天线采用了这种技术。这部相控阵天线由 L 波段有源相控阵接收天线和S波段有源相控阵发射天线组成，接收天线和发射天线可以同时形成16个独立的圆极化天线波束。按常规方法设计，天线的馈线网路将会十分复杂，而采用综合网络技术后，将微波信号馈线网络、波束控制系统、电源分配网络以及天线辐射单元采用一体化设计成多层印制板形式，整个印制板多达68层，厚度为1.5英寸[①]，结构非常简洁、紧凑。

典型的综合网络示意图如图6.17所示，图中似乎仅仅简单地将三种不同的网络通过印制板集成在一起，其实不然，综合网络的设计制造涉及微波电路、高速数字电路和大功率电源电路。

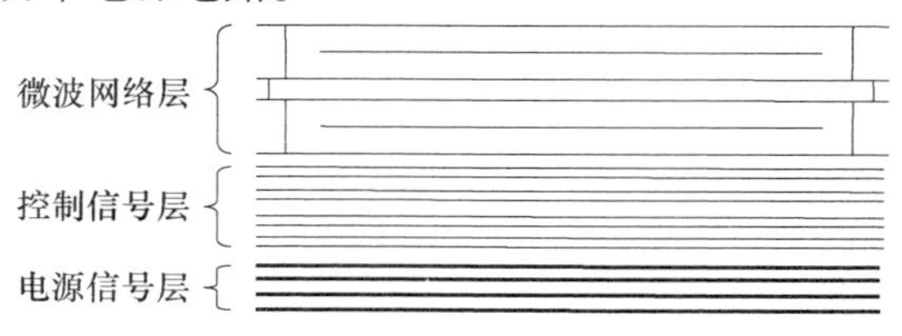

图6.17　综合网络示意图

在综合网络出现之前，微波网络、控制网络和电源分配网络各自独立，互不干扰。而这三个网络集成在一起后，已不存在各自的屏蔽网，微波信号、数字信号和电源信号之间存在电磁兼容问题，这是综合网络设计必须首先解决的问题。其次采用多层印制板之间的垂直互联替代传统的电缆连接，涉及三维微波集成电路设计技术。最后是微波多层印制板的制造技术，涉及相关制造工艺、材料技术等。

1）综合网络电磁兼容设计技术

综合网络需要同时传输微波信号、高速数字信号和电源信号，信号之间已不存在传统的物理隔离，如果得不到有效处理，它们之间的电磁兼容性将会严重影响信号传输网络的性能。因此需要对微波电路、数字电路和电源分配电路进行统一设计，对三种传输形式的信号的完整性以及相互之间的电磁干扰特性进行全面的分析。

信号完整性是指信号通过传输网络后的时序和波形符合接收端的需求，如果不满足，说明被传输信号的完整性出了问题。引起信号时序和波形变化的因数可能是信号之间的相互串扰、来自接收端的反射和接地不当。

当综合网路中的传输线阻抗特性与负载阻抗不匹配时，所传输的信号一部分被负载接收，另一部分被反射，这样信号波形会出现过冲和下冲现象，也就是信号在传输过程中出现跳变，超过预计设计的门限。为减小传输不匹配引起的

① 1英寸=2.54cm。

反射现象,需要采用合适的布线结构,优化调整接收端的阻抗匹配。

串扰是传输线之间存在的感性和容性耦合引起的噪声干扰。由于综合网络集成度高,信号之间的隔离度相对小,信号特性如功率、频率等存在显著的差异,同时通过不同电路层间的过孔的电磁耦合导致相应信号的传输特性改变,降低了信号的传输质量,因此需要在布线设计中考虑传输线路的间距,减小可能存在干扰线段的并行走线的长度,以及增加容易引起串扰的信号之间隔离层等综合措施抑制串扰。

2）微波印制板垂直互联技术

在综合网络中,处在不同层的微波信号是通过垂直互联过孔联接的。不同于一般直流信号,只要搭接电阻足够小就能满足要求,微波信号的垂直互联要复杂许多,衡量微波信号互联性能的参数主要有垂直过渡线的阻抗匹配和微波信号在过渡线中传输的损耗。垂直互联技术就是要降低连接端口的反射系数,和过孔段传输的衰减,满足微波信号传输低损耗、高隔离度和低串扰的要求。垂直互联技术是综合网络设计技术的重要组成。

3）微波多层印制板设计与制造技术

微波多层板设计和制造技术涉及材料和制造工艺。用来制作综合网络的基片材料的性能会直接影响综合网络的总体性能,衡量基片材料性能的参数主要有介电常数及其误差,介电常数与信号传播速度和微波电路的尺寸有关,要综合考虑,介电常数的误差会影响微波电路的性能与一致性;介质损耗角正切值 $\tan\delta$,它影响传输信号的插入损耗;热胀系数,它指基片材料随温度升高发生膨胀变形的程度,需要与微波电路和组装器件的热胀保持基本一致;吸湿率,影响介电常数的稳定,高吸湿率的基片材料会影响微波电路的一致性和可靠性。制造微波多层板工艺的核心在于多层印制板的层压工艺和层间过孔的金属化工艺,它们会直接影响微波多层印制板成品的性能。

6.10　天线技术的发展

半导体技术、微电子技术、光电子技术和 MEMS 等技术的发展促进了相控阵天线性能的持续提高。特别是宽禁带半导体技术的突破,使得相控阵天线逐渐进入了宽禁带时代,相控阵天线的效率、可靠性等指标明显优于以砷化镓器件为代表的时代。为了大幅度减小天线的重量,以满足大型相控阵天线在空间应用的需求,薄膜天线技术成为空间天线技术研究的一个热点。

6.10.1　宽禁带技术

半导体材料分为宽禁带半导体与窄禁带半导体材料,两者区分是依据其禁带宽度大小而定。禁带宽度是指在半导体能带结构中，导带最低点与价带最高点之间的能量差，以 Eg 表示（单位为电子伏特，eV）。如果禁带宽度 $Eg < 2eV$，如锗（Ge）、硅（si）、砷化镓（GaAs）、磷化铟（InP），则为窄带半导体；如果禁带宽度 $Eg > 2.0 \sim 6.0eV$，如碳化硅（SiC）、氮化镓（GaN）等，则为宽禁带半导体。与窄带半导体相比，宽禁带半导体有许多优异的性能。

6.10.1.1 高击穿电场强度

宽禁带半导体的击穿电场强度是砷化镓的 5 ~ 7 倍，高的电子击穿强度可以大幅度提高半导体的击穿电压，这样可以减小宽禁带半导体功率器件的尺寸，增加功率密度，使器件的输出功率得到大幅度的提高；同时宽禁带器件可以使用高的工作电压，从而降低电源系统的线路损耗，提高能源利用效率。由于击穿电压的提高，利用宽禁带材料研制的低噪声放大器可以省去保护低噪声放大器的限幅器，这样减小了限幅器带来的损耗，提高雷达系统的灵敏度，同时降低了成本。

6.10.1.2 高的热导率

材料的热导率越高，它向周围环境传导热的能力越强，自身温度上升就越慢，有利于提高功率器件的功率密度。对于固定功率电平，GaN 功放芯片的尺寸是同等功率 GaAs 功放芯片的 1/3 ~ 1/4，减少 GaN MMIC 的面积而获得同样功率，可以降低成本。

6.10.1.3 结温高，热稳定性好

宽禁带半导体的结温高，热稳定性好有利于降低对热控的要求，也就是在冷却条件较差的情况下，器件也能稳定可靠地工作，这对散热条件差的空间环境使用尤其重要。

6.10.1.4 抗辐射能力强

宽禁带半导体材料的抗辐射能力非常好，特别适合制作用于空间环境使用的高功率器件。

国外宽禁带半导体技术的研究已经超过 30 年。特别是 2000 年以来，美国国防部先进研究计划局（DARPA）出资支持宽禁带半导体技术的发展，启动了宽禁带半导体射频应用（WBGS - RF）项目，取得很大进展，WBGS - RF 项目是 DAPAR主导的一项多年度、多阶段的研发计划，指在建立可生产高功率 GaN MMIC 产品需要的所有能力。DARPA 资助了雷声（Raytheon/Cree）、TriQuint、格鲁曼（Northrop Grumman）三个团队。随着 WBGS - RF 计划取得成果，美国国防部又启动了一项“氮化镓 MMIC 技术”（GaN MMIC）的研发项目，以提高产品的

可靠性、成品率和制造成熟度。根据目前的报道，雷声等公司已完成从基础材料到晶体管、单片微波集成电路、部件以及天线面阵等宽禁带产品的研制，器件制造成熟度水平达到 8 级，并通过了美国国防部生产系统认证。欧洲在宽禁带技术的研究方面，与美国技术水平接近。2013 年，欧空局完成了 X 波段 GaN 功率放大芯片的空间应用地面可靠性试验，并研制完成一个 X 波段 GaN 功率放大器，已于同年 5 月在小卫星 PROBA V 上进行搭载试验。法国泰勒斯(Tales)公司正致力于下一代 X 波段空间 SAR 系统宽禁带 T/R 组件研发(图 6.18)，该 T/R 组件输出功率为 20 ~ 30W，计划应用在 COSMO2 代(Gen constellation)卫星中。

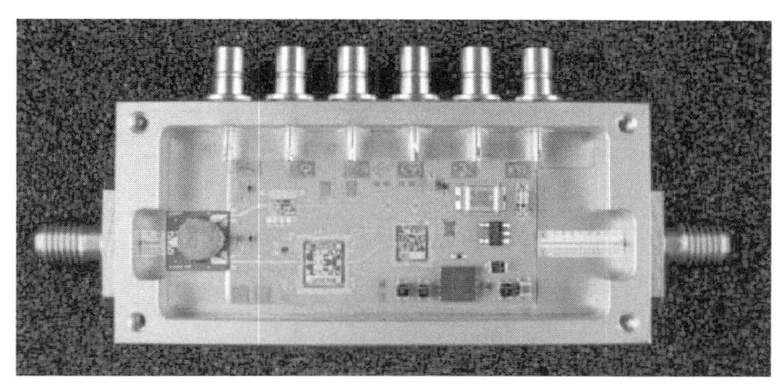

图 6.18　泰勒斯公司研制的宽禁带 T/R 组件(见彩图)

6.10.2　薄膜天线技术

薄膜天线是以聚酰亚胺等柔性材料作为制作天线的介质材料，采用印制电路或掩模工艺印制或蚀刻出天线图形的新型天线，由于薄膜天线使用的基材重量轻、柔性好、易折叠和展开等特点，非常适合空间应用的要求，成为星载天线研究的热点之一。

1996 年 5 月，美国 NASA 利用奋进号航天飞机对薄膜充气式反射面天线进行了展开验证实验，取得成功。实验结果证明了在空间采用薄膜充气天线的可行性，对薄膜充气天线的进一步发展起了很大促进作用。继 NASA 的空间实验后，美国喷气动力实验室(JPL)和 ILC Dover 公司分别在 1997 年和 1999 年联合发展了充气反射阵列天线[9]，天线由凯夫拉尔(Kevlar)套管与覆铜的 Kapton 薄膜材料制成，具有很高的平整度。图 6.19 展示了上述反射式薄膜天线的外形。

反射面天线结构简单，易于收拢展开，但在波束大空域快速扫描、功率合成效率与可靠性方面存在明显弱点，难以适应天基预警雷达要求。为此美国 JPL 实验室研究了若干薄膜有源相控阵天线结构，积累了较多的技术基础。早期的平面薄膜阵列天线是 JPL 分别与 ILC Dover 公司和 L′Garde 公司在 20 世纪末发

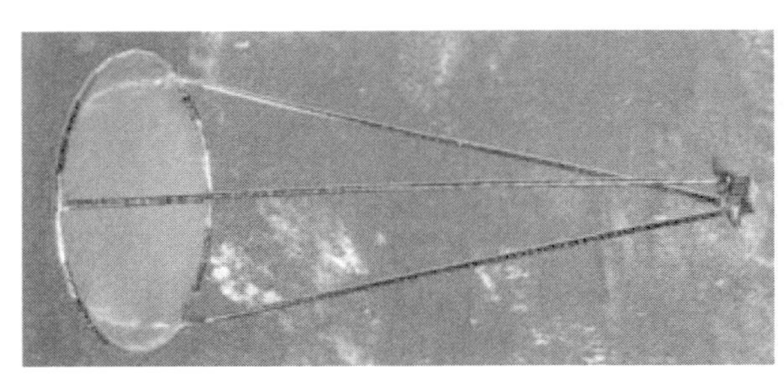

图 6.19　美国研制的薄膜反射阵列天线（见彩图）

展的 L 波段 SAR 应用双极化天线阵列[10]，两个天线结构类型非常类似，见图 6.20。天线尺寸为 3.3m×1.0m，阵面均采用三层 Kapton 薄膜构成，薄膜经由张力索与支撑柱相连接并进行张紧，辐射单元为微带贴片天线，采用共面/孔径耦合馈电实现双极化性能。L' Garde 天线结构的表面平整度误差为 ±0.28mm，比所要求的 0.8mm 优越。ILC Dover 天线结构平整度误差为 ±0.7mm。两天线的带宽均稍大于设计要求的 80MHz。

(a) JPL和ILC Dover公司研发的薄膜天线

(b) L'Garde研发的薄膜天线

图 6.20　JPL 与 ILC Dover 公司和 L' Garde 公司分别开发的 L 波段薄膜阵列天线（见彩图）

为进一步研究薄膜有源相控阵天线性能，JPL 于 2003 年开发了带 T/R 组件的天线结构，该试验样件已初具大口径薄膜有源相控阵天线阵面的雏形，由 2×4 个 L 波段微带天线单元组成，框架由刚性结构支撑，T/R 组件贴装于薄膜天线底层，在该层上还构建了必要的馈线网络，使天线具备了相扫特点。后续 JPL 发展了 16×16 个单元的更大尺寸有源相控阵天线（图 6.21）。

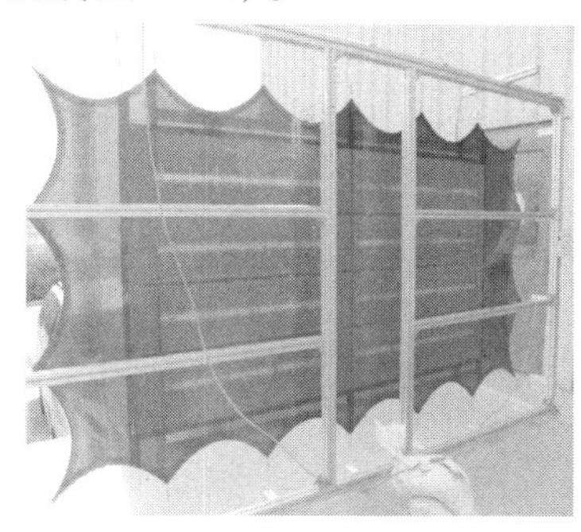

图 6.21　美国 JPL 开发的 L 波段有源相控阵天线（见彩图）

国内也在薄膜天线技术方面开展了研究，南京电子技术研究所开展了多轮薄膜阵面设计、加工和测试，膜面与组件集成（图 6.22），获得了初步的天线方向图结果（图 6.23）。

图 6.22　在暗室测试中的 1m×1m 薄膜天线小面阵（见彩图）

虽然薄膜天线技术的研究进行了许多年，但是许多技术依然没有突破，如大面积天线展开、阵面变形及控制补偿、天线阵面的散热、适合薄膜天线使用的 T/R 组件、基础材料的抗辐照和抗老化等诸多方面，薄膜天线要投入使用还需要做许多研究工作。

本章从天线技术指标出发，讨论了相控阵天线的基本原理和宽带相控阵天线的特点，对天线波束的扫描控制和低副瓣天线的实现进行了具体的分析。辐射天线单元、T/R 组件、延迟组件和综合网络是构成相控阵天线的关键部件，为此进行了专题讨论。最后总结了影响天基预警雷达天线发展的宽禁带半导体和薄膜天线技术的进展情况。

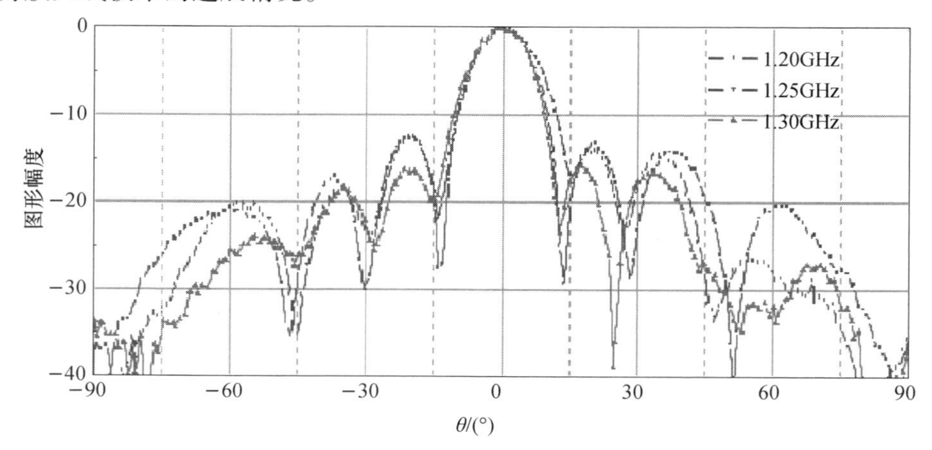

图 6.23 薄膜天线小面阵方向图(见彩图)

参考文献

[1] 张光义,赵玉洁. 相控阵雷达技术[M]. 北京:电子工业出版社,2006 年.

[2] 郭燕昌等. 相控阵和频率扫描原理[M]. 北京:国防工业出版社,1978 年.

[3] Mailloux R J. Phased Array Antenna Handbook[M]. 2nd ed. BOSTON, ARTECH HOUSE:2005.

[4] Hanse R C. Phased Array Antennas[M]. NEW YORK:JOHN WILEY & SONs INC. ,1998.

[5] 张祖稷,金林,束咸荣. 雷达天线设计[M]. 北京:电子工业出版社,2005 年.

[6] Skolnik M I. Radar Handbook[M]. 2nd ed. New York:McGraw – Hill Book Co. ,1990.

[7] 胡明春,周志鹏,高铁. 雷达微波新技术[M]. 北京:电子工业出版社,2013 年.

[8] Metzen P L. Globalstar Satellite Phased Antennas[C]. IEEE International Conference Phased Array System and Technology ,Loral,USA:207 – 210,2000.

[9] Huang J,Feria A. Inflatable Microstrip Reflectarray Antennas at X and Ka – Band Frequencies[C]. IEEE International Symposium on Antennas and Propagation,July 1999:1670 – 1673.

[10] Huang J. Paper – Thin Membrane Aperture Coupled L Band Antennas[J]. IEEE Transactions on Antennas and Propagation,August 2005 53:2499 – 2502.

第 7 章

天基预警雷达信号处理技术

天基预警雷达必须解决地面背景杂波和各种电磁信号干扰的影响，才能从复杂的回波中清晰地分离出目标信息，实现从太空发现和跟踪活动目标，这正是天基预警雷达运动目标检测的关键技术，也是信号处理技术的关键所在。

天基预警雷达信号处理技术核心在于：在地/海杂波背景下，探测海面和空中目标，需要有效解决杂波抑制和目标积累检测问题；对地成像处理，需要解决高分辨力和大幅宽的矛盾；地面动目标检测（GMTI）处理，需要解决慢速运动目标检测、定位和测速问题；在轨高速实时处理，需要解决高速处理能力需求与缺乏超大规模宇航级芯片的矛盾。本章围绕这几个问题，重点介绍信号处理算法和硬件实现要求。

7.1 海面目标处理技术

海面目标的检测存在的难度在于：一方面是由于海面目标的运动速度较慢，很难在速度上将其与海杂波区分开来；另一方面是由于海杂波的分布特性与海情密切相关，变化范围大。运算量小、工程实现简单的方法主要有非相参积累检测方法[1]。

非相参积累检测方法是在包络检波后进行，它只利用了信号的幅度信息，而没有利用信号的相位信息。非相参积累的效率要比相参积累的效率低。但非相参积累方法具有实现简单，对脉冲之间目标起伏不敏感等优点，其检测流程如图 7.1所示。

图 7.1 非相参积累检测流程框图

脉冲压缩处理是对雷达发射的单个宽脉冲信号进行匹配处理，使输出信号峰值功率与噪声平均功率之比达到最大，同时获得高的距离分辨力。假设雷达发射线性调频信号，脉冲压缩的参考函数就为发射信号时间反褶后的复共轭，其

信号形式为

$$\mathrm{sref}_{\mathrm{r}}(\hat{t}) = a_{\mathrm{r}}(\hat{t})\exp(-\mathrm{j}\pi k_{\mathrm{r}}\hat{t}^2) \tag{7.1}$$

式中：$a_{\mathrm{r}}(\cdot)$为信号包络；k_{r} 为调频斜率；j 为虚数单位。

时间域的匹配滤波可在频率域采用快速傅里叶变换（FFT）快速实现，脉压实现框图如图 7.2 所示。通过距离匹配脉压后的信号为

$$s_{\mathrm{out}}(t) = \frac{1}{2\pi}\int_{-\pi}^{\pi}\left[\left(\int_{-\infty}^{\infty} s_{\mathrm{in}}(t)\mathrm{e}^{-\mathrm{j}2\pi ft}\mathrm{d}t\right)\cdot\left(\int_{-\infty}^{\infty}\mathrm{sref}_{\mathrm{r}}(t)\mathrm{e}^{-\mathrm{j}2\pi ft}\mathrm{d}t\right)\right]\cdot\mathrm{e}^{\mathrm{j}2\pi ft}\mathrm{d}f \tag{7.2}$$

式中：$s_{\mathrm{in}}(t)$为距离脉压前信号。

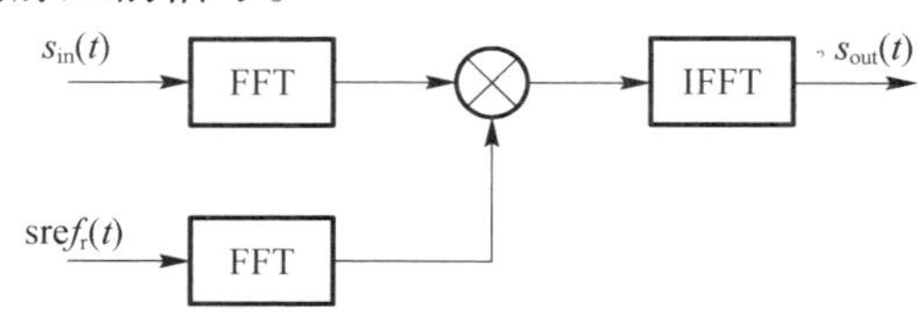

图 7.2　距离脉压实现框图

非相参积累在包络检波器之后完成，丢失了相位信息，而只保留了幅度信息，因而检波后积累不需要保留信号间严格的相位关系，其信号形式为

$$s_{\mathrm{out}}(t) = \sum_{i=1}^{M}|s_{\mathrm{in}}(t_i)| \tag{7.3}$$

M 个回波脉冲在包络检波后进行积累，信噪比的改善不到 M 倍。这是因为包络检波的非线性作用，信号加噪声通过检波器时，将增加信号与噪声的相互作用而影响输出端的信号噪声比。因此，非相参积累后信噪比的改善在 M 和 $\sqrt{M}$ 之间。

有时，在检测中采用另一种简化方案，即把被检测的视频信号量化为二进制数，然后再把量化了的视频信号相加，称为二进制积累。这样的检测过程如图 7.3所示。二进制积累器实现简单，但由于只采用了两电平幅度量化，丢失了部分幅度信息，因而有 1 ~2dB 的量化损失。

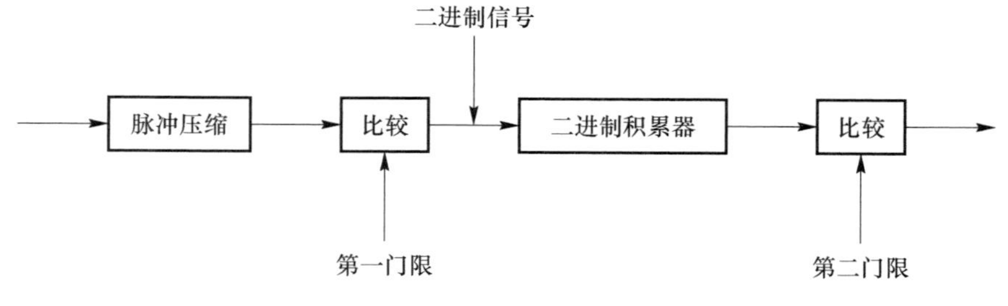

图 7.3　二进制积累检测流程框图

7.2　空中目标处理技术

在雷达对空工作模式下,信号处理的功能是改善信号杂波比,以便在输出端实现可靠的目标检测。所需的改善因子典型值要在 50dB 以上。因此,需要采用最佳的信号处理技术,以抑制天基预警雷达的杂波干扰。

脉冲多普勒(PD)处理是 20 世纪 50 年代后期出现的一种利用多普勒效应检测目标信息的全相参处理方法,主要包括:距离脉冲压缩和脉冲多普勒处理。距离脉冲压缩处理采用线性调频脉压或其他技术,通过脉冲压缩不仅可以提高距离分辨力,而且可以减少每个检测单元的杂波面积,从而使信杂比得到改善。脉冲多普勒处理对接收到的脉冲列信号进行相参积累,根据目标与杂波的速度差别,从强的杂波干扰中提取出有用的目标信号。

天基预警雷达工作中存在强的地杂波和干扰信号,严重影响目标信号的检测。另外,由于卫星平台的高速运动,会使主瓣杂波频谱展宽,影响慢速目标的检测性能。空时(二维)自适应处理器(STAP)处理可在杂波分布位置自适应形成滤波器凹口,从而达到更好地抑制杂波的目的[2]。

本节将介绍基本的常规 PD 处理和 STAP 处理的基本流程,并给出杂波抑制性能评价指标。

7.2.1　常规 PD 处理

PD 处理可把位于特定距离上具有特定多普勒频移的目标信号检测出来,并能滤除其他的杂波和干扰,它主要包括:主杂波抑制(MTI)、距离脉冲压缩和多普勒滤波等步骤,如图 7.4 所示。

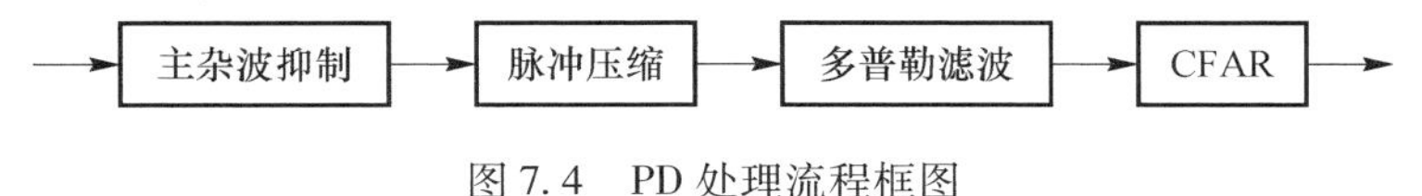

图 7.4　PD 处理流程框图

主杂波抑制用于减小雷达数字部分的信号动态范围,保证对主瓣杂波有足够的抑制能力。

脉冲压缩是对雷达发射的单个宽脉冲信号进行匹配处理,使输出信号峰值功率与噪声平均功率之比达到最大,同时获得高的距离分辨力。

多普勒滤波是脉冲多普勒雷达不可缺少的组成部分,是覆盖预期目标多普勒频移范围的邻接窄带滤波器组。当目标相对雷达的径向速度不同时,多普勒频移不同,通过的窄带滤波器也不同,起到了实现速度分辨和精确测量的作用。

PD 处理是在两个假设基础上进行的:①假设雷达为“停-跳”的工作方式,即假设在脉冲发射和接收期间,目标和雷达都是静止的,然后它们移动一个适当的量（这个量就是1个脉冲重复周期中目标和雷达的移动量），接着它们停下来发射和接收下一个脉冲；②假设 M 个脉冲的时间里，目标是呆在一个距离门内的。连续 M 个脉冲回波经过相干解调后的基带数据形成1个二维数据矩阵，如图7.5所示。

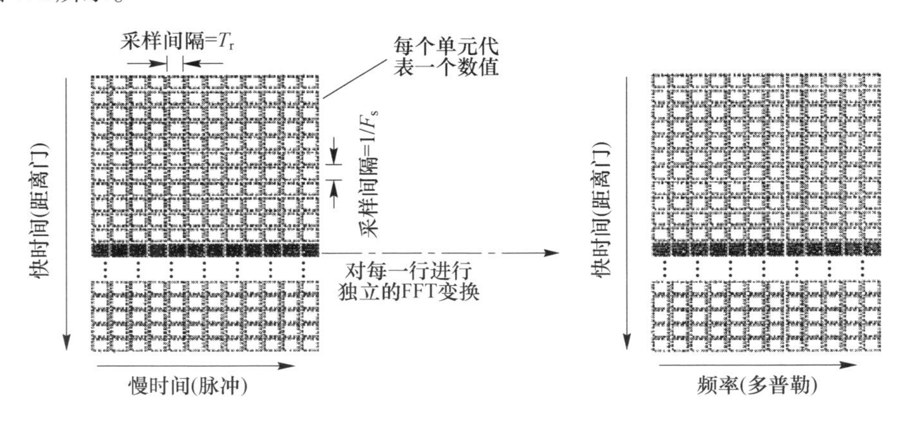

图7.5　PD处理数据矩阵示意图

矩阵中的每1列对应1个脉冲回波的连续采样，列中的每1个元素都是1个复数，代表1个距离单元的实部和虚部（I和Q）分量；矩阵中的每1行代表对同一个距离单元的一连串脉冲测量。列是快时间或距离维，其数据采样率至少为发射脉冲的带宽，量级为几百千赫到几十甚至几百兆赫之间；行表示是慢时间或脉冲数维，其数据采样率为雷达的脉冲重复频率，量级为几千赫到几十千赫、有时达到几百千赫。PD处理是对矩阵的行数据（同一距离单元的数据）作快速傅里叶变换（FFT），并进行多普勒谱分析，所以PD处理的结果仍然是一个数据矩阵，但此数据矩阵的坐标域变为快时间和多普勒频率。

表现为慢时间上相位变化的目标多普勒频率，有时也称为空间多普勒频率，强调了多普勒频移不是通过测量脉冲内的频率变化得到的，而是从给定距离门的一连串脉冲的回波绝对相位变化测得的，即通过对每1行作FFT实现的。在PD处理后得到的结果数据矩阵中，把每1个多普勒谱采样分别与检测门限进行比较，以判断此距离多普勒单元中的信号是仅仅包含噪声，还是包含目标加噪声。

PD处理时，目标信号需要与副瓣杂波竞争，而副瓣杂波强度与收发天线副瓣相关，即收发天线副瓣越低，副瓣杂波能量越弱，目标越容易检测。如果检测超过指定门限，则不仅可以确定此距离单元中存在运动目标，而且还可以由该目标所在的多普勒单元估计出目标的径向速度，同时还能够由目标所在的距离单元估计出目标的径向距离。

7.2.2 STAP 处理

7.2.2.1 基本的空时二维杂波数学模型

首先以单基地雷达为例介绍理想情况下的杂波协方差矩阵模型的建立过程。“理想情况”是指不考虑如阵元误差、杂波内部起伏等非理想因素的影响。通常,杂波建模有如下假设:

(1) 从地面不同点反射的回波信号是大量相互独立的随机信号,它们服从高斯分布。

(2) 杂波的内部波动在观察时间内认为是慢变化的,在一个相干处理间隔内,认为杂波单元相对于卫星的方位不变。

(3) 满足远场窄带条件。

为了便于说明,暂不考虑距离模糊,即认为地面杂波回波来自同一等距离环。假设雷达天线为标准线性阵列,天线长轴放置方向与飞行方向一致(即正侧视配置)。雷达将接收到来自不同方位的杂波单元回波之和。这些杂波单元到发射机和接收机的双程路径的距离和相等(相同距离和也被称为一个“距离单元”)。这些杂波单元构成的距离环被称为杂波等距离环。在单基地情况下,杂波等距离环是一个圆,如图7.6所示。

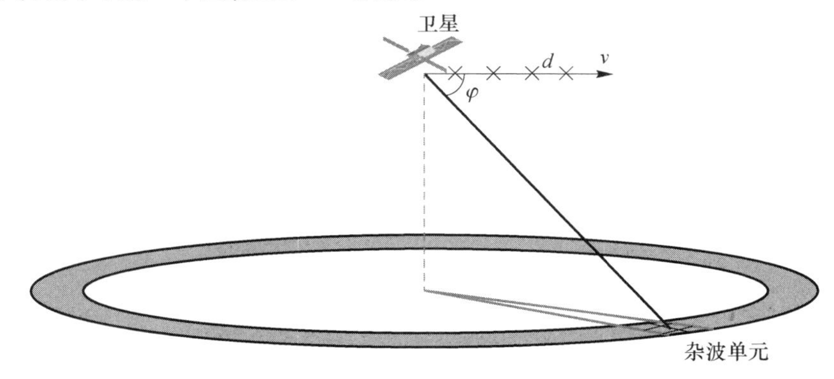

图7.6　雷达天线和杂波散射体的几何关系

将感兴趣的杂波等距离环分为 N_c 个杂波单元,则第 i 个杂波单元相对于阵列的空间频率定义为

$$f_s^i = \frac{d}{\lambda}\cos\varphi \tag{7.4}$$

式中:φ 为杂波单元相对于阵列放置方向的锥角;d 为阵元间距;λ 为波长。空间频率表征了回波的方位。在线性阵列的情况下,不同的检测角度是以锥角来衡量的。

设接收天线有 N 个阵元(通道),则该杂波单元的空域导引矢量定义为

$$\boldsymbol{a}_i \stackrel{\text{def}}{=} \boldsymbol{a}(f_s^i) = [1, \exp(\mathrm{j}2\pi f_s^i), \cdots, \exp(\mathrm{j}2\pi(N-1)f_s^i)]^{\mathrm{T}} \tag{7.5}$$

式中:上标 T 表示矢量转置。

第 i 个杂波单元相对于阵列的时间频率(归一化多普勒频率)为

$$f_t^i = \frac{2v}{\lambda f_r}\cos\varphi \tag{7.6}$$

式中:v 为雷达平台的运动速度;f_r 为脉冲重频。

设每个阵元上接收到 M 个脉冲,则该杂波单元的时域导引矢量定义为

$$\boldsymbol{b}_i \stackrel{\text{def}}{=} \boldsymbol{b}(f_t^i) = [1, \exp(\mathrm{j}2\pi f_t^i), \cdots, \exp(\mathrm{j}2\pi(M-1)f_t^i)]^{\mathrm{T}} \tag{7.7}$$

$MN\times1$ 维空时导引矢量 $\boldsymbol{s}_i$ 定义为矢量 $\boldsymbol{a}_i$ 和 $\boldsymbol{b}_i$ 的 Kronecker 积,即

$$\boldsymbol{s}_i \stackrel{\text{def}}{=} \boldsymbol{s}(f_s^i, f_t^i) = \boldsymbol{a}(f_s^i) \otimes \boldsymbol{b}(f_t^i) \tag{7.8}$$

接收阵列在一个相干积累时间(CPI)内多个脉冲时刻接收到的该杂波单元回波的空时输出(即空时快拍矢量)$\boldsymbol{x}_i$ 可表示为

$$\boldsymbol{x}_i = \rho_i \cdot \boldsymbol{s}_i \tag{7.9}$$

式中:ρ_i 为该杂波单元信号回波的幅度,它是一个零均值的高斯变量,其方差(即该杂波单元的回波功率)为 ξ_i。

雷达接收到的该距离环上的杂波信号为 N_c 个杂波单元回波的和,即

$$\boldsymbol{X}_c = \sum_{i=1}^{N_c} \rho_i \boldsymbol{s}_i \tag{7.10}$$

式中:$\boldsymbol{X}_c = [X_{1,1}, X_{2,1}, \cdots, X_{N,1}, X_{1,2}, \cdots, X_{1,M}, \cdots, X_{N,M}]^{\mathrm{T}}$ 称为该距离单元上的一个空时快拍,$X_{K,L}$表示在第 L 个脉冲时刻、第 K 个接收阵元上接收到的杂波回波信号。注意,如果存在距离模糊,只需将各模糊距离环也分为 N_c 个杂波单元,然后求取各杂波单元的空间频率和时间频率,写出其空时导引矢量,最后加入式(7.10)即可。

杂波的空时二维协方差矩阵为

$$\boldsymbol{R}_c = E\{\boldsymbol{X}_c \boldsymbol{X}_c^{\mathrm{H}}\} \tag{7.11}$$

由于认为不同的杂波单元的反射幅度 ρ_i 不相关,即

$$\begin{cases} E\{\rho_i \rho_j\} = 0 & i \neq j \\ E\{\rho_i \rho_j\} = \xi_i & i = j \end{cases} \tag{7.12}$$

故杂波协方差阵为

$$\boldsymbol{R}_c = E\{\boldsymbol{X}_c \boldsymbol{X}_c^{\mathrm{H}}\} = \sum_{i=1}^{N_c} \xi_i \boldsymbol{s}_i \boldsymbol{s}_i^{\mathrm{H}} \tag{7.13}$$

7.2.2.2 空时二维杂波谱

由空间频率和时间频率定义的二维谱平面被称为空时谱平面,每个杂波单

元都对应着一个空时频率对(f_s,f_t),即谱平面上一个频点。同一个等距离环内所有杂波单元频率对的集合表征了杂波在空时谱平面上的出现地点,这被称为杂波背脊线。背脊线上的杂波强度定义了杂波空时谱。背脊线方程由杂波的空间频率f_s和时间频率f_t的关系决定。正侧视配置的雷达杂波谱如图 7.7 所示,图中同时给出了目标信号的位置。该图采用最小方差谱,也称似然谱,即

$$P(f_s,f_t)=\frac{1}{\boldsymbol{s}^{\mathrm{H}}(f_s,f_t)\boldsymbol{R}_c^{-1}\boldsymbol{s}(f_s,f_t)} \tag{7.14}$$

式中:$\boldsymbol{R}_c$为杂波协方差阵;$\boldsymbol{s}(f_s,f_t)$是空时导引矢量。

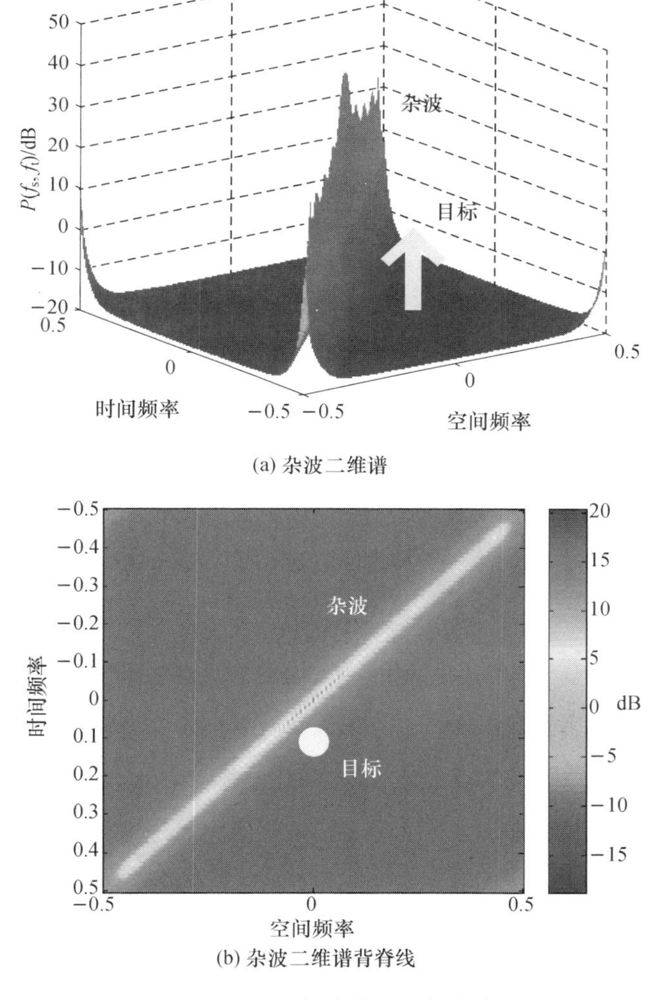

(a) 杂波二维谱

(b) 杂波二维谱背脊线

图 7.7 具有空时二维耦合特性的杂波谱以及目标

可以看到,正侧视配置的杂波背脊线为一条直线。可知 f_s 和 f_t 满足直线方程为

$$f_t = \frac{2v}{df_r} f_s \tag{7.15}$$

故此时杂波背脊线是一条直线。定义 β 为杂波背脊线的斜率,为

$$\beta = \frac{2v}{df_r} \tag{7.16}$$

单基地正侧视配置的杂波背脊线是一种简单的线性关系。在星载场景中,由于平台运动速度和天线轴向的夹角、地球自转等因素的影响,杂波背脊线可能是较复杂的曲线。

在杂波背脊线附近,系统的杂波抑制性能将很差,因此系统参数的设计应当尽量减小杂波背脊线在空时谱平面上的扩散。如果采用一维多普勒处理(即,将杂波谱和目标同时向时间频率轴投影),则目标将被淹没在副瓣杂波中。当杂波功率远大于噪声功率时,必须采用空时自适应处理才能有效抑制杂波,检测到目标。

7.2.2.3 空时二维处理器

图 7.8 为空时二维处理器的结构。实际上,空时二维处理是阵列信号处理器的扩展。但此时共有 N 个接收阵元、每个接收阵元接收 M 个脉冲,最优处理的维数是 MN。

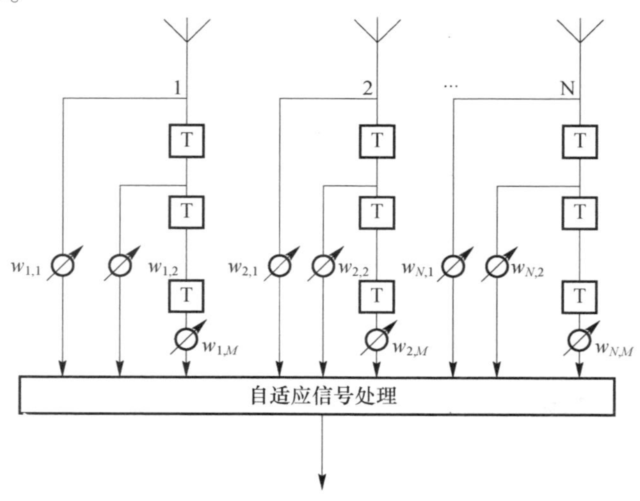

图 7.8 空时二维处理器结构框图

最优处理器准则是在保持输出信号能量的基础上最小化输出噪声和杂波信号,

$$\begin{cases}\min \quad \boldsymbol{W}^{\mathrm{H}}\boldsymbol{R}_{\mathrm{n+c}}\boldsymbol{W} \\ \mathrm{s.\,t.} \quad \boldsymbol{W}^{\mathrm{H}}\boldsymbol{s}_{\mathrm{t}}=1\end{cases} \tag{7.17}$$

式中:$\boldsymbol{s}_{\mathrm{t}}$ 是目标信号来波方位以及对应时间频率构成的空时二维导引矢量,$\boldsymbol{R}_{\mathrm{n+c}}$ 是噪声和杂波的协方差矩阵。最优处理器的权矢量为

$$\boldsymbol{W}=\boldsymbol{R}_{\mathrm{n+c}}^{-1}\boldsymbol{s}_{\mathrm{t}} \tag{7.18}$$

当只考虑杂波而没有其他有源干扰时,图 7.9 画出了单基地雷达的最优空时自适应处理器的频率响应,可见处理器在杂波出现的地方形成了很深的凹口。

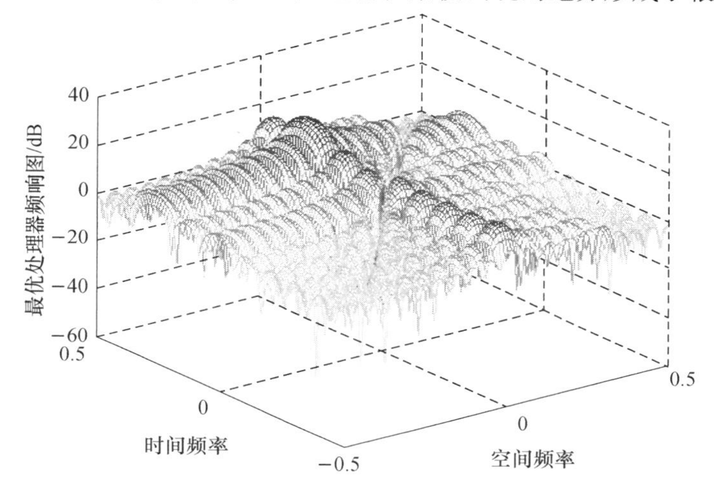

图 7.9　空时二维处理器频响图

在实际系统中,杂波协方差矩阵 $\boldsymbol{R}$ 是不能完全确知的,必须通过估计得到。通常采用相邻等距离环的杂波空时输出作为训练数据来估计待检测距离环的杂波协方差矩阵,这就是自适应处理。协方差矩阵 $\boldsymbol{R}$ 估计完成后,用式(7.18)进行计算,便得到了实际的权矢量。数据经权矢量加权处理后与设定的门限比较得到有无目标的判决结果。STAP 处理的过程如图 7.10 所示。

7.2.2.4　信噪比损失

杂波抑制的目的是进行动目标检测,这是一个在干扰中的信号检测问题。通常,杂波、干扰和噪声都可看作高斯型随机过程。在这种情况下,在给定的虚警概率下最大化发现概率等同于最大化输出信干噪比(SINR),故通常用输出 *SINR* 来评价系统的杂波抑制性能。可以给出最优处理时的输出信干噪比为

$$\mathrm{SINR}_{\mathrm{optimum}}=\frac{\sigma_{\mathrm{t}}^{2}\,|\boldsymbol{W}^{\mathrm{H}}\boldsymbol{s}_{\mathrm{t}}|^{2}}{\boldsymbol{W}^{\mathrm{H}}\boldsymbol{R}_{\mathrm{n+c}}\boldsymbol{W}}=\sigma_{\mathrm{t}}^{2}\boldsymbol{s}_{\mathrm{t}}^{\mathrm{H}}\boldsymbol{R}_{\mathrm{n+c}}^{-1}\boldsymbol{s}_{\mathrm{t}} \tag{7.19}$$

式中:σ_{t}^{2} 为输入信噪比。

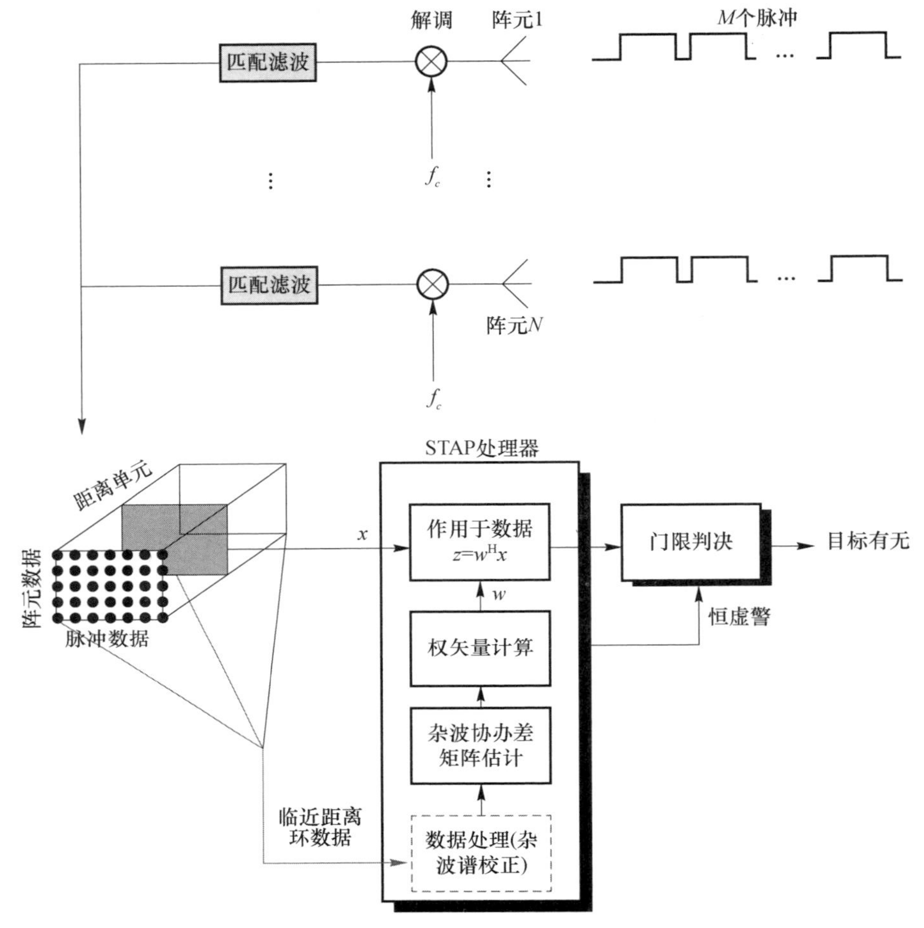

图 7.10　STAP 处理框图(见彩图)

与其他环境不同,在雷达检测中由于存在着杂波,常常使得检测性能比仅有白噪声时恶化。对这一不良影响的量度一般通过输出信干噪比损失(SINR Loss)描述。它定义为最优处理在有无杂波两种情况下对应的输出信干噪比的比例,即

$$L_{\mathrm{SINR}}=\frac{\mathrm{SINR}_{\mathrm{o\_nc}}}{\mathrm{SINR}_{\mathrm{o\_n}}}=\frac{\sigma_{\mathrm{t}}^{2}\boldsymbol{s}^{\mathrm{H}}\boldsymbol{R}_{\mathrm{n+c}}^{-1}\boldsymbol{s}}{\sigma_{\mathrm{t}}^{2}\boldsymbol{s}^{\mathrm{H}}\boldsymbol{R}_{\mathrm{n}}^{-1}\boldsymbol{s}}=\frac{\boldsymbol{s}^{\mathrm{H}}\boldsymbol{R}_{\mathrm{n+c}}^{-1}\boldsymbol{s}}{MN} \tag{7.20}$$

式中:M 为脉冲数目;N 为接收阵元数;SINR 为信干噪比;$\mathrm{SINR}_{\mathrm{o\_nc}}$ 为有杂波情况下的输出信干噪比;$\mathrm{SINR}_{\mathrm{o\_n}}$ 为无杂波情况下的输出信干噪比。存在杂波时总是有信干噪比损失的,通常用信干噪比损失来衡量一个处理器的性能,损失越小越好。

7.2.2.5　最小可检测速度

通常,输出信干噪比损失小于某个特定值时,系统仍能满足检测要求。比

如,要求输出信干噪比大于 15dB,而系统能提供的 $SINR_{o\_n}$ 为 20dB,则允许的输出信干噪比损失为 -5dB。在 STAP 处理中,往往检测感兴趣方向的目标,即目标导引矢量中的空间频率是已知的,但目标的多普勒频率未知,因此固定目标导引矢量中的空间频率、变化时间频率,画出输出信干噪比损失曲线。当目标多普勒接近杂波频率出现地点(杂波背脊线)时,输出信干噪比损失很大。曲线将在杂波区附近形成一个凹口,低于某个径向速度的目标将落入这个凹口内而无法被检测,由此可定义最小可检测速度(MDV),如图 7.11 所示。MDV 直观地反映了系统所能检测到的最小径向速度的目标,是评价杂波抑制性能的重要准则。凹口越窄,MDV 性能越好。

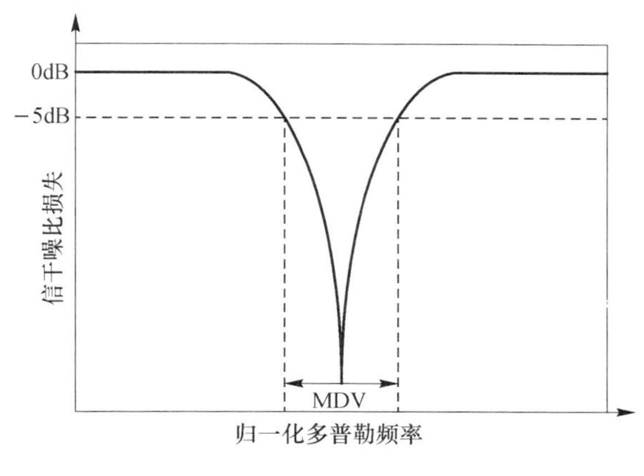

图 7.11　MDV 定义

因此,在强杂波的背景下如何提高天基预警雷达系统的 MDV 性能,是系统面临的一个主要的问题。显然,MDV 性能与杂波特性有关。杂波背脊线在空时谱平面上扩散越严重,主杂波区所占据的区域越大,MDV 性能将越差。

7.2.2.6　STAP 处理空时二维谱特性

下面将介绍影响杂波扩散和系统性能的 STAP 处理空时二维谱特性:杂波距离相关性、杂波距离模糊和多普勒模糊。

1) 杂波的距离相关性

采用 STAP 算法时需要用多个相邻距离单元的杂波数据对待检测单元的杂波协方差阵进行估计。传统的样本协方差矩阵求逆(SCI)方法要求训练数据满足独立同分布假设,且所需的训练数据数量约为协方差矩阵维数的两倍。

杂波的距离相关是指对于不同的等距离环来说,相同空间频率的杂波多普勒频率不同,即杂波多普勒随距离发生着变化。于是杂波谱结构(即杂波背脊线)就随距离发生了变化,使得各距离环的数据将不满足同分布的假设。杂波距离相关性的存在将使杂波协方差矩阵估计出现误差，导致自适应性处理能严重下降。因此，分析杂波的距离相关性是研究 STAP 处理非常重要的一个方面。

一般通过比较不同距离单元的杂波背脊线的重合程度来衡量杂波多普勒－距离相关性的强弱。单基地正侧视雷达不存在距离相关性，因为其背脊线方程与等距离环位置无关。图 7.12 画出了两个不同距离环在单基地正侧视雷达和非正侧视雷达中的背脊线示意图。图 7.12(a)中不同距离单元的杂波背脊线重合。图 7.12(b)中不同距离单元的杂波背脊线不重合，即杂波存在距离相关性。

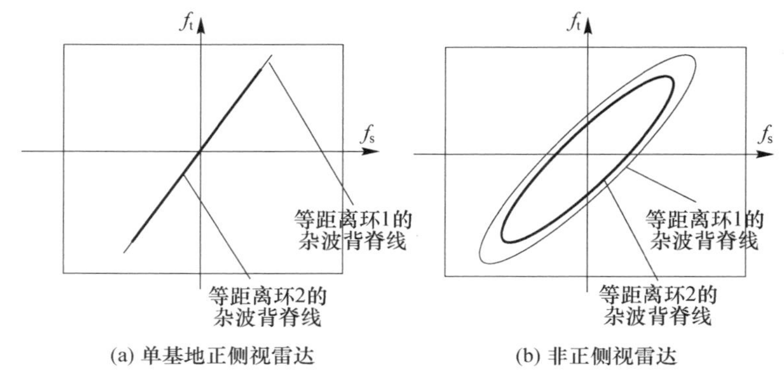

图 7.12　杂波多普勒－距离相关性示意图

2）杂波距离模糊和多普勒模糊

在星载雷达的应用中，卫星平台的速度远远大于飞机平台的速度，所以背脊线斜率往往远大于 1。如 L 波段的星载雷达，高度 850km 时速度为 7408m/s，若取波长 0.3m，阵元间距 0.15m，脉冲重频 2469Hz，则 $\beta=40$。杂波多普勒扩展范围为 98.8kHz，此时杂波谱将存在严重的多普勒模糊，如图 7.13 所示。

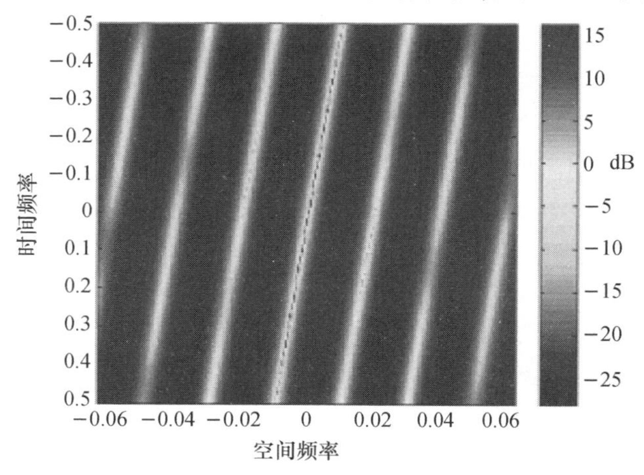

图 7.13　多普勒频率模糊

从图7.13可以看到,由于存在多普勒模糊,所以在多个空域点上出现和目标具有相同多普勒频率的杂波,由此产生对系统的空域自由度的要求。

单基地雷达的最大不模糊距离 R_u 由脉冲重复频率决定,即

$$R_u = \frac{c}{2f_r} \tag{7.21}$$

式中:c 为光速;f_r 为脉冲重复频率。

假设雷达最大作用距离为 R_{max},高度为 H,并考虑俯仰向副瓣,则距离模糊数目约为

$$L = \begin{cases} \text{int}\left(\dfrac{R_{max}}{R_u}\right) + 1 & R_u \geqslant H \\ \\ \text{int}\left(\dfrac{R_{max}}{R_u}\right) & R_u \leqslant H \end{cases} \tag{7.22}$$

式中:int(·)表示向下取整。

雷达信号处理一般按距离门进行,由于存在距离模糊,落入某一距离门中的杂波将由地面上若干个距离环杂波反射信号共同叠加组成。由于卫星离地面非常远,星载情况下的杂波距离模糊将会比机载情况下严重很多。虽然可以通过减小脉冲重频来减小距离模糊,但是这会引起多普勒模糊,故脉冲重复频率不能过小。在星载雷达系统中,距离模糊和多普勒模糊有可能同时存在。

当杂波的距离相关性和距离模糊同时存在时,多个距离门的杂波信号累加将使得杂波空时二维谱将明显展宽,如图7.14所示。这将导致MDV性能严重下降。系统设计时应尽量避免距离模糊和杂波距离相关性同时存在。

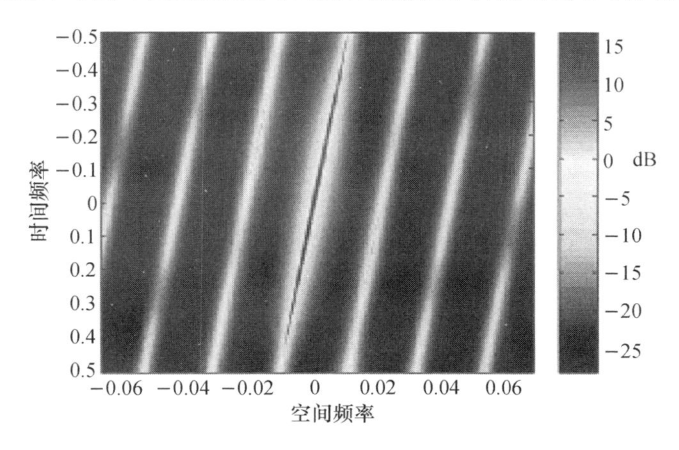

图7.14 距离模糊引起杂波谱展宽

7.3 恒虚警检测技术

恒虚警率是雷达信号处理机的主要战术技术指标之一。从强干扰源中提取信号，不但要有一定的信噪比，而且要采用恒虚警检测(CFAR)技术。恒虚警处理技术适用于杂波环境变化时预防雷达的虚警概率发生太大的变化，同时确保一定的检测概率。

因为杂波强度分布情况受地物回波影响，为了确保从复杂的杂波环境中检测到关心的目标信号，需要采用 CFAR 处理。CFAR 处理方法具体分为空间和时间估值法两大类。第一类方法，平面平均 CFAR 和距离平均 CFAR 处理器。第二类方法采用热噪声估值门限和时间估值门限来控制虚警概率。

在用滤波器对杂波信号进行对消时会有剩余，这些对消剩余信号和目标信号混杂在一起，很难把它们区分开，这将会导致虚警概率增加，不仅影响雷达检测性能，更重要的是会使后面的数据处理机负载过大。因此，必须采取一种有效措施防止雷达的虚警概率变化太大，从而解决雷达发现概率与虚警概率之间的矛盾，保证一定的检测概率，这就是雷达信号的恒虚警检测技术。

假设 $v(t)$ 是单脉冲检测中在某个被检测单元的一个观测量，$D(v)$ 是由 $v(t)$ 形成的检测统计量。对于平方律检测，$D(v)=I^2(v)+Q^2(v)$；对于线性检测，$D(v)=\sqrt{I^2(v)+Q^2(v)}$，其中 $I(v)$ 和 $Q(v)$ 分别是信号的同相分量和正交分量的匹配滤波结果[3]。

在没有信号的条件下，$D(v)$ 为杂波包络信号，可看作是雷达照射波束内很多独立杂波散射点回波的叠加。其中有效数量散射点的相对聚集程度决定着接收回波的整体统计特性。由中心极限定理，当散射点数量很多时，复数形式的杂波实(虚)部服从高斯分布，其幅度统计分布为瑞利(Rayleigh)分布。但如果散射点数量减小或者分布不再均匀，那么回波的统计分布将呈现出非瑞利的特点。例如在低擦地角(造成散射点分布不再均匀)、高距离分辨力(造成散射点数量减小)情况下海杂波幅度分布就表现出非瑞利的特点，其概率分布相对于瑞利分布具有长“拖尾”现象。

检测门限 T 可以由下式求解

$$P_{\mathrm{fa}}=\Pr[D(v)\geqslant T\mid H_0]=\int_{\mathrm{T}}^{\infty}f_{\mathrm{D}_0}(x)\,\mathrm{d}x \tag{7.23}$$

式中：H_0 表示没有目标的假设；$f_{\mathrm{D}_0}(x)$ 为杂波幅度统计分布函数。

通用的 CFAR 方案中，每个被检测单元的回波信号与根据检测策略确定的对应门限进行比较，使得虚警概率小于或等于指定值，发现概率大于或等于指定值。

单元平均恒虚警检测器(CA－CFAR)是比较常见的恒虚警处理方法，其结构如图 7.15 所示。

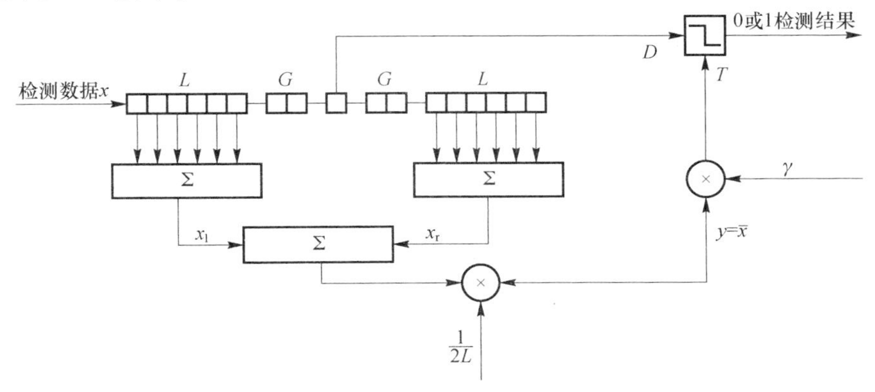

图 7.15　CA－CFAR 检测器结构图

图中：x_l 为左侧参考单元数据和，x_r 为右侧参考单元数据和。

从图中可以看到 D 为当前待检测单元，CFAR 参考单元（单边）长度为 L，保护单元（单边）长度为 G，门限系数 γ 由虚警概率和背景的统计分布（假定幅度分布服从瑞利分布）决定。检测需要估计局部参考单元上的平均杂波幅度 y 来确定检测门限。自适应判决准则为

$$
\begin{aligned}
D > \gamma y \qquad \mathrm{H}_1 \\
D < \gamma y \qquad \mathrm{H}_0
\end{aligned}
\tag{7.24}
$$

式中：H_1 表示有目标的假设；H_0 表示没有目标的假设。

统计量 y 是通过 $2L$ 个参考单元的处理而得到的，不同的处理有不同的设计方案，对于 CA－CFAR，y 是超前单元与滞后单元之和；此外，还有“取最大”（GO）、“取最小”（SO）等恒虚警检测器。

在 GO－CFAR 中，y 是超前单元和与滞后单元和中选大者，如图 7.16 所示。

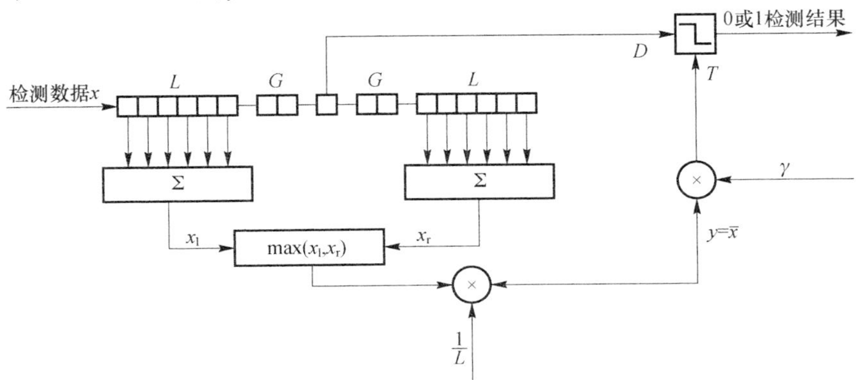

图 7.16　GO－CFAR 检测器结构图

在 SO-CFAR 中，y 是超前单元和与滞后单元和中选小者，如图 7.17 所示。

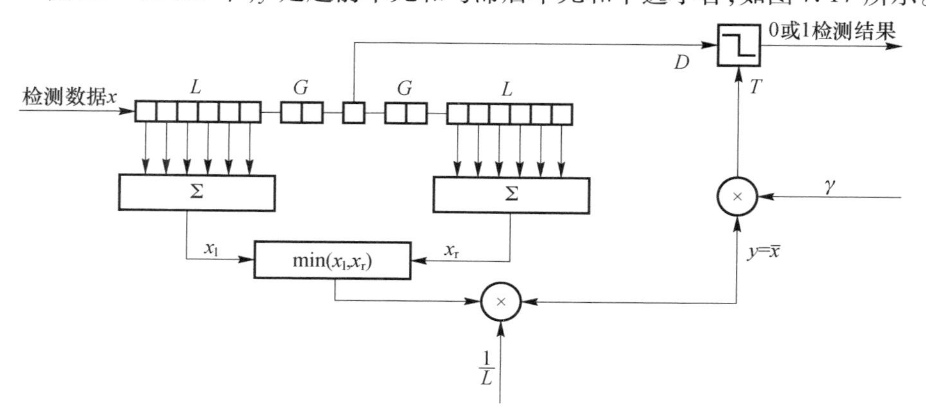

图 7.17 SO-CFAR 检测器结构图

在均匀背景下，CA-CFAR 的性能是优越的，但不能够适应多目标环境和杂波边界。SO-CFAR 是针对干扰目标提出的解决方案，可解决 CA-CFAR，GO-CFAR 因门限过高，导致检测性能变差的问题，但只能对付固定数目的干扰目标，在杂波边界性能很差，同时受干扰目标位置的影响严重。GO-CFAR 是针对杂波边界问题提出来的，对多目标环境适应性较差，也不能够完全解决杂波边界的问题。

7.4 成像处理技术

天基预警雷达对地面和海面目标进行合成孔径雷达（SAR）成像，希望图像分辨力越高，同时一次成像的区域越大越好。而常规 SAR 成像模式不能兼顾分辨力和成像幅宽，主要原因在于雷达发射的脉冲重复频率的限制和雷达功率孔径积的限制。因为图像的方位分辨力 δ_{az} 与雷达天线的等效方位尺寸 L_a 以及回波信号的多普勒频率带宽 B_d 存在以下关系：$\delta_{az}\approx\frac{L_a}{2}\approx\frac{v_s}{B_d}$（$v_s$ 为卫星在成像区域的投影速度）。根据采样定理，雷达在方位向对回波信号的采样率（即雷达脉冲重复频率 PRF）必须大于 B_d，因此有 $\delta_{az}\approx\frac{L_a}{2}\approx\frac{v_s}{B_d}>\frac{v_s}{\mathrm{PRF}}$。同时为了保证同一脉冲的回波信号不能跨越雷达的脉冲重复周期，所以要求成像的幅宽 W 必须满足 $W\leqslant\frac{c}{2\mathrm{PRF}\sin\theta}$（$\theta$ 为入射角，c 为光速）。综合方位分辨力 δ_{az} 和幅宽 W 的约束条件，可以获得 $\frac{W}{\delta_{az}}\leqslant\frac{c}{2v_s\sin\theta}$。因此可以看出，常规成像模式下成像幅宽与分辨力之比不能大于某一固定值,也就是图像分辨力要求越高,图像幅宽就越小。为了在不影响分辨力的前提下获取更宽的测绘带,天基预警雷达可采用多通道接收技术,将大孔径天线分成几个子阵,联合多通道数据通过信号处理方式恢复出全谱信号,以实现高分辨力和宽测绘带成像[4-6]。

7.4.1 信号模型

假定系统由三个接收通道构成,如图 7.18 所示。沿着 x 轴方向以均匀间隔分布着三个子孔径天线,且相邻子孔径天线相位中心间距为 Δx,其中一、三天线仅用于接收,第二个天线既用于发射又用于接收。以 $t=0$ 时刻发射天线的相位中心所在位置为 x 轴原点,此时三个天线的位置 $x_i(i=1,2,3)$ 分别为 $(-\Delta x,0,\Delta x)$。

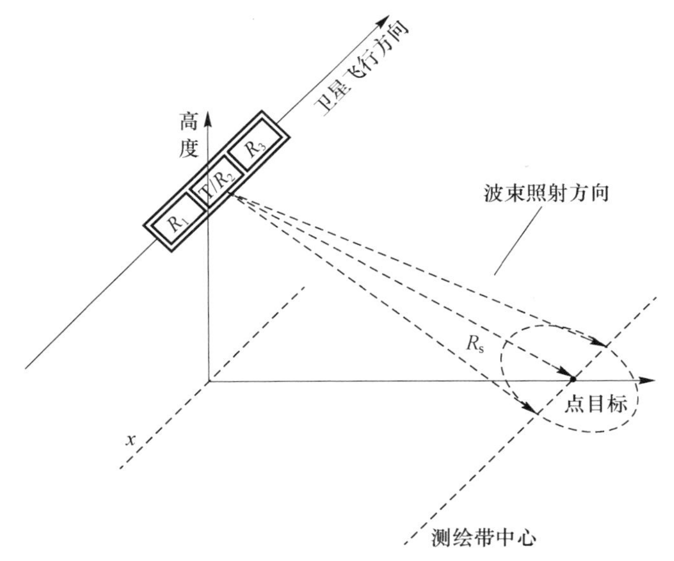

图 7.18 三通道 SAR 几何关系

由于雷达发射与接收构成线性系统,为了说明各通道回波之间的关系及频谱特性,以点目标为例。不失一般性,假设场景中心线上存在一个点目标,该点目标处于 $x=0$ 处,则各通道的基带回波信号为

$$\begin{aligned} s_i(t,t_m) = & A_0 W_r\left(t-\frac{R(x_i,t_m)}{c}\right)W_a(t_m) \\ & \exp\left\{-j2\pi\frac{R(x_i,t_m)}{\lambda}\right\}\exp\left\{j\pi K\left(t-\frac{R(x_i,t_m)}{c}\right)^2\right\} \end{aligned} \tag{7.25}$$

式中:W_r 和 W_a 分别为距离和方位向天线加权;K 为距离向调频率;t 和 t_m 分别为快时间和慢时间,其中 $R(x_i,t_m)$ 表达式为

$$R(x_i,t_m)=\sqrt{R_s^2+(vt_m)^2}+\sqrt{R_s^2+(vt_m+x_i)^2} \tag{7.26}$$

式中：R_s 为雷达平台至场景中心线的垂直距离；v 为雷达平台飞行速度。基带回波信号经过距离脉压后变为

$$s_i^r(t,t_m)=A\delta\left(t-\frac{R(x_i,t_m)}{c}\right)\exp\left\{-j2\pi\frac{R(x_i,t_m)}{\lambda}\right\} \tag{7.27}$$

式中：A 是目标的后向散射系数。为了分析各通道信号方位相位之间的关系，将 $R(x_i,t_m)$ 按泰勒级数展开至二阶，为

$$\begin{aligned}R(x_i,t_m)&\approx R_s+\frac{(vt_m)^2}{2R_s}+R_s+\frac{(vt_m+x_i)^2}{2R_s}\\&=2R_s+\frac{2(vt_m)^2+2vt_mx_i+x_i^2}{2R_s}\\&=2R_s+\frac{2v^2(t_m+x_i/2v)^2+x_i^2/2}{2R_s}\end{aligned} \tag{7.28}$$

为了分析各通道回波多普勒谱之间的关系，将式(7.28)代入式(7.27)并将相位单独提取出来，得到

$$\varphi_{ai}(x_i,t_m)=-\frac{4\pi R_s}{\lambda}-\frac{\pi x_i^2}{2\lambda R_s}-\frac{2\pi v^2}{\lambda R_s}(t_m+x_i/2v)^2 \tag{7.29}$$

式中：第一项为常数相位项，对于各通道都是相同的；第二项为由横向位置偏移引起的常数相位项，在偏移相位中心多通道 SAR 系统中 $x_i \ll R_s$，因而$\frac{\pi x_i^2}{2\lambda R_s}$小到完全可以忽略不计；最后一项为方位向调制项，不同的通道具有不同的时延因子 $x_i/2v$。根据上述分析，(7.29)变换到多普勒域后可表示为

$$S_i^r(t,f_a)=A_i(x_i,f_a)S(t,f_a)\exp\left(j\pi f_a\frac{x_i}{v}\right)\quad i=1,2,3 \tag{7.30}$$

式中：第一项是与天线位置有关的幅度因子，第二项是方位多普勒信号，第三项是天线位置差带来的时移。上式表明，当不考虑回波幅度上的差异时，偏移相位中心三通道 SAR 系统中不同天线回波仅相差一个时移因子。

7.4.2 频谱重构

在偏移相位中心多通道 SAR 中，脉冲重复频率 PRF 通常要比多普勒带宽小得多，这样才能满足大幅宽成像的要求。PRF 小于多普勒带宽会带来多普勒频率的模糊，图 7.19 为 $PRF_0=\frac{B_a}{3}$时回波多普勒频率与慢时间的关系图，B_a 为多普勒带宽。从图中可以看出多普勒产生了三次模糊。

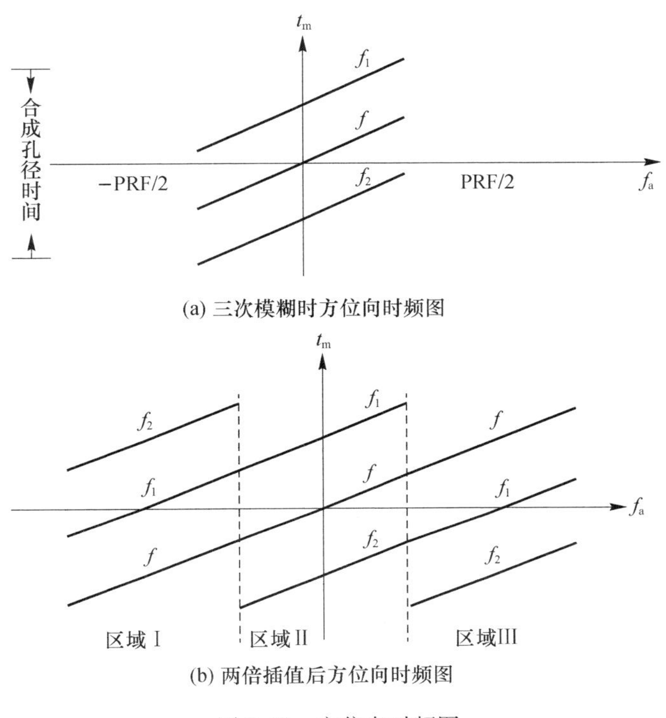

图 7.19 方位向时频图

频谱重构就是要将无模糊的多普勒频率恢复出来，恢复后的信号一定要满足奈奎斯特采样定理。因此，频谱重构的第一步是通过升采样提高 PRF，使 PRF 满足奈奎斯特要求，直接添零的升采样过程包含了频谱复制和搬移，图 7.19(b)为三通道 SAR 回波信号采用 2 倍插零后的时频关系图。可以看出，经过添零升采样后，方位高分辨所需的多普勒频率已经恢复但和模糊多普勒频率混叠在一起。因此，如果能够通过重构算法将模糊多普勒信号抑制而将有用多普勒信号保留，则可实现方位多普勒信号的无模糊重构。

假设系统多普勒频率模糊 3 倍，即 $\mathrm{PRF}_0=\dfrac{B_a}{3}$，经过 2 倍升采样后的脉冲重复频率为 $\mathrm{PRF}=3\mathrm{PRF}_0$，由图 7.19(b)可知插值后的频谱分成三个区域，每个区域都由无模糊的多普勒频率 f、模糊频率 f_1 和 f_2 组成，由图 7.19(a)可知每个区域中无模糊频率 f 和模糊频率 f_1、f_2 相对关系统分别为

区域Ⅰ
$$\begin{cases} f_1=f+\mathrm{PRF}/3 \\ f_2=f+2\mathrm{PRF}/3 \end{cases} \tag{7.31}$$

区域Ⅱ
$$\begin{cases} f_1=f+\mathrm{PRF}/3 \\ f_2=f-\mathrm{PRF}/3 \end{cases} \tag{7.32}$$

区域Ⅲ
$$\begin{cases}f_1=f-\mathrm{PRF}/3\\f_2=f-2\mathrm{PRF}/3\end{cases}\tag{7.33}$$

在合成孔径雷达中同一距离波门不同方位位置的目标其多普勒频谱完全重叠,但频谱的不同部分会因距离走动和弯曲出现在不同的距离波门。尽管f、f_1和f_2出现的频率相同,但由于距离徙动的存在,同一目标的f、f_1和f_2一般不会出现在同一距离波门,在频谱上与f相混的是其他目标的f_1和f_2。因此,根据上述分析,不考虑通道回波幅度的微小差异,则经过升采样后的回波谱可表示为[6]

$$\begin{aligned}X_i(f,f_1,f_2)=&S^{\mathrm{r}}(f)a(f,\Delta x_i)+\\&S_1^{\mathrm{r}}(f_1)a(f_1,\Delta x_i)+S_2^{\mathrm{r}}(f_2)a(f_2,\Delta x_i)\end{aligned}\tag{7.34}$$

式中:$S_1^{\mathrm{r}}(f_1)$和$S_2^{\mathrm{r}}(f_2)$是与模糊多普勒频率相对应的信号;$\boldsymbol{a}(f,\Delta x_i)$为导向矢量,可表示为

$$\boldsymbol{a}(f,\Delta x_i)=\exp\left\{\mathrm{j}\pi f\frac{\Delta x_i}{v}\right\}\tag{7.35}$$

三个通道的回波可表示为

$$[X_1,X_2,X_3]=[S,S_1,S_2]H\tag{7.36}$$

式中:

$$[X_1,X_2,X_3]=[X_1(f,f_1,f_2),X_2(f,f_1,f_2),X_3(f,f_1,f_2)]$$
$$[S,S_1,S_2]=[S^{\mathrm{r}}(f),S_1^{\mathrm{r}}(f_1),S_2^{\mathrm{r}}(f_2)]$$
$$\boldsymbol{H}=\begin{pmatrix}\mathrm{e}^{-\mathrm{j}\pi f\frac{\Delta x1}{v}}&\mathrm{e}^{-\mathrm{j}\pi f\frac{\Delta x2}{v}}&\mathrm{e}^{-\mathrm{j}\pi f\frac{\Delta x3}{v}}\\\mathrm{e}^{-\mathrm{j}\pi f_1\frac{\Delta x1}{v}}&\mathrm{e}^{-\mathrm{j}\pi f_1\frac{\Delta x2}{v}}&\mathrm{e}^{-\mathrm{j}\pi f_1\frac{\Delta x3}{v}}\\\mathrm{e}^{-\mathrm{j}\pi f_2\frac{\Delta x1}{v}}&\mathrm{e}^{-\mathrm{j}\pi f_2\frac{\Delta x2}{v}}&\mathrm{e}^{-\mathrm{j}\pi f_2\frac{\Delta x3}{v}}\end{pmatrix}$$

S是通过插值升采样恢复的无模糊多普勒信号,S_1和S_2是信号恢复过程中产生的模糊多普勒信号。显然,只需通过分离出S信号即可实现多普勒频谱的无模糊重构。

实际上,偏移相位中心多通道SAR的接收过程可视为有多条通路的线性系统,每个线性系统的传递函数对应于$\boldsymbol{H}$矩阵的第一行,故本文中将此矩阵称为传递矩阵,只要对传递矩阵求逆即可求出重构滤波器[6]。

$$[S,S_1,S_2]=[X_1,X_2,X_3]\boldsymbol{H}^{-1}\tag{7.37}$$

传递矩阵$\boldsymbol{H}$由频率分量f、f_1和f_2组成,因此$\boldsymbol{H}^{-1}$可表示为

$$\boldsymbol{H}^{-1}=\begin{bmatrix}h_{11}(f)&h_{12}(f_1)&h_{13}(f_2)\\h_{21}(f)&h_{22}(f_1)&h_{23}(f_2)\\h_{31}(f)&h_{32}(f_1)&h_{31}(f_2)\end{bmatrix}=[H_1(f),H_2(f_1),H_3(f_2)]\tag{7.38}$$

由上面的两式可知，无模糊多普勒信号 $S^r(f)$ 可表示为

$$S^r(f) = [X_1, X_2, X_3] H_1(f) \tag{7.39}$$

7.5　GMTI 技术

与动目标显示有关的最著名案例是联合监视目标攻击雷达系统（Joint STARS）。它是一种全天候、实时的战场管理系统，具有广域监视/移动目标显示（WAS/MTI）以及合成孔径雷达成像/固定目标显示（SAR/FTI）的能力，能够侦察、探测、跟踪并归类移动或静止的第一、第二梯队军队，包括移动的卡车、坦克、装甲车、静止的有翼飞机或直升机。

GMTI 不仅可以用在机载 SAR 中，在星载 SAR 中也得到了很好的应用。美国的 SRTM、Terra SAR－X 以及加拿大的 RadarSat－2 卫星等采用 GMTI 技术，发现能够检测陆地运动目标，尤其可以较好地检测慢速运动目标。加拿大的 RadarSat－2 采用相位中心间距为 7.5m 的双天线对地面同时观测，进行地面动目标的检测，经过加拿大科技人员的仿真验证，该方法对地面运动目标尤其是慢速地面运动目标能够获得较好的检测结果。

GMTI 系统设计通常采用多个孔径，对各通道接收的信号采用干涉处理方法对消地杂波，确定动目标的真实方位位置，同时还可以测定目标的距离向速度[7-10]；由于地杂波被抑制掉，动目标（特别是被主瓣杂波遮挡的动目标）与地杂波的信杂比大大增加，从而大大增加了对动目标运动特性的估计精度。

假设将天线沿航迹方向分成等间隔排列的三个子孔径，相邻孔径间距为 d，全孔径发射，三个子孔径同时接收回波信号，如图 7.20 所示。

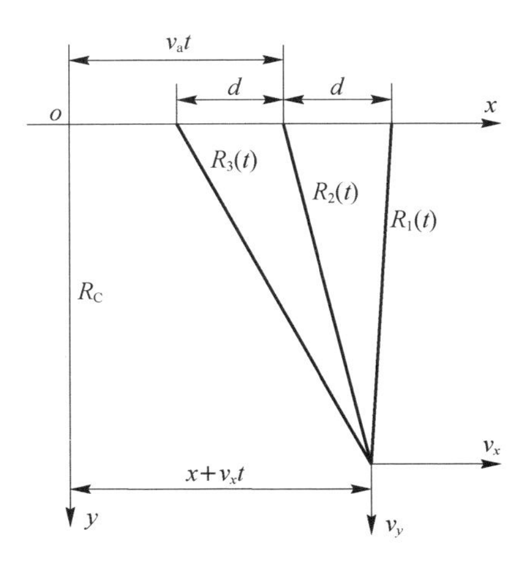

图 7.20　三孔径对地观测几何关系图

运动目标检测，实际上是利用干涉技术来实现地杂波对消、动目标检测和成像处理。三孔径动目标检测处理框图如图 7.21 所示[10]。

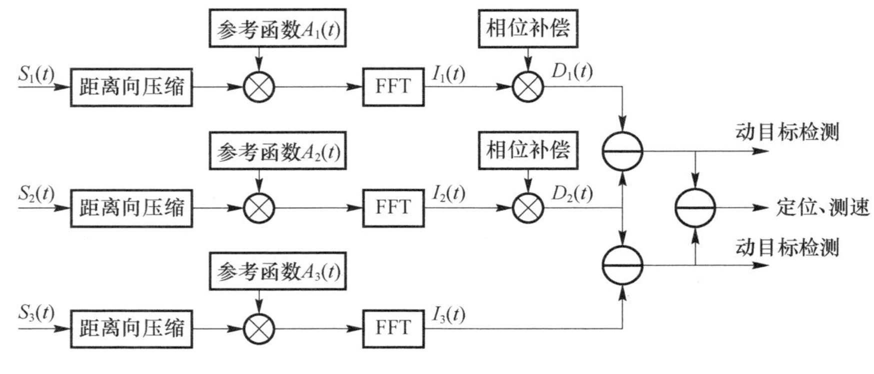

图 7.21　GMTI 处理框图

三个通道接收的回波信号 $S_1(t)$、$S_2(t)$ 和 $S_3(t)$ 首先经过距离向压缩、转置，然后分别与参考函数 $A_1(t)$、$A_2(t)$ 和 $A_3(t)$ 相乘，去除由于三个子孔径水平间隔产生的多普勒中心频率偏差和线性调频相位，$A_1(t)$、$A_2(t)$ 和 $A_3(t)$ 分别为[10]

$$\left.\begin{aligned} A_1(t) &= \exp\left(\mathrm{j}\,\frac{4\pi}{\lambda}\,\frac{v_a d}{2R_c}t\right)\exp\left(\mathrm{j}\,\frac{4\pi}{\lambda}\,\frac{v_a^2}{2R_c}t^2\right) \\ A_2(t) &= \exp\left(\mathrm{j}\,\frac{4\pi}{\lambda}\,\frac{v_a^2}{2R_c}t^2\right) \\ A_3(t) &= \exp\left(-\mathrm{j}\,\frac{4\pi}{\lambda}\,\frac{v_a d}{2R_c}t\right)\exp\left(\mathrm{j}\,\frac{4\pi}{\lambda}\,\frac{v_a^2}{2R_c}t^2\right) \end{aligned}\right\} \tag{7.40}$$

式中：v_a 为平台速度；R_c 为目标到平台飞行方向距离；λ 为波长。

与参考函数相乘后，信号中剩余的多普勒中心频率和线性调频率是由动目标产生的，距离向速度分量产生多普勒中心频率剩余，方位向速度分量产生线性调频率剩余。回波信号与参考函数分别相乘后进行傅里叶变换就得到在频域内表征的三路信号 $I_1(f)$、$I_2(f)$、$I_3(f)$。

在频域内得到的同一地域的三路信号在进行杂波抑制处理时仍然需要补偿由于接收孔径水平排列产生的相位偏差，才能有效地进行杂波对消，$D_1(f)$ 和 $D_2(f)$ 是杂波抑制时所需要相位补偿的参考函数[10]。

$$\left.\begin{aligned} D_1(f) &= \exp\left(-\mathrm{j}\,\frac{2\pi}{\lambda}\cdot\frac{\frac{\lambda R_c}{v_a}df - d^2}{2R_c}\right) \\ D_2(f) &= \exp\left(-\mathrm{j}\,\frac{2\pi}{\lambda}\cdot\frac{\frac{\lambda R_c}{v_a}df + d^2}{2R_c}\right) \end{aligned}\right\} \tag{7.41}$$

相位补偿后,对三路信号两两进行相减可得到杂波对消后的信号,分别为 $I_{12}(f)$、$I_{23}(f)$,让 $I_{12}(f)$、$I_{23}(f)$ 与设定的门限相比较进行检测,超过门限的单元认为检测到目标存在,然后通过对检测到动目标存在的单元的两路信号相比得到干涉信号 $I(f)$,通过 $I(f)$ 就可以进行动目标定位和测速。

三孔径 GMTI 处理通过对三路信号进行相位补偿,从而消除杂波,保留动目标信号,完成动目标的检测、测速和定位。

对于落入无杂波区的"高速"地面动目标,采用常规的方法就可以进行检测;对于落入主瓣杂波区的"低速"地面动目标,则需要杂波对消后才能检测,下面分析对落入主瓣杂波区的动目标的检测,此时目标方位向速度和距离向速度一般满足 $v_x \ll v_a$,$v_y \ll v_a$。

当 $f=\dfrac{2x_0v_a}{\lambda R_c}-\dfrac{2v_y}{\lambda}$ 时,对两路杂波对消后的频域信号取模得到[10]

$$\begin{aligned}|I_{12}(f)| &= |I_{23}(f)| \\ &= |\sigma(x_0)|\cdot|T_2-T_1|\cdot 2\cdot\left|\sin\left(\frac{\pi v_y d}{\lambda v_a}\right)\right|\end{aligned} \tag{7.42}$$

式中:x_0 是目标真实方位位置;$\sigma(x_0)$ 是与目标后向散射系数有关的项;T_2-T_1 是积累时间。由上式可以看出地面杂波的对消特性如下。

(1) 当动目标的距离向速度 $v_y=\pm l(\lambda v_a/d)$(l 为整数,且 $l\neq 0$)时,式(7.42)等于零,目标将被对消掉而无法被检测到,该速度就是盲速;

(2) 当动目标的距离向速度 $v_y=\pm(l+0.5)(\lambda v_a/d)$ 时,式(7.42)达到最大,动目标信号得到加强,有利于检测;

(3) 当动目标的距离向速度在上述两者之间时,动目标信号被部分对消部分保留下来;

(4) 对于地面静止目标,$v_y=0$,式(7.42)等于0,即地杂波被对消。

由于地杂波被有效地抑制,使得动目标信杂比大大改善,此时进行动目标检测变得容易许多。

利用两路杂波对消后的信号的干涉相位可以确定检测到的动目标的真实方位位置,该干涉相位与动目标的真实方位位置呈线性关系。动目标的距离向位置在检测到目标的同时就已经确定。

因为动目标移位前的真实方位位置单元的多普勒频率和检测到目标所在单元的多普勒频率之差正比于目标的距离向速度分量,所以确定了动目标的真实方位位置后,就可以计算出运动目标的距离向速度。动目标方位速度分量会造成多普勒调频率的变化,这个变化可以通过动目标运动参数估计算法精确得到。根据估计出的真实位置,就可在静止目标 SAR 图像上将其标注出来。

7.6 在轨实时处理机技术

由于在轨实时处理系统工作在外太空环境,面临抗辐照、单粒子翻转等问题,为此需要选择宇航级器件完成处理运算。而一般来说,满足外太空环境的处理器件的运算速度要比满足普通机载或地面条件器件差很多,因此在轨高速实时处理的难点在于高速处理能力需求与缺乏超大规模宇航级芯片之间的矛盾。

以同时接收和处理8个通道数据为例,对海、对空和成像三种模式下的运算量和通过率要求,如表7.1所列。

表7.1 模式运算量和通过率的比较

工作模式	运算量/GFlops	通过率/(MB/s)
对海	约200	480
对空	约800	160
成像	约200000	2400

从表7.1可见:对海模式运算量和通过率较小,对空模式运算量为对海模式的3~4倍,而成像模式运算量要高出3个数量级,通过率要高出1个数量级;因此,从处理工程可实现性来看,以目前的器件水平,很难满足成像模式下实时处理要求。

而对海和对空模式在轨实时处理要求仍然很高,需要突破以往单一的"通用处理模块"架构模式,采用"通用处理模块+专用处理模块"的系统架构来解决处理能力需求与系统规模、可靠性之间的矛盾。通用处理模块完成计算量较小、调度灵活的运算,如:恒虚警检测、任务控制等;专用处理模块运算能力强,完成计算大、算法固定的运算,如数字波束形成(DBF)、大点数脉压、FFT、STAP处理等。

总而言之,在轨实时处理机技术也是天基预警雷达需要解决的关键技术之一。

天基预警雷达在地/海杂波背景下探测海面和空中目标,需要有效解决杂波抑制和目标积累检测问题。海面目标处理,可通过非相参积累等处理,提高SCNR。空中目标处理,可通过PD或STAP处理技术有效抑制主、副瓣杂波,提高目标的检测性能。天基预警雷达对地成像处理,需要解决高分辨力和大幅宽的矛盾,可采用多通道接收技术,联合多通道数据恢复出完整的多普勒信号,实现高分辨力宽测绘带成像。GMTI采用多孔径接收干涉处理方法对消地杂波,进行动目标检测,确定动目标的真实方位位置,同时还可以测定目标的距离向速度。在轨高速实时处理,需要解决高速处理能力需求与缺乏超大规模宇航级芯片的矛盾,信号处理系统可采用“通用处理模块 + 专用处理模块”的处理架构。总的来说,天基预警雷达信号处理技术涉及算法/软件和硬件技术,是其核心关键技术之一。

参考文献

[1] 贲德,韦传安,林幼权. 机载雷达技术[M]. 北京:电子工业出版社,2006.

[2] 王永良. 空时自适应信号处理[M],北京:清华大学出版社,2001.

[3] 何友. 雷达目标检测与恒虚警处理[M]. 北京:清华大学出版社,1999.

[4] Li Z F, Wang H Y, Su T. Generation of Wide – Swath and High – Resolution SAR Images From Multichannel Small Spaceborne SAR Systems[J]. IEEE Trans. on GRS, 2005(2): 82 ~ 86.

[5] Krieger G, Gebert N, Moreira A. SAR Signal Reconstruction from Non – Uniform Displaced Phase Centre Sampling[C]. DLR, Germany: IEEE Conference, 2004: 1763 ~ 1766.

[6] 雷万明,赵镜亮. 大带宽高分辨力多通道 SAR 频谱重构[J]. 宇航学报,2011(10): 2210 ~ 2215.

[7] Schulz K, Soerfel U, Thoennessen U. Multi – Channel Segmentation of Moving Objects in Along – track Interferometry Data: Proceedings of EUSAR[C]. Cologne Germany: 2002: 233 – 236.

[8] Gill E. A Formation Flying Concept for an Along – track Interferometry SAR Mission[J]. DLR/GSOC TN, 2003/02/21

[9] Besson O, Gini F, Griffiths H D et al. Estimating Ocean Surface Velocity and Coherence Time Using Multichannel ATI – SAR System[J]. IEE Pro. Radar, Sonar Navig., December 2000: 147(6).

[10] 李景文,李春升,周荫清. 三孔径 INSAR 动目标检测和成像[J]. 电子学报,1999,27(6): 40 – 43.

第8章

天基预警雷达接收处理技术

8.1 概　　述

天基预警雷达接收机的作用主要是放大、处理天线接收到的回波信号，以获取有用的目标信号，并滤除各种无用的干扰信号。雷达接收机是通过预选、放大、变频、滤波和解调、A/D 转换等处理，使回波信号满足信号处理和数据处理的需要。

通常情况下，雷达接收到的回波信号非常微弱，要检测这些微弱信号，就需要设计高灵敏度的雷达接收机，灵敏度成为接收机的一个主要技术指标。灵敏度不仅是一个与雷达接收机的噪声性能有关的量，而且与雷达的工作体制有关，也是一个与检测概率和虚警概率有关的量。它表示雷达接收机检测微弱信号的能力。接收机的灵敏度越高，它能接收到的信号就越弱，雷达的作用距离就越远。

设计接收机时还必须考虑的因素有[1,2]：接收增益、动态范围、带宽、相位与幅度稳定性等。雷达接收机的设计还与雷达的体制、信号形式、干扰特性及接收信号的处理方式有关。

为了方便讨论，首先简要介绍接收机的主要性能参数[2,3]。

(1) 接收机灵敏度和噪声系数。接收机的灵敏度表征了接收机接收微弱信号的能力。接收信号的强度通常用功率的大小来表示，即用能够识别的最小信号功率来表示；如果信号功率小于此值，信号将被掩没在噪声干扰之中，无法被识别出来。由于雷达接收机的灵敏度受噪声电平的限制，要提高灵敏度，就必须减小噪声电平。因此设计雷达接收机时，一般都要采用低噪声高频放大器、预选器和匹配滤波器。灵敏度的数学表达式为[3]

$$S_{\min} = kTB_{n}F_{n} \tag{8.1}$$

式中：k 为玻耳兹曼常数，$k = 1.38 \times 10^{-23}$ J/K；T 为室温的热力学温度，$T = 290$K；B_{n} 为接收系统带宽；F_{n} 为接收机噪声系数。

(2) 选择性和信号带宽。选择性表示接收机选择特定频率范围内的信号、同时滤除带外信号的能力。选择性与接收机本振频率和中视频的选择以及接收机高、中频部分的频率特性有关。在保证可以接收到所需信号的条件下,带宽越窄或谐振曲线的矩形系数越好,则滤波性能越高,所受到的干扰也就越小,即选择性越好。

信号带宽有时也称为接收机的通频带。它与雷达发射的信号带宽相匹配,也就是雷达的距离分辨力决定了接收机的信号带宽。由于不同工作模式下雷达发射的信号带宽不同,因此要求接收机的带宽要与之相适应。

(3) 动态范围和增益。动态范围表示接收机正常工作时,所允许输入信号强度的变化范围。所允许的最小输入信号强度通常取最小可识别信号的功率 $S_{\min}$,所允许的最大输入信号强度则根据正常工作要求而定。当输入信号太强时,接收机将产生非线性调制甚至饱和,从而使目标回波产生变异或丢失。为了保证天线接收到的所有信号都能被接收机正常处理,要求接收机的动态范围要大。

增益表示接收机对回波信号的放大能力,它是输出信号与输入信号的功率比,即 $G=S_o/S_i$;有时用输出信号与输入信号的电压比表示,称为“电压增益”。接收机的增益确定了接收机输出信号的幅度,但它并不是越大越好,需要根据需求确定。接收机增益还存在分配问题,也就是需要将总的接收增益合理地分配到射频、中频等放大器,增益及其分配与噪声系数和动态范围都有直接的关系。

(4) 幅度和相位的稳定性。幅度稳定性表示在一定时间间隔内,幅度的变化大小。相位稳定性表示一定发时间内,相位变化的程度。在相参雷达接收机中,接收机幅度和相位的稳定性要求高,尤其是相位稳定性,它直接影响雷达的性能。

幅度和相位的稳定性包括常温稳定性、宽温稳定性以及宽频带稳定性等。

(5) 频率源的频率稳定度。频率源产生接收机所需的本振信号,本振的频率稳定度是指在一定时间内频率的变化程度。雷达频率源的频率稳定度主要指短期频率稳定度(一般在毫秒量级),短期频率稳定度常常用单边带相位噪声功率谱密度来表征。

(6) 正交鉴相器的正交度。正交鉴相器的正交度是表征鉴相器“同相分量”与“正交分量”正交特性的一个物理量。通常情况下,回波信号用复信号可表示为

$$S=I+\mathrm{j}Q=A(t)\mathrm{e}^{-\mathrm{j}\phi(t)} \tag{8.2}$$

式中:$A(t)$为回波信号的幅度;$\phi(t)$为回波信号的相位;I 和 Q 为信号的“同相分量”与“正交分量”。

为了获得雷达信号回波的幅度信息和相位信息，需用正交相位检波器将回波信号分解成 I、Q 两个正交分量，即

$$\begin{cases} I = A(t)\cos[2\pi f_d t + \phi(t)] \\ Q = A(t)\sin[2\pi f_d t + \phi(t)] \end{cases} \tag{8.3}$$

式中：f_d 为回波的多普勒频率。理论上 I 和 Q 分量是正交的，但是实际工程中两个分量无法做到完全正交，这样在用 I、Q 恢复信号时，得到的回波信号的幅度和相位信息就存在失真，因此，正交鉴相器的正交度表征了回波信号幅度和相位信息的准确程度。一般情况下，在频域里，幅度和相位误差将产生镜像频率，影响系统对目标的识别；在时域里，幅度和相位的失真也会对脉冲压缩的主副瓣比产生影响。随着技术的发展，现在雷达大都采用数字正交处理，其性能有很大的提高。

（7）A/D 转换器性能。现代雷达都采用数字信号处理接收到的回波，因此需要将雷达接收到的信号通过 A/D 转换器转换成数字信号。

A/D 转换器在将模拟信号转换为数字信号时，其性能参数为 A/D 位数、有效位数、采样频率及输入信号的带宽等。A/D 量化噪声、信噪比及动态范围也是需要重点关注的特性。

（8）信号波形性能。通常可以从频域和时域来衡量信号波形的质量。从频域来说，主要是观测信号波形的频谱特性；从时域的来说，信号的质量主要包括调制信号包络及其起伏，以及内部载频调制的频率和相位特性。

8.2 接收系统的组成

雷达接收系统的实现框图如图 8.1 所示[4-6]。它主要由四部分组成：①射频接收部分，又称为接收机“前端”，其中包括接收机保护器、低噪声放大器、射

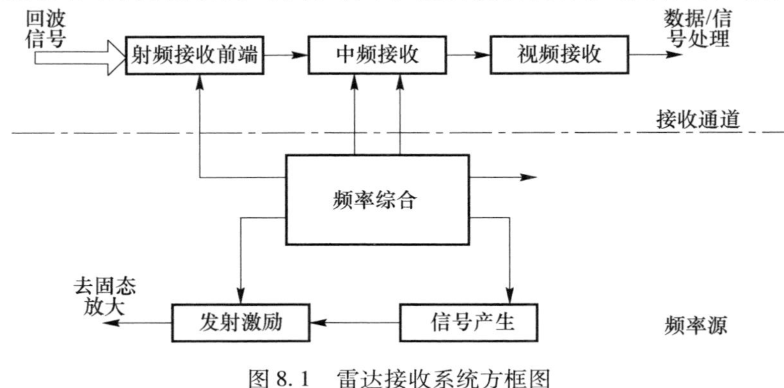

图 8.1　雷达接收系统方框图

频滤波器、混频器;②中频接收部分,包括中频放大器、中频滤波器和增益控制;③视频接收部分,包括正交解调器、视频放大器、增益控制、低通滤波和 A/D 转换器;④信号产生部分(频率源),频率源包括频率合成器、波形产生和发射激励。其中,频率合成器包含本振信号、相干振荡信号等产生电路。波形产生主要是根据雷达系统的要求产生各种调制形式的中频脉冲信号,其中包括线性调频信号等。波形产生和中频接收分别具有中频信号调制和解调的功能。发射激励一般包括上变频滤波和功率放大等功能,有时还包括射频测试信号的产生。由于发射激励基本属于小功率线性系统,所以雷达系统把这一部分功能包含在接收系统范围之内。

雷达接收机主要使用的滤波器有三种,射频镜频抑制滤波器,中频滤波器及正交解调后的低通滤波器。当然,也有在中频滤波以后,直接中频采样、中频 AD、数字正交解调。考虑到接收机的完整性,还是以图 8.2 为基础,完整讨论接收系统的设计。

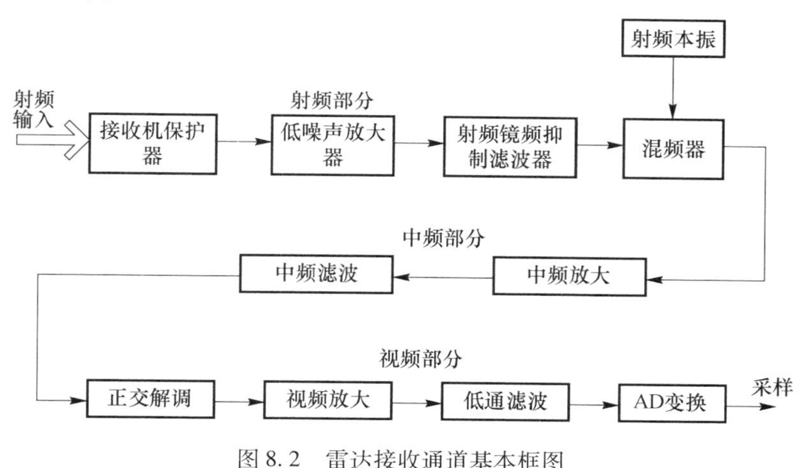

图 8.2　雷达接收通道基本框图

根据雷达接收系统的组成,下面重点讨论实现雷达接收系统主要技术性能的设计方法。

8.3　低噪声接收机的设计技术

8.3.1　接收机噪声系数

由于接收机自身内部会产生噪声,从外部环境也会输入各种噪声,因此接收机在放大信号的同时,也放大了噪声;当信号太弱时,信号将淹没在噪声之中无法识别。所以接收机的输入信号必须达到一定的功率值,才能被检测到。在设计接收机时,尽可能地降低其自身内部的噪声是接收机永恒追求的目标。本节首先讲述接收机的噪声特性,然后讨论接收机的低噪声设计方法。

8.3.1.1 接收机的噪声

噪声是限制接收机灵敏度的主要因素。接收机噪声的来源是多方面的:包括接收机内部元器件产生的噪声,还有接收机外部来的环境噪声,如天线热噪声、各种天地干扰等。这些干扰的频谱各不相同,它对雷达接收机的影响程度与雷达所采用的频率密切相关。由于雷达的工作频率一般很高,进入接收机的外部噪声主要是天线的热噪声。所以一般情况下,接收机的噪声主要来源于电阻噪声、天线的热噪声和接收机的噪声[4-9]。

1）电阻噪声

热噪声功率与电阻的热力学温度和接收机的带宽有关。有耗传输的导体都会产生热噪声。电阻的热噪声产生的电压均方值用数学公式可表示为

$$\overline{u}^2 = 4kRTB_n \tag{8.4}$$

式中:k 是玻耳兹曼常数,$k = 1.38 \times 10^{-23}$ J/K;R 是热电阻的阻值;T 是电阻的热力学温度;B_n 是接收机的带宽。

当电阻与外负载匹配时,其加至负载的有效噪声功率可表示为

$$p_n = kTB_n \tag{8.5}$$

2）天线的热噪声

它是由于天线周围的介质热运动产生的电磁波辐射被天线接收而进入接收机的噪声,属于接收机外部来的噪声,其性质与电阻热噪声类似。

假设天线周围的介质是均匀的,温度为 T_a,则天线的热噪声的电压均方值可表示为

$$\overline{u}_a = 4kR_aT_aB_n \tag{8.6}$$

式中:R_a 是天线辐射电阻。同样当天线的辐射电阻和接收机的输入电阻相匹配时,天线的有效噪声功率为

$$p_a = kT_aB_n \tag{8.7}$$

3）接收机的噪声

接收系统一般是一个多级传输网络系统,噪声可以在任何一级网络中产生,其系统噪声功率可表示为

$$p_r = kT_eB_n \tag{8.8}$$

式中:P_r 为接收机内部噪声折合到输入端的等效值;T_e 为接收机内部噪声折合到输入端的噪声温度。在雷达系统中,其接收系统的系统噪声温度可用下面的

数学表达式表示为

$$T_s = T_a + T_t + T_e L_t \tag{8.9}$$

式中：T_t 为传输线的等效噪声温度，$T_t = T_0(L_t - 1)$，且 $L_t > 1$；T_e 为接收机的噪声温度。

8.3.1.2　接收机的噪声系数

噪声系数是表征接收机内部噪声大小的一个物理量。它的大小直接决定了接收机的噪声性能，也就决定了接收机的系统灵敏度。因此，衡量接收机中信号功率和噪声功率的相对大小是接收机能否正常工作的一个重要标志。

假设用 S 表示信号功率，N 表示噪声功率，则 S/N 值就称为“信号噪声比”，简称“信噪比”。显然，信噪比越大，越容易发现目标；信噪比越小，越难发现目标。

接收机的噪声系数定义为[3,8]：接收机输入端的信噪比与输出端的信噪比的比值，一般用 F_n 表示，即

$$F_n = \frac{S_i/N_i}{S_o/N_o} = \frac{\mathrm{SNR}_i}{\mathrm{SNR}_o} \tag{8.10}$$

一般情况下，$F_n > 1.0$，即接收机输出的信噪比小于接收机输入的信噪比，说明接收机自身对信号有损耗，即自身存在噪声；若接收机内部自身不产生噪声，则 $F_n = 1.0$。F_n 表征了接收机内部噪声的大小，其值越小越好。

式(8.10)可以用另一种方式表达，即

$$F_n = \frac{N_o/N_i}{S_o/S_i} = \frac{N_o}{GN_i} \tag{8.11}$$

式中：G 为接收机的增益。噪声系数的大小与信号功率的大小无关，只取决于总的输出噪声功率与天线热噪声经过接收机后的输出功率之比值。

通常，总的输出噪声功率 N_o 为天线噪声功率 N_{ao} 与接收机噪声功率 N_{ro} 之和，即 $N_o = N_{ao} + N_{ro}$，则有

$$F_n = \frac{N_o}{GN_i} = \frac{N_{ao} + N_{ro}}{GN_i} = \frac{G(N_i + N_{ri})}{GN_i} = \frac{N_i + N_{ri}}{N_i} \tag{8.12}$$

N_{ri} 为接收机内部噪声，带入天线噪声功率和接收机噪声功率，化简有

$$T_e = (F_n - 1)T_a \tag{8.13}$$

此式表明，接收机噪声温度与接收机噪声系数有关。T_a 通常为常温 290K。

上面仅仅考虑的是单级接收机的简单情况，而接收机通常是由多级放大器、混频器、滤波器等连接起来形成的级联系统，不失一般性，级联电路系统的噪声

系数可表示为

$$F_{\mathrm{n}} = F_1 + \frac{F_2 - 1}{G_1} + \frac{F_3 - 1}{G_1 G_2} + \cdots + \frac{F_m - 1}{G_1 G_2 \cdots G_{m-1}} \tag{8.14}$$

$$T_{\mathrm{e}} = T_1 + \frac{T_2}{G_1} + \frac{T_3}{G_1 G_2} + \cdots + \frac{T_m}{G_1 G_2 \cdots G_{m-1}} \tag{8.15}$$

式中：G 表示各级放大器的增益，或各级变频衰耗、滤波器衰耗的倒数。

8.3.1.3 噪声系数的计算

下面以一个具有低噪声放大器的简化接收机为实例，说明其噪声系数的计算过程。图 8.3 为具有低噪声放大器的接收机原理图[8,9]。

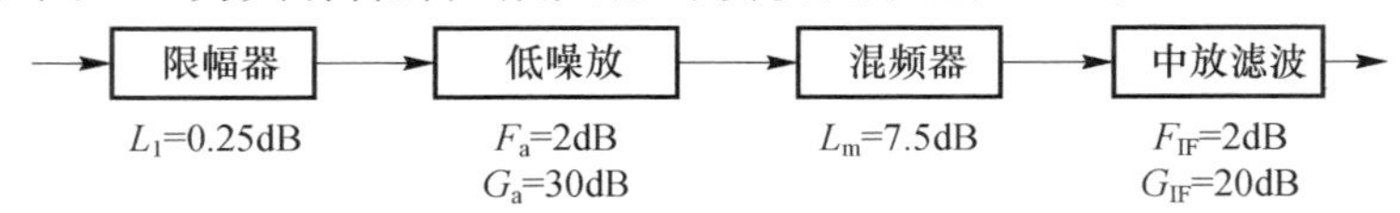

图 8.3 具有低噪声放大器的接收机原理图

这样一个接收机包含一个具有 0.25dB 损耗的限幅器，一个有 2dB 噪声系数、30dB 增益的低噪声放大器，一起可看成一个具有 2.25dB 噪声系数、29.75dB 增益的限幅低噪声模块。同理，具有 7.5dB 变频损耗和 2dB 噪声系数、20 dB 增益的滤波前置中放，可看成具有 9.5dB 噪声系数、12.5dB 增益的混频前置中放模块。但凡有射频衰减器和传输线损耗的接收系统，都可用这种类似方法来考虑，这样可大大简化系统噪声系数的计算过程。

根据式(8.14)，接收机的噪声系数为

$$\begin{aligned} F_{\mathrm{n}} &= L_1 + (F_{\mathrm{a}} - 1)L_1 + \frac{(L_{\mathrm{m}} - 1)L_1}{G_{\mathrm{a}}} + \frac{(F_{\mathrm{IF}} - 1)L_1 L_{\mathrm{m}}}{G_{\mathrm{a}}} \\ &= F_{\mathrm{a}} L_1 + \frac{(F_{\mathrm{IF}} L_{\mathrm{m}} - 1)L_1}{G_{\mathrm{a}}} \end{aligned}$$

将各参数转化为十进制数，带入上式即可计算噪声系数。

$$L_1 = 1.0593,\quad F_{\mathrm{a}} = 1.585,\quad G_{\mathrm{a}} = 1000,\quad L_{\mathrm{m}} = 5.624,\quad F_{\mathrm{IF}} = 1.585$$

$$F_{\mathrm{n}} = F_{\mathrm{a}} L_1 + \frac{(F_{\mathrm{IF}} L_{\mathrm{m}} - 1)L_1}{G_{\mathrm{a}}} = 1.679 + 0.0084 = 1.6874$$

$$F_{\mathrm{n}} = 2.2722\mathrm{dB}$$

由计算结果可见，混频前置中放对系统噪声的影响只有 0.0222dB。这表明具有低噪声射频放大器的系统噪声系数主要取决于低噪声放大器。为了设计高性能的接收机系统，使用低噪声放大器时，其前面的无源电路的插入损耗应尽可能地小。

8.3.1.4 接收机的灵敏度

如前所述,雷达设计时都希望作用距离远,为了达到最大作用距离远的目的,对接收机而言,就是要接收机的灵敏度高,即最小可识别信号功率 S_{min} 小。

要在噪声中检测到有用信号,需要一定的信噪比 S/N,然而噪声具有随机特性,使得发现“有用信号”为概率分布事件。于是信噪比 $(S/N)_{min}$ 决定了检测设备的发现概率和虚警概率,这一要求的最小信噪比值 $(S/N)_{min}$ 通常称为“识别因子”,并记为 M。

因此接收机输入端的信噪比必须满足 $S_i/N_i \geqslant M$。这样最小可识别信号功率为[8-10]:

$$S_{min} = MN_i \tag{8.16}$$

输入端的噪声功率 N_i 一般包括两部分,即外部噪声功率 N_a 和内部噪声功率 N_R,它们分别为

$$N_a = kT_aB_n \tag{8.17}$$

$$N_R = (F_n - 1)kT_0B_n \tag{8.18}$$

式中:k 为玻耳兹曼常数;B_n 为接收机的噪声带宽;F_n 为接收机的噪声系数;$T_0 = 290\text{K}$;T_a 为天线的噪声温度。于是有

$$N_i = N_a + N_R = kT_0B_n\left(F_n - 1 + \frac{T_a}{T_0}\right) \tag{8.19}$$

$$S_{min} = kT_0B_n\left(F_n - 1 + \frac{T_a}{T_0}\right)M \tag{8.20}$$

通常接收机的等效噪声温度 $T_s = (F_n - 1)T_0$,而雷达系统的噪声温度 $T = T_s + T_a$,因此,有

$$S_{min} = kTB_nM \tag{8.21}$$

要提高雷达系统的灵敏度,须尽量减小可识别信号功率 S_{min}。一般考虑从以下四个方面来实现:

(1) 尽可能减小接收机的噪声系数或有效噪声温度;

(2) 尽可能减小接收机输入端的天线噪声温度;

(3) 接收机应该选取适合的最佳带宽;

(4) 在满足系统性能要求前提下,尽可能减小识别因子 M。

由以上分析可知,雷达系统的灵敏度不仅与接收机有关,还与雷达其他分系统及雷达的工作体制和用途有关,要提高雷达系统的灵敏度是一个综合折中优化的设计过程。

在雷达系统中，还经常遇到“临界灵敏度”的概念。所谓“临界灵敏度”是指 $M=1$，且天线热噪声温度 $T_a=T_0$ 时的最小可识别信号功率，为

$$S_{min}=kTB_n=kT_0B_nF_n \tag{8.22}$$

它是衡量接收机性能的主要参数，临界灵敏度主要与接收机的噪声带宽 B_n 和噪声性能有关。以相对于 1mW 的分贝数计值，为

$$S_{min}=-114+10\lg B_n+F_n \quad (\mathrm{dBm}) \tag{8.23}$$

式中：B_n 的单位为 MHz；F_n 的单位为 dB。

8.3.2 低噪声接收系统实现方法

实现低噪声接收机的措施主要有[8,9]

(1) 设计或选择合适的低噪声放大器，低噪声放大器基本决定了接收机的噪声系数。为了减小后级电路对接收机总的噪声系数的影响，低噪声放大器应在满足系统动态范围要求的前提下，将增益设计得高一些。

(2) 尽可能降低低噪声放大器前面的馈线、限幅器、滤波器及耦合器等电路的损耗，在条件允许的情况下，可以考虑将滤波器及耦合器等电路放置在第一级低噪声放大器的后面，以减小其前面的插入损耗。

(3) 选择具有优良性能的 A/D 转换器，使 A/D 转换器本身的等效噪声功率远小于接收机输出到 A/D 转换器输入端的噪声功率，以保证 A/D 转换器本身的噪声对系统噪声系数的影响可基本忽略。

8.4 大动态接收机的设计技术

对于雷达接收机，大动态设计是非常重要的。在实际的雷达信号环境下，进入接收机的信号很多，除了有用信号外，还有噪声和干扰信号，而雷达所需要监测的目标强弱差异大，为了保证各种不同目标都能有效地被接收到，大动态是雷达接收机的一项基本要求。此外，通常把雷达接收机看成是一个理想的线性系统，回波信号经过接收机放大、变频、检波等变换，再经数字信号处理后便能提取出目标的信息，但是实际雷达接收机并不是一个理想的线性系统，这种非线性作用，使得接收信号的频谱会发生变化，增加了接收机大动态实现的难度。

8.4.1 接收机动态范围的表征方法[6]

接收机动态范围的表示方法有多种，常用的有 1dB 增益压缩点动态范围和无失真信号动态范围。

8.4.1.1　1dB 增益压缩点动态范围

1dB 增益压缩点动态范围定义为：当接收机的输出功率大到产生 1dB 增益压缩时，输入信号的功率与可检测最小信号或等效噪声功率之比，即[10]

$$DR_{-1}=\frac{P_{i-1}}{P_{imin}} \tag{8.24}$$

考虑输入功率与输出功率间的关系 $P_{i-1}=P_{o-1}/G$，有

$$DR_{-1}=\frac{P_{o-1}}{P_{imin}G} \tag{8.25}$$

式中：P_{i-1}为产生 1dB 压缩时接收机输入端的信号功率；P_{o-1}为产生 1dB 压缩时接收机输出端的信号功率；G 为接收机的增益。

利用前述的接收机灵敏度计算公式可知

$$P_{imin}=S_{min}=kT_0F_nB_nM \tag{8.26}$$

式中：参数与前述相同，即为玻耳兹曼常数；T_0 为室温的热力学温度；一般取 290K；F_n 为接收机的噪声系数；B_n 为接收机的带宽；M 为识别因子，一般取 $M=1$。

将式(8.26)带入工(8.24)、式(8.25)，并用 dB 表示

$$DR_{-1}=P_{i-1}+114-F_n-10\lg B_n \tag{8.27}$$

$$DR_{-1}=P_{o-1}+114-F_n-G-10\lg B_n \tag{8.28}$$

式中：P_{o-1}和 P_{i-1}的单位都为 dBm；B_n 的单位为 MHz。

8.4.1.2　无失真信号动态范围

无失真信号动态范围，又称无虚假信号动态范围（Spurious Free Dynamic Range）或无杂散动态范围，是指接收机的三阶交调等于最小可检测信号时，接收机输入（或输出）的最大信号功率与三阶交调信号功率之比（图 8.4）[8-16]。即

$$DR_{sf}=\frac{P_{isf}}{P_{imin}} \tag{8.29}$$

$$DR_{sf}=\frac{P_{osf}}{P_{imin}G} \tag{8.30}$$

图 8.4 示意了无虚假信号动态范围的图解说明。图 8.5 示意了三阶交调的虚假信号分量。图 8.4 中，P_3 是三阶交调的功率电平，P_{osf}是接收机的三阶交调等于最小可检测信号时接收机输出的最大信号功率。由于基波频率信号的输出与输入关系曲线是一条斜率为 1 的直线，三阶互调产物与输入信号间的关系曲线具有 3∶1的斜率，三阶互调截交点就是这两条曲线的交点。

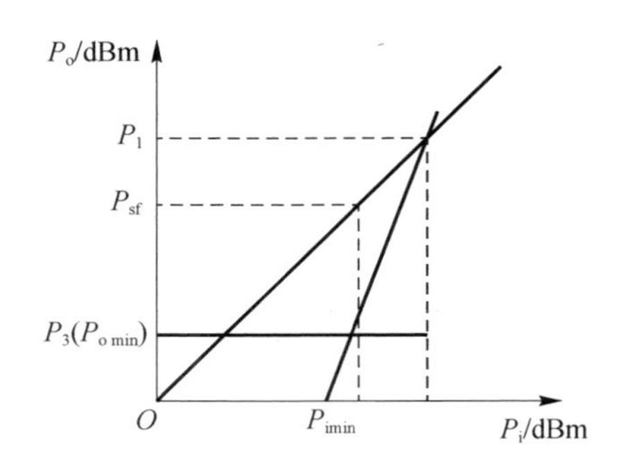

图 8.4　无失真信号动态范围示意图

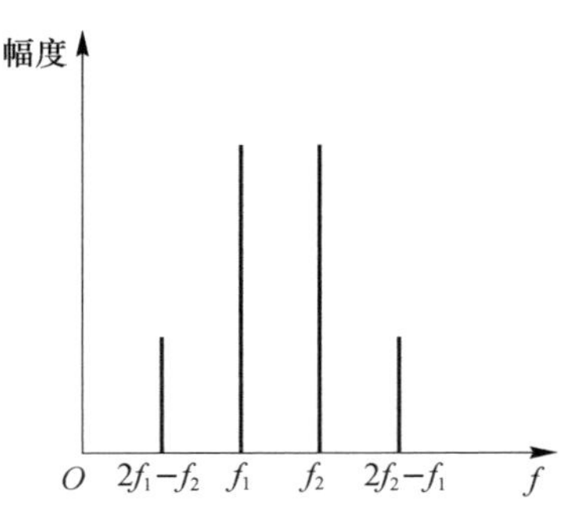

图 8.5　三阶交调示意图

由图中的几何关系可求得

$$\mathrm{DR}_{\mathrm{sf}}=\frac{2}{3}(P_1-P_{\mathrm{omin}})=\frac{2}{3}(P_1-P_{\mathrm{imin}}-G) \tag{8.31}$$

$$P_{\mathrm{osf}}=P_{\mathrm{omin}}+DR_{\mathrm{sf}} \tag{8.32}$$

式中：P_1 为接收机系统的三阶截获点功率。若忽略高阶分量和非线性所产生的相位失真到幅度失真的转换，则

$$P_1=P_{\mathrm{o-1}}+10.65 \quad (\mathrm{dBm})$$

所以有

$$\begin{aligned}\mathrm{DR}_{\mathrm{sf}}&=\frac{2}{3}(P_{\mathrm{o-1}}-P_{\mathrm{imin}}-G+10.65)\\&=\frac{2}{3}(P_{\mathrm{o-1}}+114-F_{\mathrm{n}}-10\lg B_{\mathrm{n}}-G+10.65)\\&=\frac{2}{3}(\mathrm{DR}_{-1}+10.65) \quad (\mathrm{dB})\end{aligned} \tag{8.33}$$

从上式可知，当 1dB 增益压缩点的动态范围为 80dB 时，无失真信号动态范围则为 60dB 左右。

8.4.2　接收机增益

雷达接收机系统的增益是由接收机的动态范围、灵敏度以及接收机输出信号的处理方式所决定。在雷达接收机中，接收机输出的中频信号或基带信号，一般都要通过 A/D 转换器转换成数字信号再进行信号处理。选择了适当的 A/D 转换器后，接收机的系统总增益就确定了。假设有一接收机的噪声系数 $F_{\mathrm{n}}=2.2\mathrm{dB}$，线性动态范围为 60dB，A/D 转换器采用 AD9240 型 14 位 *A/D* 转换器（有效位数为 10 位），最大输入信号电平为 $2U\mathrm{pp}$（50Ω 负载），接收机的信号匹配带宽为 30MHz。接收机的临界灵敏度为[8]

$$S_{\min}=-114+F_{\mathrm{n}}+10\lg B_{\mathrm{n}}\approx-97\quad(\mathrm{dBm})$$

接收机输入端的最大信号(即1dB增益压缩点输入信号)功率电平为

$$P_{\mathrm{i}-1}=S_{\min}+\mathrm{DR}_{-1}=-37\quad(\mathrm{dBm})$$

接收机最大输出信号的功率电平为

$$P_{\mathrm{o}-1}=\frac{1}{50}\left(\frac{U_{\mathrm{pp}}}{2\sqrt{2}}\right)^{2}=10\quad(\mathrm{dBm})$$

这样接收机的系统净增益为47dB。

8.4.3 大动态接收机的实现

接收机的动态范围包括瞬时动态和总的动态两个方面。

8.4.3.1 瞬时动态

实现大的瞬时线性动态要考虑两个因素[8,9]。一是合理分配接收增益。当确定了接收机的总增益后,就要对增益进行合理分配,增益分配首先要考虑接收机系统的噪声系数。一般来说,高频低噪声放大器的增益要比较高,以减小放大器后的混频器和中频放大器的噪声对系统噪声系数的影响。但是高频放大器的增益也不能太高,如果太高,不但会影响放大器的工作稳定性,还会影响接收机的动态范围。所以增益、噪声系数和动态范围三者之间互相关联而又互相制约。二是选用动态范围大的器件,特别是A/D转换器的动态范围。实际上A/D转换器的有效位数基本确定了接收机的瞬时动态范围。

8.4.3.2 总的动态范围

当要求接收机的动态范围超过瞬时动态范围时,就需要使用灵敏度时间控制电路(STC)和自动增益控制电路(AGC)来进一步扩展接收机的动态范围。

灵敏度时间控制电路又称为近程增益控制电路,它是用来防止近程杂波干扰使接收机饱和的一种控制电路。雷达在实际工作中不可避免地会遇到近程地面或海面杂波等分布物体反射的干扰。这类分布物体反射的干扰功率通常随着作用距离的增加而减小。采用灵敏度时间增益控制电路使接收机增益按一定的控制电压来变化,这个控制电压随距离而变化,即近距离增益低,远距离增益高,从而扩大接收机的动态范围。用STC电路来扩展接收机动态范围是一种常用的方法。它既可以设计在中频电路(IF-STC),也可以设计在射频电路(RF-STC)中,具体需要根据接收机性能要求进行综合优化设计。当然天基预警雷达由于不存在回波信号远近距离问题,因此不能采用STC方法控制接收机的增益。

另一种是自动增益控制。自动增益控制就是根据干扰或杂波强度的变化，来控制电压的瞬时变化,在回波信号较强时,降低接收增益;在回波信号较弱时提高接收增益。这是一种最普遍使用的增益控制方法。

8.5 混频器的设计技术

8.5.1 混频器的变频原理

在雷达接收机中,经常应用混频器使输入回波信号和本振信号进行差拍混频,产生中频信号。把高频或射频信号经过变频,变为中频信号再进行信号或数据处理,是雷达接收机的必然过程。

混频器将小功率的回波信号与较大功率的本振信号在非线性器件中进行混频时,不但产生有用的中频信号,还产生了许多与信号频率和本振信号频率及它们的谐波频率有关的和、差频率成分,其变频过程可表示为[8,9]

$$I=f(u)=b_0+b_1v+b_2v^2+b_3v^3+\cdots+b_nv^n \tag{8.34}$$

式中:I 和 v 分别为器件的电流和电压。

对混频器来说,所加的电压是由射频信号 $u_R\sin\omega_Rt$ 和本振信号 $u_L\sin\omega_Lt$ 组成,即

$$u(t)=u_R\sin\omega_Rt+v_L\sin\omega_Lt \tag{8.35}$$

式中:ω_R 和 ω_L 分别代表射频信号角频率和本振的角频率。将式(8.35)代入式(8.34)可得

$$\begin{aligned}I=&b_0+b_1(u_R\sin\omega_Rt+u_L\sin\omega_Lt)+b_2(u_R\sin\omega_Rt+v_L\sin\omega_Lt)^2+\cdots\\&+b_n(u_R\sin\omega_Rt+u_L\sin\omega_Lt)^n\end{aligned} \tag{8.36}$$

取其中的二次项有

$$\begin{aligned}b_2u^2&=b_2(u_R\sin\omega_Rt+u_L\sin\omega_Lt)^2\\&=b_2[u_R^2\sin^2(\omega_Rt)+u_L^2\sin^2(\omega_Lt)]\\&\quad+b_2u_Ru_L[\cos(\omega_R-\omega_L)t-\cos(\omega_R+\omega_L)t]\end{aligned} \tag{8.37}$$

式中:$\omega_R-\omega_L$ 是所需要的频率(也可能是 $\omega_L-\omega_R$,需视本振信号频率与回波信号频率的高低而定)。

尽管混频器是一个非线性器件,但从输入、输出信号角度来讲,混频过程常被看成是线性过程,输入信号所包含的信息(如波形中的频谱分量及其相位等)在输出信号中没有发生改变,只是发生了载频的频移,即由射频 ω_{RF} 移到了中频 $\omega_{IF}=\omega_R-\omega_L$,如图 8.6 所示。

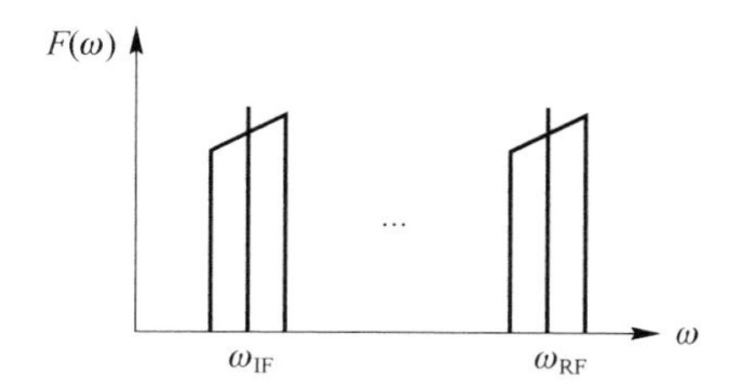

图 8.6　混频器的输入/输出移频示意图

由式(8.36)可以看出,混频器除了所需要的频率外,还有许多其他的频率分量。这些组合分量通常表示为 $n\omega_{\mathrm{R}} \pm m\omega_{\mathrm{L}}$,其中 m、n 为正整数。除了所需要的频率外,其他频率一般都称为虚假频率或寄生频率,对应的信号称为虚假信号或寄生信号,图 8.7 是混频器的寄生效应图[3]。

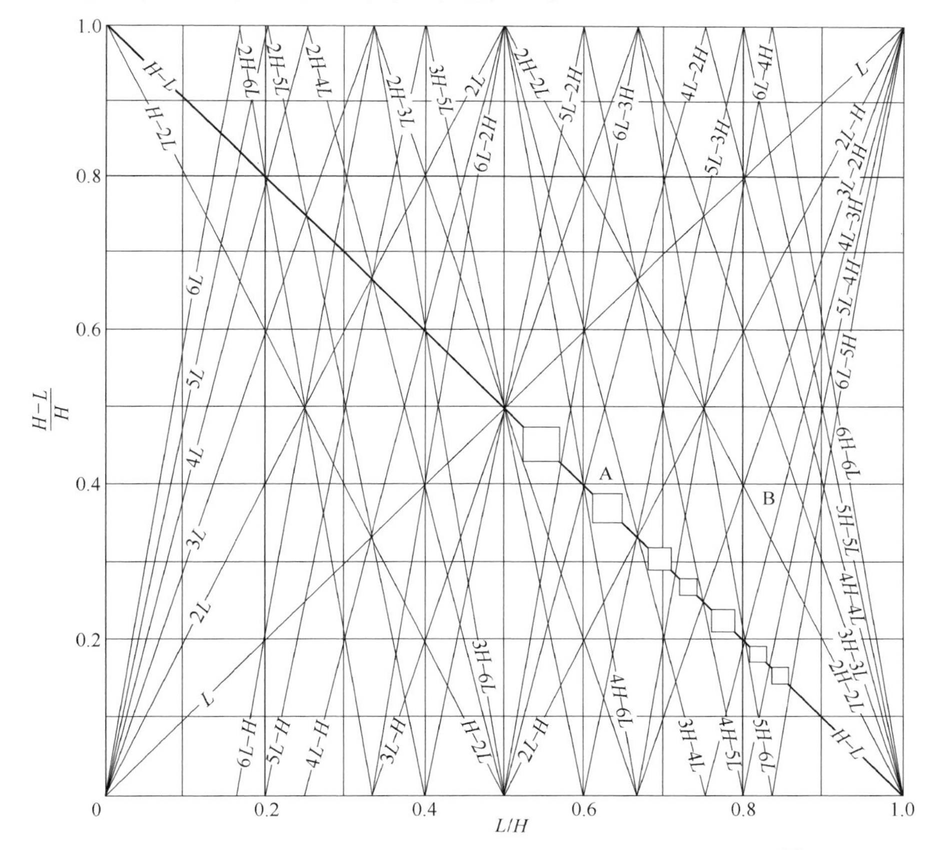

图 8.7　混频器寄生频率图(H—高输入频率,L—低输入频率)[3]

图 8.7 中的差额 $H-L$ 为所需要的频率(H 表示信号或本振. 是高频,L 表示本振或信号,是低频);除 $H-L$ 外,其他所有各类线表示的频率都为寄生信号输

出的频率。图中所示的最高阶寄生频率为6倍,在图中用$6H$和$6L$表示,一般的规律是寄生信号的频率阶数越高,其输出的寄生信号幅度越低。图中标有A的方框表示没有寄生信号的区域,在混频器里,这些区域指向的频率正是设计时所需要的频率。

8.5.2 混频器的种类和特点

混频器的种类较多,如前所述,混频器内必须要有射频、本振和中频信号与非线性器件的耦合装置才能实现混频。而实现耦合的方式很多,且各有优缺点,但无论哪种实现方式,目的都是为每个频率信号提供三个独立且相互隔离的端口。所有不希望的响应都应该使用滤波、移相或抑制的方法从输出端除去,以得到希望响应的频率。常用的几种混频器及其性能汇总在表8.1中[8,9]。

表8.1 几种主要的混频器

性能参数	混频器类型			
	单端	平衡	双平衡	镜频抑制
变频损耗/dB	较好	较好	很好	很好
电压驻波比	较好	较好	较差	好
隔离度/dB	12 – 18	>23	>23	18 – 23
本振功率/dBm	+13	+5	+10	+7
寄生抑制	差	较好	好	较好

8.5.3 交调分析与抑制

从上面对混频器的变频分析,可以看到,混频器除了产生所需要的中频信号外,还要产生本振和信号频率的高次谐波分量,及其和差频率,一般表示为$n\omega_{\mathrm{R}} \pm m\omega_{\mathrm{L}}$($m$、$n$为正整数)。图8.7表示的混频器寄生频率,图中方框表示的没有寄生频率的区域是设计时希望利用的区域。在实际的交调分析中,可以用寄生信号图来确定信号频率、本振频率以及中频频率。在具有较宽信号频率范围、本振频率范围以及一定带宽的中频频率时,可以用寄生信号图先大概地进行频率选择,然后用计算公式来进一步确定所需要的各种频率。

对于二次变频的雷达接收机,其信号和本振通道寄生频率的影响,以及一本振和二本振交调的影响可以通过下列公式来计算[8]。

$$\frac{M}{N}f_{\mathrm{L1}} \pm \frac{f_{\mathrm{I}}}{N} - \frac{B}{2N} \leqslant f_{\mathrm{t}} \leqslant \frac{M}{N}f_{\mathrm{L1}} \pm \frac{f_{\mathrm{I}}}{N} + \frac{B}{2N} \tag{8.38}$$

$$f_{\mathrm{I}} - \frac{B}{2} \leqslant \pm Kf_{\mathrm{L1}} \pm Lf_{\mathrm{L2}} \leqslant f_{\mathrm{I}} + \frac{B}{2} \tag{8.39}$$

$$f_{\text{II}} - \frac{B}{2} \leqslant \pm K f_{\text{L1}} \pm L f_{\text{L2}} \leqslant f_{\text{II}} + \frac{B}{2} \tag{8.40}$$

式中：K、L、M、$N = 1,2,3,\cdots$；f_{I} 为一中频频率，f_{II} 为二中频频率；f_{L1} 为一本振频率，f_{L2} 为二本振频率；f_{t} 为雷达预选滤波器通带内出现的寄生通道频率；B 为接收机匹配滤波器的带宽。

一般是首先选择合适的信号频率和本振频率，然后设计或选取性能良好的预选器滤波器和一中频滤波器以有效抑制镜频干扰；再根据信号波形的形式设计或选取二中频滤波器及其匹配的滤波器。

为了克服一本振和二本振产生的交调，需要使用高频谱纯度的本振。然而，即使十分纯净的频谱在通过混频器后也会产生高次谐波。要有效抑制本振交调，可采取的措施有：①对混频器电路进行良好匹配；②在满足接收动态范围及噪声系数要求的前提下，使用小功率的本振；③对接收机通道进行良好的电磁兼容设计和匹配设计，防止两个本振信号通过空间或电源相互串扰。

8.6　A/D 变换技术

8.6.1　A/D 转换器特性

A/D 转换器的功能是将接收机接收到的模拟信号转换成二进制的数字信号。其工作过程大致可分为采样、保持、量化、编码、输出等几个环节。衡量 A/D 转换器性能的指标主要有：转换灵敏度、信噪比、A/D 转换位数、转换速率、无杂散动态范围（SFDR）、孔径抖动、微分非线性和积分非线性等。

8.6.1.1　转换灵敏度

转换灵敏度实质上就是量化电平，其转换位数越高，转换灵敏度就越高。假设一个 A/D 器件的输入电压峰－峰最大值为 $U_{\text{p-p max}}$，转换位数为 N，量化电平可表示为[8,9]

$$Q = \frac{U_{\text{p-p max}}}{2^N} \tag{8.41}$$

8.6.1.2　信噪比（SNR）

一个幅度与 A/D 最大电平匹配的正弦波，量化分层电平如式（8.41）所示，其最大功率为

$$P_{\max} = \left(\frac{U_{\text{p-p max}}}{2\sqrt{2}}\right)^2 = \frac{2^{2N} Q^2}{8} \tag{8.42}$$

在没有噪声输入的情况下，最小电压被认为是量化电平，最小功率为

$$P_{\min}=\left(\frac{U_{\text{p-p min}}}{2\sqrt{2}}\right)^2=\frac{Q^2}{8} \tag{8.43}$$

此时动态范围为

$$\mathrm{DR}=10\lg\frac{P_{\max}}{P_{\min}}=20N\lg2=6N \tag{8.44}$$

当最小位为噪声位时，最小信号用噪声的均方差来表示，假设噪声是均匀分布的，其量化噪声功率为

$$N_{\mathrm{q}}=\frac{1}{Q}\int_{-Q/2}^{Q/2}y^2\mathrm{d}y=\frac{Q^2}{12} \tag{8.45}$$

因此，理想 A/D 的最大信噪比为

$$\mathrm{SNR}_{\max}=\frac{P_{\max}}{N_{\mathrm{q}}}=\frac{3}{2}\cdot2^{2N} \tag{8.46}$$

即为 $\mathrm{SNR}_{\max}=6N+1.76(\mathrm{dB})$

8.6.1.3 无杂散动态范围

无杂散动态范围（SFDR）是指在 A/D 中第一奈奎斯特区内测得的有效信号幅度值与最大有效杂散分量值之比（分贝数表示）。它反映 A/D 输入端存在大信号时，接收机能识别有用微弱信号的能力。

对于一个理想的 A/D 转换器，其输入满量程信号时，SFDR 值为最大。而实际应用中，输入信号比满量程值低几个分贝时，就出现最大的 SFDR 值，其原因是 A/D 在输入信号接近满量程时，会增大其非线性误差和其他失真误差。此外，由于实际输入信号的幅度随机波动，输入信号接近满量程时，信号幅度超出满量程值的概率增加，也会带来限幅所造成的额外失真。

8.6.1.4 孔径抖动

A/D 孔径不确定性是噪声调制采样时钟的结果。时钟孔径的不确定性是噪声基底抬高的一个重要因素。

孔径的不确定性主要来自两个方面[8,9]。一个是采样时钟本身上升、下降沿触发的抖动；另一个是 A/D 内部采样保持电路或锁存比较器取样时，样本时间延迟有变化。提供时钟的振荡器的频谱纯度决定了采样时钟的抖动。

孔径不确定性为一个孔径内的误差，误差的幅度与模拟输入信号的变化速率有关。假设模拟输入信号的变化速率为$\frac{\mathrm{d}U(t)}{\mathrm{d}t}$，当孔径抖动为 Δt 时。孔径抖

动引入的电压误差为 $\Delta U = \frac{\mathrm{d}U(t)}{\mathrm{d}t}\Delta t$。

若输入为正弦波，即 $U(t) = A\sin(2\pi ft)$，$\frac{\mathrm{d}U(t)}{\mathrm{d}t} = 2\pi fA\cos(2\pi ft)$；当 $t=0$ 时，得到其最大值 $U_{\max} = 2\pi fA$。于是，孔径抖动引入的误差电压为

$$\Delta U = \left.\frac{\mathrm{d}U(t)}{\mathrm{d}t}\right|_{t=0}\Delta t = 2\pi fA\Delta t$$

当模拟信号的输入频率较高时，系统要求的动态范围越大，则要求的采样时钟孔径不确定性越小。

8.6.1.5　非线性误差

非线性误差是指 A/D 理论转换值与实际特性值之间的差异。非线性误差又可分为微分非线性误差和积分非线性误差[8]。

微分非线性误差是指：对于一个固定的编码，其理论的量化电平与实际的最大电平之差，常用所差的百分比来表示。微分非线性误差主要是由 A/D 本身的电路结构工艺等原因引起的，即量程中某些点的量化电压与标准的量化电压不一致而产生的。

积分非线性误差是指：A/D 的实际转换特性与理想转换特性直线之间的最大偏差，常用满刻度值的百分数来表示。积分非线性误差是由模拟接收前端、采样保持器，以及 A/D 传递函数的非线性引起的。

8.6.2　A/D 转换器的设计

8.6.2.1　A/D 转换器的选择原则

选用分辨力较好的 A/D 器件：A/D 的分辨力主要取决于器件的转换位数和信号输入范围。转换位数越高，器件的分辨力越高，则 A/D 的性能越好，对接收前端的增益要求也越小，其三阶截点就可以做得较高[8]。

选择合适的采样速率：A/D 器件的采样速率为 $f_s \geqslant 2nB$，式中，n 为滤波器的矩形系数，B 为信号带宽。在允许过渡带混叠时，采样速率为 $f_s \geqslant (n+1)B$[9]。

确定 A/D 转换位数：A/D 的动态范围主要取决于转换位数，A/D 器件的转换位数越高，其动态范围就越大。依据接收机动态范围确定转换位数。

选择合适的 A/D 输出状态：依据 A/D 输出是并行还是串行，输出的是 TTL 电平、CMOS 电平，还是 ECL 电平，输出编码是偏移码还是补码方式等来选择[10]。

选择 A/D 芯片的环境参数：A/D 变换器的功耗应尽可能低，器件的功耗太大会带来供电、散热等问题[8]。

8.6.2.2 A/D 与射频前端接口的匹配设计

A/D 设计主要是为了提升接收机的性能,也就是获得 A/D 与射频前端的最佳匹配。通常情况下,接收前端与 A/D 组合后会恶化接收机系统的噪声系数。数字接收机组成的原理框图如图 8.8 所示,图中 P_i 和 P_o 分别为接收前端的输入和输出信号的功率。N_i 和 N_o 为接收前端的输入和输出噪声的功率,N_s 为系统的输出噪声功率[8,9]。

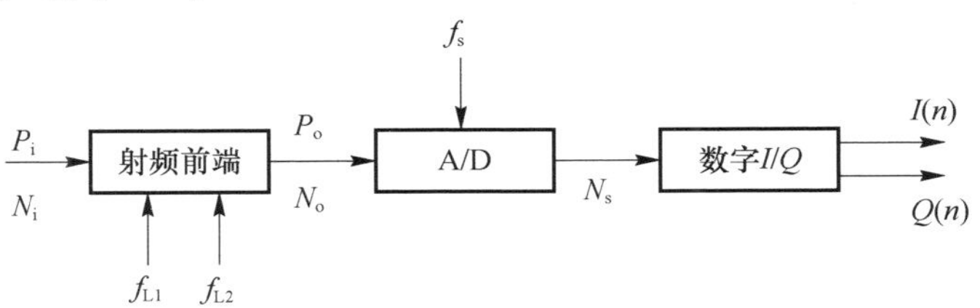

图 8.8 数字接收机组成原理框图

噪声系数定义为接收机的实际输出噪声功率 N_s 与理想输出噪声功率 N_iG 之比 $F_s=N_s/N_iG$,G 为系统增益。假设噪声为带限噪声,且无噪声通过 A/D 折叠而进入基带,于是,系统输出的总噪声功率为

$$N_s=N_o+N_{A/D}$$

式中:$N_{A/D}$为 A/D 的等效噪声功率。则系统噪声系数为

$$F_s=\frac{N_o+N_{A/D}}{GN_i}=F+\frac{N_{A/D}}{GN_i} \tag{8.47}$$

式中:$\frac{N_{A/D}}{GN_i}$为 A/D 对噪声系数的恶化量。为了简化运算,通常用接收前端输出的噪声功率与 A/D 的噪声功率的比值来计算系统噪声系数。设 $R=N_o/N_{A/D}$,则有

$$F_s=\frac{N_o+N_o/R}{N_iG}=F\left(1+\frac{1}{R}\right) \tag{8.48}$$

若用对数表示,则得到系统噪声系数为

$$\mathrm{NF}_s=F_n+10\lg(R+1)-10\lg R \quad (\mathrm{dB}) \tag{8.49}$$

式中:F_n 为接收前端的噪声系数。

实际设计时,需要根据实测的 A/D 噪声功率(或 A/D 的有效位数)来确定 A/D 是否能满足系统灵敏度和动态范围的要求。

8.6.2.3 “过采样”对 A/D 信噪比的改善

由于受奈奎斯特定理的限制,采集系统输入频率通常必须被限制在采样频

率 f_s 的 1/2,即采样频率要大于或等于信号带宽的 2 倍,才能不失真地恢复出信号的全部基带信息。这里涉及两个基本概念,即“下采样”(under - converter)和“过采样”(over - converter)。所谓下采样是指采样时钟频率低于信号的频率。过采样是指采样时钟频率大于被采集信号带宽的 2 倍或以上[8]。

在接收机中频采样时,下采样和过采样有可能同时存在,例如:用 10MHz 时钟采集 12.5MHz 中心频率、带宽为 2.5MHz 的信号,这时的采样时钟既低于输入信号频率又大于信号带宽的 2 倍,因此既是下采样又是过采样。

由信号处理可知,过采样的好处是获得处理增益。对于一定的 A/D 而言,其总的噪声能量保持恒定,随着采样率的提高,噪声被扩散到更宽的频率范围,采样之后的数字滤波将高于信号带宽的噪声能量滤去,从而获得信噪比的改善。其改善的理论值为 $10\lg(f_s/2B)$ dB,其中 f_s 为采样频率,B 为信号带宽。

8.7　IQ 正交鉴相技术

雷达接收机不但需要提取信号的幅度信息,还要提取信号的相位信息,以便后续处理,正交鉴相用来同时提取信号幅度和相位信息。

8.7.1　模拟正交鉴相

模拟正交鉴相通常又称为零中频处理。所谓“零中频”,是指相干振荡器的频率与中频信号的中心频率相等(不考虑多普勒频移),混频后其差频为零。零中频处理既保持了中频处理时的全部信息,又可在视频实现,因而得到了广泛的应用。图 8.9 是典型的模拟正交鉴相的原理框图,其中相位检波既可以是乘法器,也可以是混频器[8-11]。

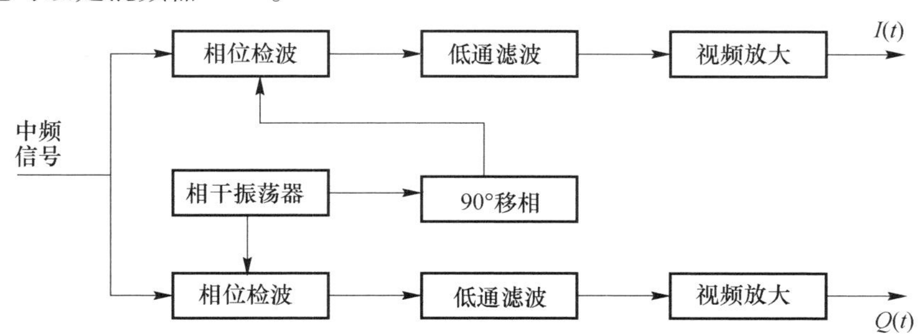

图 8.9　模拟正交鉴相原理框图

任何一个中频实信号 $S(t)$ 可以表示为[8-11]

$$S(t)=a(t)\cos[\omega_i t+\varphi(t)] \tag{8.50}$$

式中:$a(t)$ 和 $\varphi(t)$ 分别为信号的幅度和相位调制函数。在雷达接收机中,$a(t)$

和 $\varphi(t)$ 与 ω_i 相比，均是时间的慢变函数。信号又可以用复数表示为

$$S(t)=\frac{1}{2}[u(t)\mathrm{e}^{\mathrm{j}\omega_{\mathrm{i}}t}+u^{*}(t)\mathrm{e}^{-\mathrm{j}\omega_{\mathrm{i}}t}]$$

$$=\frac{1}{2}[a(t)\mathrm{e}^{\mathrm{j}\varphi(t)}\mathrm{e}^{\mathrm{j}\omega_{\mathrm{i}}t}+a(t)\mathrm{e}^{-\mathrm{j}\varphi(t)}\mathrm{e}^{-\mathrm{j}\omega_{\mathrm{i}}t}] \tag{8.51}$$

式中：$u(t)=a(t)\mathrm{e}^{\mathrm{j}\varphi(t)}$（其中 $\varphi(t)=\omega_{\mathrm{d}}t$）称为复调制函数，它包含了信号 $S(t)$ 的全部信息量。

在正常的单路相干检波中，将中频信号 $S(t)$ 和相干基准信号 $\cos\omega_{\mathrm{i}}t$ 相乘后取出其低频分量，即

$$S(t)\cos\omega_{\mathrm{i}}t=\frac{1}{4}[u(t)+u^{*}(t)]+\frac{1}{4}[u(t)\mathrm{e}^{\mathrm{j}2\omega_{\mathrm{i}}t}+u^{*}(t)\mathrm{e}^{-\mathrm{j}2\omega_{\mathrm{i}}t}] \tag{8.52}$$

通过低通滤波后，取出的低频分量为

$$\frac{1}{4}[u(t)+u^{*}(t)]=\frac{1}{2}a(t)\cos\omega_{\mathrm{d}}t \tag{8.53}$$

上式中，按多普勒频率变化的信号已不能区分频率的正负值，若 $a(t)$ 为常数，则取样点正碰上 $\cos\omega_{\mathrm{d}}t$ 的过零点，就会产生检测时的盲相。

单路相干检波后的信号之所以损失掉判断调制函数的能力，是因为取出的包络项 $[u(t)+u^{*}(t)]$ 产生了频谱折叠，为了防止频谱折叠而保持中频信号所含的全部信息量，应能保证把复函数 $u(t)$ 单独取出来。这时的实现方法是信号 $S(t)$ 乘以复函数 $\mathrm{e}^{\mathrm{j}\omega_{\mathrm{i}}t}$ 即可，则

$$S(t)\mathrm{e}^{\mathrm{j}\omega_{\mathrm{i}}t}=\frac{1}{2}[u(t)\mathrm{e}^{\mathrm{j}\omega_{\mathrm{i}}t}+u^{*}(t)\mathrm{e}^{-\mathrm{j}\omega_{\mathrm{i}}t}]\mathrm{e}^{-\mathrm{j}\omega_{\mathrm{i}}t}=\frac{1}{2}[u(t)+u^{*}(t)\mathrm{e}^{-\mathrm{j}2\omega_{\mathrm{i}}t}] \tag{8.54}$$

通过低通滤波后取出其复函数 $u(t)$ 而滤去高次项 $u^{*}(t)\mathrm{e}^{-\mathrm{j}2\omega_{\mathrm{i}}t}$，可得

$$u(t)=a(t)\mathrm{e}^{\mathrm{j}\varphi(t)}=a(t)\cos\varphi(t)+\mathrm{j}a(t)\sin\varphi(t) \tag{8.55}$$

这就要求进行正交双通路处理，一路和基准电压 $\cos\omega_{\mathrm{i}}t$ 进行相干检波，得到同相支路 I；另一路和基准电压 $\sin\omega_{\mathrm{i}}t$ 进行相干检波，得到正交支路 Q。$\sin\omega_{\mathrm{i}}t$ 可由 $\cos\omega_{\mathrm{i}}t$ 移相 90°而得到。其输出值分别为 $a(t)\cos\varphi(t)$ 和 $a(t)\sin\varphi(t)$，如果要取振幅函数 $a(t)$，则为 $\sqrt{I^2+Q^2}$；如果要判断相位调制函数的正负值（多普勒频率的正负值），则需比较 I、Q 两支路的相对值来判断，正交支路的输出也可以重新恢复为中频信号。

模拟正交鉴相的优点是可以处理较宽的基带带宽（与数字正交鉴相相比），对 A/D 转换器的要求也相应较低。但是模拟正交鉴相的主要缺点是很难实现两通道间的良好平衡，相干振荡器输出的不正交和视频放大器的零漂都是影响

正交的重要因素。

I、Q 通道间的不平衡将会产生镜频信号，这种镜频信号会直接影响接收机的动态范围甚至出现虚假目标，增加虚警率。

8.7.2 数字正交鉴相

数字正交鉴相的实现是：先对模拟信号进行 A/D 变换，然后再进行 I/Q 分离。它的最大优点是可实现更高的 I/Q 精度和稳定度。数字 I/Q 的实现方法较多，下面主要介绍两种方法：即数字混频低通滤波法和希尔伯特变换法。

8.7.2.1 数字混频低通滤波法

数字混频低通滤波法原理上与模拟正交鉴相类似，其原理框图如图 8.10 所示[8]。其与模拟正交鉴相的差异在于：它的混频、低通滤波及相干振荡器均由数字方法来实现。其中相干振荡器称作数字压控振荡器（NCO），它输出的是两路正弦和余弦正交数字信号，且两路正交相干振荡器信号的生成和相乘都是数字域运算的结果，因此，高的运算精度即可保证两路信号的正交性。

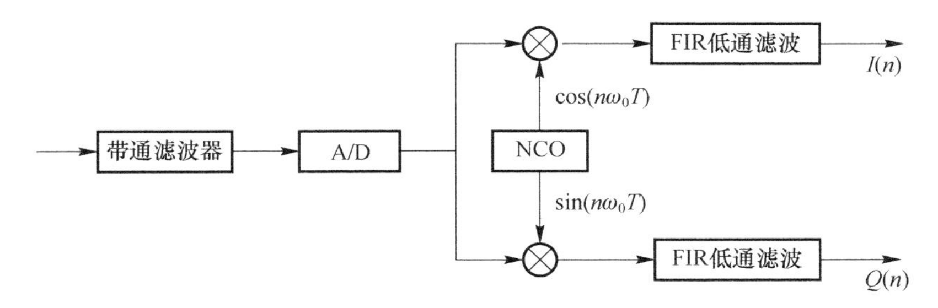

图 8.10　低通滤波实现 I/Q 分离原理框图

8.7.2.2 希尔伯特变换法

函数 $s(t)$ 的希尔伯特变换定义为 $s(t)$ 与函数 $h(t)=1/\pi t$ 的卷积，其数学表达式为[10,11]

$$\mathcal{H}\{s(t)\} = s(t) * h(t) = s(t) * \frac{1}{\pi t} = \frac{1}{\pi}\int_{-\infty}^{+\infty}\frac{s(t)}{t-\tau}\mathrm{d}\tau \tag{8.56}$$

频域里，$s(t)$ 对应的频域函数 $S(f)$ 的希尔伯特变换为

$$S^{\mathrm{h}}(f) = S(f)H(f) \tag{8.57}$$

由信号处理可知，

$$s^{\mathrm{h}}(t) = s(t) * h(t) = IFFT[S(f)H(f)] \tag{8.58}$$

于是可以推得

$$\mathcal{H}\{\sin(\omega_{\mathrm{i}}t)\} = -\cos(\omega_{\mathrm{i}}t) \tag{8.59}$$

$$\mathcal{H}\{\cos(\omega_{\mathrm{i}}t)\} = \sin(\omega_{\mathrm{i}}t) \tag{8.60}$$

以上说明,尽管希尔伯特变换时使信号相位产生90°的相移,但不会影响频谱分量的幅度,于是,可以利用这一性质来实现 I/Q 正交分离。

在数字 I/Q 正交鉴相中,输入信号 $s(t)$ 先通过 A/D 数字化,然后用有限冲激响应滤波器(FIR)经过离散希尔伯特变换(矩形窗口的 FIR 滤波器或具有海明加权窗口的 FIR 滤波器)来求得正交分量,得到需要的 I、Q 分量。

8.8 数据压缩与数据形成技术

天基预警雷达工作在成像模式(SAR)时,所接收的数据量很大,为了节约传输资源,减轻对数传的压力,需要在 A/D 后对数据进行压缩再打包送数据记录设备。块自适应量化(BAQ)因其简单且易于实现,是目前星载成像雷达中的最主要的数据压缩方法。

根据 SAR 回波原始数据的特性,一般认为 SAR 回波信号满足均值为零、方差一定(或方差缓变)的高斯分布;于是 SAR 原始数据可采用 BAQ 中的 Lloyd - Max 量化器进行压缩。通常某一时刻接收的基带回波可以表示为[6,12,13]

$$\begin{aligned} s(t,\tau) &= \sum_{k=1}^{N} A_k \exp\left\{\mathrm{j}\pi K_{\mathrm{r}}\left[\tau_k - \frac{2R(t_k)}{c}\right]^2 - \frac{\mathrm{j}4\pi R(t_k)}{\lambda}\right\} \\ &= \sum_{k=1}^{N} A_k(\cos\phi_k + \mathrm{j}\sin\phi_k) = I + Q \end{aligned} \tag{8.61}$$

式中:τ 和 t 分别表示快时间和慢时间;A_k 为第 k 个散射体的回波幅度,与散射体的后向散射系数有关;ϕ_k 为其相位;K_{r} 为调频斜率;$R(t_k)$ 为散射体到雷达的斜距;λ 为波长;N 为分辨单元内所有独立散射体的总数。

假设单个散射体的幅度 A_k 和相位 ϕ_k 统计独立,且与所有其他散射体回波的幅度和相位统计独立;ϕ_k 符合 $[-\pi, +\pi]$ 内的均匀分布。由基带回波的表达式易知 SAR 中频模拟回波可以表示为

$$s_{\mathrm{c}}(t,\tau) = \sum_{k=1}^{N} A_k \cos[\phi_k + \omega_{\mathrm{c}}(\tau_k)] = \sum_{k=1}^{N} A_k \cos[\phi_k + 2\pi f_{\mathrm{c}}\tau_k] \tag{8.62}$$

式中:f_{c} 为中频;$\omega_{\mathrm{c}}(\tau_k)$ 为中频引入的相位,明显与 A_k 和 ϕ_k 统计独立,于是

$$E[s_{\mathrm{c}}(t,\tau)] = E\left\{\sum_{k=1}^{N} A_k \cos[\phi_k + \omega_{\mathrm{c}}(\tau_k)]\right\}$$

$$= \sum_{k=1}^{N} A_k E(\cos\phi_k) E[\cos\omega_c(\tau_k)] - \sum_{k=1}^{N} A_k E(\sin\phi_k) E[\sin\omega_c(\tau_k)]$$
$$= 0 \tag{8.63}$$

其方差为

$$D[s_c(t,\tau)] = E[s_c^2(t,\tau)] - \{E[s_c(t,\tau)]\}^2$$
$$= E[s_c^2(t,\tau)] = \frac{1}{2}\sum_{k=1}^{N} A_k^2 \tag{8.64}$$

星载 SAR 波束覆盖区域面积很大，N 一般趋于无穷大，回波信号是大量独立随机变量的和。根据中心极限定理可知，当 $N \to \infty$ 时，中频回波满足均值为零，方差为 $\frac{1}{2}\sum_{k=1}^{N} A_k^2$ 的高斯分布，因此，SAR 原始回波数据可看成是具有一定方差特性的零均值高斯分布信号，其满足应用 BAQ 算法的条件。

BAQ 算法就是基于回波信号数据没有做距离和方位匹配滤波的情况下，在方位向或距离向的一小段时间间隔内信号的动态范围远小于整个回波数据集的动态范围，因此，可以把具有缓慢时变方差特性的整个回波数据集沿方位和距离向分成若干个小块，从而每一小块数据可以认为是具有稳态特性的零均值高斯分布，并且其分布可由均方根输入电平 σ 唯一确定。块大小的选择应遵循的原则：块必须足够小以保证每一小块中 SAR 数据的 σ 恒定，同时块又必须足够大以保证能有效估计出每一块的 σ；通常，块的大小取为 64×64 或 128×128（方位 $\times$ 距离）。

BAQ 算法采用一个自适应量化器，根据估计出的每一个小块输入信号的 σ 来控制最优量化器以实现对输入信号的有效压缩，如图 8.11 所示。雷达接收的 I 和 Q 通道模拟信号先经过 A/D 变换器转化为每样本 n 位（一般为 8 位）的数字信号，然后通过块自适应量化器把每样本 n 位的信号编码处理为每样本 m 位的信号（$m < n$），从而实现原始数据压缩，再把经 BAQ 压缩过的数据进行打包处理，然后传给星上记录设备，再下传到地面；在地面可根据每一块数据对应的 σ 恢复出 SAR 的原始信号。

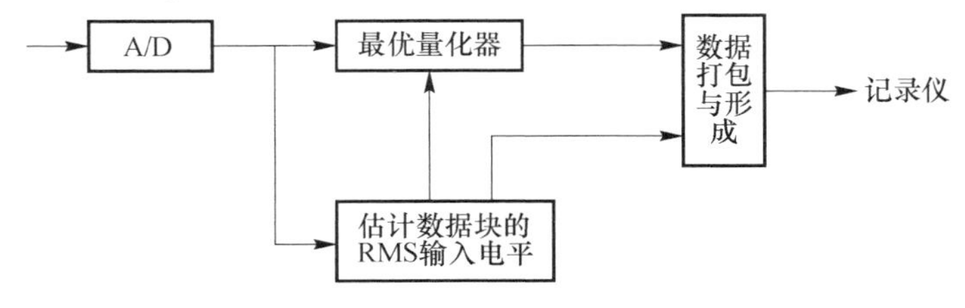

图 8.11　BAQ 数据压缩原理框图

BAQ 数据压缩中最重要的就是最优量化器的选取，对于零均值高斯分布的 SAR 原始数据，Max 量化器可用做最优量化器。输入原始数据每一块的 σ 可从输入信号中直接估计出,估计出的 σ 输出给最优量化器,控制最优量化器对每一块的编码过程,从而达到块自适应量化编码的目的。编码后每样本 m 位的数据和对应的 σ 估计值送往数据打包电路,然后把压缩后的数据传给星上的记录设备,地面进行数据处理前,先进行数据解码操作以恢复雷达的原始数据。

BAQ 处理时从接收信号块估计出的 σ,代表了接收信号的强度,除了用于控制 Max 最优量化器外,实际上还可以反馈到雷达接收机增益控制电路,去控制接收机增益以保证在 A/D 变换器输入端的信号电平不超过 A/D 的动态范围。因此,BAQ 可与电路很好地结合在一起,同时达到数据压缩和控制接收机增益的目的。

通常 SAR 原始数据压缩算法在信号域中的性能可以用信号量化噪声比和均方根相位误差这两个指标来衡量,量化噪声比表示了数据压缩过程引起的信号失真情况,均方根相位误差表示了压缩算法的相位保真度。随着 BAQ 编码所用位数的增加,量化噪声比提高,量化噪声电平降低,随机相位误差变小,相位保真度随之提高。一般来说 3 ~4 位 BAQ 处理可满足中等测绘带较高精度成像的要求。

8.9 频率源与信号产生技术

在雷达接收机中,常常采用具有宽频率范围和高稳定的频率合成器产生本振信号以及雷达系统使用的各种信号波形,雷达频率源是雷达接收系统的重要组成部分。

8.9.1 接收机对频率源的要求

(1) 工作频率范围:指满足各项技术要求的频率范围,由雷达接收机工作的频率带宽决定,单位为 MHz 或 GHz。

(2) 输出功率:指给定条件下振荡器输出功率的大小,一般以 mW 计或用 dBm(毫瓦的分贝数)来表示。

(3) 频率稳定度:频率稳定度又分为长期稳定度和短期稳定度。长期稳定度是指元器件参数慢变化以及环境条件改变所引起的频率的慢变化(一般以时、日、月、年计),常用一定时间内频率的相对变化 $\Delta f/f$ 来表示。短期稳定度包括振荡器调相、调幅、调频噪声引起的频率的抖动,一般以毫秒量级的 $\Delta f/f$ 来表示。短期稳定度在频域中常用单边带相位噪声谱密度来表征,以 - dBc/Hz (1kHz 处、10kHz 处或 1MHz 处等)为单位;在时域中用阿仑方差来表征[8]。

(4) 调谐特性:调谐特性分为模拟调谐和数字调谐。其中,模拟调谐包括:调谐电压范围,以 V 表示;调谐灵敏度(或称“压控斜率”),对变容管调谐以

MHz/V 表示,对 YIG 调谐以 MHz/mA 表示;调谐线性度,常用最大调谐频偏和最小调谐频偏之比或其百分数来表示。数字调谐包括:数字调谐灵敏度,常以 MHz/位表示;数字调谐范围,常以位数表示[8,14]。

(5)调谐时间:指电压调谐振荡器由输出频率初值到指定频率值所需的时间,在频率合成器中常常称为调频时间。

(6)谐波电平:指与输出频率相干的邻近基波的谐波或分谐波分量与载波电平之比,常以 - dBc 表示。

(7)杂散电平或寄生频率分量:指与输出频率不相干的无用的频率分量与载波电平之比,用 - dBc 表示。

8.9.2　直接数字频率合成器

直接数字频率合成器(DDS)具有相对带宽宽、频率转换时间短、频率分辨力高、输出相位连续、可编程及全数字化结构等优点,在现代雷达中已得到广泛应用。因此,下面介绍直接数字频率合成器,其他的相参直接频率合成器、锁相频率合成器等不予介绍,请参考相关书籍。

8.9.2.1　DDS 的工作原理

DDS 的基本工作原理是:从相位出发,根据产生的正弦函数,用不同的相位给出不同的电压幅度,然后滤波平滑出所需要的频率[8]。

图 8.12 为 DDS 的工作原理框图。图中参考频率源(也即参考时钟源)是一个稳定的晶体振荡器,功能是同步 DDS 的各组成部分。相位累加器实质是一个计数器,由多个级联的加法器和寄存器组成,在每一个参考时钟脉冲输入时,其输出就增加一个步长的相位增加值,如此相位累加器就将频率控制字 K 的数字变换成相位抽样来确定输出合成频率的大小。相位增量的大小随外部指令频率控制字 K 的不同而不同,给定了相位增量,输出频率就确定了。用这样的数据寻址,通过正弦查表(也称正弦变换)就把存储在相位累加器中的抽样数字值转换成正弦波幅度的数字量函数。而 D/A 转换器把数字量转换成模拟量;低通滤波器则平滑近似正弦波的锯齿阶梯信号,并减小不需要的抽样分量和其他带外杂散信号,最后输出的是所需要的频率和模拟信号。除滤波器外,电路全部采用

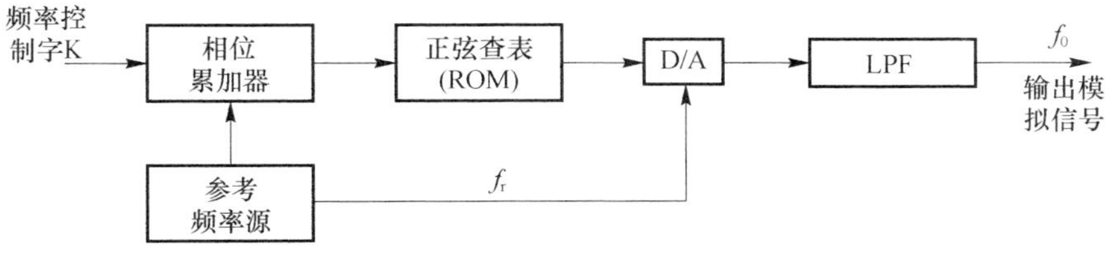

图 8.12　DDS 工作原理框图

数字集成电路加以实现,其关键点是使相位增量与参考源精确同步[8,14]。

频率合成器正常工作时,在参考频率源的控制下(频率控制字 K 决定了相位增量),相位累加器不断地对该相位增量进行相位累加;相位累加器积满量时,就会产生一次溢出,从而完成一个周期的动作,这一动作的周期即 DDS 合成信号的一个频率周期。

假设 f_o 为输出信号频率,K 为频率控制字,N 为相位累加器的字长,f_r 为参考频率源的工作频率。则输出信号的频率及频率分辨力可表示为[8]

$$f_o = \frac{Kf_r}{2^N} = K\Delta f \tag{8.65}$$

式中:$\Delta f = f_r/2^N$ 为输出信号的分辨力。

由上面分析可知,DDS 输出信号的频率主要取决于频率控制字 K,而 DDS 的频率分辨力取决于相位累加器的字长 N。随 K 增大,f_o 可不断提高;由奈奎斯特采样定理可知,最高输出频率不得大于 $f_r/2$;当工作频率达到 f_r 的 40% 时,输出波形的相位抖动很大,一般要求 DDS 的输出频率以小于 $f_r/3$ 为宜。随 N 增大,DDS 输出频率的分辨力提高。

DDS 会带来杂散,其主要来源于[8,15]:

(1) D/A 转换器非理想引入的误差:包括微分非线性、积分非线性、D/A 转换中尖峰电流及转换速率限制等,产生的杂散信号。

(2) 幅度量化引入的误差:ROM 存储数据的字长有限,在幅度量化过程中产生的量化误差。

(3) 相位舍位引入的误差:在 DDS 中,相位累加器的位数远大于 ROM 的寻址位数,相位累加器在输出寻址 ROM 的数据时,其低位就被舍去,不可避免地产生相位误差,它称为"相位裁址误差"。这是 DDS 输出杂散的主要原因。

DDS 输出频谱中存在杂散是个十分严重的问题,如何降低杂散成为 DDS 的主要研究内容。选择性能优良的 D/A 转换器,抑制调幅噪声和调频噪声,是降低杂散的主要方法。工程上将 DDS 和锁相环(PLL)相结合构成组合式频率合成器,是克服 DDS 杂散的较好方法,它不但能解决锁相频率合成器的频率分辨力不高、频率转换时间较长的问题,还能解决 DDS 工作频率不高的问题。

8.9.2.2 基于 DDS 的频率合成技术

DDS 是一种新型的频率合成技术,它具有极短的捷变频时间(ns 量级)、高的频率分辨力(毫赫量级)、优良的相位噪声性能,还可方便地实现各种调制,是一种全数字化、高集成度、可编程的系统。但如上所述,DDS 作为频率合成器有其自身的不足:一是工作频率比较低;二是杂散比较严重。为了克服这样的缺点,人们研制了 DDS 和 PLL 相结合的频率合成器,它可以克服 DDS 杂散多和输出频率低的缺陷,同时解决锁相频率合成器分辨力不高的问题,但是 DDS 和 PLL 的结合,使 DDS 变频时间快的优点丧失。于是出现了 DDS 与直接频率合成器相结合的合成器,它在提高 DDS 合成器工作频率的同时,保持了变频时间快的优点。下面主要介绍这种 DDS 直接频率合成器。

图 8.13 给出了一种 DDS 直接频率合成器的原理框图[15]。

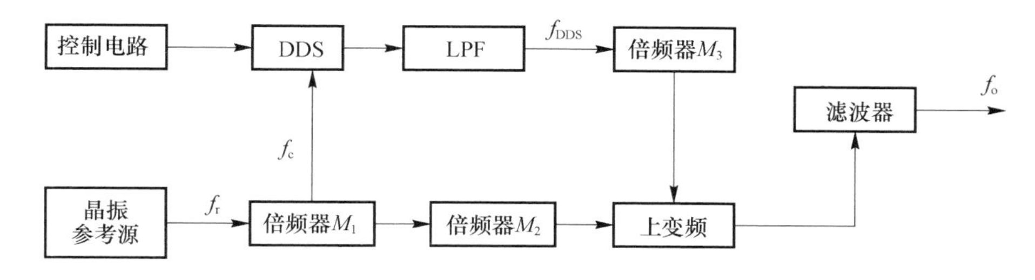

图 8.13　DDS 直接频率合成器原理框图

目前 DDS 器件的芯片时钟已达 1GHz 以上,其杂波性能也很好,图中的参考源的频率 f_r 可通过倍频到 f_c,再通过 DDS 进行合成,合成器的输出信号频率可表示为[15]

$$f_o = M_2 f_c + \frac{M_3 K f_c}{2^N} = f_c\left(M_2 + \frac{M_3 K}{2^N}\right) = M_1 f_r\left(M_2 + \frac{M_3 K}{2^N}\right) \tag{8.66}$$

只要改变倍频器 M_2 和 M_3 的倍频次数、DDS 的频率控制字长 K 以及晶振参考源的频率,就可改变合成器的输出频率。低相噪晶振参考源的频率一般在 100 ~200MHz 左右,倍频器 M_1 的倍频次数应根据 DDS 的参考时钟频率来确定。考虑到 DDS 的输出信号杂波和相位噪声,倍频器 M_3 一般不宜取得太高。

随着高速数字电路技术的发展,采用数字方法实现波形的产生已越来越普遍。数字的方法不仅能实现多种波形,而且还可以实现幅度和相位的补偿以提高波形的质量,其良好的灵活性和重复性使得数字波形的产生方法得到广泛的使用。

数字波形就其产生的方法可分为数字基带产生加模拟正交调制的方法和中频直接产生的方法。基带产生法的基本原理是:用数字直读方法产生 I、Q 基带信号,然后由模拟正交调制器将其调制到中频载波上来产生。这种方法,由于其模拟正交调制器难以做到理想的幅相平衡,致使输出波形产生镜像虚假信号和载波泄露,从而影响脉压系统的主副瓣比。中频直接产生法是基于 DDS 技术的波形产生方法,该方法能产生任意波形,并能对输出波形的频率、幅度和相位进行精确的控制。

通常要根据所需形成波形的带宽、频率来选择实现方法。如果要求的频率较低,带宽不宽,则可由 DDS 直接在中频产生波形。如果要求的频率高,带宽又很宽,则可用搬移和扩展的方法提高工作频率,达到产生宽带或超宽带信号的目的。

8.9.3 激励信号的产生

现代雷达的发射机一般采用固态放大链的形式,其发射信号产生一般由波形产生、上变频和小功率放大等几部分组成,下面简述其设计过程。激励和自检信号产生的原理框图如图 8.14 所示[8,15]。

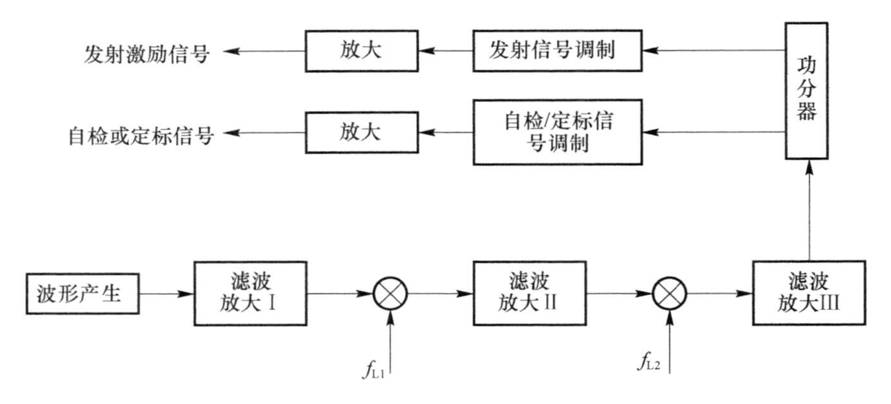

图 8.14 发射激励与自检/内定标信号产生流程框图

波形产生中通过时分调制的方法得到中频发射信号和自检或内定标信号,然后通过上变频,将信号频率从中频上变频到射频。射频信号通过分路和调制分别获得发射激励信号和自检或定标信号,发射激励信号通过功率放大后达到雷达发射机放大器所需要的电平(包括传输馈线损耗)。

设计发射激励通道时,应注意以下三个方面的问题:

(1) 保证通道带内增益起伏小,即信号频带内具有良好的幅相特性。通过放大器和滤波器的优化设计来达到相位线性度好;

(2) 设计合适的信号接口电平,以使发射信号频谱的杂散尽可能低,其中混频器和本振信号的电平尤为重要;

(3) 选择合适的本振频率和信号频率,尽量减少工作频带内交调信号的影响。

8.10 通道幅相误差对成像质量的影响

通常认为雷达是一个线性系统,由于雷达接收的回波数据需要通过天线阵面、接收通道、数据形成,再到信号处理等各单元,整个过程是一个信号发射与接收的过程,其中的任何一个环节产生的误差,都是通过对回波信号的幅度与相位的调制产生影响,信号带宽越大,幅度和相位的调制就会越大,这里以成像工作模式为例分析通道幅相误差的影响。

对于成像模式来说,上述幅相误差对成像的影响,可用“成对回波”理论来进行具体分析。

8.10.1　幅相误差模型

系统通道的不一致性主要影响系统匹配滤波器的性能,通道的不一致性的影响类似于匹配滤波器失真,假设其失真变化满足正弦规律,即幅度和相位变化规律如下[2,16]:

$$A(\omega) = a_0 + a_1\cos(c_1\omega) \tag{8.67}$$

$$\varphi(\omega) = b_0\omega - b_1\sin(c_2\omega) \tag{8.68}$$

式中:$A(\omega)$为幅度传输特性;$\varphi(\omega)$为相位特性。于是失真滤波器的幅相频特性表示为

$$\begin{aligned} H(\omega) &= A(\omega)\exp[-\mathrm{j}\varphi(\omega)] \\ &= [a_0 + a_1\cos(c_1\omega)]\exp[-\mathrm{j}\{b_0\omega - b_1\sin(c_2\omega)\}] \end{aligned} \tag{8.69}$$

假设理想滤波器(无失真滤波器)时,输出信号的频谱为$S(\omega)$,则无失真状态下的输出信号为

$$s(\tau) = \frac{1}{2\pi}\int_{-\infty}^{\infty} S(\omega)\ \exp(\mathrm{j}\omega\tau)\mathrm{d}\omega \tag{8.70}$$

在失真匹配滤波器作用下,输出信号为

$$s_{\mathrm{d}}(\tau) = \frac{1}{2\pi}\int_{-\infty}^{\infty} S(\omega)\ H(\omega)\exp(\mathrm{j}\omega\tau)\mathrm{d}\omega \tag{8.71}$$

将式(8.69)代入式(8.71),得到失真滤波器(即通道误差的影响)条件下,输出信号为

$$\begin{aligned} s_{\mathrm{d}}(\tau) = &\frac{a_0}{2\pi}\int_{-\infty}^{\infty} S(\omega)\ \exp[\mathrm{j}\omega\tau_{\mathrm{c}} + \mathrm{j}b_1\sin(c_2\omega)]\mathrm{d}\omega \\ &+ \frac{a_1}{2\pi}\int_{-\infty}^{\infty} S(\omega)\cos(c_1\omega)\exp[\mathrm{j}\omega\tau_{\mathrm{c}} + \mathrm{j}b_1\sin(c_2\omega)]\mathrm{d}\omega \end{aligned} \tag{8.72}$$

式中:$\tau_{\mathrm{c}} = \tau - b_0$。使用欧拉公式 $\cos\theta = \dfrac{\mathrm{e}^{\mathrm{j}\theta} + \mathrm{e}^{-\mathrm{j}\theta}}{2}$和贝塞尔函数关系式:

$$\exp[\mathrm{j}b_1\sin(c_2\omega)] = \mathrm{J}_0(b_1) + \sum_{n=1}^{\infty}\mathrm{J}_n(b_1)[\exp(\mathrm{j}nc_2\omega) + (-1)^n\exp(-\mathrm{j}nc_2\omega)] \tag{8.73}$$

式中:$\mathrm{J}_0(b_1)$为零阶贝塞尔函数;$\mathrm{J}_n(b_1)$为 n 阶贝塞尔函数。代入式(8.72),得到

$$\begin{aligned}
s_{\mathrm{d}}(\tau) &= \frac{a_0}{2\pi}\int_{-\infty}^{\infty}S(\omega)\left\{\mathrm{J}_0(b_1) + \sum_{n=1}^{\infty}\mathrm{J}_n(b_1)[\exp(\mathrm{j}nc_2\omega)\right.\\
&\quad \left.+ (-1)^n\exp(-\mathrm{j}nc_2\omega)]\right\}\exp(\mathrm{j}\omega\tau_{\mathrm{c}})\mathrm{d}\omega\\
&\quad + \frac{a_1}{4\pi}\int_{-\infty}^{\infty}S(\omega)[\mathrm{e}^{(\mathrm{j}c_1\omega)} + \mathrm{e}^{(-\mathrm{j}c_1\omega)}]\\
&\quad \left\{\mathrm{J}_0(b_1) + \sum_{n=1}^{\infty}\mathrm{J}_n(b_1)[\mathrm{e}^{\mathrm{j}nc_2\omega} + (-1)^n\mathrm{e}^{-\mathrm{j}nc_2\omega}]\right\}\exp(\mathrm{j}\omega\tau_{\mathrm{c}})\mathrm{d}\omega\\
&= a_0\mathrm{J}_0(b_1)s(\tau_{\mathrm{c}}) + \frac{a_1}{2}\mathrm{J}_0(b_1)[s(\tau_{\mathrm{c}} + c_1) + s(\tau_{\mathrm{c}} - c_1)]\\
&\quad + a_0\sum_{n=1}^{\infty}\mathrm{J}_n(b_1)[s(\tau_{\mathrm{c}} + nc_2) + (-1)^n s(\tau_{\mathrm{c}} - nc_2)]\\
&\quad + \frac{a_1}{2}\sum_{n=1}^{\infty}\mathrm{J}_n(b_1)[s(\tau_{\mathrm{c}} + c_1 + nc_2) + (-1)^n s(\tau_{\mathrm{c}} + c_1 - nc_2)\\
&\quad + s(\tau_{\mathrm{c}} - c_1 + nc_2) + (-1)^n s(\tau_{\mathrm{c}} - c_1 - nc_2)]
\end{aligned} \tag{8.74}$$

在通道幅相失真的条件下,将产生无限组"成对回波",从而对成像质量产生影响。

8.10.2 通道幅相误差的影响分析

8.10.2.1 通道幅度不一致性的影响

在讨论通道幅度不一致对成像的影响时,式(8.68)中 $b_1=0$,即仅有幅度按正弦规律变化,由式(8.74)可得到此时的输出信号为[2,16]

$$s_{\mathrm{ad}}(\tau) = a_0 s(\tau_{\mathrm{c}}) + \frac{a_1}{2}[s(\tau_{\mathrm{c}}+c_1) + s(\tau_{\mathrm{c}}-c_1)] \tag{8.75}$$

有上式可见,当信号通过只有幅频特性畸变的系统时,其输出信号分为三部分:第一项为输入信号的无畸变的放大输出项,其他两项则是由于系统畸变附加的,它们的形状和输入信号相同,但其位置一个处在第一项的左侧,另一个处在第一项的右侧,这就是成对回波。

因此,幅度误差将产生一组"成对回波"。成对回波信号的幅度由 a_1 值的

大小决定,其偏离有效信号位置由 c_1 决定。

由式(8.75)可知,有效回波信号的幅度决定于 a_0,在理想情况下,使用不失真的滤波器和成像处理不加窗时,SAR 对点目标的成像,其峰值旁瓣比为 -13.3dB,积分旁瓣比为 -9.8dB;在通道幅度不一致的情况下,等同于加了一个失真滤波器,SAR 的点目标成像会另有成对回波目标出现,对成像质量产生影响,其影响分为两个方面:

(1) 成对回波落在主回波外,使点目标图像的峰值旁瓣比和积分旁瓣比变差,分辨力降低;

(2) 成对回波落在主回波内,使点目标图像的峰值旁瓣比和积分旁瓣比变好,分辨力降低。

通常情况下,主要出现第一种情况。为了使成对回波对 SAR 的图像质量不产生较大的影响,一般要求幅度失真产生的成对回波峰值与主瓣峰值之比低于 -25 ~ -30dB 以上,即由式(8.75)可知

$$\mathrm{PLSR}_a = 20\lg\frac{a_1}{2a_0} \leqslant -25 \sim -30\mathrm{dB} \tag{8.76}$$

式中:PLSR_a 为对回波峰值与主瓣值之比。

分情况讨论:

若 $\mathrm{PLSR}_a \leqslant -20\mathrm{dB}$,则 $a_1/a_0 \leqslant 0.2$;

若 $\mathrm{PLSR}_a \leqslant -25\mathrm{dB}$,则 $a_1/a_0 \leqslant 0.1125$;

若 $\mathrm{PLSR}_a \leqslant -30\mathrm{dB}$,则 $a_1/a_0 \leqslant 0.06325$。

一般情况下,$a_1/a_0 \leqslant 0.2$ 就可以达到要求;若考虑一定的余量,则要求 $a_1/a_0 \leqslant 0.1125$,就不会对成像质量产生大的影响(图8.15)。

8.10.2.2 通道相位不一致的影响

在讨论通道相位不一致对 SAR 成像的影响时,式(8.67)中 $a_1=0$,即仅有相位误差按正弦规律变化,由式(8.74)可得到此时的输出信号为[16]

$$s_{\mathrm{pd}}(\tau) = a_0\mathrm{J}_0(b_1)s(\tau_{\mathrm{c}}) + a_0\sum_{n=1}^{\infty}\mathrm{J}_n(b_1)\left[s(\tau_{\mathrm{c}}+nc_2)+(-1)^n s(\tau_{\mathrm{c}}-nc_2)\right] \tag{8.77}$$

可见,由相位误差引起的失真,将产生无限组“成对回波”。成对回波信号的幅度由 a_0 和 $\mathrm{J}_n(b_1)$ 值的大小决定,其偏离有效信号位置由 nc_2 决定。

同理,相位误差引起的成对回波峰值与主回波峰值之比为

$$\mathrm{PLSR}_{\mathrm{p}} = 20\lg\frac{\mathrm{J}_n(b_1)}{\mathrm{J}_0(b_0)} \tag{8.78}$$

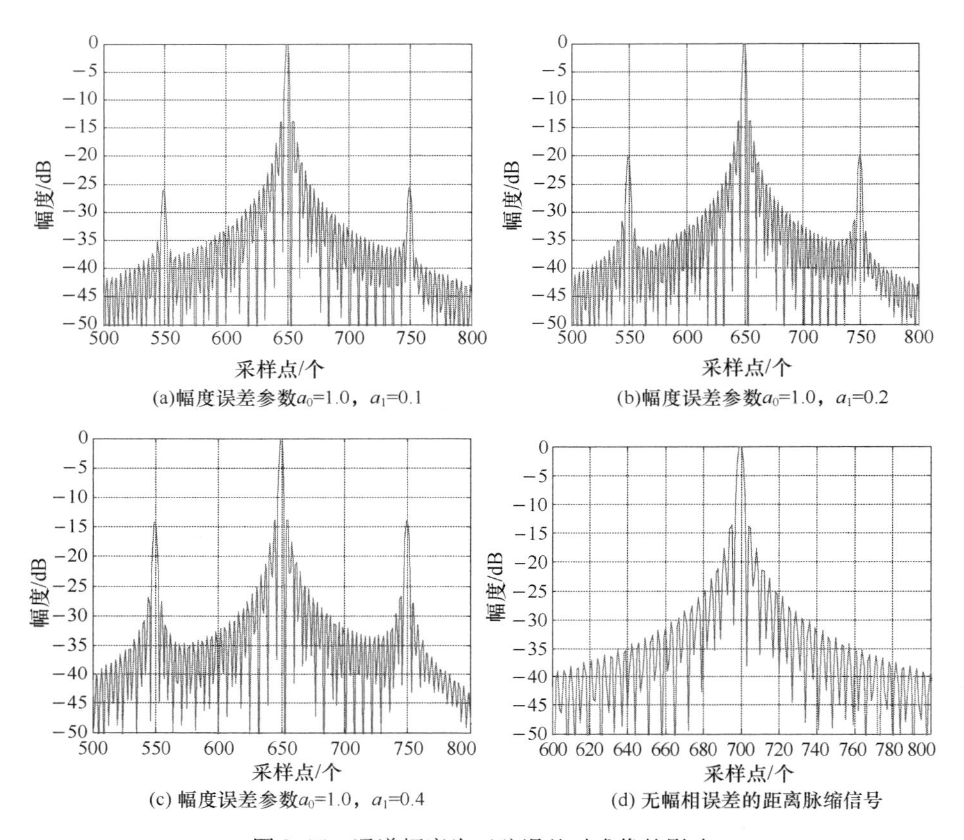

(a)幅度误差参数a_0=1.0，a_1=0.1
(b)幅度误差参数a_0=1.0，a_1=0.2
(c) 幅度误差参数a_0=1.0，a_1=0.4
(d) 无幅相误差的距离脉缩信号

图 8.15　通道幅度为正弦误差对成像的影响

在 $b_1<0.5$ 的条件下,有

$$s_{\mathrm{pd}}(\tau)=a_0\left\{s(\tau_{\mathrm{c}})+\frac{b_1}{2}[s(\tau_{\mathrm{c}}+c_2)-s(\tau_{\mathrm{c}}-c_2)]\right\} \tag{8.79}$$

$$\mathrm{J}_0(b_1)=1,\quad \mathrm{J}_1(b_1)=b_1/2,\quad \mathrm{J}_n(b_1)=0, n\geqslant 2 \tag{8.80}$$

$$\mathrm{PLSR}_{\mathrm{p}}=20\lg\frac{b_1}{2} \tag{8.81}$$

从式(8.79)可知,如果相频畸变较小,输出信号只剩下一对相位相反的成对回波。若同样要求相位误差引起的成对回波峰值低于主回波峰值 −25 ~ −30dB,可以得到:

若 PLSRp≤ −20dB,则 $b_1\leqslant 0.2$

若 PLSRp≤ −25dB,则 $b_1\leqslant 0.1125$;

若 PLSRp≤ −30dB,则 $b_1\leqslant 0.06325$。

一般情况下,$b_1\leqslant 0.2$ 就可以达到要求;若考虑一定的余量,则要求 $b_1\leqslant$

0.1,就不会对成像质量产生大的影响,见图 8.16。

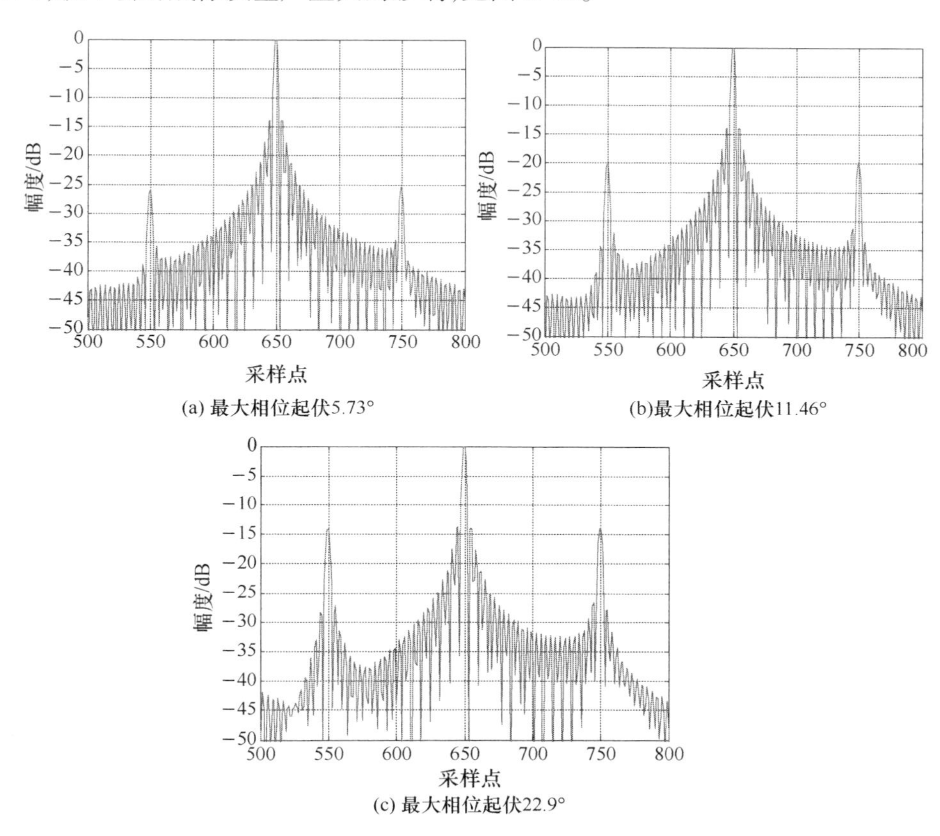

图 8.16 通道相位为正弦误差对成像的影响

8.10.2.3 通道幅相不一致的影响

如上所述,式(8.74)为幅相误差共同影响下的输出信号情况,可知在通道幅相失真的条件下,将产生无限组“成对回波”。为了讨论方便,使用式(8.79)(主要讨论其中的两组成对回波),式(8.74)可以简化为[2,16]

$$
\begin{aligned}
s_{\mathrm{d}}(\tau) = & a_0 s(\tau_{\mathrm{c}}) + \frac{a_0 b_1}{2}[s(\tau_{\mathrm{c}}+c_2) - s(\tau_{\mathrm{c}}-c_2)] \\
& + \frac{a_1}{2}[s(\tau_{\mathrm{c}}+c_1) + s(\tau_{\mathrm{c}}-c_1)] \\
& + \frac{a_1 b_1}{4}[s(\tau_{\mathrm{c}}+c_1+c_2) - s(\tau_{\mathrm{c}}+c_1-c_2) \\
& + s(\tau_{\mathrm{c}}-c_1+c_2) - s(\tau_{\mathrm{c}}-c_1-c_2)]
\end{aligned} \tag{8.82}
$$

在通道幅相误差的共同作用下，会产生除幅度或相位单独作用下的成对回波以外的两组成对回波。其幅度由 a_1 和 b_1 值的大小决定，其偏离有效信号位置由 c_1、c_2 决定。其成对回波峰值与主回波峰值之比为

$$\mathrm{PLSR_{cross}} = 20\lg \frac{a_1 J_n(b_1)}{2a_0 J_0(b_0)} \tag{8.83}$$

利用式(8.76)简化为 $\mathrm{PLSR_{cross}} = 20\lg \frac{a_1 b_1}{4a_0}$。在幅度和相位误差影响满足要求的情况下，该两组成对回波对图像的影响较小，见图 8.17。

经过上面分析，通过幅频和相频特性有波动或通道间有误差的系统后，信号的脉冲压缩波形会在主瓣两端出现成对回波。

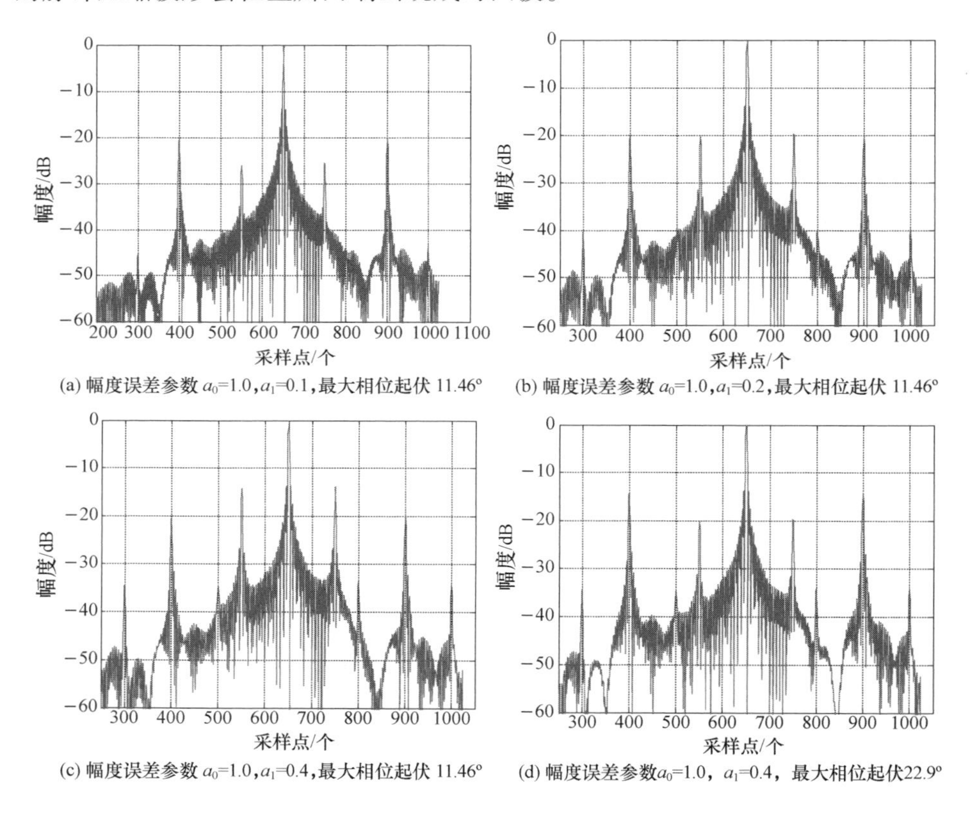

(a) 幅度误差参数 a_0=1.0，a_1=0.1，最大相位起伏 11.46°

(b) 幅度误差参数 a_0=1.0，a_1=0.2，最大相位起伏 11.46°

(c) 幅度误差参数 a_0=1.0，a_1=0.4，最大相位起伏 11.46°

(d) 幅度误差参数 a_0=1.0，a_1=0.4，最大相位起伏22.9°

图 8.17　幅相误差为正弦误差对成像的影响

幅相误差对 SAR 成像质量的具体影响见表 8.2 所列，由表和仿真可见，幅相误差对 SAR 成像的质量影响是比较大的，为了保证 SAR 成像质量，应将幅度误差限制在 $a_1/a_0 \leqslant 0.1$ 内，相位误差限制在 $\leqslant 10°$ 内。

表8.2 幅相误差对SAR成像质量的影响分析

失真类型	参数	成对回波产生的			点目标距离向	
		$PLSR_a/PLSR_p$	$ISLR_a/ISLR_p$	k_{ml}	PSLR	ISLR
无失真					-13.4	-9.83
幅度失真	$a_1/a_0=0.1$	-25.83	-43.01	1.0001	-13.35	-9.82
	$a_1/a_0=0.2$	-19.95	-31.55	1.0014	-13.35	-9.22
	$a_1/a_0=0.4$	-13.92	-19.66	1.022	-13.34	-7.35
相位误差	$b_1=0.1(5.73°)$	-25.8	-36.99	1.0004	-13.33	-9.81
	$b_1=0.2(11.46°)$	-19.78	-31.25	1.0015	-13.33	-9.17
	$b_1=0.4(22.9°)$	-13.91	-19.39	1.0234	-13.32	-7.29
幅相误差	$a_1/a_0=0.1$,11.46°	-25.75/-20.1	-31.25	1.0025	-13.32	-9.07
	$a_1/a_0=0.2$, 11.46°	-19.8/-20.1	-26.12	1.005	-13.33	-8.54
	$a_1/a_0=0.4$, 11.46°	-13.91/-20.2	-17.81	1.034	-13.35	-6.88
	$a_1/a_0=0.2$, 22.9°	-14.1/-19.8	-18.2	1.031	-13.3	-6.97

注:$PSLR_a/PSLR_p$ 指幅度误差(下标a)或相位误差(下标p)引起的成对回波的峰值旁瓣与主回波主瓣之比,ISLR表示积分旁瓣比;k_{ml}是主瓣展宽系数,指与无失真情况下的比值

本章主要讨论了天基预警雷达接收处理技术,分析了接收系统低噪声、大动态等关键技术指标的实现方法,对接收机的混频器、A/D转换器、IQ正交电路、频率源和信号产生电路的设计技术,以及BAQ数据形成技术进行了详细深入的讨论。虽然雷达接收处理技术已日益完善,但对雷达性能的影响依然非常重要,特别在成像模式时,接收通道的幅相特性对高分辨力图像的影响很大,并且很难通过后续的信号处理等手段来减小这种影响,所以需要对接收处理的每个环节进行精心设计才能确保雷达系统的总体性能。

参考文献

[1] Cook Charles E. Radar signal - - an introduction to theory and application[M]. Artech House, 1993.

[2] Barton D K. Modem radar system analysis[M]: Artech House, 1988.

[3] Skolnik M I. Radar Handbook[M]. 2nd ed. New York: McGraw - Hill Book Co. 1990.

[4] Curlander J C, Mcdonough R N. Synthetic aperture radar: system and signal processing[M]. New York: John Wiley & Sons, 1991.

[5] 保铮,邢孟道,王彤. 雷达成像技术[M]. 北京:电子工业出版社,2006.

[6] Cumming I G, Wong F H. Digital processing of synthetic aperture radar data[M]. Boston, MA: Artech House, 2005.

[7] 张光义,相控阵雷达系统[M]. 北京:国防工业出版社,1994.

[8] 戈稳,雷达接收机技术[M].北京:电子工业出版社,2006.
[9] 雷达接收机设备编写组,雷达接收机设备(上、下)[M],北京:国防工业出版社,1978.
[10] 斯蒂芬 J E,接收机系统设计[M],康士棣等译,北京:宇航出版社,1991.
[11] James Tsui Bao - yen. Digital Techniques for Wide band Receivers[M],Boston - London:Artech House,2002.
[12] 关振红,朱岱寅,朱兆达. SAR 原始数据压缩技术研究[J].南京航空航天大学学报,2005(6).
[13] 黄杰文,祁海明,李杨,等. 星载 SAR 回波中频采样后直接 BAQ 的设计[J].中国科学院研究生院学报,2010(2).
[14] 郭衍莹.综论现代雷达频率稳定度问题[J].现代雷达,1988(3).
[15] 赵志勇,常文革,黎向阳,一种宽带信号产生的 DDS PLL Hybrid 新型结构及实现[J].国防科技大学,2013(8).
[16] 刘光炎,胡学成,林幼权. 通道不一致性对 SAR 成像质量的影响[J],现代雷达,2009(7).

主要符号表

符号	含义
A	雷达天线的面积
	雷达天线在方位向的口径
A_k、ϕ_k	第 k 个散射体的回波幅度与相位
A_{mn}	第 mn 个天线单元的入射波
A_c	偏航幅度
	杂波单元的面积
A_r	雷达接收天线面积
A_t	雷达发射天线面积
$A(t)$	回波信号的幅度
$A(\omega)$、$\varphi(\omega)$	接收通道幅度传输特性和相位特性
a	天线单元面积
a_0	初始时刻 t_0 轨道半径
a_m, a_i	各天线单元的加权值
a_{ki}	衡量杂波幅度起伏参数
$a_r(\hat{t})$	脉冲压缩信号包络
$\boldsymbol{a}(f, \Delta x_i)$	导向矢量
$\boldsymbol{a}_i$	空域导引矢量
B	接收机匹配滤波器的带宽
	雷达信号带宽
	天线在沿航迹方向进行加权后,天线波束的展宽因子
B_{av}	沿积分路径的平均地磁场强度
B_d	回波信号的多普勒频率带宽
	雷达多普勒滤波器宽度
B_n	雷达接收系统带宽
$\boldsymbol{b}_i$	时域导引矢量
C/N	杂波与噪声比
$\boldsymbol{C}_{ki}$	杂波单元在地心坐标系下的坐标
$(C/N)_{MB}$	雷达主瓣杂波强度

$(C/N)_{\mathrm{req}}$	剩余杂波低于噪声的分贝数
c	光速
$c_i(x)$	约束函数
c_{mn}	第 n 个子阵接收到第 m 个脉冲的杂波
$\boldsymbol{c}_{ki}$	位于俯仰角 θ_k 方位角 ϕ_i 的杂波单元在雷达坐标系下的坐标
D	当前待检测单元
	雷达天线在卫星平台运动方向的尺寸
	脉压比
	满载排水量
	天线单元间距
$D(v)$	由 $v(t)$ 形成的检测统计量
DR_{-1}	1dB 增益压缩点动态范围
$\mathrm{DR}_{\mathrm{sf}}$	接收机无虚假信号动态范围
$D_1(f)$	杂波抑制时所需要相位补偿的参考函数 1
$D_2(f)$	杂波抑制时所需要相位补偿的参考函数 2
d	相邻空间接收通道间距
	阵元间距
d_1	天线单元沿 Z 轴方向的间距
d_2	天线单元沿 Y 轴方向的间距
d_k	第 k 次搜索方向
dh	空中/地面点的海拔高度
E	等式约束指标集
	地球中心,原点
$Ex_{\mathrm{e}}y_{\mathrm{e}}z_{\mathrm{e}}$	地心赤道旋转坐标系
$Ex_{\mathrm{g}}y_{\mathrm{g}}z_{\mathrm{g}}$	地心轨道坐标系
$Ex_{\mathrm{i}}y_{\mathrm{i}}z_{\mathrm{i}}$	地心赤道惯性坐标系
E_{in}	目标入射角方向的电场强度
E_{i}	目标处雷达入射波电场强度
E_{r}	雷达观测角方向的电场强度
E_{s}	雷达接收到的目标反射电场强度
e_0	初始时刻 t_0 偏心率
$\boldsymbol{e}_{\min}$	杂波矩阵 $\boldsymbol{M}_C$ 的最小特征值对应的特征矢量
F_{n}	雷达接收机噪声系数
$F_{\mathrm{r}}(\theta,\varphi)$	接收方向图

F_R	接收天线传播因子
$F_t(\theta,\varphi)$	发射方向图
F_T	发射天线传播因子
f	雷达工作频率
	雷达信号载频
$f(x)$	目标函数
f_s^i	第 i 个杂波单元相对于阵列的空间频率
f_t^i	第 i 个杂波单元相对于阵列的时间频率
f_0	雷达载波频率
f_{I}	一中频频率
f_{II}	二中频频率
$f_{D_0}(x)$	杂波幅度统计分布函数
f_{dn}	天线栅瓣引起的多普勒频率
f_{L1}	一本振频率
f_{L2}	二本振频率
f_{rep}	脉冲重复频率
f_c	地面杂波回波的多普勒频率
f_D	雷达接收到的回波多普勒频率
f_d	目标点回波多普勒频移
f_o	DDS 输出信号频率
f_R	雷达接收站运动引起的多普勒频率
f_r	雷达脉冲重复频率
	DDS 参考频率源的工作频率
f_s	A/D 器件的采样速率
f_T	雷达发射站运动引起的多普勒频率
f_t	雷达预选滤波器通带内出现的寄生通道频率
	目标运动引起的多普勒频率
	运动目标回波的多普勒频率
G	保护单元(单边)长度
	接收机增益
	重力常数
G_{SL}	天线在俯仰维的副瓣
$G_r(\theta_k,\varphi_i)$	接收天线的功率增益
G_r	单个天线单元的接收增益

G_R	雷达接收天线增益
$G_t(\theta_k, \varphi_i)$	发射天线的功率增益
G_t	单个天线单元的发射增益
G_T	雷达发射天线增益
$g(\theta, \beta)$	每个天线单元的有源方向图
H	高度
	雷达天线高度
H_0	没有目标的假设
H_1	有目标的假设
$\boldsymbol{H}$	传递矩阵
h	轨道高度
	目标高度
	卫星平台高度
ISLRa	幅度失真产生的回波信号积分旁瓣比
ISLRp	相位失真引起的回波信号积分旁瓣比
ISLR	回波信号积分旁瓣比
I	不等式约束的指标集
$I(f)$	干涉信号
$I(v)$	信号同相分量的匹配滤波结果
I、Q	回波信号的“同相分量”与“正交分量”
i	轨道倾角
i_0	初始时刻 t_0 轨道倾角
K	多普勒处理点数
	和差形成前的幅度差异
	距离向调频率
K_0	玻耳兹曼常数
K_{σ_s}	目标的雷达反射截面积变化范围
K_{ml}	主瓣展宽系数
K_D	雷达接收动态范围
K_r	雷达发射信号的调频斜率
K_R	目标回波信号的强度随目标距离的变化的范围
k	线性调频信号的调频速率
	玻耳兹曼常数
k_r	调频斜率

L	距离模糊数目,参考单元(单边)长度
	雷达发射站和接收站之间的距离
	雷达天线在方位向的口径
	天线长度
	系统损耗
L_{SINR}	最优处理在有无杂波两种情况下对应的输出信干噪比的比例
L_a	雷达天线的等效方位尺寸
L_R	雷达接收支路损耗
L_s	雷达系统损耗
L_T	雷达发射支路损耗
	目标长度
L_x	目标在探测方向的投影尺寸
$\boldsymbol{L}_x(\theta)$	绕 x 轴顺时针(符合右手法则)转过一个角度 $\boldsymbol{\theta}$ 的旋转矩阵
$\boldsymbol{L}_y(\theta)$	绕 y 轴顺时针(符合右手法则)转过一个角度 $\boldsymbol{\theta}$ 的旋转矩阵
$\boldsymbol{L}_z(\theta)$	绕 z 轴顺时针(符合右手法则)转过一个角度 $\boldsymbol{\theta}$ 的旋转矩阵
$\boldsymbol{L}_{oe}$	S_e 到 S_o 坐标系的转换矩阵
$\boldsymbol{L}_{pe}$	S_e 到 S_p 坐标系的转换矩阵
l	作用距离
M	识别因子
M_1、M_2 和 M_3	倍频器的倍频次数
$\boldsymbol{M}_C$	杂波矩阵
M_e	地球质量
$\boldsymbol{M}$	雷达接收到的回波信号的协方差矩阵
m	移相器位数
N	计算机字长
	天线单元数
	一个分辨单元内所有独立散射体的总数
	A/D 器件的转换位数
	DDS 相位累加器的字长
N_k	地面距离环个数
$N_{A/D}$	A/D 的等效噪声功率
N_{ao}	天线噪声功率
N_{ri}	接收机内部噪声
N_{ro}	接收机噪声功率
N_c	距离环杂波单元数

N_e	积分电子含量
N_F	雷达接收噪声系数
N_L	天线在方位向或距离向的单元数量
N_o	总的输出噪声功率
N_q	A/D 器件的量化噪声功率
N_s	空间的采样点数
N_T	雷达信号传播路径上的总电子含量
N_t	雷达需要跟踪的目标数
	时间采样点数
n_e	等效脉冲数;检测同一个目标的次数
O	地心
P	轨道平面数
	整个天线阵的失效概率
$P(f_s,f_t)$	最小方差谱
P_0	每个单元发射的功率
P_1	接收机系统的三阶截获点功率
P_3	接收机三阶交调的功率电平
P_{av}	雷达辐射的平均功率
$P_c(N)$	雷达累积发现概率
P_c	雷达接收机输出端的杂波功率
P_d	雷达单次检测目标概率
P_D	雷达单次扫描检测目标的检测概率
P_n	雷达接收机输出端的噪声功率
P_r	接收机内部噪声折合到输入端的等效值
P_s	雷达接收机输出端的信号功率
P_T	雷达发射的峰值功率
P_t	雷达发射的峰值功率
PLSRa	幅度失真产生的成对回波峰值与主瓣峰值之比
PLSRp	相位失真引起的成对回波峰值与主瓣峰值之比
PLSR	成对回波峰值与主瓣峰值之比
PRF	脉冲重复频率
p	移相器位数
$p(i)$	第 i 单元失效概率
$p(R)$	天线出现峰值副瓣电平 R 的概率

P_{FA}	雷达单次扫描检测目标的虚警概率
P_{i-1}	产生1dB压缩时接收机输入端的信号功率
P_{osf}	接收机的三阶交调等于最小可检测信号时接收机输出的最大信号功率
P_{o-1}	产生1dB压缩时接收机输出端的信号功率
$P_{PercentCoverage}$	覆盖百分比
p_a	天线的有效噪声功率
p_n	加至负载的有效噪声功率
Q	A/D器件的量化电平
$Q(v)$	信号正交分量的匹配滤波结果
RASR	雷达距离模糊度
R	雷达与目标的距离
	热电阻的阻值
	天线实际的峰值副瓣电平
$R(t_k)$	第k个散射体到雷达的斜距
R_0	天线设计的峰值副瓣电平
R_a	天线辐射电阻
$\boldsymbol{R}_c$	杂波的空时二维协方差矩阵
R_c	目标到平台飞行方向距离
R_e	地球等效半径
R_m	雷达最大探测距离
R_{max}	雷达最大作用距离
R_{min}	雷达的最小观测距离
$\boldsymbol{R}_{n+c}$	噪声和杂波的协方差矩阵
R_R, R_r	目标到雷达接收站的距离
$R_{s\,max}$	雷达可观测到的最大地面斜距
R_{sk}	第k个距离环相对雷达的斜距
R_s	雷达平台至场景中心线的垂直距离
R_T, R_t	目标到雷达发射站的距离
R_u	最大不模糊距离
R_X	反射波方向
r	漫反射系数
	以雷达发射站和接收站的中心点作为原点，目标到该原点的极坐标距离
r_m	入射波到第m个天线的距离

$\boldsymbol{r}$	单基地雷达接收方向
$\boldsymbol{r}_{\mathrm{b}}$	双基地雷达接收方向
$\boldsymbol{S}$	雷达卫星在地心坐标系下的位置
$Sx_{\mathrm{o}}y_{\mathrm{o}}z_{\mathrm{o}}$	航天器质心轨道坐标系
$S_1^{\mathrm{r}}(f_1)$	模糊多普勒频率相对应的信号1
$S_2^{\mathrm{r}}(f_2)$	模糊多普勒频率相对应的信号2
S_0	雷达发射天线和接收天线同时照射到的目标表面
$S_1(t)$	第一个通道接收的回波信号
$S_2(t)$	第二个通道接收的回波信号
$S_3(t)$	第三个通道接收的回波信号
S_{ai}	雷达距离向的模糊信号功率
S_{e}	地心赤道旋转坐标系
S_{g}	地心轨道坐标系
S_{i}	地心赤道惯性坐标系
	雷达距离向有用信号的功率
	接收机输入信号功率
$S_i^{\mathrm{r}}(t,f_{\mathrm{a}})$	基带回波信号经过距离压缩后并变换到多普勒域后信号
$S_{mn,pq}$	第 mn 个天线单元与第 pq 个天线单元间的耦合系数
$S_{\min}$	雷达最小可识别信号的功率
$\mathbf{SC}_{ki}$	雷达指向杂波单元(θ_k,φ_i)的单位矢量
S_{o}	航天器质心轨道坐标系
	接收机输出信号功率
S_{p}	观测坐标系
S_{t}	目标在入射波方向的投影面积
$\boldsymbol{S}_{\mathrm{t}}$	目标导引矢量
S/N	雷达接收到的目标回波的信噪比
$(\mathrm{S/N})_{\min}$	雷达检测目标要求的最小信噪比
$\mathrm{SINR}_{\mathrm{optimum}}$	最优处理时的输出信干噪比
$s_i^{\mathrm{r}}(t,t_{\mathrm{m}})$	基带回波信号经过距离压缩后信号
$s_{\mathrm{i}}(t,t_m)$	基带回波信号
$s_{\mathrm{in}}(t)$	距离脉压前信号
$s_{\mathrm{out}}(t)$	距离脉压后信号
$\boldsymbol{s}(f_{\mathrm{s}},f_{\mathrm{t}})$	空时导引矢量
$\boldsymbol{s}_{\mathrm{i}}$	空时导引矢量
$\boldsymbol{s}_{\mathrm{t}}$	空时二维导引矢量

$\mathrm{sref}_{\mathrm{r}}(\hat{t})$	脉冲压缩参考函数
ss	海情等级
T	检测门限
	雷达发射脉冲信号的宽度
	室温的热力学温度
	卫星数目
	相干积累时间
$Tx_{\mathrm{p}}y_{\mathrm{p}}z_{\mathrm{p}}$	观测坐标系
T_0	温度常数,290K
T_{si}	雷达搜索一次空域时间(含跟踪时间)
T_{ti}	雷达跟踪采样间隔
T_{tt}	雷达用于跟踪目标的总跟踪时间
T_{a}	天线温度
T_{d}	相干积累时间
T_{e}	轨道相对于地球旋转一周的时间间隔
T_{e}	接收机内部噪声折合到输入端的噪声温度
T_{N}	卫星交点周期
T_{s}	接收系统的系统噪声温度
T_{s}	雷达专门用于搜索的时间
T_{t}	传输线的等效噪声温度
T_{X}	入射波方向
t	电离层群时延
	回波信号的慢时间
	快时间
t_0, t_{t}	每个天线波束的驻留时间
$t_{\mathrm{AverageGap}}$	平均重访时间
$t_{\mathrm{AverCoverage}}$	覆盖的平均时间
t_{fa}	雷达出现一次虚警的时间
$t_{\mathrm{MaxCoverage}}$	覆盖的最大时间
t_{MaxGap}	最大重访时间
$t_{\mathrm{MeanResponseTime}}$	平均响应时间
$t_{\mathrm{MinCoverage}}$	覆盖的最小时间
$t_{\mathrm{TimeAveragedGap}}$	时间平均间隙
t_{m}	慢时间
t_{s}	雷达搜索时间

u	纬度幅角
$V_{p-p\max}$	A/D 器件的输入电压峰 – 峰最大值
v	雷达平台的运动速度
	目标运动速度
$v(t)$	单脉冲检测中在某个被检测单元的一个观测量
$v_{e,ki}$	地球自转的速度
$v_{in}(f_D,t)$	多普勒滤波器的输入信号
$v_{out}(f_D,t)$	多普勒滤波器的输出信号
v_{p-d}	地面点相对雷达速度
v_a	平台速度
v_e	赤道上地球自转切线速度
v_P	卫星平台速度
v_R	雷达接收站运动速度
$v_r(\theta,\varphi)$	杂波单元相对雷达平台的径向速度
v_r	动目标的距离向速度
	雷达运动速度
v_s	卫星在成像区域的投影速度
v_T	雷达发射站运动速度
v_t	目标运动速度
$\boldsymbol{v}_r'(\theta_k,\varphi_i)$	目标相对于卫星的径向速度
$\boldsymbol{v}_p$	卫星惯性速度矢量
$\boldsymbol{v}_r(\theta_k,\varphi_i)$	杂波单元相对卫星的径向速度
$\boldsymbol{W}$	空间和时间的两维权矢量
	最优处理器的权矢量
W	成像幅宽
W_a	方位向天线加权
W_r	距离向天线加权
$\boldsymbol{w}$	多普勒滤波器加权值
$w(f_D)$	多普勒滤波器的响应函数
w_d	归一化多普勒频率
w_s	归一化空间频率
X_0OY_0	卫星轨道平面
$\boldsymbol{X}_c$	距离单元上的一个空时快拍
X_eOY_e	地球赤道面

$X_i(f, f_1, f_2)$	升采样后的回波谱
$X_{K,L}$	第 L 个脉冲时刻、第 K 个接收阵元上接收到的杂波回波信号
X_k	频谱分布参数
x_0	目标真实方位位置
x_k	第 k 次迭代点
$\boldsymbol{x}_i$	杂波单元回波的空时输出(即空时快拍矢量)
$\hat{\boldsymbol{x}}_r$	雷达坐标系中轴 X_r 指向卫星惯性速度矢量
$\hat{\boldsymbol{y}}_r$	雷达坐标系中轴 Y_r 指向卫星惯性速度矢量
$\hat{\boldsymbol{z}}_r$	雷达坐标系中轴 Z_r 指向卫星惯性速度矢量
α	电磁波入射角
	俯仰角
	目标运动方向与卫星运动方向的夹角
	卫星当前所在位置的相对经度
α_1	星下点纬度
α_2	目标点纬度
α_k	第 k 次步长因子
α_{G0}	初始时刻 t_0 的格林尼治赤经
α_G	格林尼治赤经
β	地面距离矢量与 D 点经度线的球面夹角
	方位角
	目标与雷达发射站及接收站之间的夹角
	目标运动方向与雷达视线的夹角
	卫星当前所在位置的相对纬度
	杂波背脊线斜率
β_1	星下点经度
β_2	目标点经度
β_c	垂直面与双基地夹角面之间的夹角
γ	地面杂波后向反射率
	降雨量
	门限系数
γ_0	面杂波单位面积的雷达反射截面积
γ_V	单位体积的体杂波的雷达反射截面积
δ	雷达视线与地面的擦地角
	目标运动方向

	卫星在沿航迹的位置偏差
Δ	相邻天线单元间的移相器的移相值相差
$\Delta a_i,\Delta\phi_i$	第 i 个单元激励信号的随机幅度与相位误差
ΔF	雷达信号带宽
Δf	雷达信号带宽
	DDS 输出信号的频率分辨力
Δf_{d}	雷达多普勒频率分辨力
Δf_{t}	地面杂波回波的多普勒频率与运动目标回波的多普勒频率的差
ΔR	雷达距离分辨力
ΔR_{a}	雷达方位向距离分辨力
ΔT_{TR1}	接收脉冲和发射脉冲之间的时间差
ΔT_{TR2}	雷达发射站的发射信号和目标回波到雷达接收站的时间差
Δt	回波信号到达天线阵两端单元的时间差
	A/D 器件的孔径抖动时间
Δt_{s}	雷达定时抖动
Δu	轨道平面的相位
ΔV	A/D 器件的孔径抖动引入的电压误差
Δv	雷达速度分辨力
Δx	相邻子孔径天线相位中心间距
$\Delta\theta$	目标相对雷达视线的角度变化
$\Delta\theta_0$	镜面反射区域角
$\Delta\theta_{3\mathrm{dB}}$	雷达天线波束在方位角的半功率点间的波束宽度
	天线波束宽度
$\Delta\theta_{\min}$	天线最小波束跃度
$\Delta\theta_{\mathrm{B}}$	相邻天线单元间的移相器相位量差值
$\Delta\theta_{\mathrm{p}}$	天线波束跃度
$\Delta\varphi$	雷达天线第一副瓣偏离天线主瓣的夹角
$\Delta\varphi_{3\mathrm{dB}}$	雷达天线波束在俯仰角的半功率点间的波束宽度
$\Delta\Omega$	天线主瓣的立体角
$\Delta\phi$	每个天线单元的等效相位偏差
$\Delta\phi_1$	和差比较器相位的差异
$\Delta\phi_2$	和差通道的相位差异
$\Delta\phi_{\mathrm{B1}},\Delta\phi_{\mathrm{B2}}$	沿 Z、Y 轴方向相邻天线单元间的移相器相位量差值
δ_{az}	图像方位分辨力
$\delta_{\Delta t}$	雷达信号的时延

$\delta_{\Delta\varphi}$　雷达信号的相位色散量
δ_R　雷达接收站运动方向
δ_T　雷达发射站运动方向
η　雷达入射角
　天线加权函数的照射效率
η_1　天线加权而引起的损失
η_2　天线自身因失配、损耗引起的损失
η_i　轨道倾角
θ　法拉第旋转角度
　偏离天线阵法向的角度
　入射角
　以雷达发射站和接收站的中心点作为原点，目标到该原点的极坐标角度
　真近点角
θ_0　初始时刻 t_0 真近点角
θ_k　第 k 个距离环的俯仰角
θ_{az}　方位角
θ_{el}　俯仰角
θ_s　散射角
θ_B,ϕ_B　天线阵面幅度方向图的最大值的方向
θ_c　偏航角
θ_g　擦地角/入射余角
θ_i　轨道倾角
θ_i　入射角
θ_R　雷达接收站到目标的视角
θ_T　雷达发射站到目标的视角
λ　地理经度
　雷达工作波长
λ_{min}　杂波矩阵 M_C 的最小特征值
λ_p　观测点的地理经度
μ　地球引力常数
　在轨道面内卫星的位置矢量与 X_0 轴的夹角
ξ_i　杂波单元的回波功率方差
ρ_b^0　双基地杂波反射系数
ρ_i　杂波单元信号回波幅度

ρ_{r}	距离分辨力
$\boldsymbol{\rho}$	以目标中心为坐标原点到目标表面的矢量半径
$\sigma(x_0)$	与目标后向散射系数有关的项
σ	目标的雷达后向散射面积
σ^0	杂波的后向反射系数
σ_{t}^2	输入信噪比
σ_v	雷达测速精度
σ_{0s}	镜面反射系数
σ_{R_1}	数据量化误差引起的测距误差
σ_{R_2}	定时脉冲抖动误差引起的测距误差
σ_{R_3}	距离量化误差引起的测距误差
σ_{R_4}	噪声引起的测距误差
σ_{R_5}	多路径反射引起的测距误差
σ_{R_6}	距离和多普勒频率耦合引起的测距误差
σ_{R_7}	目标闪烁引起的测距误差
σ_{RCS}	雷达等效反射截面积
σ_{a}	随机的幅度均方差
σ_{b}	双基地雷达的目标反射截面积
σ_{c}	地面杂波反射截面积
σ_{m}	单基地雷达下的目标反射截面积
σ_{s}	地面的平均坡度
σ_{ϕ}	随机的相位均方差
$\overline{\sigma}$	目标起伏全过程的功率平均值
τ	回波信号的快时间
	脉冲采样周期
	脉冲压缩后的脉冲宽度
τ_{rp}	雷达发射脉冲保护宽度
τ_{p}	雷达发射脉冲宽度
φ	地心纬度
	雷达入射信号的方向角
	雷达视线与垂直卫星运动方向的夹角
	杂波单元相对于阵列放置方向的锥角
φ_{p}	观测点的地理纬度
$\Gamma(\theta,\beta)$	天线单元的有源反射系数
Γ_{mn}	第 mn 个天线单元的有源反射系数

ϕ	雷达擦地角
	散射面与入射面的夹角
$\phi(t)$	回波信号的相位
ψ	信号在D点的擦地角
ψ_k	第k个等距离环杂波的地面擦地角
Ω/t_s	区域覆盖率
Ω	雷达搜索空间角度
	升交点赤经
Ω_0	初始时刻t_0升交点赤经
	单个单元天线的波瓣宽度
Ω_a	天线阵列的波束宽度
Ω_s	雷达系统需要搜索的空间角度
$\dot{\Omega}$	轨道节点线进动的平均速率
ω_0	初始时刻t_0近地点幅角
ω_E	地球自转角速度
ω_L	本振的角频率
ω_p	卫星运动角速度
ω_R	射频信号角频率

缩略语

AASR	Azimuth Ambiguity to Signal Ratio	方位模糊度
A/D	Analog to Digital	模拟/数字转换器
AFRL	Air Force Research Laboratory	美国空军实验室
AGC	Automatic Gain Control	自动增益控制电路
AMTI	Airborne Moving Target Indicator	空中动目标检测
ATI	Along Track Interferometry	沿航迹干涉处理
AWACS	Airborne Warning and Control System	机载预警与控制指挥系统
BAQ	Block Adaptive Quantization	块自适应量化
CFAR	Constant False Alarm Rate	恒虚警率(处理技术)
CA - CFAR	Cell Averaging Constant False Alarm Rate	单元平均恒虚警率(检测器)
CPI	Coherent Integration Time	相干积累时间
DARPA	Defense Advanced Research Projects Agency	美国防部先进研究计划局
DBF	Digital Beam Forming	数字波束形成
DDS	Direct Digital Synthesizer	直接数字频率合成器
DPCA	Displaced Phase Center Antenna	相位中心偏置天线
DSP	Defense Support Program	国防支援计划
ECCM	Electronic Counter-Counter Measures	电子抗干扰技术
FDTD	Finite Difference Time Domain method	时域有限差分法
FEM	Finite Element Method	有限元方法
FFT	Fast Fourier Transformation	快速傅里叶变换
FIR	Finite Impulse Response	有限长冲击响应滤波器

FMM	Fast Multiple Method	快速多子方法
FPGA	Field Programmable Gate Array	在线可变程门阵列
FSS	Frequency Selective Surface	频率选择表面
GA	Genetic Algorithm	遗传算法
GEO	Geostationary Orbit	同步轨道
GMTI	Ground Moving Target Indicator	地面动目标检测
GO	Geometrical Optics	几何光学法
GO – CFAR	Greatest of CFAR	选(最)大恒虚警检测器
GTD	Geometrical Theory of Diffraction	几何绕射理论
IDT	Inter Digital Transducer	叉指换能器
INSAR	Interferometry Synthetic Aperture Radar	干涉合成孔径雷达
ISAT	Innovative Space – based Radar Antenna Technology	创新天基雷达系统天线技术
JPL	Jet Propulsion Laboratory	喷气推进实验室
JSTARS	Joint Surveillance and Target Attack Radar Systems	联合目标跟踪和攻击雷达系统
LEO	Low Earth Orbit	低轨道
LPF	Low Pass Filter	低通滤波器
MDV	Minimum Detectable Velocity	最小可检测速度
MEMS	Micro Electromechanical Systems	微电子机械系统
MEO	Middle Earth Orbit	中轨道
MMIC	Monolithic Microwave Integrated Circuit	单片微波集成电路
MoM	Method of Moments	矩量法
MSSL	Mean Squared Side – lobe Level	平均副瓣电平
MTI	Moving Target Indicator	动目标显示
NCO	Numerically Controlled Oscillator	数字压控振荡器
NRL	Naval Research Laboratory	美国海军实验室
NASA	National Aeronautics and Space Administration	美国国家航空航天局
PD	Pulse Doppler	脉冲多普勒

PGS	Prompt Global Strike	即时全球打击
PLL	Phased Locked Loop	锁相环
PO	Physical Optics	物理光学法
PRF	Pulse Repetition Frequency	脉冲重复频率
PTD	Physical Theory of Diffraction	物理绕射理论
RASR	Range Ambiguity to Signal ratio	距离模糊度
RCS	Radar Cross Section	雷达反射截面积
RDM	Reflectivity Displacement Method	反射移位法
RMS	Root Mean Square	均方根
SAR	Synthetic Aperture Radar	合成孔径雷达
SAW	Surface Acoustic Wave	声表面波
SBR	Space Based Radar	星载雷达
SBIRS	Space Based Infra – Red System	天基红外系统
SCI	Sample Covariance Matrix Inverse	样本协方差矩阵求逆
SCNR	Signal to Clutter and Noise Ratio	信杂噪比
SFDR	Spurious Free Dynamic	无杂散动态范围
SINR	Signal to Interference and Noise Ratio	信号干扰噪声比
SIR	Shuttle Imaging Radar	航天飞机成像雷达
SNR	Signal to Noise Ratio	信噪比
SRTM	Shuttle Radar Topography Mission	航天飞机雷达地形测量任务
STAP	Space Time Adaptive Processing	空时(二维)自适应信号处理
STC	Sensitivity Time Control	灵敏度时间控制电路
STSS	Space Tracking and Surveillance System	空间跟踪与监视系统
TEC	Total Electron Content	总电子含量
TopSAR	Terrain Observation by Progressive Scans SAR	方位步进扫描的合成孔径雷达
T/R	Transmitter and Receiver	收发组件
UAV	Unmanned Aerial Vehicle	无人驾驶飞机(无人机)

UTD	Uniform Theory of Diffraction	一致性几何绕射理论
VSAR	Velocity Synthetic Aperture Radar	速度维合成孔径雷达
WBGS - RF	Wide Band Gap Semiconductors Radio Frequency	宽禁带半导体射频应用
WVD	Wigner Ville Distribution	Wigner Ville 分布函数
WAS - MTI	Wide Area Surveillance, Moving Target Indicator	广域动目标监视

图 1.2　美国航天飞机双天线 INSAR 系统

(a) 实验室中的雷达卫星照片

(b) SAR-Lup雷达卫星飞行示意图

图 1.3　德国的 SAR-Lup 雷达卫星

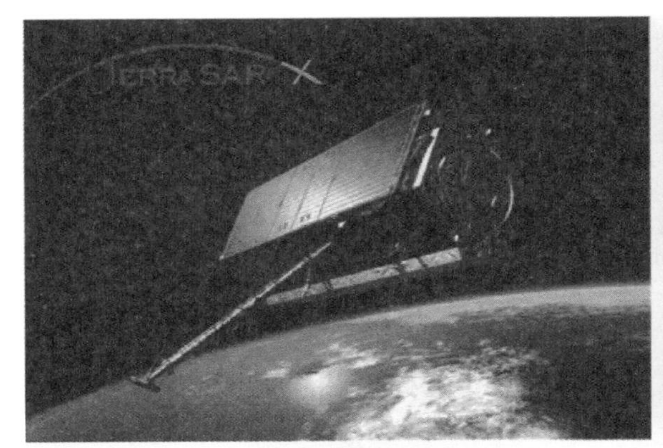

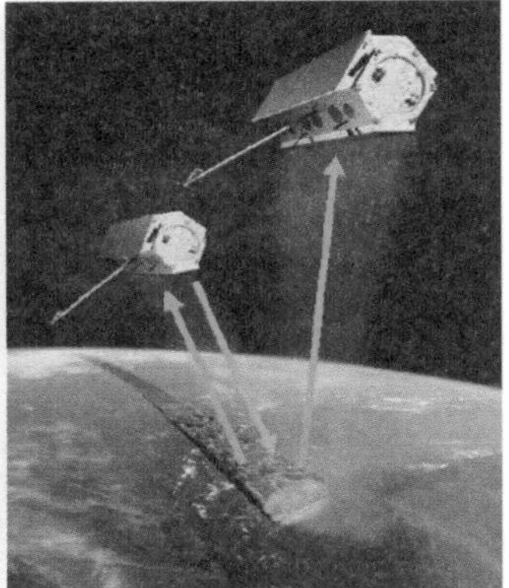

(a) 单星工作的Terra-SAR　　(b) 编队工作的Tan-DEM

图 1.4　德国的 Terra-SAR 卫星和双星工作的 Tan-DEM 系统

(a) 折叠的雷达天线　　(b) 展开的雷达天线

图 1.5　意大利 COSMO 雷达卫星

(a) 收拢状态的天线　　(b) 展开状态的天线

图 1.8　JPL 实验室研制的柔性天线样件

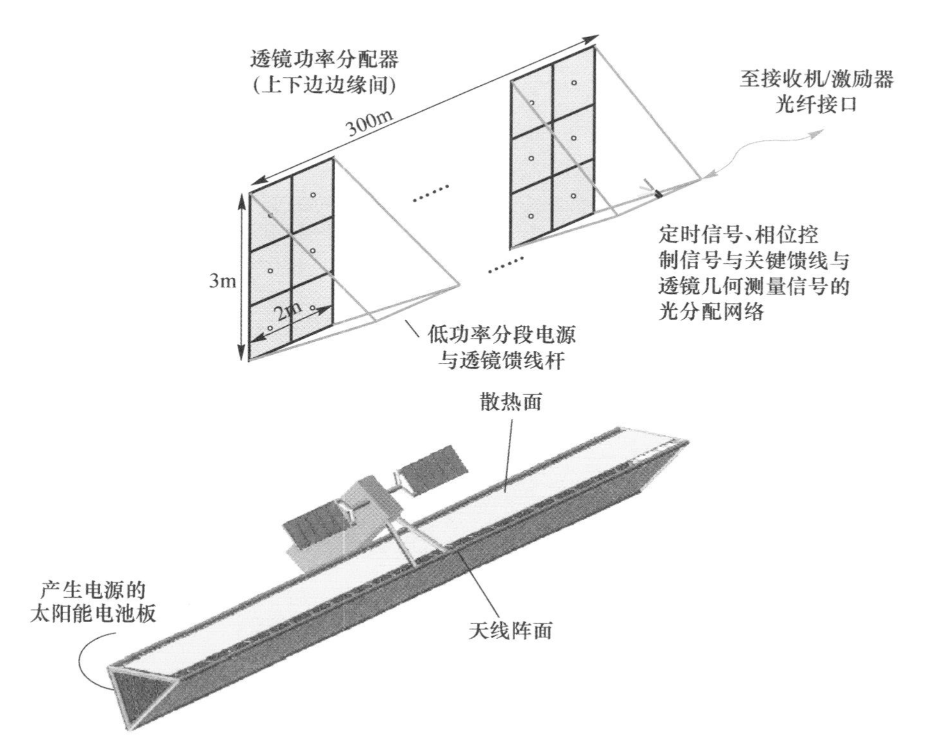

图 1.9　DARPA 的创新空间雷达天线示意图

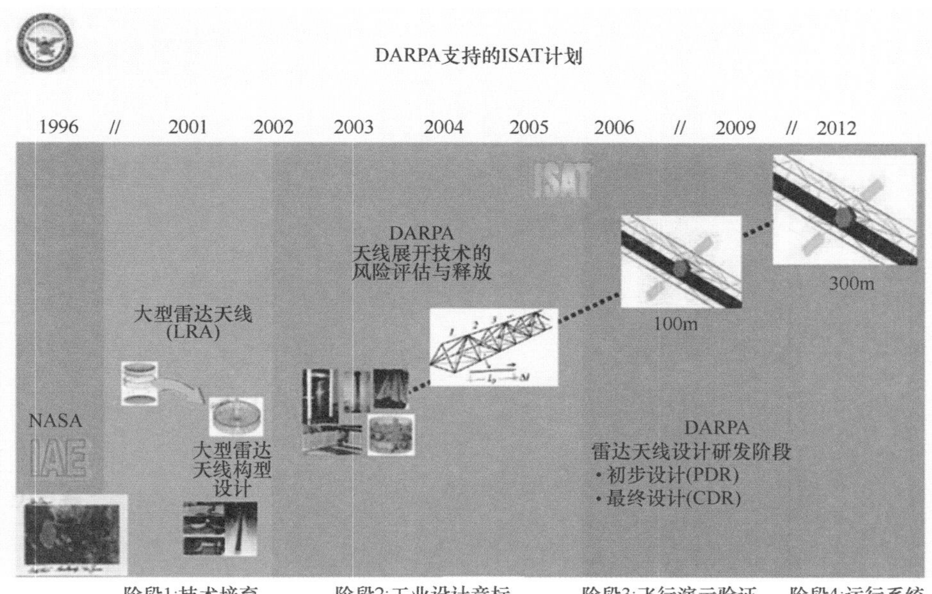

图 1.10　美国 ISAT 发展路线图

图 1.12　高速信号处理板样机

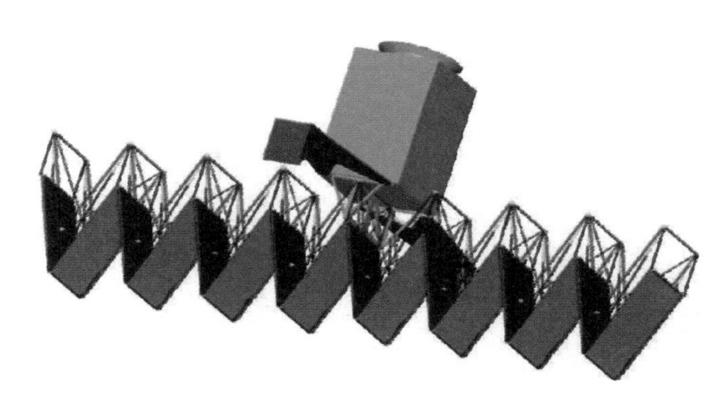

图 1.13　美国天基雷达天线的天线折叠示意图

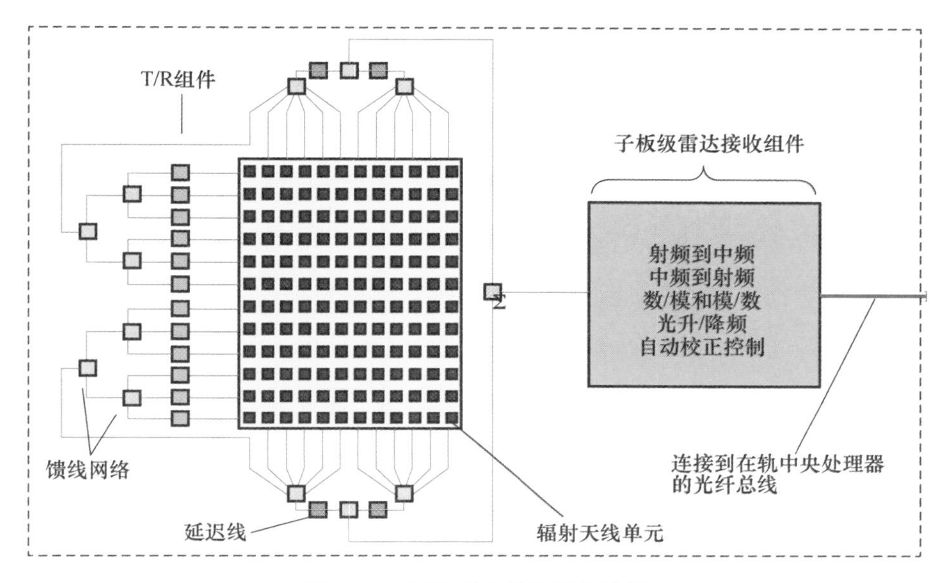

图 1.14　子阵天线的信号传输图

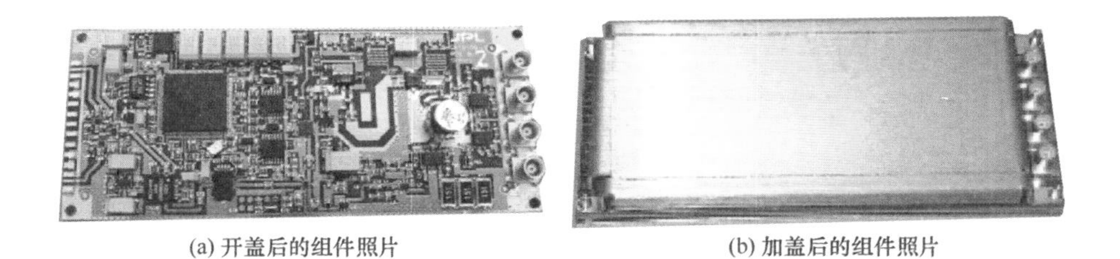

(a) 开盖后的组件照片　　(b) 加盖后的组件照片

图 1.15　研制的轻型 T/R 组件样机照片

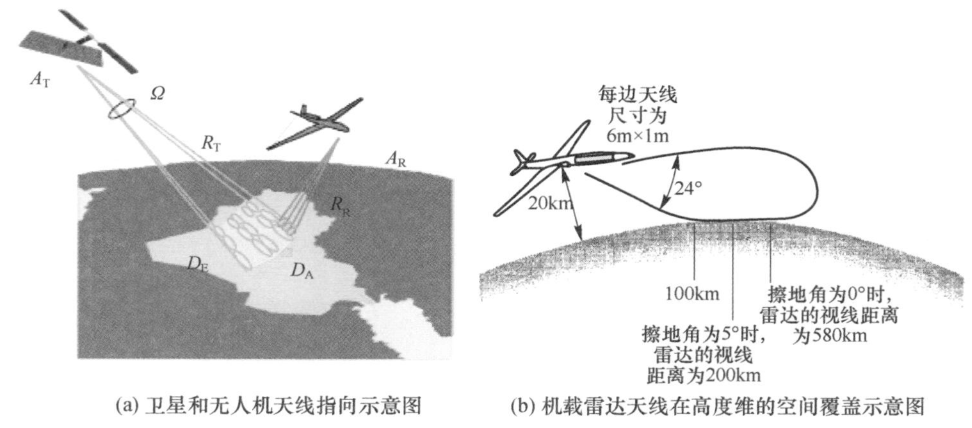

(a) 卫星和无人机天线指向示意图　　(b) 机载雷达天线在高度维的空间覆盖示意图

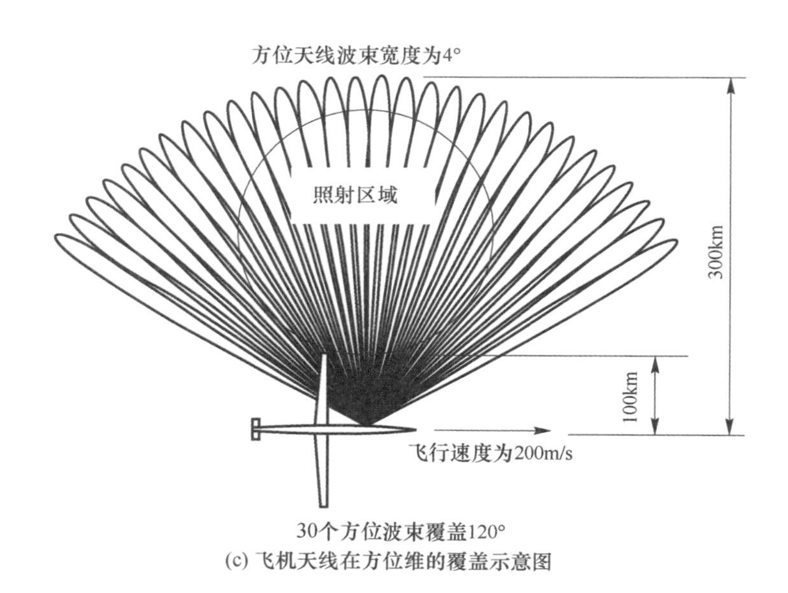

(c) 飞机天线在方位维的覆盖示意图

图2.5　星空双基地天基预警雷达接收天线覆盖示意图

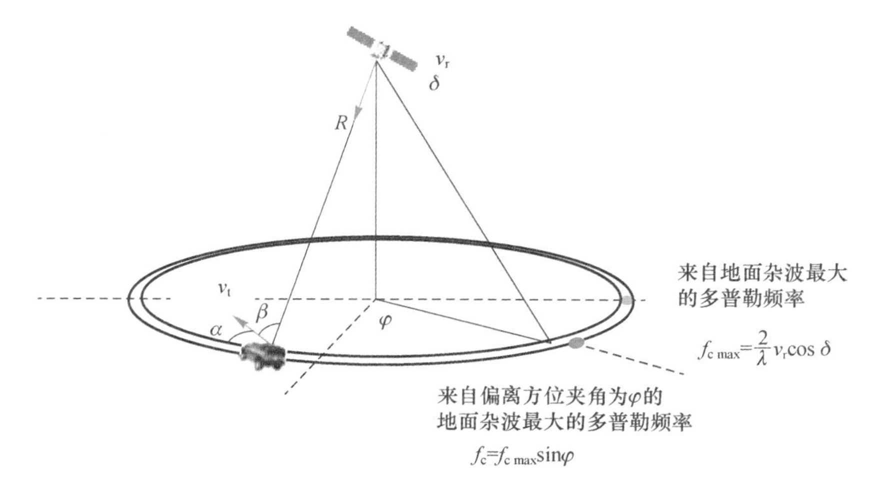

图 2.8 雷达、目标几何关系图

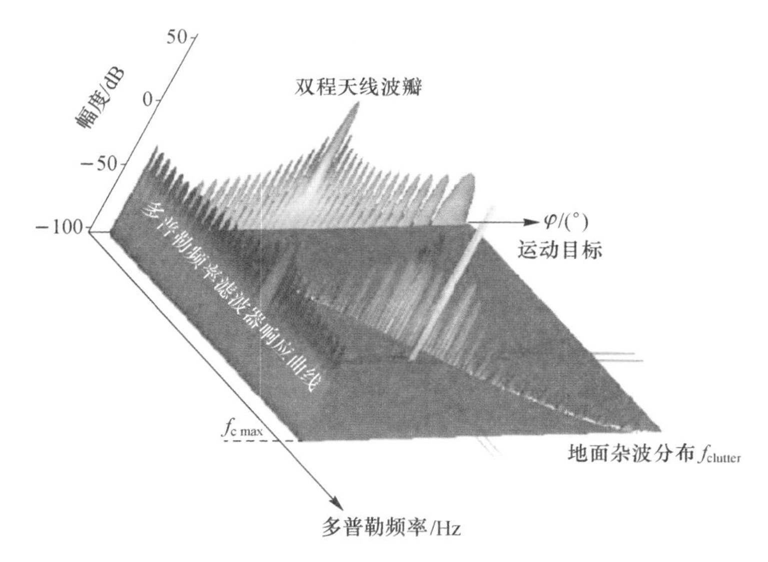

图 2.9 目标回波和地面杂波在多普勒频率和角度空间域的分布图

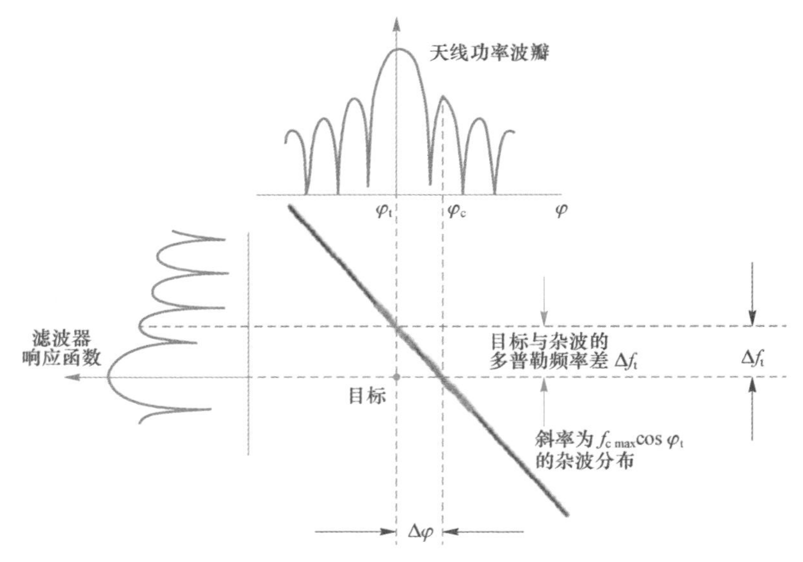

图 2.10　最小天线口径和最短的相干积累时间需求分析图

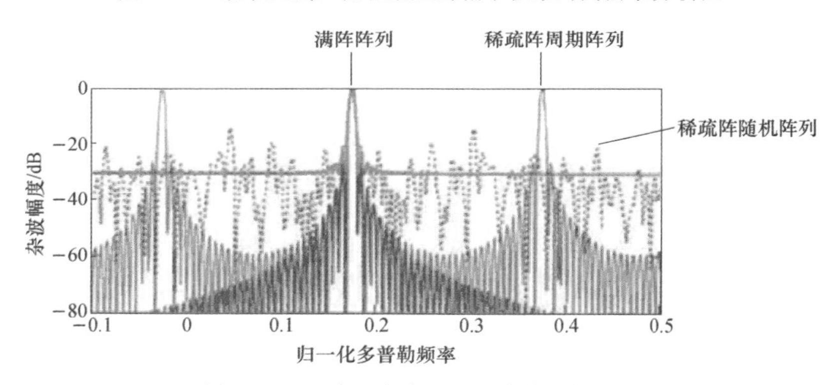

图 2.15　三阵天线阵列的杂波谱分布特性

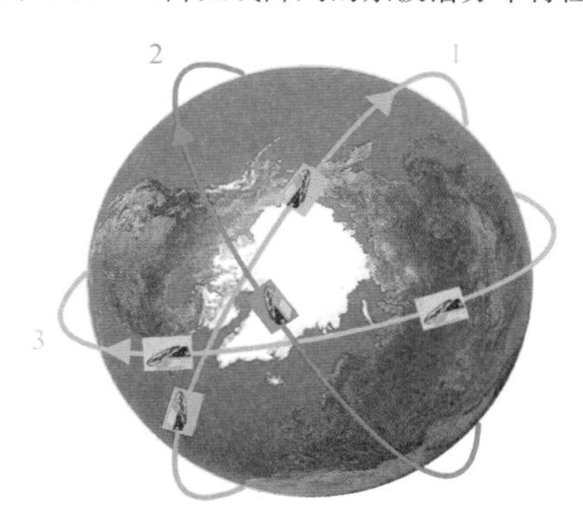

图 3.1　SAR-Lupe 卫星星座示意图

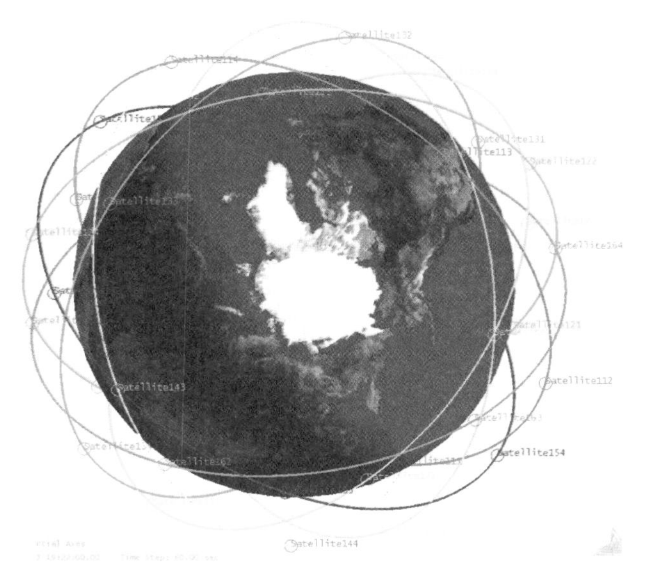

图 3.8　Globalstar－48/8/1Walker-δ 星座三维示意图

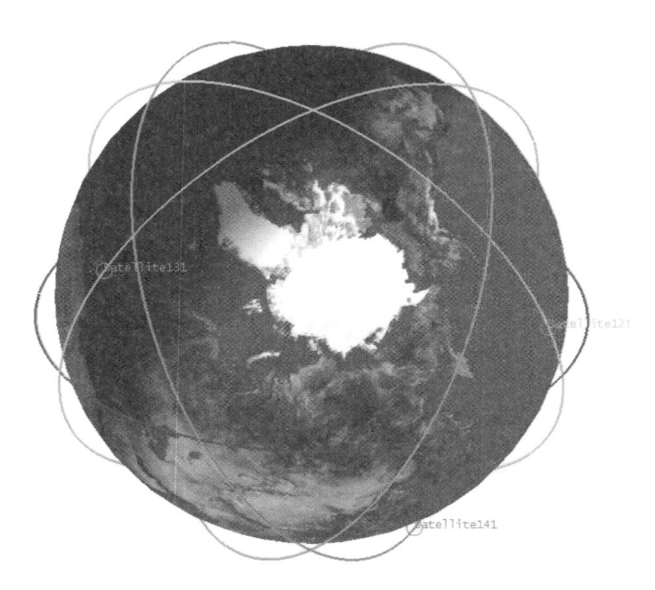

图 3.9　5/5/1 玫瑰星座三维示意图

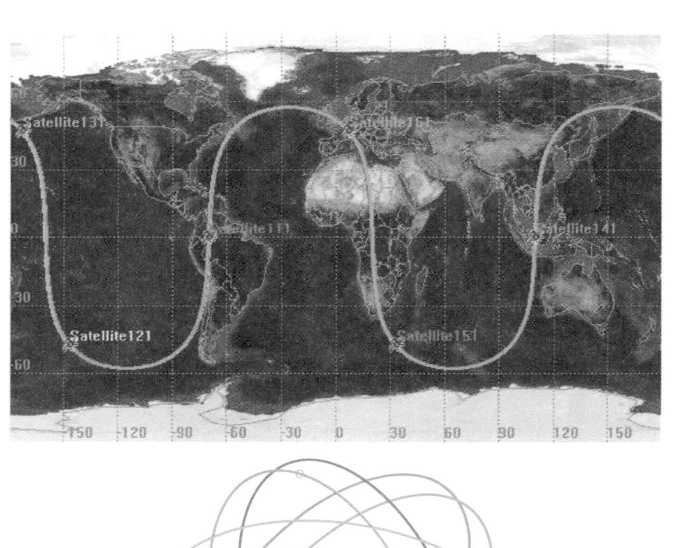

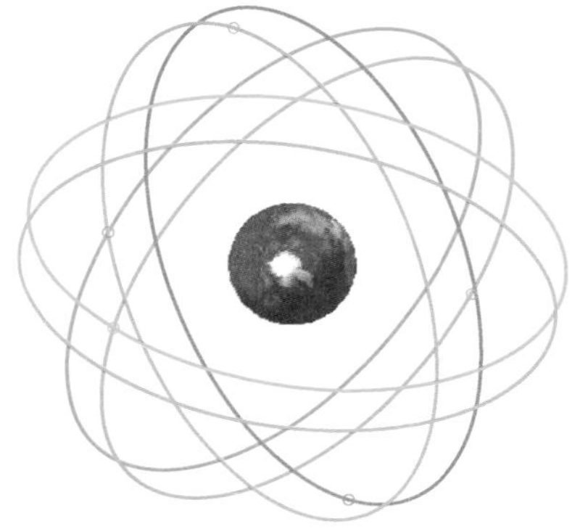

图 3.10　参考码 6,1σ 星座星下点和三维示意图

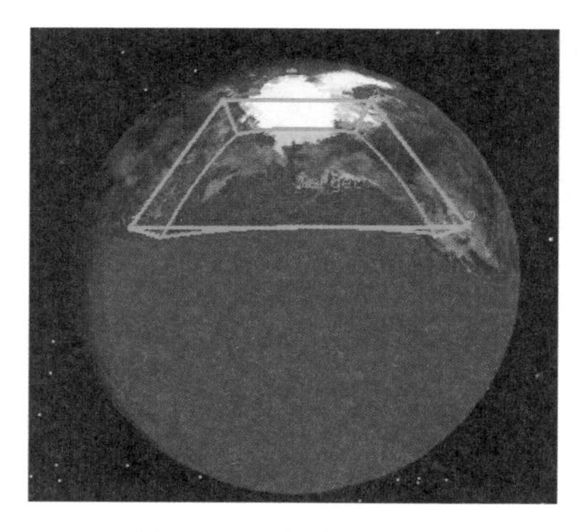

图 3.16　空域范围示意图

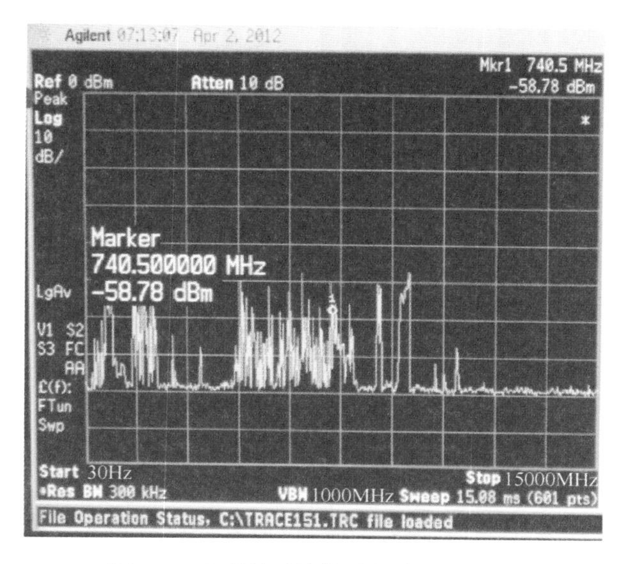

图 4.1　实测的干扰信号频谱图(原图)

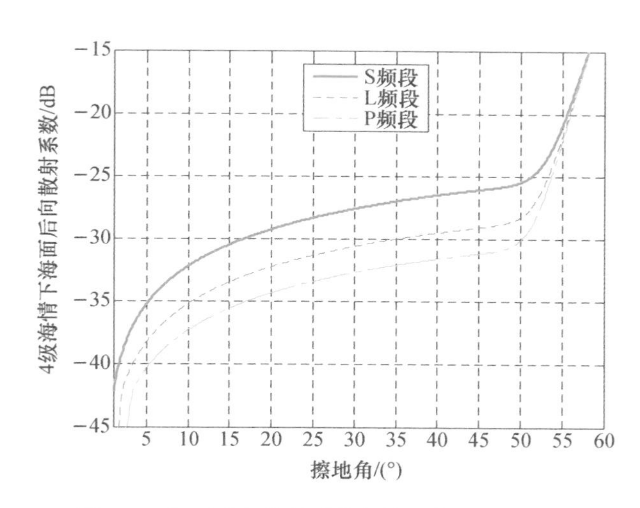

图 5.2　海面后向散射系数与擦地角的变化关系

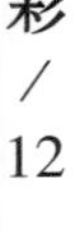

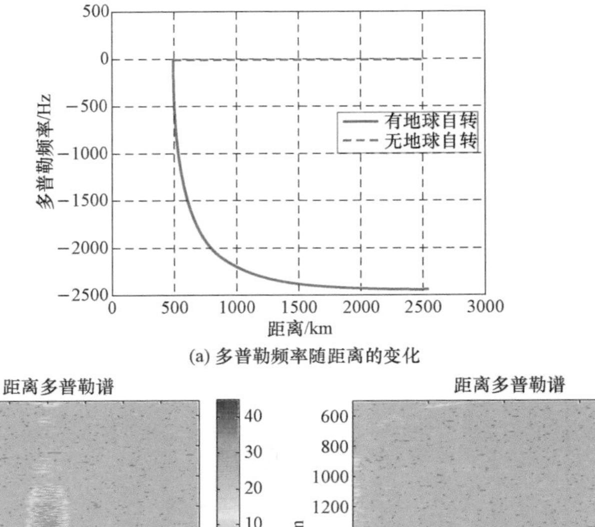

(a) 多普勒频率随距离的变化

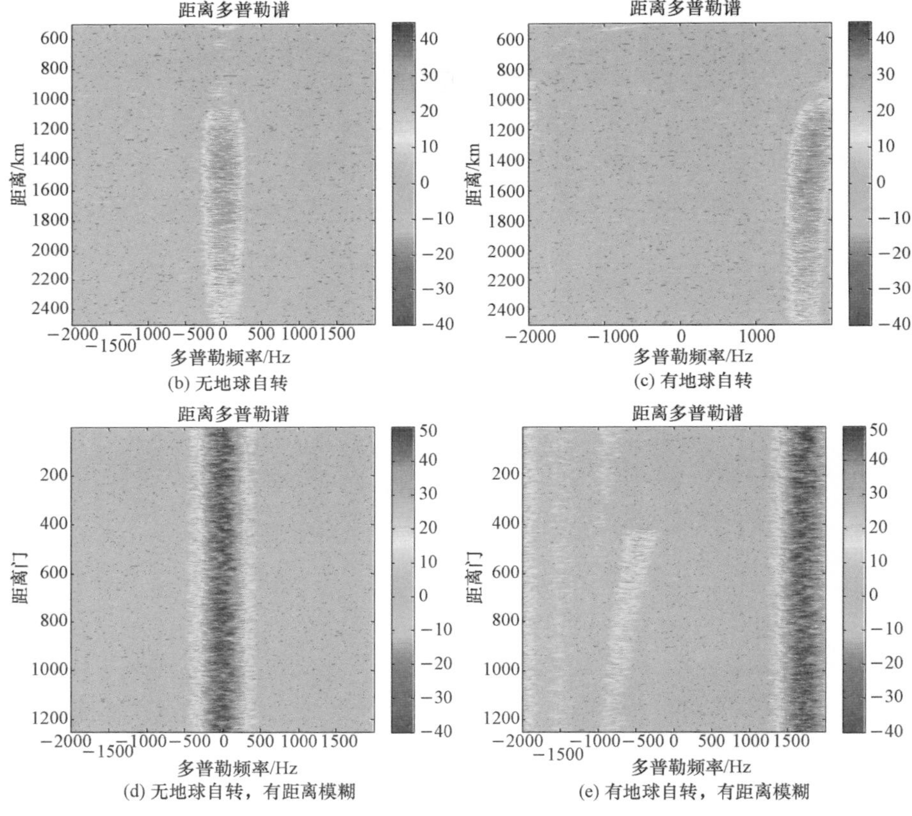

(b) 无地球自转

(c) 有地球自转

(d) 无地球自转，有距离模糊

(e) 有地球自转，有距离模糊

图 5.9　天基预警雷达杂波仿真结果

图 5.10　E-2D 预警机

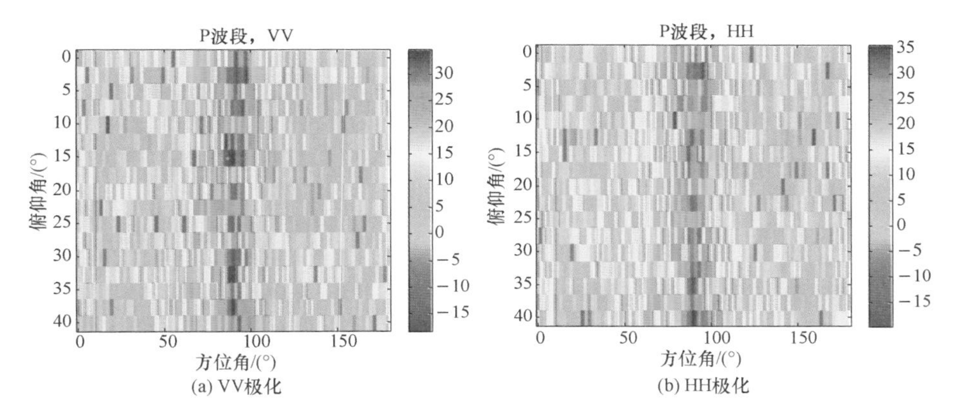

(a) VV极化

(b) HH极化

图 5.11　P 波段 E-2D RCS 仿真结果

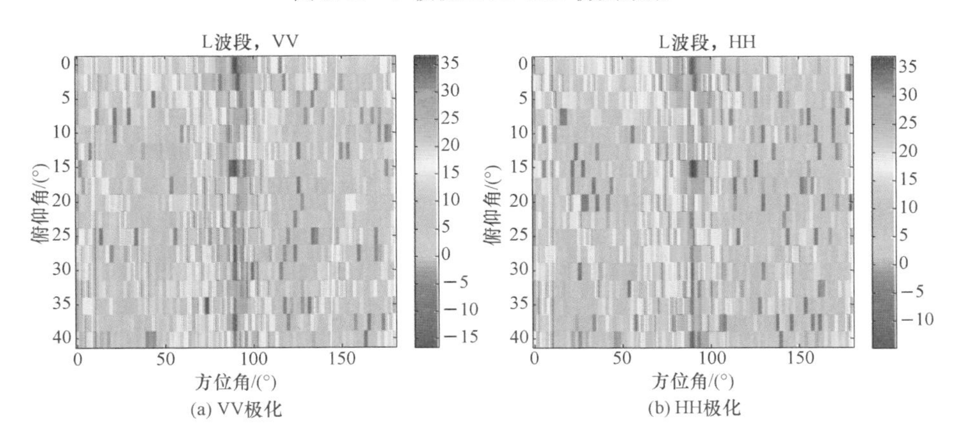

(a) VV极化

(b) HH极化

图 5.12　L 波段 E-2D RCS 仿真结果

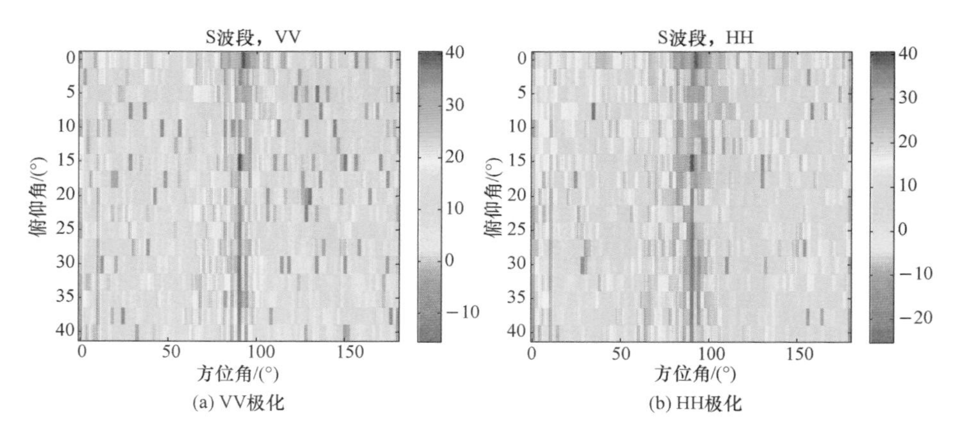

图 5.13　S 波段 E-2D RCS 仿真结果

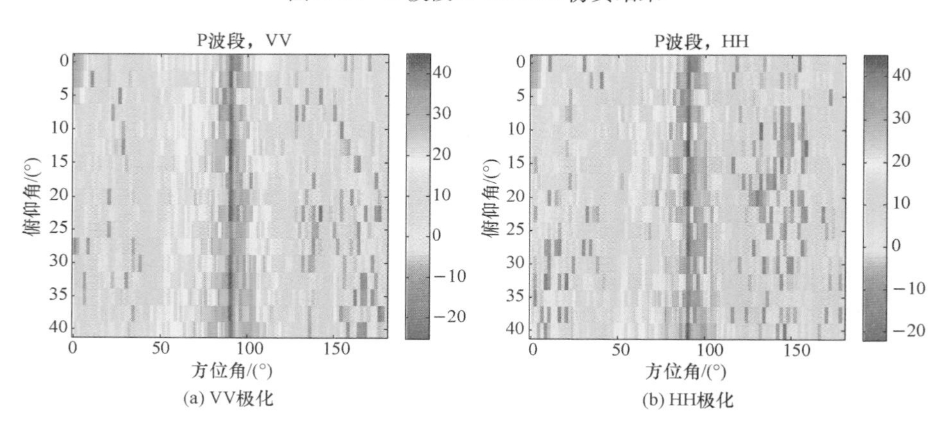

图 5.15　P 波段 P-3C RCS 仿真结果

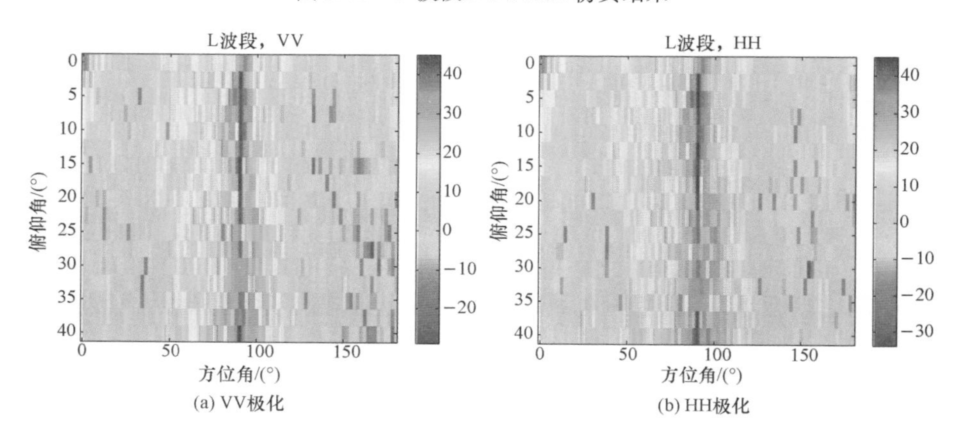

图 5.16　L 波段 P-3C RCS 仿真结果

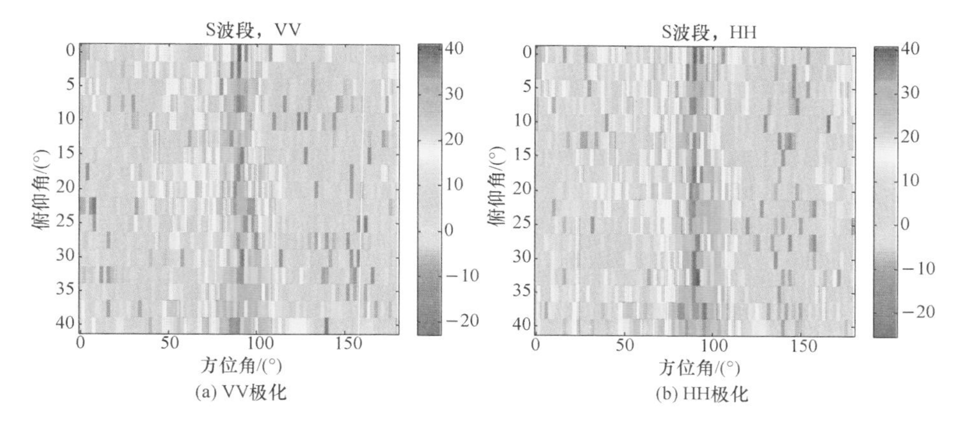

图 5.17　S 波段 P-3C RCS 仿真结果

图 5.18　F-22 隐身飞机

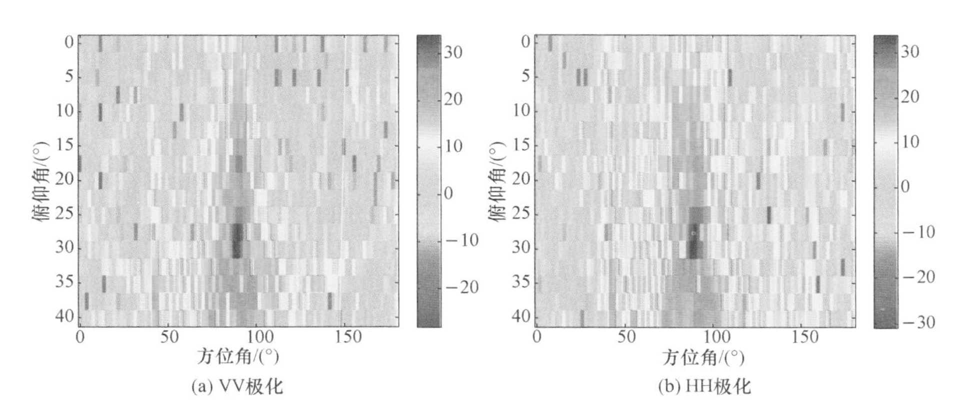

图 5.19　P 波段 F-22 RCS 仿真结果

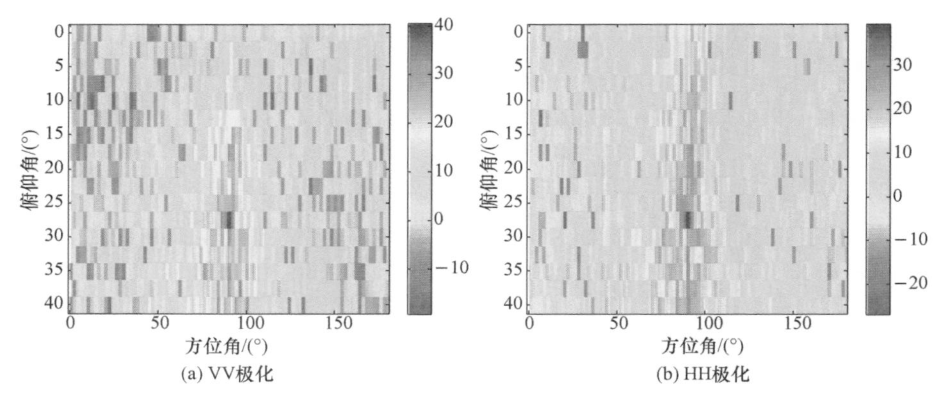

图 5. 20　L 波段 F-22 RCS 仿真结果

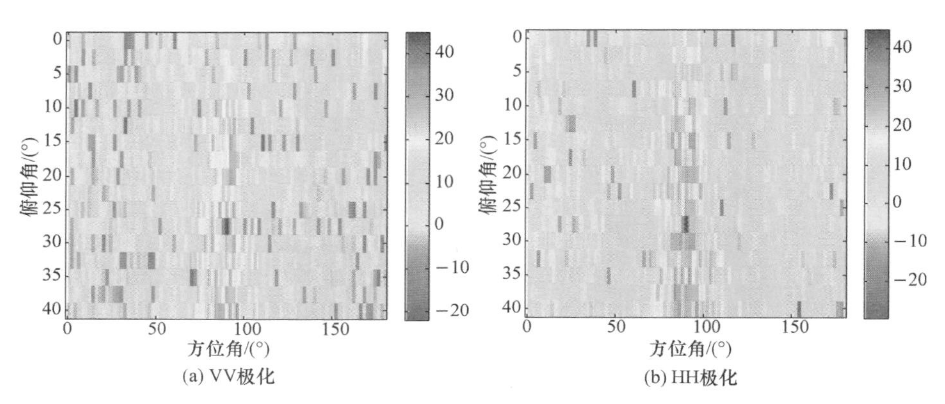

图 5. 21　S 波段 F-22 RCS 仿真结果

图 5. 22　B-2 隐身轰炸机

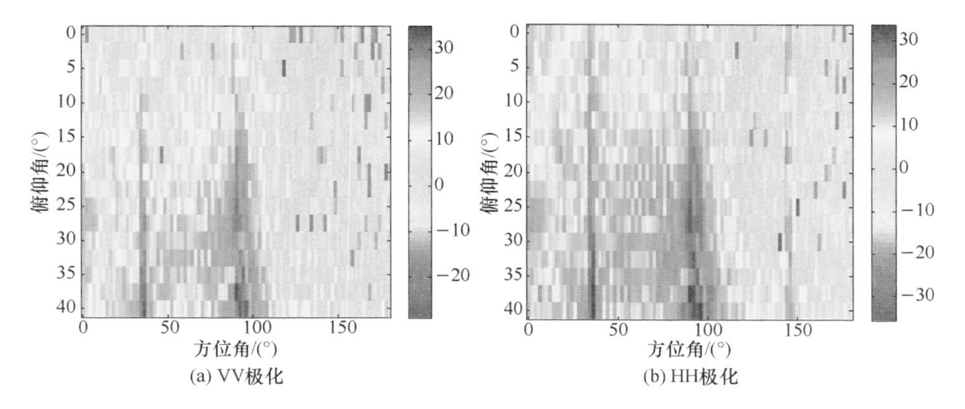

(a) VV极化　(b) HH极化

图 5.23　P 波段 B-2 RCS 仿真结果

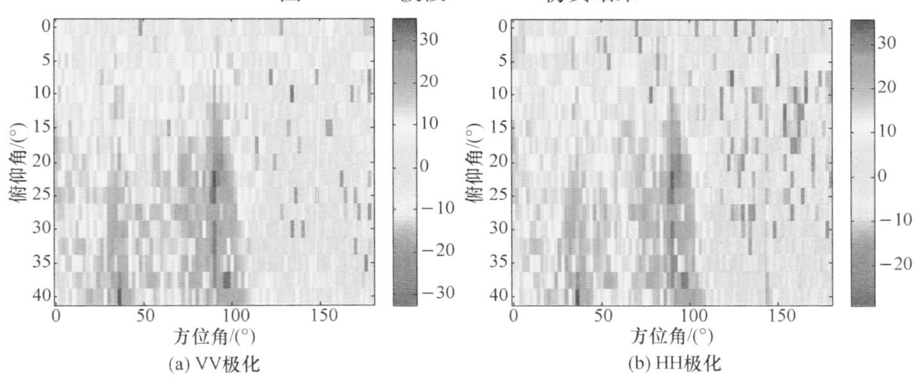

(a) VV极化　(b) HH极化

图 5.24　L 波段 B-2 RCS 仿真结果

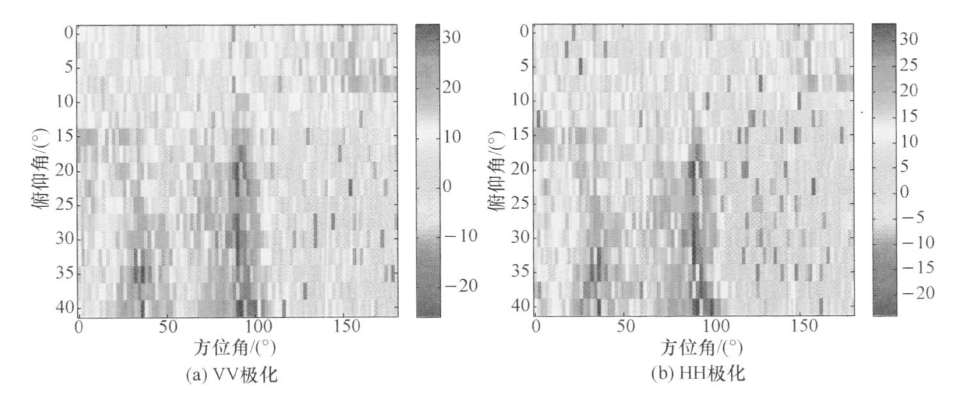

(a) VV极化　(b) HH极化

图 5.25　S 波段 B-2 RCS 仿真结果

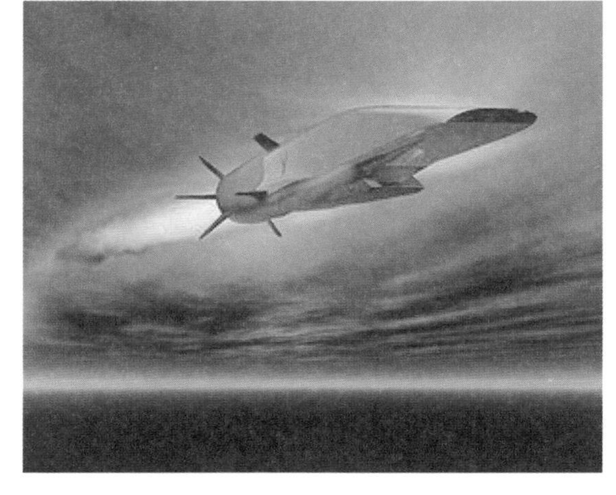

图 5.30　X-51 飞行器

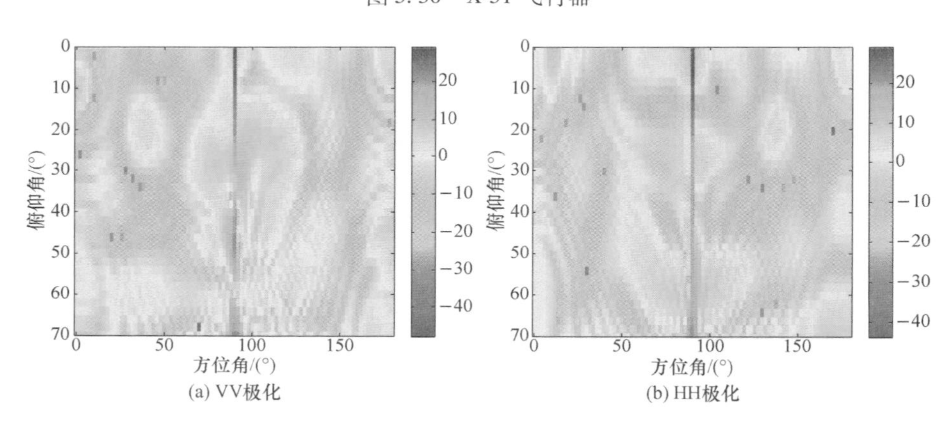

图 5.31　P 波段 X-51 RCS 结果

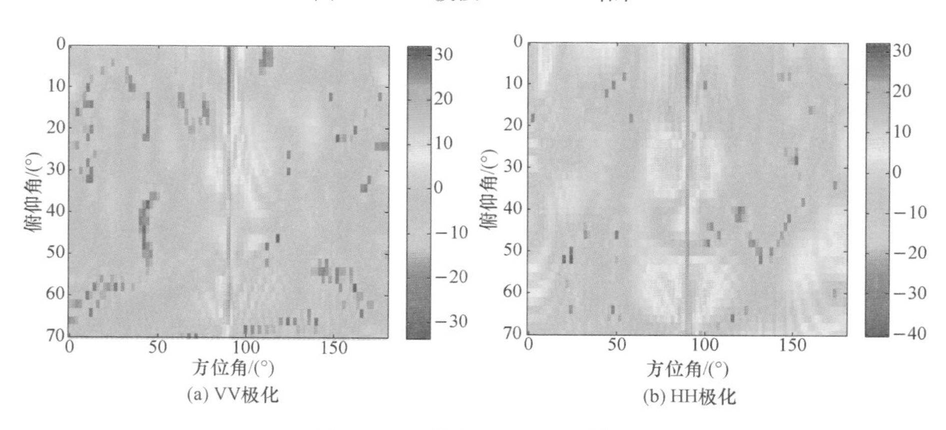

图 5.32　L 波段 X-51 RCS 结果

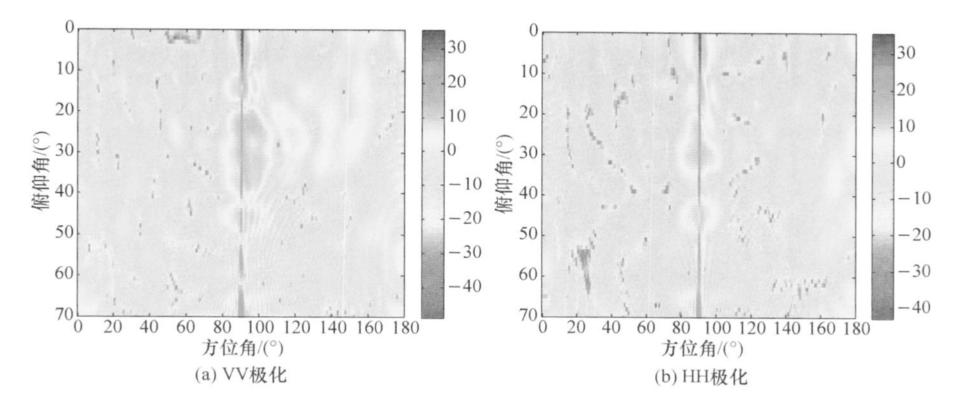

图 5.33　S 波段 X-51 RCS 结果

图 5.34　X-37B 飞行器

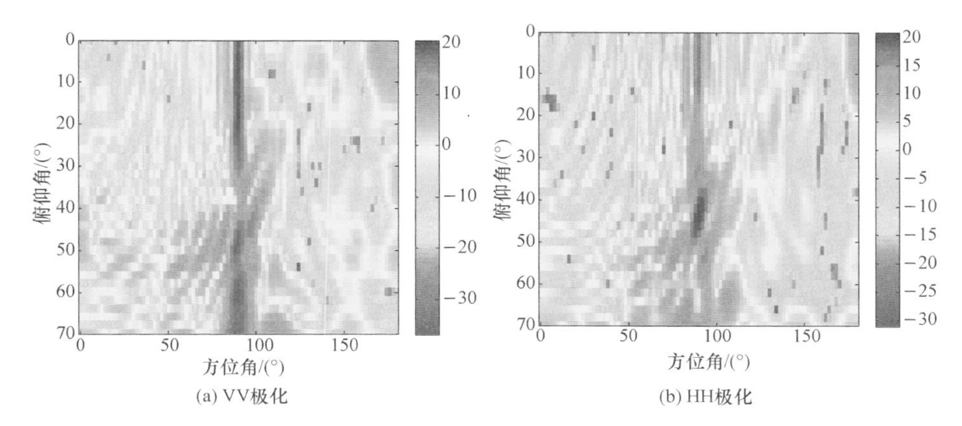

图 5.35　P 波段 X-37B RCS 结果

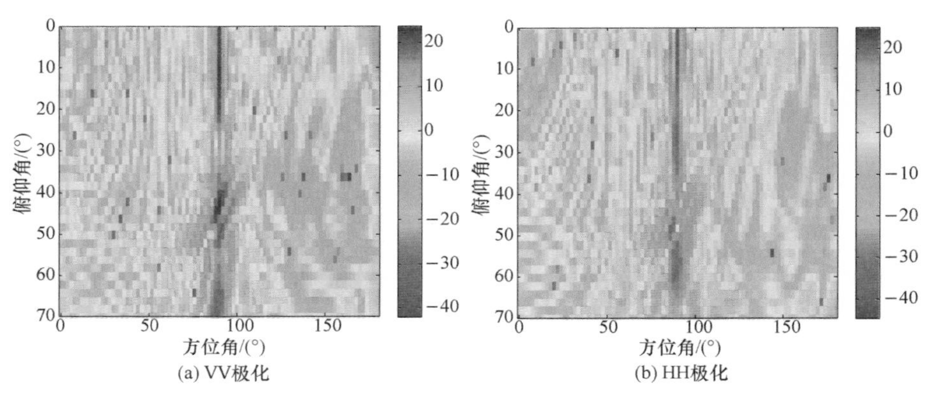

图 5.36　L 波段 X-37B RCS 结果

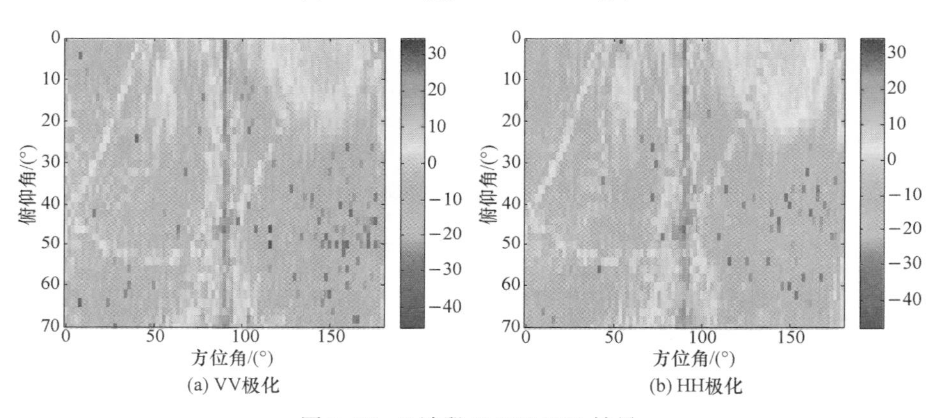

图 5.37　S 波段 X-37B RCS 结果

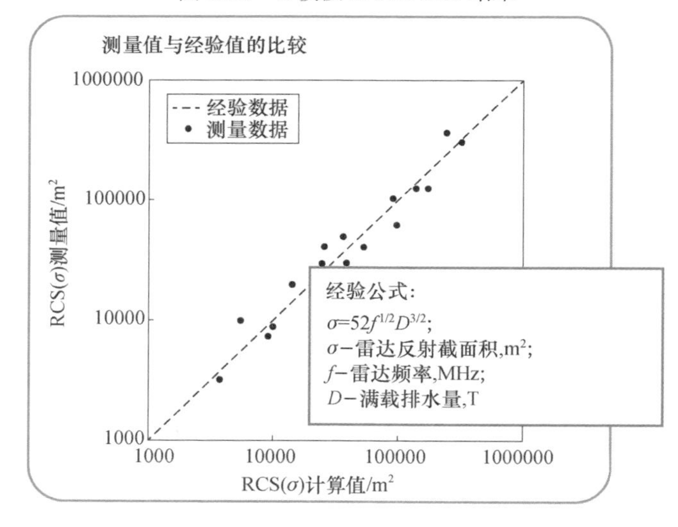

图 5.40　经验公式与测量结果对比拟合结果

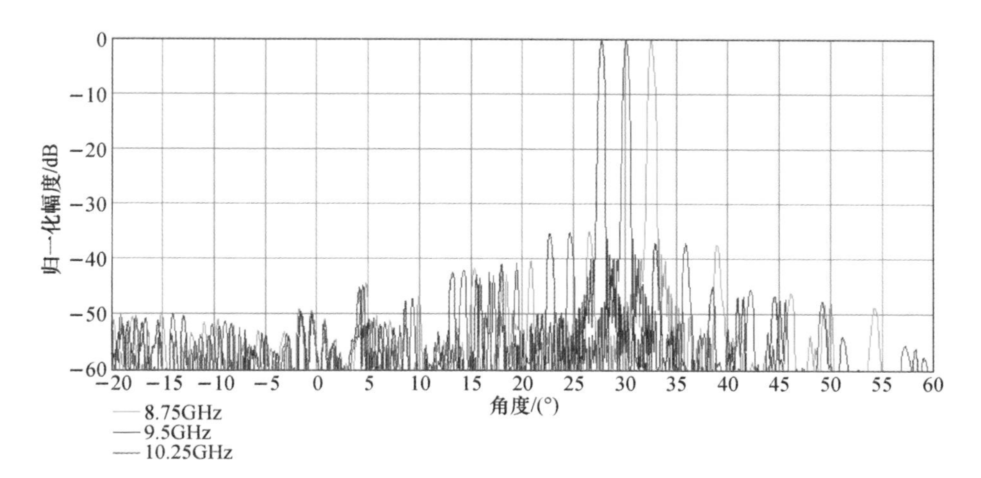

图 6.9　没有进行延迟补偿的天线波束

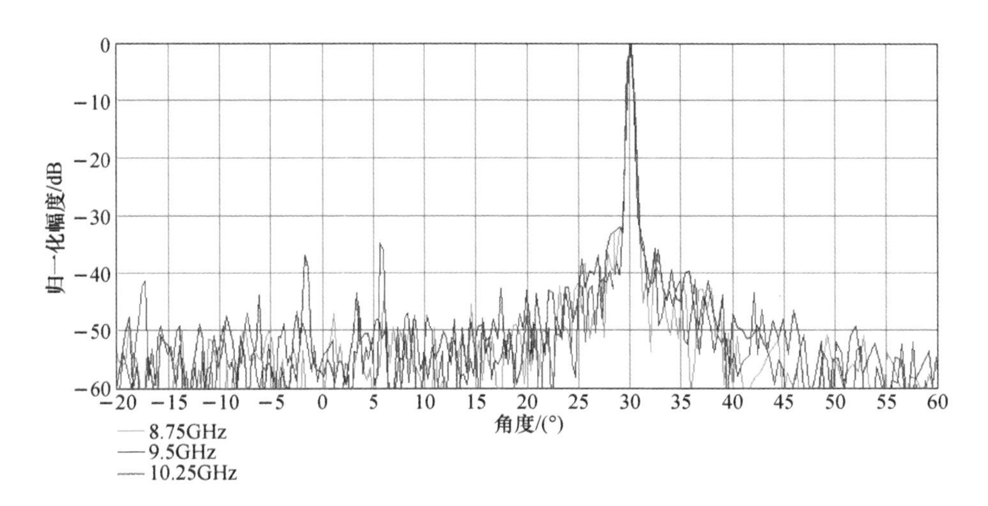

图 6.10　经过延迟补偿的天线波束

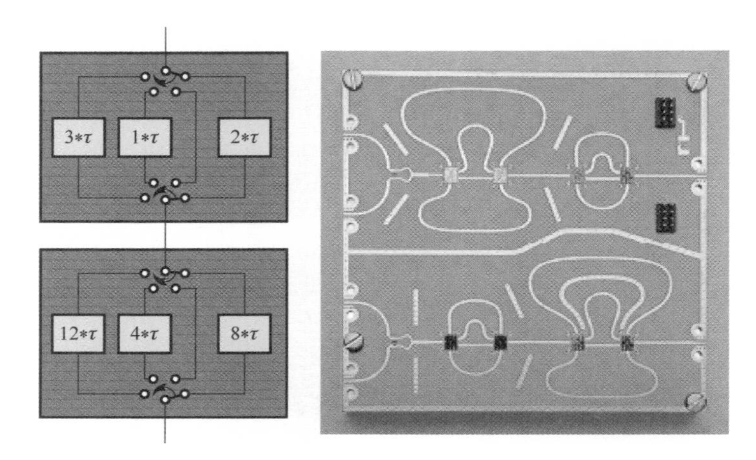

图 6.13　采用印制板线实现延迟

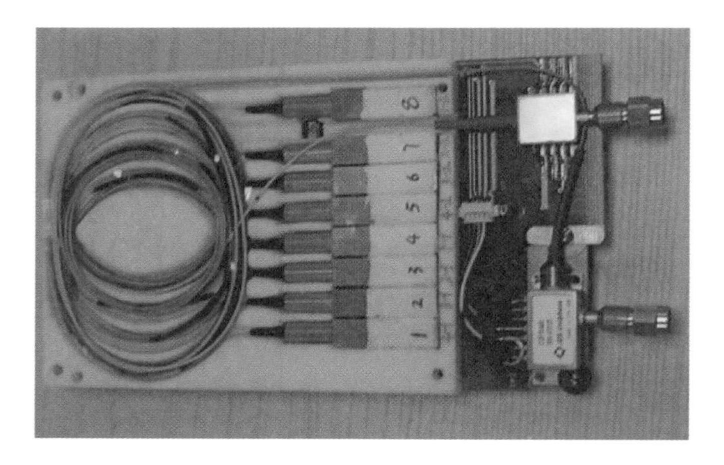

图 6.15　X 波段 5 位光纤延时线样机

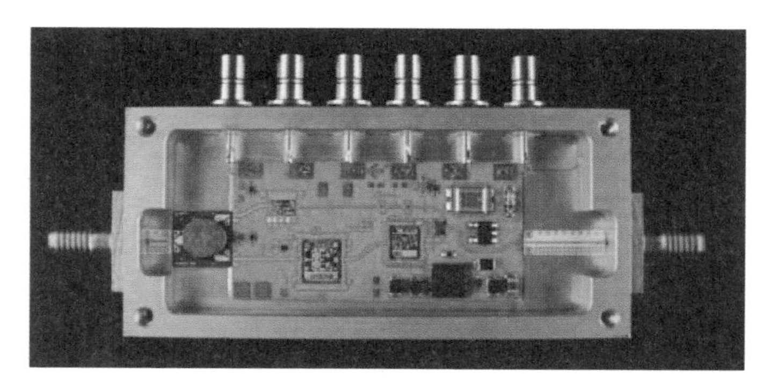

图 6.18　泰勒斯公司研制的宽禁带 T/R 组件

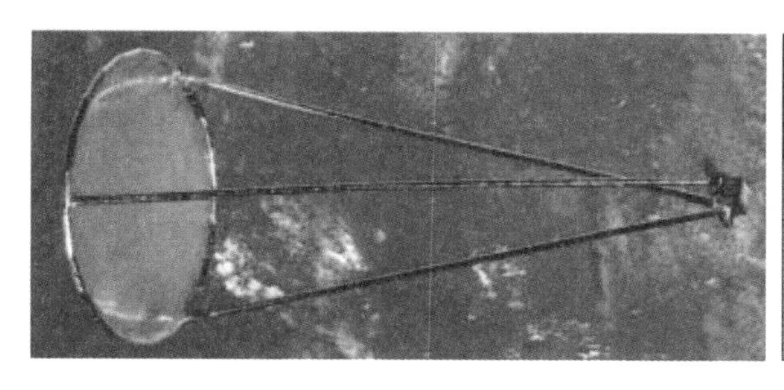

图 6.19　美国研制的薄膜反射阵列天线

(a) JPL和ILC Dover公司研发的薄膜天线

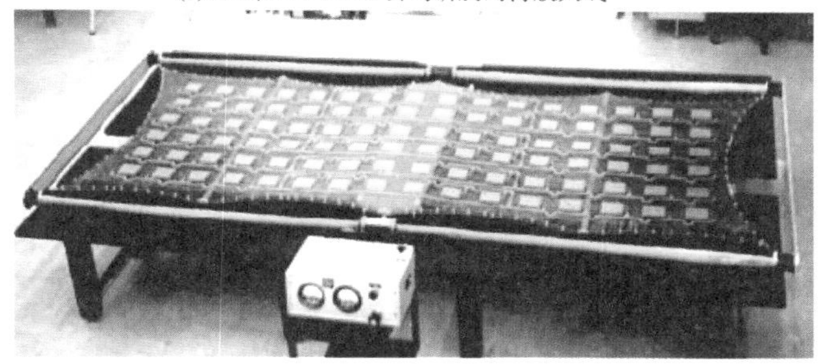

(b) L'Garde研发的薄膜天线

图 6.20　JPL 与 ILC Dover 公司和 L' Garde 公司分别开发的 L 波段薄膜阵列天线

图 6.21　美国 JPL 开发的 L 波段有源相控阵天线

图 6.22　在暗室测试中的 1m × 1m 薄膜天线小面阵

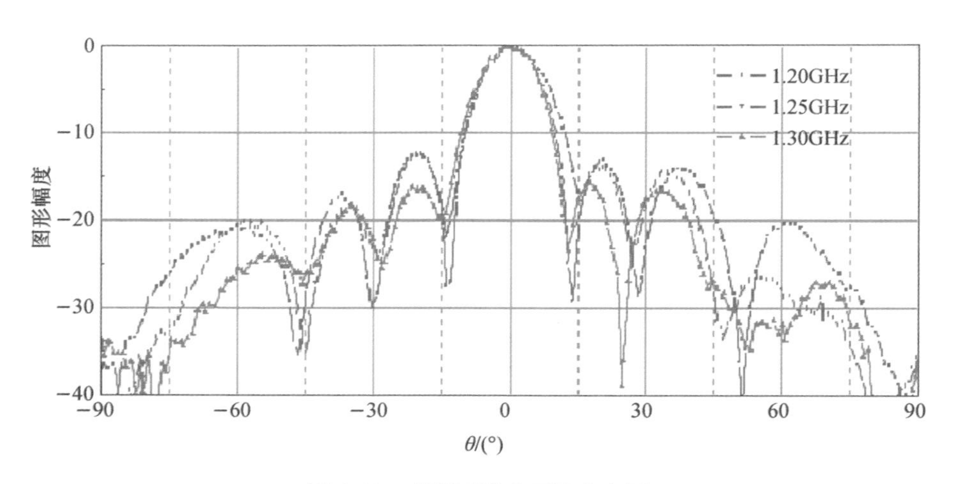

图 6.23　薄膜天线小面阵方向图

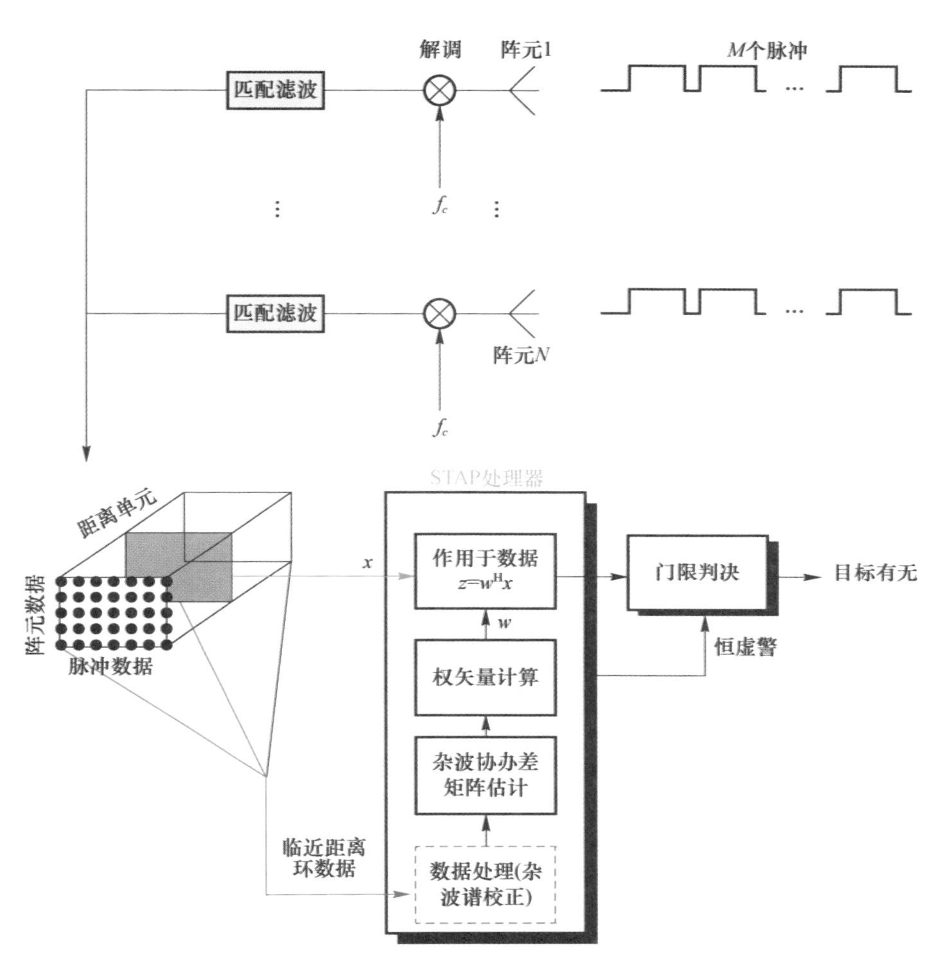

图 7.10　STAP 处理框图